JN198936

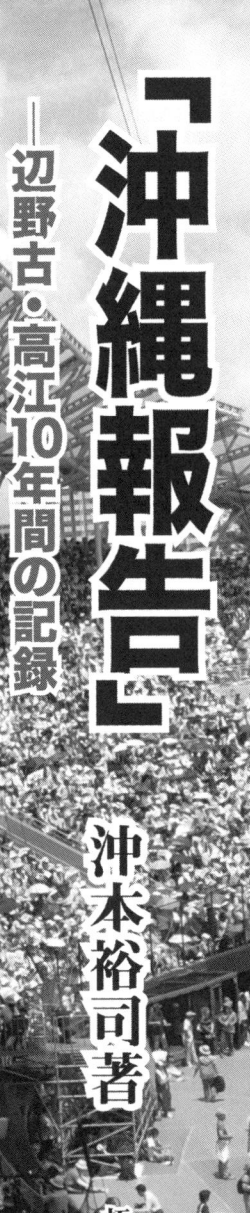

「沖縄報告」

——辺野古・高江10年間の記録

沖本裕司著

柘植書房新社

トビラ写真　2015.5.17　奥武山セルラースタジアムを埋め尽くした人波

まえがき

　沖縄からのレポートを週刊かけはしに『沖縄報告』として掲載し始めたのは 2015 年のことだった。2014 年 10 月の県知事選挙で翁長雄志さんが当選し、公約通り、「辺野古に基地を造らせない」ことを県行政の柱として、前知事の行なった辺野古埋立承認の取り消しへ向かうという緊迫した局面であった。以後、沖縄現地の闘いの高揚に合わせて、記事と写真を送り続けた。週刊でスタートした記事は、2021 年から私のアスベスト罹患と治療により一か月以上間隔が空くなど不定期になったが、現在、2〜4 週に一回程度のペースで書いている。

　書き始めた頃は気軽に書けるからと、K・S、あるいは N・J とサインしていた。イニシャルの由来は、沖縄を背負って闘った二人の先人（謝花昇、瀬長亀次郎）の名にあやかったものだが、のちに自身の名前に替えた。『沖縄報告』の記事と写真は当初、「かけはし」に掲載されているだけだったが、次に、ブログ『呆け天残日録』にも写真と共に記事を掲載していただくようになり、『ヒロシマ通信』には、記事と写真を一枚のペーパーに編集して掲載して頂くようになった。月刊『反戦情報』には毎号抜粋した記事が掲載されており、さらに、明大土曜会をはじめいくつかのＭＬで転載されるなど、様々な形で拡散していただいている。沖縄の闘いの県内外への発信の一翼を担う『沖縄報告』がつながりを広げていることはうれしい限りだ。

　今年の初め頃だったか、これまでの『沖縄報告』をまとめて単行本として出版してはどうかというお話をかけはし編集部から頂いた。そこで、過去 10 年近くの記事と写真を改めて確認すると、原稿は A4 ペーパーにして 1500 枚、写真は掲載分に限っても数千枚に及んでいた。一冊の単行本にするためには、かなり圧縮しなければならない。記事と写真を時系列に配置し記事全体あるいは一部を省略する作業に取りかかった。途中、帯状疱疹などの思いがけない体調不良があったりしたが、7 月下旬にようやく原稿と写真をまとめ入稿することができた。

　本書は 3 部構成とした。辺野古・高江をはじめ沖縄の闘いのあとをたどっ

た第1部、韓国、台湾などとの国境を越えた交流と連帯の動きをまとめた第2部、日米両国により軍事植民地とされている沖縄の解放へ向けた論考を集めた第3部からなる。

　本書の中心をなすのは第1部であり、辺野古ゲート前座り込みを助走とし翁長県政の誕生から本格的に始まる県民ぐるみの闘いの10年間をたどっている。内容は、時系列順に、埋立承認の取り消しと安倍内閣との全面対決、辺野古ゲート前座り込みと海上行動、和解による工事の中止、高江ヘリパッド建設をめぐる攻防、辺野古埋立工事の再開、翁長知事の急逝と埋立承認撤回、玉城デニー知事の当選、県民投票の実施、コロナ禍で継続する現地行動、埋立変更申請不承認、岸田内閣の安保三文書の閣議決定ののち急展開する琉球列島の軍事化に反対する闘いなどである。闘いの記録と写真、さらに映評・書評を含めその時々の評論も合わせて掲載した。

　第2部は、私自身が関わった東アジア諸国の人々との交流と連帯の活動をまとめた。韓国、台湾、日本本土、香港、中国との国境を越えたつながりを記録し、平和と人権を共通の価値観とする海を越えた人々との連帯の必要性を述べた。日中の領有権をめぐる対立が激化している尖閣諸島の問題も取り上げた。

　第3部は、沖縄の現状を根本的に打破する戦略的な闘争論として、比較的まとまっていると思われる論考を集めた。そのうち、「県知事選挙と今後の展望」(2018.10)は沖縄平和ネットワークの会誌に、「沖縄反基地闘争とアジア」(2019.11)は一坪反戦地主会の会報に掲載されたものである。

　目次は、本書の索引も兼ねて、収録したすべての記事の年月日を記した上で、記事の見出しや内容を紹介するようにした。その結果、目次が膨れ上がったが、本書を利用するうえで便利になったのではないかと思う。

　10年を改めて振り返ってみて、県民ぐるみで日本政府と米軍に対決した歴史上かつてない期間だったことを実感する。この闘いは、大衆運動と県行政の連携、連日の現地行動をやりぬく強靭さ、運動の規模とエネルギーの大きさ、長期にわたる持続性、県内外国外への広がりにおいて、沖縄の歴史上のみならず、日本近代史上において特筆される。

翁長雄志知事の誕生は画期的だった。2004年に始まった辺野古の浜のテントと2014年7月にスタートしたキャンプシュワブゲート前の座り込みによる現地大衆運動が県民の広範な反基地意識と結びついて、「辺野古新基地反対」を県民の総意として押し上げた。翁長知事は、自民党県連の要職につき那覇市長を4期つとめた保守の政治家でありながら、保革を越えたオール沖縄の選挙態勢を築き、「辺野古新基地反対」「基地に頼らない誇りある豊かさ」を訴えた。県民の大多数は翁長さんを熱烈に支持した。闘う熱気と

2022.11.22　本部塩川港

エネルギーは充満した。その頂点が、2015年5月の奥武山セルラー球場における県民大会だった。翁長知事の「ウチナーンチュ、ウシェテーナイビランドー」という叫びに応えた会場全体を揺るがす地鳴りのような大歓声を忘れることができない。

　県民の総意とは、100人を越える代表団が上京し2013年2月、当時の安倍首相に提出した建白書に集約される。沖縄県議会と県内全市町村の首長と議会が連名で求めたことは、①オスプレイ配備撤回、②普天間飛行場の閉鎖・撤去、県内移設断念であった。この建白書は、「歴史的に価値がある」として、現在、国立公文書館で永久保存されることになっているという。

　しかし、こうした県民の意思は日本政府によって顧みられることはなかった。日本政府は警察力と財政力を動員し、かつ、裁判所を利用し合法的な装いをこらして強権支配を押し通した。社会主義革命を求めている訳でもなく、軍事政策上のひとつにすぎない基地問題をめぐって、沖縄県民ぐるみの意思がどうして認められないのか。軍事基地のない平和で安心した暮らしを求める県民は、厳しい闘いの連続を通じて、日本の権力者たちにとって沖縄が軍

事の島でしかないという冷厳な現実に対する認識を深めざるをえなかった。

　広範な県民の間に日本に対する失望が広がっている。沖縄の独立、日本政府に支配されない沖縄、東京と対等の権力を有する沖縄の未来、そのための国際社会への積極的なつながりを求める動きが活発になっているように思う。他方で、2014 〜 2019 年にわたる闘いの頂点が過ぎ去り、熱気とエネルギーが徐々に引いているのも事実だ。それは、動員力・結集力の衰退、各種選挙での後退、経済人らの離反などとなってあらわれた。しかし、もちろん敗北したのではない。政府の強権に対する厳しい闘争局面が継続している。

　自衛隊ミサイル基地群の配備、陸自師団化、地下司令部づくり、弾薬庫新増設、基地拡張、離島避難計画、米軍演習のエスカレート、くり返される米軍・自衛隊の事件事故、米軍犯罪の放置など、沖縄を軍事の島として縛り付ける日本政府の姿勢はあからさまで露骨だ。悪化する一方の現実に対し、県民は納得していない。日本政府と米軍に対する不信と不満が蓄積していっている。将来どのような形でこの県民の怒りが爆発するか？　その具体的な姿を今述べることは難しいが、人権を無視し命を脅かす基地の島に対する県民ぐるみの反撃が起こることは不可避である。琉球列島は再び闘いのるつぼと化すに違いない。

　『沖縄報告』の 10 年をまとめた本書は、沖縄の闘いの 10 年の記録であると共に、私個人の活動の記録でもある。過ぎし 10 年を振り返り、次の 10 年へ向けた闘い糧となれば幸いである。結びに、この間、沖縄報告の原稿の出来上がりに関心を注ぎ時に助言を惜しまなかったわが人生の同伴者・富貴子に謝意を述べたい。

　2024 年 8 月 15 日

沖本　裕司

「沖縄報告」─辺野古・高江 10 年間の記録　目次

除去　6.3 那覇市でシンポジウム／ 2016.6.19　6.19 県民大会に 65000 人　被害女性を追悼し、海兵隊撤退を要求！／ 2016.6.23　6.23「慰霊の日」深い哀悼に包まれる沖縄／ 2016.7.4　基地に対する立入調査を無条件で認めよ！　米軍、普天間飛行場の文化財調査を拒否／ 2016.7.25　政府が県に対し違法確認訴訟を提訴／ 2016.8.7　8.5「違法確認訴訟」第 1 回口頭弁論／ 2016.9.18　9.16 違憲確認訴訟判決　裁判所前集会に 1500 人が結集／ 2016.10.16　辺野古埋立承認取り消し 1 周年　翁長知事が承認取り消しの正当性を訴え

2016.7.11　高江ヘリパッド工事再開に対し緊急抗議行動／ 2016.7.17　北部訓練場を無条件で返還してこそ負担軽減だ！　全国から 500 人の機動隊、7 月 22 日ヘリパッド工事着工　北部訓練場とは何か？　SACO 合意は見せかけの負担軽減／ 2016.7.25　7.21 高江現地集会に 1600 人　オスプレイパッド工事を阻止するぞ！　機動隊が県道封鎖、テント・車両撤去　車両バリケードとスクラムで抵抗　徹底した非暴力の抵抗と執拗を極めた警察の暴力／ 2016.9.11　9.7 第 2 回集中行動　機動隊に守られて作業員がゲート内に　9.10 第 3 回集中行動に 300 人　工事車両、作業員の進入阻止に成功／ 2016.9.18　9.13 高江ヘリパッド建設現場　陸自ヘリが県道 70 号線越えに資材空輸　9.14 第 4 回集中行動　9.17 第 5 回集中行動／ 2016.9.25　9.21 高江水曜行動に 250 人　N1 ゲート前に座り込み、工事阻止行動を貫徹　9.22 北部訓練場内で連日の阻止行動　ショベルカーを取り囲む／ 2016.10.2　9.29 北部訓練場内の直接行動で工事をストップ／ 2016.10.9　10.2 宜野湾市民会館でドキュメンタリー「ザ・思いやり」／ 2016.10.16　10.12 高江ゲート前座り込み、ダンプの出入りを完全阻止　山中行動団に命名「高江ウッド」／ 2016.10.23　10.17 〜 18 高江ヘリパッド阻止毎日行動へ　山城博治議長が器物損壊容疑で逮捕　2 か月前の傷害容疑で再逮捕　「ぼけ、土人が」「黙れ、シナ人」　県公安委員会は本土機動隊派遣要請を取り消せ！／ 2016.10.28　10.24 〜 28 高江現地　ゲート前の阻止行動と訓練場内の監視活動　住民 389 人が監査請求　沖縄県は県外機動隊へ公金支出をやめよ！／ 2016.11.6　10.29 土曜集中行動日　高江に 400 人、辺野古に 350 人　11.4 勾留理由開示裁判　山城さんが意見陳述／ 2016.11.13　11.7 ゲート前座り込みと山中行動　高江ヘリパッドの 12 月完成を止めるぞ！　第 32 軍司令部壕内に「日本軍慰安所」があった　正子・ロビンズ・サマーズさんが証言／ 2016.11.20　高江 11.16 ゲート前に座り込み資材搬入を阻止　宇嘉川河口で 5 時間にわたり防衛局・機動隊と対峙／ 2016.11.27　11.23 N1 ゲート前とメインゲート前で搬入阻止行動／ 2016.12.4　11.30 高江に 300 人、搬入を終日ストップ　12.3 N1 ゲート前に座り込み　全県、全国から 350 人が結集、搬入を阻止／ 2017.1.6　ヘリパッド建設を止め北部訓練場を全面返還せよ！　まやかしの

返還式典に 350 人が雨中の抗議　オスプレイ配備撤回・飛行停止　12.22 緊急抗議集会に 4200 人

4．辺野古埋立工事の再開

2017.1.6　全県、全国から辺野古現地に結集しよう！　沖縄は闘いの新年を迎えた　辺野古に新基地を造らせない！　1.4 海上行動　1.5 県民総行動に 400 人／ 2017.1.14　1.7 辺野古海上抗議行動　カヌー 13 艇、抗議船 2 隻で闘い抜く　普天間基地、米軍が滑走路補修工事／ 2017.1.22　1.17 那覇地裁に 39826 筆の署名を提出／ 2017.1.30　1.30 翁長知事訪米激励　那覇空港の出発式に 100 人以上結集／ 2017.2.11　辺野古・大浦湾のサンゴの海は世界の宝だ！　防衛局がブロック投下／ 2017.2.17　2.12 オスプレイ講演会　オスプレイは空を飛んではいけない欠陥機／ 2017.2.25　2.18 海上パレード　海上に 100 人、浜に 300 人、ゲート前に 100 人　裁判所は 3 人を直ちに釈放せよ！　2000 人が熱気と怒りの集会・デモ／ 2017.3.4　2.23 嘉手納爆音訴訟判決　2.27ND シンポジウムに 400 人 〝今こそ辺野古に代わる選択を！〟／ 2017.3.11　辺野古 NO! 全国署名 121 万余筆、国会に提出／ 2017.3.18　3.17 第 1 回公判に 500 人　山城さんたち 3 人が無実を訴え　宜野座村潟原（カタバル）で水陸両用戦車の訓練／ 2017.3.25　3.25 ゲート前県民集会に 3500 人　辺野古新基地は絶対造らせない！／ 2017.4.1　4.1 ゲート前座り込み 1000 日集会　600 人が結集し、辺野古新基地 NO! を訴え／ 2017.4.15　海は県民の財産、軍事基地にさせないぞ！ 4.14　抗議船 3 隻、カヌー 11 艇で海上行動／ 2017.4.22　4.17 第 3 回公判に 250 人　前代未聞！防衛局職員がついたてをして証言／ 2017.5.6　政府・防衛局は違法な埋立工事をやめ、辺野古・大浦湾から撤退せよ！　4.29 辺野古ゲート前に 3000 人／ 2017.5.13　5.10 ゲート前座り込み、終日資材搬入を阻止／ 2017.5.20　5.14 復帰 45 年県民大会　瀬嵩の浜に 2200 人／ 2017.5.27　5.27 ゲート前県民集会に 2000 人／ 2017.6.3　5.31 ゲート前座り込みに 200 人　終日資材搬入をストップ　6.3 裁判闘争報告集会　山城・稲葉・添田さんも元気に登場／ 2017.6.10　6.10 辺野古現地集会に 1800 人　国会包囲と連帯し、辺野古 NO! 共謀罪 NO! ／ 2017.6.17　6.14 辺野古水曜行動に 200 人　豪雨の中、砕石ダンプの進入を阻止！／ 2017.6.24　6.24 海上パレードにカヌー 22 艇、抗議船 4 隻　瀬嵩の浜で 300 人が連帯集会／ 2017.7.8　7.7 海上行動　炎天下、仮設道路の現場で終日監視と抗議／ 2017.7.15　沖縄県が工事差し止めを求めて提訴／ 2017.7.22　7.22 キャンプ・シュワブ包囲行動　「人間の鎖」に 2000 人結集／ 2017.7.29　7.25 辺野古海上大行動、150 人が海上座り込み／ 2017.8.5　翁長知事の工事差し止め裁判を受けて、日本政府は埋立て工事を中止せよ！　8.2 辺野古水曜行動、ゲート前で県警と攻防／ 2017.8.19　8.12 県民大会に 45000 人　辺野古新基地 NO!　オスプレイ NO!　県民民意はゆるぎない！

／2017.9.2　ドイツの「国際平和ビューロー」「オール沖縄」にマクブライド賞を授与／2017.9.23　9.20辺野古ゲート前に150人　資材搬入阻止の座り込み、県警との3度の攻防／2017.10.7　辺野古土曜行動に1000人　島ぐるみが総結集し、終日工事車両をSTOP／2017.10.14　海兵隊CH53Eヘリ、高江で炎上大破／2017.10.28　海上座り込み行動にカヌー80艇／2017.11.25　唯一の解決策は米海兵隊の撤退だ！　11.22雨中のゲート前行動／2017.12.2　12.2第1土曜日辺野古ゲート前県民集会／2018.1.6　1.6第一土曜日集中行動に600人　「カンタ！ティモール」上映会／2018.1.20　1.13沖縄戦・精神保健研究会主催　『戦争とこころ』出版記念講演会／2018.1.28　グアムのこと知ろう！　つながろう！　1.20グアム交流勉強会　第21回池学淳正義平和賞　ゲート前テントで盛大に授与式／2018.2.10　2.4『沈黙は破られた』上映会に150人　アルゼンチン軍事政権の犠牲者にウチナーンチュもいた／2018.3.3　3.3辺野古に300人、資材搬入STOP　人が集まれば工事は阻止できる／2018.3.17　3人に不当な有罪判決　3.14城岳公園に300人／2018.4.14　沖縄県が地位協定調査中間報告書を発表「米軍ファースト」の沖縄・日本の姿が赤裸々に　4.7辺野古緊急学習会に200人／2018.4.23　4.23〜28一週間連続ゲート前行動　4.23、700人の結集で終日ゲート前を占拠／2018.5.13　復帰46年、5.15平和行進　500人が辺野古ゲート前から行進／2018.6.3　5.31「辺野古の海の貝の話」　黒住さんが辺野古の海の貴重さを訴え／2018.6.10　6.6辺野古ゲート前座り込み／2018.6.24　6.22辺野古ゲート前慰霊祭　大浦崎収容所の戦死者を追悼／2018.7.1　6.25第4回海上座り込み　カヌー、抗議船約80隻が一斉に海上行動

タート／ 2018.8.4　県民投票署名 10 万筆を突破／ 2018.10.28　県議会本会議にて県民投票条例を賛成多数で可決／ 2018.12.2　県民投票の投開票日は 2 月 24 日　辺野古 NO! の県民意思を圧倒的に示そう！　11.30 学習会　"民意を明確な形で事実にしよう！"／ 2018.12.16　12.12 琉大で県民投票セミナー　県民投票のスペシャリスト・今井一さんが熱弁／ 2019.1.6　1.5 辺野古ゲート前に 1000 人　新年の闘いの幕があけた！　辺野古新基地ストップ、安倍退陣を実現する年にしよう！／ 2019.1.21　2.24 辺野古県民投票の成功へ　新基地 NO!　沖縄の民意を明確に示そう！／ 2019.1.28　1.26 県民投票キックオフ集会に 3000 人　辺野古ゲート前を埋めつくした新基地 NO! の人波／ 2019.2.3　2.24 辺野古県民投票の成功へ　新基地 NO! 沖縄県民の総意を明確に示そう！／ 2019.2.25　辺野古埋め立て反対 72%　沖縄の民意は示された！　賛成 19%　どちらでもない 9%／ 2019.3.3　3.2 辺野古ゲート前に 1300 人　県民投票で示された民意に従い埋め立て工事を中止せよ！／ 2019.3.17　3.16 県民大会に怒りの 1 万人／ 2019.3.24　ジュゴンが死んだのは埋立工事のせいだ！／ 2019.4.7　国交相による埋立承認撤回の取り消し　見え透いた政府の自作自演・権力の乱用／ 2019.5.19　復帰 47 周年 5.15 平和行進に 2000 人　韓国基地平和ネットワーク 14 人参加／ 2019.6.2　6.2 米海軍兵による女性殺害追悼抗議集会に 450 人　彼女は私だったかもしれない……／ 2019.6.9　6.8 八重瀬ピースウォーク　白梅学徒隊の戦争を追体験／ 2019.6.23　全戦没者追悼式に 5000 人余　安倍の発言に「ウソつくな」のヤジ／ 2019.8.4　安倍政権退陣！　辺野古埋立て即刻中止を！　8.3 辺野古ゲート前に 800 人／ 2019.8.18　8.11 沖国大ヘリ墜落 15 年抗議集会　宜野湾市役所前に 150 人／ 2019.8.25　全国高校生短歌大会で最優秀賞／ 2019.9.15　9.11 嘉手納爆音訴訟の高裁判決／ 2019.9.22　9.18「国の違法な関与取り消し訴訟」第一回口頭弁論／ 2019.10.6　10.2 辺野古ゲート前座り込み　1 日 3 回の資材搬入に根気強く阻止行動／ 2019.10.13　沖縄戦が始まった 10.10 空襲の日　各地でガマに入る入壕体験の平和学習　「命どぅ宝」を伝える平和ガイド／ 2019.10.27　10.21 ～ 25　琉球セメント安和桟橋　ゲート前で赤土ダンプの進入を完全ストップ！／ 2019.11.10　11.4　県下 45 万人の水が危ない！　豊里友治さん　米軍による水汚染問題講演会に 130 人　「戦死者たちからのメッセージ」展　平和祈念資料館 1 階企画展示室／ 2019.12.1　11.27 琉球セメント安和桟橋　ゲート前と海上で赤土土砂搬出阻止行動／ 2020.1.5　1.1 辺野古の浜、初興に 300 人／ 2020.2.16　2.13 平和市民連絡会の対県交渉／ 2020.3.29　安倍政権言いなりの最高裁判決　確固とした自主自立の県政を！／ 2020.4.12　4.6 辺野古・大浦湾　カヌー 7 艇、抗議船 3 隻が埋立工事に抗議　4.5 沖縄戦を知るピースウォーキング／ 2020.5.24　検察官定年延長法案と同じく、辺野古埋立も見送りを！／ 2020.6.14　県議選　県政与党が後退するも過半維持／ 2020.6.23　6.23 沖縄慰霊の日　摩文仁に集い、反戦平和を心に刻む／

2020.7.5　6.25〜26宮古島訪問　陸自駐屯地、ミサイル弾薬庫建設現場と戦争遺跡　噫々忠烈丈夫之墓／2020.8.2　7.26牛島貞満さん講演会に70人　'地下壕は沖縄戦の現実を学ぶ大切な場所'／2020.9.6　あかばなの咲く美しい街を廃墟にした戦争／2020.10.4　10.3辺野古ゲート前に700人　7か月ぶりにオール沖縄会議の県民大行動／2020.10.18　石灰岩地形は沖縄の歴史そのもの、県民の財産／2020.10.25　10.19辺野古・大浦湾海上行動　映画『赤い闇―スターリンの冷たい大地で』／2020.11.1　10.25平和学習フィールドワークに80人　首里城周辺の埋没した戦跡壕をめぐる／2020.11.8　埋立承認の仲井真元知事に旭日大綬章　「ゆきゆきて神軍」を観て／2020.11.22　11.21辺野古新基地反対！埋立ストップ！海上アピール行動／2020.11.29　11.27南部地区のドローン撮影　石灰岩採掘現場・土砂置き場の実態を調査／2021.1.10　12.14土砂投入3年抗議行動　カヌー31艇・抗議船5隻、ゲート前に200人／2021.1.16　琉球新報の県民意識調査（昨年10〜11月実施）　第32軍司令部壕模型の展示会／2021.2.28　2.23浦添西海岸を守る学習会に100人　亀山統一さん講演／2021.3..7　3.1〜6県庁前、具志堅さんハンストに広がる共感／2021.4.18　沖縄戦跡国定公園内の石灰岩採取を止めよう！　熊野鉱山に対する沖縄県の措置命令／2021.7.25　「尖閣列島遭難事件」の真相／2021.10.3　10.2全県各地でブルーアクション／2021.10.31　10月28日第1回口頭弁論　千葉さんが意見陳述

7．埋立変更申請不承認······

2020.1.19　沖縄防衛局が辺野古新基地の設計変更公表／2020.4.23　4.23沖縄防衛局前100人余　マスク姿で手作りプラカードを手に／2020.7.12　設計変更に対する意見書を玉城知事に届けよう！　7.10第1回八重瀬学習会／2020.9.13　仰々しい形式にもかかわらず、大事なことは無内容な申請書／2020.9.20　島ぐるみ八重瀬が県に意見書を提出／2020.12.6　辺野古意見書、最終的に17,857件／2021.11.29　沖縄県が防衛局の変更申請を不承認処分／2021.12.5　12.4久々のゲート前県民大行動に800人／2022.1.30　栄町市場でミャンマー写真展／2022.3.20　ノーモア沖縄戦　命どぅ宝の会　3.19発足集会　沖縄市民会館に450人／2022.4.10　国交相が県の変更申請不承認を取り消し／2022.4.25　4.10PFAS汚染から命を守る県民集会に442人　基地内調査と住民健康診断の実施を要求　ロブ・ビロット弁護士のメッセージ　4.25辺野古埋立着工5周年　海上行動にカヌー36艇・抗議船8隻／2022.5.29　5.15その後の沖縄各地の動き　「平和の島」「非武の島」へ闘い続ける以外ない／2022.6.26　復帰50年を迎えた6.23慰霊の日　沖縄を非軍事化し、アジアの平和のかけはしに！／2022.7.10　7月7日―サイパン全滅と盧溝橋事件　日中不戦の決意を固くする　沖縄鍾乳洞協会の展示会　7.21内田弁護士を囲む会　花岡、西松、

三菱マテリアルの和解から学ぶこと／ 2022.8.14　8.15「終戦の日」を迎えて　沖縄県民の意思と権利を尊重する日本社会たれ！／ 2022.8.28　8 月 22 日は対馬丸撃沈 78 周年　無料開放の対馬丸記念館に来場者続々／ 2022.9.11　県知事選　玉城デニー知事が再選／ 2022.9.25　県知事選の結果を受けた本土紙の社説　9.22 辺野古座り込み 3000 日行動　沖縄の声を聞け！／ 2022.10.9　本部塩川港・安和桟橋で連日の抗議　本部の土砂を辺野古に運ぶな！／ 2022.10.23「天皇の軍隊」と「天皇の警察」の暴力に対する徹底的な究明を！　言葉の刃で権力者に立ち向かった反戦川柳作家・鶴彬／ 2022.11.6　10.30 ～ 11.3 第 7 回世界ウチナーンチュ大会 海外 20 か国 1 地域から 2345 人が結集／ 2022.11.20　日米共同統合演習「キーン・ソード」　沖縄を舞台とした対中国戦争の予行演習／ 2022.12.4　11.21 ～ 22 本部塩川港での集中行動　人が大勢集まれば土砂搬出は止まる！

2022.12.18　南西諸島を非武装中立地帯に！　岸田内閣が安保関連 3 文書を閣議決定　沖縄を中国との軍事対決の最前線にしてはならない！　ブルーインパルスに抗議する集会・デモ／ 2023.1.29　建白書から 10 年—日本政府は沖縄県民の意思に基づき　オスプレイ撤去・普天間閉鎖・辺野古新基地中止を実行せよ！／ 2023.2.12　2.4 辺野古ゲート前集会に 600 人／ 2023.2.26　辺野古へ土砂を運ぶな！　第 2 回塩川デイに 100 人以上　島々を戦場にするな！　沖縄を平和発信の場に！ 2.26 緊急集会　県庁前広場を埋め尽くす 1600 人の熱気　「山川異域　風月同天」／ 2023.3.5　3 月 4 ～ 5 日島々を戦場にさせない！　全国集会 in 石垣島　南西諸島をミサイル戦争の基地としてはならない！／ 2022.3.19　アジアの平和と未来を語る県主催シンポジウム／ 2023.4.30　埋立工事着工 6 年目の 4 月 25 日　ヘリ基地反対協海上チームが海上大行動／ 2023.5.21　5.21 北谷公園での平和集会に 2100 人　与那国・石垣・宮古・沖縄・奄美・馬毛島—軍拡とミサイルに反対する島々の共同闘争の第一歩／ 2023.6.11　6.4 ミサイル配備を断念させよう！　うるま市民集会／ 2023.6.25　6.18 辺野古の浜テント座り込み 7000 日集会／ 2023.8.21　麻生発言「戦う覚悟」を県民は拒絶する　8.13 緊急抗議集会に 200 人／ 2023.9.17　県の上告を棄却した 9.4 最高裁不当判決／ 2023.10.1　玉城知事が国連人権理事会で「平和への権利」を訴え　9・24「沖縄を再び戦場にさせない県民の会」設立集会に 800 人　9.27 ミサイル配備断念を求める市民大集会に 520 人／ 2023.10.15　10.7 辺野古ゲート前県民大行動に 900 人　国交相による辺野古埋立代執行訴訟　10.12　戦争準備の日米合同訓練反対！　弾薬庫建設・ミサイル配備ゆるさない市民集会に 1000 人／ 2023.10.30　10.30 城岳公園に 300 人　代執行訴訟で玉城知事が弁論「民意が公益」／ 2023.11.6　11 月 5 日　国による代執行を許さない！

デニー知事と共に地方自治を守る県民大集会に 1800 人／ 2023.12.3　11 月 23 日　県民平和大集会に 1 万人　沖縄を再び戦場にするな！の声、奥武山にとどろく／ 2024.1.15　辺野古 NO!　ミサイル NO ！　沖縄の島々の軍事基地化を止めよう！　「本土メディアの不作為」について　1.12 辺野古ゲート前行動に 900 人／ 2024.2.25　辺野古、塩川、安和での連日の行動／ 2024.4.8　ボクシング世界三階級制覇の中谷選手がチビチリガマ訪問／ 2024.4.14　木原防衛相が用地取得取りやめを表明　県民ぐるみの力で陸自訓練場新設を断念させた！／ 2024.5.5　4.14 瀬嵩の浜県民大集会に 1800 人　無謀な大浦湾埋立を中止せよ！／ 2024.5.20　4.28 サンフランシスコ講和と 5.15 沖縄返還　5.15 平和とくらしを守る県民大会に 2300 人　琉球の大交易時代と万国津梁の銘文／ 2024.6.17　6.16 沖縄県議会選挙　自公が増え、県政与党が過半数割れ／ 2024.8.13　米軍・自衛隊は欠陥機オスプレイの飛行を停止せよ！　NO オスプレイ・普天間返還・米軍犯罪糾弾　8.10 宜野湾県民大集会に 2500 人

第2部　海を越えて手をつなごう　301

県民意識調査＞　継続する軍事基地の重圧と県民の変わることのない反基地意識　日本の中に沖縄というもう一つの国（のタマゴ）がある　出版されなかった上原康助さんの『沖縄独立の志』（仮題）／3　「南西諸島の非武装地帯化」による日中の戦略的平和共存　ウクライナ政府のツイッターが想起させた天皇制日本の暴力　平和で豊かな沖縄の実現に向けた新たな建議書

第1部
辺野古・高江　闘いの 10 年

2015.5.17　那覇市奥武山のセルラースタジアムに 5 万人

I−1.

翁長雄志知事の誕生と埋立承認取消

「日米関係の呪縛」を断ち切り、「本土」政府との全面対決へ!
辺野古 NO! の県民意思　辺野古新基地とは何か?　闘いの性格と構造について

昨年 11 月 16 日の沖縄県知事選挙で翁長知事が 10 万票の大差で当選し 12 月 10 日に就任したのち、辺野古新基地建設をめぐる沖縄情勢は新しい段階に入った。辺野古新基地反対の闘いは、10 年以上にわたる長く困難な闘いのすえに、名護市に加えて、沖縄県という自治体行政を隊列に組み入れることに成功した。大衆運動と自治体行政が、辺野古新基地建設反対という共通のひとつの目標に向かって協同して闘う基盤が作られたのである。

■辺野古 NO ！の県民意思

辺野古新基地建設に対して、沖縄県民の NO ！の意思は鮮明である。昨年一年間、さまざまなレベルの選挙や各メディアのアンケートを通じて、辺野古新基地建設に反対する県民の意思は明確に示されてきた。

辺野古をかかえる「地元」の名護市では、2014 年 1 月の市長選挙において「基地建設反対」の稲嶺進市長が再選、9 月の名護市議会議員選挙でも過半数の基地反対議員が当選した。昨年 12 月補欠選挙が行われた沖縄県議会でも、辺野古新基地反対の議員が過半数を占めている。

知事選につづく 12 月国会議員選挙（衆院選）でも、四つの小選挙区すべてにおいて、幅広い基地反対の共同戦線を背景に、新基地反対の議員が当選した。四選挙区すべてにおいて自民党は敗北した。当選した四人の所属は一区から順にそれぞれ、共産党、社民党、生活の党、無所属（元自民党）であり、沖縄選出参議院議員が所属する社会大衆党をあわせて、政党レベルで反自民党の統一戦線が築かれている。全国的に安倍右翼政権を支える自民・公明党が勝利する中で、沖縄だけが明確に安倍政権に NO ！を突きつけた格好となった。沖縄の民意はハッキリしている。

■過去数カ月間の攻防

日本政府は、沖縄の大衆運動と自治体行政が、辺野古新基地建設反対という共通の目標に向かって協同して闘うのが気に入らない。何とか屈服させようと躍起になってきた。当選した翁長新知事が何度も上京して首相をはじめ閣僚との面談を求めても、首相や主要閣僚は会おうとせず、「工事を粛々と進める」と繰りかえしてきた。

　2015 年 1 月 15 日、沖縄防衛局は、選挙への影響を懸念して一時中断していたボーリング調査に向けた海上作業を再開した。カヌーや小型船で工事現場に向かう海上での抗議行動に対し、海上保安庁は全国から巡視船を大量動員、ゴムボートに乗りサングラスで顔を隠した海上保安官がきわめて乱暴な排除活動を行っている。カヌー隊は毎日のように冷たい海上で拘束され、負傷者も次々と発生しているにもかかわらず、連日果敢に闘い抜いている。またキャンプ・シュワブのゲート前では、警察の暴力的な排除活動に抗して、資材を積んだトラックや海上保安庁・防衛局・工事業者の基地内立ち入りを阻止しようと、ゲート前にテント村を設置し、24 時間体制で監視・ピケット活動を展開している。

　1 月 25 日には、東京・国会前の包囲抗議行動「国会包囲ヒューマン・チェーン」が、辺野古の海を象徴する青色の服を一つ身に着けた 7000 人の結集で実現した。国際的にも、映画監督のオリバー・ストーンさんや海洋生物学者のキャサリン・ミュージックさんなど、多くの連帯の声が広がっている。

　2 月 22 日にはキャンプ・シュワブ前県民集会に先立ち、ゲート前での抗議行動のさなか、境界を示す「黄色いラインを越えた」として、米軍基地の民間警備員が、現場リーダーをふくむ二人の市民を刑事特別法違反で拘束し、警察に引き渡すという突発的事件が起こった。基地の安定使用を至上命題とする米軍にとっては、ゲート前での抗議行動の継続が基地の安全を脅かす厄介なものと映っている。

　沖縄県は、仲井真前知事の埋立承認を検証する検証委員会を弁護士、環境専門家あわせて 6 人の構成で発足させた。その第一回会合が 2 月 6 日に開かれ、7 月をめどに検証結果を報告する予定だという。翁長知事は、手続きに瑕疵があった場合は取り消し、瑕疵がない場合も承認の撤回が可能との見解を示している。

　また沖縄県は、沖縄防衛局が臨時制限区域を示すために設置したフロートやブイを固定する巨大なコンクリートブロックの設置場所が、前知事が退任前に下した許可区域の外であるとして、岩礁破砕許可の取り消しを検討することを明らかにした。そのため、県は独自にダイバーを動員した潜水調査に着手した結果、「許可を得ずサンゴなど岩礁破砕を行っていると考えられる」として、3900 人を結集した 3・21 瀬嵩浜大集会の翌々日の 23 日、沖縄防衛局に一週間以内に「海

底面の現状を変更する行為のすべての停止」を指示した。

　在京主要五紙が一面でいっせいに報じたのは、この段階である。それに対し、翌24日沖縄防衛局が農林水産省に、翁長知事の指示にたいする審査請求と執行停止申立を行ない、3月30日、農林水産省が沖縄防衛局の申立を全面的に認めて、翁長知事の工事停止の指示の効力を停止する決定を行った。沖縄県と日本政府の闘いは始まったばかりである。対立はさらに全面化して広がり続いていく。

■辺野古新基地とは何か?

　辺野古・大浦湾に一大米軍基地を作るという計画は1960年代からあった。沖縄県公文書館が所蔵している、1966年12月の米海軍のマスタープランによると、辺野古の海を埋め立てて3000m滑走路の飛行場と大浦湾の軍港を作るとされていた。しかしベトナム戦争の中でのアメリカの財政危機のため、計画は立ち消えとなったという。

　ところが、1995年三人の米海兵隊員が地元の小学生の少女を車で拉致し暴行するという事件をきっかけに米軍撤退を求める県民の運動が爆発的に高まると、日米両政府は、宜野湾市の真ん中にあり、かねてから返還を求める声の強かった普天間海兵隊飛行場の返還を表明すると共に、その移設先として、辺野古での「代替施設」建設を打ち出した。それから20年。今計画されている辺野古新基地は一言でいうと、単に普天間基地の代替施設ではなく、総合機能を有する最新鋭海兵隊基地である。

　これまでも沖縄基地は常に米軍の侵略基地であった。朝鮮戦争、ベトナム戦争、湾岸戦争、アフガン戦争、イラク戦争など、戦後アメリカの地球的広がりを持つ軍事侵略において、沖縄県民は否応なしに「米軍の共犯者」の役割を強制されてきた。ベトナムの人々から「悪魔の島」と呼ばれもした。しかし、もうこれ以上ふるさと沖縄が世界の人々を殺害する基地として使われ続けるのはやめて欲しい、沖縄県民の多数はこう考えている。

　キャンプ・シュワブのある辺野古崎の両側の海を埋め立てて作られようとする新基地は、満潮時の海面から10mの高さに飛行場の平面を作り、1800mのV字型滑走路二本、オスプレイが離着陸するヘリパッド四基、タンカーが接岸する燃料桟橋、弾薬搭載エリア、水深が30mある大浦湾側に強襲揚陸艦の接岸可能な271.8mの軍港を備え、現在キャンプ・シュワブの横にある辺野古弾薬庫と一体運用される。米国防総省の報告書で、運用年数40年、耐用年数200年とされるこの基地は、造られると国有地になる。

　最近国会で明らかにされた資料によると、日本政府はキャンプ・シュワブ、キャ

2015.3.5　キャンプ・シュワブゲートの 24 時間座り込みテント

ンプ・ハンセンの米海兵隊基地に、陸上自衛隊の緊急展開部隊を常駐させる計画を持っているという。米軍と共に自衛隊が世界中で戦争するための基地、それがまさに辺野古新基地にほかならない。

現在の工事の段階は埋め立て準備のための海底ボーリング調査であるが、日本政府は、6 月 30 日までにボーリング調査を終え、この夏にも埋め立てに着工するとの考えを表明している。

埋め立ての規模は 2100 万立方メートル。埋め立て予定地の辺野古の海と大浦湾はサンゴをはじめ生物多様性の特に豊かな海域で、絶滅危惧種ジュゴンのえさ場やウミガメの産卵場所のあることで知られている。埋め立て用の土砂は、キャンプ・シュワブの山をくずして平らにして米軍兵舎を造ると共に、土砂を埋め立てに使用。そのほか、香川、山口、福岡、長崎、熊本の各県から調達するとされている。辺野古新基地建設による環境破壊は沖縄だけでなく、九州、中四国方面にも及ぶ。

辺野古新基地建設は、秘密保護法の制定、集団的自衛権の容認、自衛隊の離島派遣と海外派兵など一連の動きと一体になった、軍事主義を強める安倍政権の一大国家プロジェクトなのである。

■闘いの性格と構造について

日本政府は、沖縄県民の意思を尊重する気がまったくない。安倍政権は、戦後政権を担ってきた自民党保守政権とはまったく性格を異にする、不誠実で強権的な政権である。一方で「沖縄の負担軽減」「丁寧な説明」と空虚な言葉で人々を欺きながら、他方で、国家権力のあらゆる部門を動員し暴力と脅しと法的規制で、沖縄県民の反対意思と反対運動を押さえつけようとしている。

対する反対運動の陣営は、10 年以上死守してきた辺野古の浜のテント村に加えて、海上でのカヌーと抗議船による毎日の抗議行動、ゲート前のテント村を拠点とした 24 時間抗議行動を現地の最前線の闘いとして、さまざまな市民団体と自主的な諸個人が現地の運動を支えている。現場には、毎日、毎週、県内各地か

ら大型バスが運行し、県内のみならず、日本全国、世界各地から、高江オスプレイ基地反対運動をも含めた平和ツアーや三泊四日の泊り込み、さらに一週間、二週間といった長期の寝泊りの形で支援者がひっきりなしに詰め掛け、ゲート前は交流の現場になっている。お菓子や飲物、米、椅子や資材など支援物資やカンパが次々と届けられる。韓国からカヌーや新しい小型船も届けられた。

　闘いの性格は非暴力抵抗闘争である。沖縄の闘いは武器を持たない。武器とするのは己の身体のみである。身体を張って国家権力の暴力に立ち向かい、ひるまず闘う。沖縄の闘いが広範な大衆的基盤を持ちえているのはこの非暴力抵抗闘争のためである。

　そしてもうひとつの武器は「声」すなわち「言論」である。ネットやハガキやメディアを通して、新基地反対の声をアメリカや国連にたゆまず届けていく。沖縄県はこの4月からワシントンに平安山英雄駐在員を常駐させ、日本政府から独立して、県民の声を直接伝える独自の外交活動に入った。これは沖縄の自己決定権のためのひとつの具体的歩みである。この闘いがどこまで発展するのか、今はまだ予測することができない。自治権力を意識していくのか、あるいは独立を求めるに至るのか、今のところまだ分からないが、一歩踏み出したことは間違いない。

　反対運動の陣営は、「オール沖縄」といわれる広範な県民の意思を背景としている。翁長知事の沖縄県と稲嶺進市長の名護市の行政当局、沖縄県民に寄り添い活発に動く五人の沖縄選出国会議員、基地反対の多くの県会議員・市町村議員、「基地は経済発展の最大の阻害要因だ」と公然と主張し始めたかりゆしグループや金秀グループなど地元経済界の人たち、精力的に報道を続ける琉球新報・沖縄タイムスの二つの地元紙、発言する大学の教授・知識人、頼りになる弁護士、キリスト者、僧侶、労働組合、さまざまな平和団体、環境保護団体、市民団体、退職した労働者・市民、学生、さまざまな仕事を持つ多様な参加者たち。

　その背後には広範な沖縄県民の基地と戦争に反対する歴史的意識がある。沖縄の長い歴史によって作られてきた意識、いわば社会的DNAであるため、国家権力が暴力と恫喝を繰り返しても簡単には消え去らない。

　1609年の薩摩藩の琉球侵攻と支配・収奪、1879年明治政府による琉球併合と天皇制国家への一体化と抵抗の歴史、沖縄戦の筆舌に尽くしがたい苦難と日本軍の住民に対する暴力、戦後米軍政の暴力支配と米軍基地建設にたいするさまざまな闘いの展開、二度のゼネストにまで上り詰めた沖縄本土復帰闘争の高揚、1972年沖縄返還後も継続する構造的差別に対する大衆的な抗議の持続、など500年以上にわたる支配と抵抗によって形作られてきた沖縄県民の意識は、基

地と戦争に NO！を突きつけている。

■闘いはどこに向かうのか？

　現在の闘いの特徴は、権力の強権的な対応が強化されるのに比例して、反対運動の陣営も広がり隊

2015.7.18　辺野古ゲート前。キャンプシュワブ包囲行動。済州平和大行動への横断幕

伍が強化されていくという点にある。権力の強権的な対応は闘いを萎縮させていないし後退させてもいない。安倍政権のあせりもここにある。彼らは根深い歴史的背景を持つ、基地と戦争に反対する県民の意識を理解できない。彼らはますます強権的性格を強めて沖縄の声を無視し、翁長知事に対する圧迫を強める。その結果、沖縄で日本政府に対する反発はますます強まる。

　彼らの基盤は沖縄にない、日本本土の国民にある。沖縄県の反対がいくら強くても、日本本土の国民が日本政府を積極的にしろ消極的にしろ支持するか黙認する限り、日本政府は辺野古新基地建設を強行しようとする。フランスの「ル・モンド」紙が 3 月 26 日付紙面で、「日本の中の沖縄の孤独な闘い」との見出しで、辺野古新基地反対の民意がはっきり示されたにもかかわらず、日本政府が新基地建設を進めようとしていることに対し「沖縄の人々は彼らの要求に対する東京の無関心を屈辱的だと感じている」と伝えた。

　これまで沖縄は歴史的に数多く、県民が望まない形の政策を日本から押し付けられ、大きな犠牲を被ってきた。そのつど沖縄は日本の中での孤独な闘いを余儀なくされてきたが、今直面している辺野古新基地建設をめぐる闘いにおいて、「孤独な闘い」から脱し「東京の無関心」を打ち破って行くことができるかどうかは、闘いの帰趨を決める上で重要な要因となるだろう。

　そのキーポイントとなるのが、「日米両国間の信頼関係への悪影響」が生じる恐れがあるという、日本政府が常套とする安全保障上の理由に国民の多数が納得するかどうかである。「普天間基地の最低でも県外への移転」を掲げて 2009 年誕生した鳩山民主党政権が一年も持たず倒れたのは、政治家や官僚たちの背信、メディアの反鳩山キャンペーンとともに、国民の多数が「日米関係を損なってはいけない」という呪縛を振り払うことができないからであった。しかし沖縄反基地闘争はこの呪縛を解体し始めている。

辺野古新基地建設をめぐる沖縄対日本政府の対決は、今後ますます深まる。日本政府は、現場での海上保安庁・警察の暴力と恫喝とともに、法律の手前勝手な解釈・運用や裁判所を通じた法的規制などあからさまに国家権力を総動員してくる。沖縄はもちろん一歩も引かない。そうなると対決は非妥協的に深まらざるを得ない。辺野古新基地建設をめぐる沖縄対日本政府の対決は、どんどんのぼりつめて行き、ついには、ゼネストと基地包囲の大集会、基地のライフラインに対する全面的な非協力に突き進んでいくと予測される。沖縄は今、東アジアで突出して米軍と日本政府に対する闘いを展開している。それゆえ、アメリカも東アジアの国々も沖縄の闘いの動向を最大限に注目している。

　沖縄の闘いは、世界帝国アメリカのアジア支配を終わらせるきっかけになりうるだろうか。アメリカの忠実な副官たる日本のあり方を変えていくことができるだろうか。それは専ら今後の闘いの力関係にかかっている。

2015.11.30

翁長知事の埋立承認取消で、辺野古基地建設の根拠はなくなった！
早朝ゲート前に 1200 人　工事車両の進入を止めた！

　2015 年 10 月 13 日、翁長知事が埋立承認を取り消した。2014 年 12 月 10 日の翁長知事就任以来、辺野古基地反対を闘う人々が待っていた時がついにやってきた。日本政府が辺野古新基地建設を正当化する唯一の根拠としてきた前知事の埋立承認が現知事によってきっぱりと否定された。

　翁長さん、勇気ある決断ありがとう！　ゲート前は歓呼し、カチャーシーを舞った。

　ところが、日本政府は何が何でも辺野古新基地建設を強行しようとして、法律を手前勝手に利用するとともに、暴力と金を総動員し、次のような対抗策を矢継ぎ早に打ち出してきた。

　①翁長知事の埋め立て承認取り消しに対し、沖縄防衛局が国交相に取消の取り消しを求める審査請求と共に、福岡高裁那覇支部に代執行裁判を提起した（12 月 2 日に第 1 回口頭弁論が予定されており、翁長知事が弁論に立つ）、②沖縄県警では手に負えなくなってきた辺野古現地の警備に、日本本土から警視庁機動隊を投入した（大浦湾のカヌチャリゾートに宿泊して毎朝キャンプ・シュワーブに「出勤」する）、③辺野古地区の 3 区（辺野古、久志、豊原）に政府から直接 1 区 1300 万円を上限として「迷惑料」を名目とした、基地に反対させないための金の投入を決めた。

■早朝ゲート前に 1200 人　工事車両の進入を止めた！

　11 月 4 日、動員された警視庁機動隊 100 名余がはじめて辺野古警備についた。以降、辺野古現場は以前にもまして乱暴な強制排除でけが人が続出。手の指や喉をやられたり、わき腹を押さえつけられ肋骨を折られたり、女性たちも倒されて足をひっぱられるような、荒っぽい排除が横行している。海でも沈められたり、船の床に力ずくで押さえつけられたりするなど、海保の暴力性が強まった。

　この間、県民会議は毎週水曜日の議員行動日にあわせて、最大結集を呼びかけてきた。11 月 11 日の 500 人に続き、ゲート前座り込み 500 日の 11 月 18 日にははじめて早朝 1000 人を突破して 1200 人が結集、ゲート前は抗議の人波であふれた。この日、警察機動隊は米軍基地の中から出て来ることができず、工事車両は一台も入ることができなかった。

　昨年 7 月にゲート前の座り込みの闘いが始まったとき、小橋川さんが「キャンプ・シュワーブゲート前、友だち 1000 人できるかな」と替え歌を歌ってきて以来、ゲート前に 1000 人を集めることはひとつの目標だった。そしてついに、夜明け前から 1000 人を超える人々が集まり工事車両の進入を止めた。ゲート前へ、もっともっと多くの人々を結集しよう！

2015.12.6

〝国民すべてに問いかけたい〟　代執行裁判で、翁長知事が意見陳述

　12 月 2 日、福岡高裁那覇支部で、翁長知事の埋め立て承認取消に対し、政府・国土交通相が提訴した、埋め立て承認取消の取り消しを求める代執行訴訟の第 1 回口頭弁論が開かれた。簡単に経過をまとめよう。

　仲井真前知事は 2013 年 12 月 27 日、辺野古新基地建設のための埋め立てを承認した。2010 年知事選での自身の公約たる普天間基地の「県外移設」をかなぐり捨てたものだったにも拘らず「公約違反ではない」と強弁したうえ、「これでいい正月が迎えられる」とのコメントは、安倍にへつらう仲井真というイメージを決定的にした。

　「あらゆる手段を駆使して辺野古新基地建設を阻止する。辺野古に基地はつくらせない、つくれない」を公約に当選した翁長知事は、さっそく仲井真前知事の埋立承認を検証する第三者委員会を法律と環境分野の専門家 6 人で立ち上げた。そして 7 月 16 日、検証委員会の「法的な瑕疵あり」との報告書が提出された。

　10 月 13 日の翁長知事による埋め立て承認取り消しはこの報告書を踏まえて行

なわれたものであり、沖縄県が有する当然の行政権限の行使であり正当である。ところが安倍政権は県の当然の権利行使に危機感を抱く。沖縄県が、県が有するさまざまな行政権限を行使しとことん抵抗すれば、辺野古新基地ができなくなることを恐れる。それゆえ安倍政権は沖縄県の行政権限をなんとか骨抜きにして奪いたい。

裁判に先立ち、城岳公園で決起集会が行なわれた。年配の人々を中心にいてもたってもいられず集まった 2000 人の熱気の中、拍手と指笛に迎えられた翁長知事は「県民の思いを背負い主張してくる」と挨拶。「オナガ」コールにおくられて法廷へ向かった。

菅官房長官は会見で、「県知事、県職員が了解したから、埋め立てを承認したのではないか。それに対して裁判するのはきわめて残念だ」と述べた。たしかに彼らにとって裁判は「残念」だろう。彼らはできることなら法廷闘争になる前に「解決」したかったに違いない。沖縄の実態が公然と明るみに出れば出るほど「日本の政治の堕落」が広く知れわたっていくのだから。

2016.1.5
オール沖縄会議結成大会に 1300 人　辺野古の浜・初興しに、700 人

2015 年 12 月 14 日、「辺野古新基地を造らせないオール沖縄会議」の結成大会が、宜野湾市の沖縄コンベンションセンターで、1300 人の参加のもとに開かれた。共同代表には、稲嶺進名護市長、高里鈴代島ぐるみ会議共同代表、呉屋守将金秀グループ会長の三人が就任した。

オール沖縄会議は、市民団体、労働団体、経済界、政党、県議会会派、那覇市議会会派新風会、シールズ琉球、県内各地の島ぐるみ会議が総結集して結成された、闘争司令部であり、行動部隊である。

今後の辺野古新基地阻止の闘いは、沖縄県・名護市の行政権力と固く結合したこのオール沖縄会議を軸に、諸団体の連携した取り組みとして展開されていくことになる。闘いはより集中的に、より合理的に、より統一的に進められていく。

12 月 29 日、オール沖縄会議の第 1 回幹事会が開かれた。現在水曜日に設定している最大動員の総行動日を、木曜日にも実施し、毎週水木の 2 回、早朝からキャンプ・シュワーブゲート前での資材搬入阻止に取り組むことを決めた。

この間水曜日は工事車両の進入を阻止することに成功している。水木の週2回、工事車両や資材の搬入をストップすることが出来れば、新基地建設工事に大きな打撃を与えることが出来る。

安倍は辺野古に基地を造ることは絶対に出来ない。警察、海保、裁判所、補助金など国家権力を総動員し、どのように強権的にふるまおうと、ますます高揚する辺野古 NO! の闘

2016.1.1　米海兵隊のフェンスに掲げられたグリーンピース＆辺野古テント村の横幕

いを押しつぶすことは出来ない。辺野古に執着したあげく、安倍は結局、辺野古新基地建設を放棄せざるを得なくなる。

　翁長知事は安倍政権の没落を見通している。自著『戦う民意』(角川書店)で「『驕る平家は久しからず』。安倍政権の強さはいつまでも続きません。それは物心つくころから、長く政治を見つめてきた私の偽らざる実感です」述べている。

■辺野古の浜・初興しに、700人

　元旦の朝、辺野古の浜で、闘いの誓いを共にする新年の行事が厳かに行なわれた。夜の明けぬうちから人々が続々と集まり始め、午前7時、宜野座映子さんの司会のもと、ヘリ基地反対協議会の安次富浩さんが開会の挨拶をする頃には辺野古の浜は各地から集まった人々で埋め尽くされた。

　古典音楽の合奏・斉唱に続き、40人の壮大な「かぎやで風」の舞、「5月のパリ」のハーモニーに乗せた、「今こそ立ち上がろう」の大合唱、稲嶺進名護市長の「基地問題に止めをさす年にしよう」との挨拶、浜いっぱいに広がったラインダンス、そして、山城博治さんの「今年の攻防を勝ち抜き、来年はこの浜で勝利の祝いをしよう」との呼びかけとカチャーシーで、集会は最高潮にのぼりつめた。

　今後の展望はもちろん容易くはないだろうし、陸上と海上の現地闘争、裁判をめぐる攻防、沖縄県と名護市の行政権限のさらなる行使、全国的な反安倍の闘いの構築、アメリカの動向、全国・世界への沖縄の声の広がりなど、さまざまな要因が関係した辺野古新基地をめぐる全体の力関係が今後の闘いの帰趨を決するであろう。力関係の有利な転換を実現するために、我われのできることを全力でやりぬくのみである。

2016.1.17

1.13-14　ゲート前資材搬入阻止の闘い

2016.1.14　午前8時前、キャンプ・シュワブ。資材車両通過の後、再びゲート前に座り込む

1月13・14日は、初めての週2日の早朝総行動の実践となり、夜明け前から各々、300人、380人が結集した。

13日はこれまでと同様、工事車両の進入を許さなかった。しかし、14日は警視庁機動隊を含む警官隊100人以上が動員され、午前7時前から1時間近くの激しい攻防ののち、工事作業員を載せた車両数台と砂利を積んだトラック数台、大型トレーラーが基地内に進入した。

水曜と木曜、ゲート前に各々500人以上結集することができれば、ほとんど警察機動隊も手出しができず、ゲートを封鎖することに成功するだろう。週2日の工事ストップは、辺野古新基地建設断念に向かった大きなステップになる。そのことが分かっているがゆえに、安倍はがむしゃらに警察機動隊による強制排除を行なおうとするのだ。

今沖縄防衛局による辺野古の工事は、海上ボーリング調査をいまだに継続しながら、埋立工事の準備作業として、仮設道路の設置、汚濁防止膜を固定するコンクリートブロック200個以上の投入の準備という段階にある。ボーリング調査が全部終わってからフロートを撤去し本体工事の設計を検討するという本来の手続きをすべて無視して、強引に道路建設とブロック投入を進めようとしている。ブロックを乗せた作業船は昨年11月から大浦湾に停泊しているが、投入はできていない。辺野古新基地をめぐる力関係はここにも表現されている。

ゲート前の闘いは、辺野古に基地を作らせない先端の闘いとして、国家権力との厳しいギリギリの攻防に上りつめていくだろう。

毎日、沖縄各地から、日本本土から、世界から人々が集まり、ゲート前に座り込む。生物多様性の宝庫・大浦湾にコンクリートブロックと土砂を入れさせないために、もうこれ以上沖縄に人殺しの米軍基地を作らせないために、沖縄を二度と戦場にしないために、そして子や孫に基地のない平和な沖縄を譲り伝えるために、おのれの体だけを闘いの「武器」として、非暴力直接行動に立ち上がる。

係争委決定不服、沖縄県が国を被告として提訴方針

　2016年1月19日、翁長県知事は、県庁で記者会見を開き、昨年12月の国地方係争処理委員会決定を不服として、国を相手取って福岡高裁那覇支部に裁判を起こすことを明らかにした。埋立承認を取り消した沖縄県を国が訴えた「代執行裁判」、国の執行停止決定は違法だと県が国を訴えた「抗告訴訟」に続き、3番目の裁判となる。一部メディアは「国と県の裁判合戦」と報じているが、国家権力と沖縄地方行政権力との妥協のないギリギリの闘いなのである。

　3つの裁判についてまとめてみよう。

　①＜代執行訴訟＞日本政府は10月28日、国交相が翁長知事の埋め立て承認取り消しの効力を無効にする執行停止を行ない、11月17日福岡高裁那覇支部に翁長知事の権限を奪う「代執行訴訟」を提訴した。この裁判は12月2日の第1回口頭弁論、1月8日の第2回口頭弁論を経て、1月29日に第3回口頭弁論が開かれる。国が原告、県が被告である。

　翁長知事は第1回口頭弁論で次のように意見陳述した。

　「沖縄が米軍に自ら土地を提供したことは一度もありません。そして戦後70年、あろうことか、今度は日本政府によって、海上での銃剣とブルドーザーをほうふつとさせる行為で美しい海を埋め立て、私たちの自己決定権の及ばない国有地となり、そして普天間基地にはない軍港機能や弾薬庫が加わり、機能強化され、耐用年数200年ともいわれる基地が造られようとしています。沖縄は、米軍基地に関しては米施政権下と何ら変わりありません。」

　「沖縄の将来あるべき姿は、万国津梁の精神を発揮し、日本とアジアの架橋となること、ゆくゆくはアジア太平洋地域の平和の緩衝地帯となること。そのことこそ、私の願いであります。」

　②＜抗告訴訟＞日本政府は昨年10月28日、個人や民間に対する不利益な行政処分からの救済を目的とした行政不服審査制度を悪用し、沖縄防衛局の提起を国交相が認めて、翁長知事の埋め立て承認取消しの効力を無効にする執行停止を行なった。

　この国交相の執行停止は違法だとして、沖縄県は昨年12月25日、国交相の執行停止の取り消しを求める「抗告訴訟」を那覇地裁に提訴すると共に、執行停止決定の執行停止を求める申立をした。県が原告、国が被告である。

　翁長知事は記者会見で次のように述べた。

　「継続していく裁判の法廷闘争は裁判のあるべき結論も大切だが、それをやる

2016.1.28 全員のバケツリレーで再びブロックを前よりもさらに高く積み上げ座り込む

ことによって多くの国民や県民がこのことについて理解して頂く、それを共有して頂く中に、この問題は必ず私たちの思いと一緒になって解決していくものだと思っている」

　③＜係争委決定不服訴訟＞国地方係争処理委員会は昨年 12 月 24 日、沖縄県が申し立てた国交相の執行停止の違法性に関する審査に対し、委員の多数決で「国交相の判断は一見不合理であるとはいえず」「審査対象に該当せず」として、却下した。それに対し翁長知事は、「国地方係争処理委員会の存在意義を自ら否定しかねずまことに遺憾」と述べていた。地方自治法は、係争委の審査結果に不服があれば高裁に提訴できると定めている。

コンクリートブロックと共に座り込む新戦術

　資材搬入ゲート前では、1 月 22 日からコンクリートブロックをゲート前に積み上げ、共に座り込む新戦術が始まった。はじめは 200 個だったが、だんだんと数が増えて行き、1 月 28 日（木）の段階で 1400 個になった。ゲート前に積み上げると壮観だ。山のようなコンクリートブロックは辺野古 NO ！の闘う民意である。

■一台の工事車両も一人の作業員も基地内に入れない！

　防衛局の職員数人が「ブロックを積まないで下さい」と基地の中からマイクで叫ぶのを無視して、我われは整然とブロックを積み上げる。警察機動隊は第 1 ゲートの装甲車両の中で待機している。工事車両を通すため、座り込みが手薄になった頃合を見計らって、機動隊がゲート前に移動してきて座り込みの排除を始める。人々を排除したあと、ブロックの排除にかかる。

　ブロックを完全に別の場所に移してから、工事車両を入れ、機動隊はまた基地内の装甲車両に戻る。我われはまた、ブロックをゲート前に積み上げる。そしてブロックの前と上に座り込む。

　1 月 27、28 日の水木集中行動日は、それぞれ 300 人、450 人が結集した。両日ともに午後一度だけ、機動隊が投入され、それぞれ砂利を積んだトラック 2

台を基地内に進入させたのみだ。実質的に工事はできていない。

このコンクリートブロック戦術は大きな反響を呼んでいる。日本各地から、絵を描いたり「PEACE」「大浦湾を守ろう」などと書いたブロックがゲート前に宅配されてくる。先日辺野古現場を訪れた韓国の子供たちは小遣いを出し合ってブロック15個をカンパした。こうして、人々の共感を得て、ゲート前のブロックはますます増え、2000個、3000個となり、闘う人々と共に、キャンプ・シュワーブのゲートを完全に埋め尽くすに違いない。

2016.2.8

ゲート前のブロック押収される

警察機動隊は1月30日朝、ゲート前からブロックを撤去したのち、威力業務妨害容疑で1400個のブロックを押収、3台のトラックで名護署に搬送した。

そして、10日近くにわたって辺野古NO! を強くアピールしてきたブロックが置かれていたゲート前に、再びブロックが置かれるのを防ぐために警察はボンゴ型の警察車両を24時間配置するようになった。実際のところ、この間工事は進んでいない。100人の機動隊を動員してダンプ一台通すだけという事態が多い。

先日の共同通信の世論調査によると、内閣支持53・7%、不支持35・3%、辺野古移設政府方針支持47・8%、不支持43・0%とのことだった。我われは世論調査の結果に一喜一憂しない。世論は変わるし、変えることができる。現場での不屈の闘いを貫き通し、連帯の輪を力強く広げて行くこと、このことのみが大衆的支持を獲得する唯一の方法である。

■裁判所が和解案を提起する

1月29日の代執行裁判第3回口頭弁論の閉廷直前、福岡高裁那覇支部の多見谷裁判長は二つの和解案を提案した。内容は裁判所の意向で公開されていないが、一つは、沖縄県が埋立承認取消を撤回し、国は建設した新基地を30年以内の返還ないし軍民共用化についてアメリカと交渉する「根本的解決案」、二つ目は、国が代執行訴訟を取り下げて工事を中止し、県と再協議する「暫定的解決案」とのことである。

内容を伝え聞いた人びとは、「根本的解決案」なるものに「論外だ」と憤激している。新基地建設を前提とした和解はない。県が承認取消を撤回することもない。唯一の解決策は、辺野古基地計画を撤回することだ。

2月4日には、日本環境法律家連盟が翁長知事の埋立承認取り消しを強く支持

し、「住民や民意を反映した地方公共団体の意思を無視し、国が大規模な環境破壊を行なうことは許されない」と訴えた。辺野古NO!の声は広がっている。

同時にこの日の法廷で、県が申請していた9人の証人のうち、稲嶺名護市長

2016.2.6　決起集会を終えて、瀬嵩の浜から海上抗議行動に出るカヌーチーム

を除き、すべて却下された。却下されたのは、土屋誠琉球大名誉教授（生態系機能学）、宮城邦治沖国大名誉教授（動物生態学）、粕谷俊雄元帝京科学大教授（海洋生物学）、渡嘉敷健琉球大准教授（環境音響工学）、伊波洋一元宜野湾市長など、基地問題の歴史や環境分野に関する専門家である。

2月15日の第4回公判に翁長知事の本人尋問、2月29日の第5回公判に稲嶺名護市長の証人尋問を行ない、結審となる。裁判長は4月13日の判決期日を示したという。

■2.6 海上抗議総行動を行なう

2月6日、大浦湾の一角を占める瀬嵩の浜で、海上抗議総行動が行なわれた。冷たい北風が強く吹きつける中、海上には「平和丸」など抗議船6隻、カヌー30艇余が結集し、ゲート前から駆けつけた市民100人が集まる瀬嵩の浜に上陸・合流し決起集会を開き、辺野古新基地建設の白紙撤回まで共に闘いぬくことを誓った。

フロートの中では、防衛局が雇っているマリン・セキュリティの船と海保の船がひしめき、海底投下のためのコンクリートブロックを載せた台船が停泊し、長島付近では別のスパット台船が最後のボーリング調査をしている。いよいよボーリング調査の次の段階、汚濁防止膜を固定する膨大な量のコンクリートブロックの投下を阻止することが目前に迫ってきた。

31人のカヌー隊は年齢も性別も多様、アメリカ人もいる。宜野湾市民も何人か参加している。抗議船からマイクによるシュプレヒコールが行なわれ、「基地をつくるな」「海を殺すな」「サンゴを殺すな」などの声が大浦湾に響きわたった。

水曜・木曜はゲート封鎖に成功！　2.15 代執行裁判の事前集会に 1500 人

2 月 10、11 日の水木集中行動には、600 人が結集しゲート前に座り込んだ。警察機動隊の導入はなく、工事関係車両の基地内進入もなかった。

2 月 12 日は早朝からゲート前に座りこんだのは約 50 人。午前 7 時前に、機動隊が座り込みを強制排除し、コンクリート・ミキサー車 2 台とダンプ 1 台を通過させたのを始め、午前中に 5 回排除をくりかえし、工事関係車両を通した。

この間、水木はほとんどゲートを封鎖することに成功しているが、その他の曜日は警察機動隊によって複数回、排除されている。とはいえ、この間の動きを見ると、通過する工事車両の数が少ない日が多い。昨年から今年にかけての一時期のように、作業車とダンプ合わせて 20 台近くが列をなして基地内に進入していくような事態はあまりない。

■ブロックを積んだ作業船が 3 ヶ月停泊

海中投下のためのコンクリートブロックを積んだ作業船が昨年 11 月 22 日から大浦湾に停泊し、いつでも投入できる態勢をとっている。汚濁防止膜の設置とその固定化のための大量のコンクリートブロック投入は、埋め立て本体工事の第一段階となるものだが、3 ヶ月近くにわたって投下できずに停泊したままである。

2014 年 8 月仲井真前知事は沖縄防衛局から提出された岩礁破砕許可申請を認めたが、それによると、汚濁防止膜の固定に 15 トンのコンクリートブロック 238 個を投下するとなっていた。すごい量だ。しかもその後明らかにされた工事仕様書によると、重量がすごい。57 トン・ブロックが 108 個もある。一昨年 8 月県に提出した申請では、15 トンとして許可を得ていたのを、沖縄防衛局は勝手に大重量のものに取り替えていたのである。そのことが報道され問題になってくると、沖縄防衛局は一転、「すべてのブロックを 15 トン以下にする」と言いはじめた。

彼らはブロック投下をその後、宜野湾市長選挙の後に引き延ばしたが、依然ブロック投下の海上工事に着手できないでいる。現職の再選という結果にもかかわらず、宜野湾市を含め沖縄県民の辺野古 NO! の世論に変わりがなく、現地の闘いも弱まらないためだ。

ゲート前と海上での闘いをいっそう強化しなければならない。

■ 2.15 代執行裁判で翁長知事が弁論　城岳公園の事前集会に 1500 人

2 月 15 日午後 2 時から福岡高裁那覇支部で代執行裁判の第 4 回口頭弁論（知事尋問）が開かれた。裁判に先立ち、裁判所向かいの城岳公園で「裁判闘争激励

2016.2.15 翁長知事と共に、参加者全員で手に手をとってガンバロー三唱

県民行動」が行なわれ、冷え込みの強い中、約 1500 人が参加した。

　最後にあいさつに立った翁長知事は、「子や孫が歴史を振り返り、あのころ頑張ったから今の私たちがある、と言われるようにしたい。新しい歴史の 1 ページを開いていこう」と呼びかけた。そして、参加者全員が手に手を取り合ってガンバロー三唱を行ない、オナガコールで知事を法廷に送り出した。

　午後 2 時から 5 時近くまで、県、国それぞれの代理人の質問に答える形で、翁長知事は、沖縄の基地問題の歴史、仲井真前知事とのやりとり、埋め立て承認取消に至る経過、第三者委員会の審理の公正さ、等々を語り、裁判官には「子や孫ががんばっていけるよう慎重な判断をしていただきたい」と求めた。

2016.2.27
辺野古の闘いは日米両政府を追いつめている！ 2.24 ゲート前集会に 450 人

　座り込み開始 598 日目の 2 月 24 日、早朝から 450 人がゲート前に座り込んだ。水曜日と木曜日の結集の分担は、水曜日が那覇、島尻、国頭地域、木曜日がうるま市、沖縄市など中部 10 市町村となっている。しかし、動員割り振りに関係なく毎日のように参加する人たちも多い。

午前 7 時前に始まったゲート前集会は、はじめに、翁長知事支持の与党県議団から、社民・護憲ネット、共産党、県民ネット、公明党・無所属クラブの吉田議員があいさつ。金武町に住む吉田議員は「昨夜も 10 時半過ぎまで無灯火で米軍ヘリが着陸訓練をし、ブルービーチには上陸用舟艇 3 隻が停泊している。」と糾弾した。

　2.21 国会包囲行動に参加した各地の訪問団 100 人もこの日参加した。「フォーラム平和・人権・環境」の福山共同代表を皮切りに、北海道、東北、東海、四国、北陸、中国などから連帯のアピールが続いた。

　辺野古現地には、この 2 週間に限っても、全国から支援・連帯の人々がつめかけている。連帯ユニオンの組合員は「警視庁はヤマトに帰れ」の横断幕を張り付けた生コン車を大阪から船で運んで激励した。土砂搬出に反対する熊本県連絡協のメンバーたち、滋賀県のママの会、桜美林大の学生・教授、京都府立大の学生・教授、兵庫の歌舞団「花こま」、音楽ユニット「キセル」、東京の学生グループ「直接行動」など全国各地から多くの人々が辺野古現地を訪れている。

　資材搬入ゲート前の集会のあと、山城博治さんのリードで、全員が行進しながら弾薬庫に至る第 2 ゲートに移動し決起集会を開いた。

■ 2.25 木曜ゲート前集中行動に機動隊投入

　2 月 25 日には、朝から 200 人が結集。今年に入って、水木の集中行動日には機動隊投入・工事関係車両の基地内進入はなかったが、この日はじめて午前 7 時前から機動隊が投入され、作業員の乗った車 8 台が通過した。10 時前と 2 時過ぎにも強制排除が行なわれた。

　前日、米上院軍事委員会が開いた公聴会で、米太平洋軍のハリス司令官が辺野古基地の完了時期について、「現在 2 年遅れている。2025 年までに完了するとみている」と証言したと日本のマスコミでも大きく伝えられた。ハリス司令官は「工事の遅れは日本の責任」「基地の提供は日本の義務」と述べたという。

　米軍は実際のところ工事の遅れにあせっている。それ以上に、日本政府と防衛省の役人がこの発言にあわてたのは想像に難くない。予想外の木曜日の機動隊投入はこうした背景があったと見ることができるかも知れない。「工事はやっている」とアピールしたかったのだ。

Ⅰ－2.
代執行裁判の「和解」

2016.3.5

沖縄との和解とは辺野古に基地をつくらないこと
防衛局の強行策は行き詰っていた　和解受け入れは日米両政府の合作
辺野古に結集し闘いを共有しよう！

　3月4日、那覇地裁で、名護市の住民が、翁長知事の埋め立て承認取り消しに対する国交相の執行停止は違法だと訴えた抗告訴訟の第1回口頭弁論が開かれた。原告を代表して名護市議の東恩納琢磨さんが冒頭陳述を行ない、15分ほどで裁判は終了した。その後、原告、住民が城岳公園で総括の集まりを持っている時、「代執行裁判で政府が和解案を受け入れ」との一報が入った。沖縄県が原告となった午後の抗告訴訟は、国側代理人の欠席の中、県側代理人が和解成立により訴訟を取り下げることを表明してすぐに閉廷した。

　翁長知事は安倍首相との会談のあとの記者会見で、「和解案は県が裁判で訴えてきた主張に沿った内容であったので和解に応じた。地方自治を守ることと工事が止まること、この問題を前に進めるものだ」と述べた。

　福岡高裁那覇支部で成立した和解条項によると、骨子は①国は翁長知事の承認取消の取消を求めた代執行訴訟を取り下げ、県は国の違法な関与の取消を求めた係争委不服訴訟を取り下げる、②国は、翁長知事の埋立承認取消に対する審査請求と執行停止申立を取り下げ、埋立工事をただちに中止する、③国と県は地方自治法に定められた本来の手続きにそって、「県に対する国の是正の指示」「県による国地方係争処理委員会への審査申し出」「是正の指示の取消訴訟」とすすめる、④「是正の指示の取消訴訟」の判決確定まで、国と県は普天間飛行場の返還および埋立事業に関する円満解決に向けた協議を行なう、⑤判決確定後は、判決に従い互いに協力し誠実に対応することを確約する、となっている。

　つまり今回の「和解」は、国の代執行裁判という強行策によって裁判が3つ並立することになった状態を元に戻し、承認取消の状態から改めてスタートし直そうというものである。日本政府が辺野古新基地建設を放棄したわけでもなく、

沖縄県が辺野古に基地をつくらせない方針を降ろしたわけでもない。事態は昨年10月13日、翁長知事が仲井真前知事の埋立承認を取り消した段階に戻った。「和解」というと、何か問題が解決したような紛らわしい印象を与えるが、実のところ、すべてこれからなのだ。

■防衛局の強行策は行き詰っていた

「辺野古が唯一」と言い続けていた国が一転和解案を受け入れた理由は何か。

実は基地建設工事は行き詰っていた。一昨年8月に始まったボーリング調査は、当初3か月で終了するとされていたのに、1年6か月過ぎた今なお終了していない。昨年10月沖縄防衛局が宣言した本体工事着工についても、汚濁防止膜を固定する大量のブロックを積んだ台船が昨年11月22日からフロート内の海上に停泊したままでいる。工事は八方ふさがりになっていた。沖縄県と名護市の行政による抵抗と連日の海と陸での闘いによって、実質工事ができていないのに、費用だけは、海上警備と陸上警備関連を中心として莫大な金額が投入され続けてきた。

裁判においても国は劣勢に立っていた。余りにも強引で手前勝手な国のやり方は裁判所からクレームがかかった。福岡高裁那覇支部は1月29日の公判のあと、「和解勧告文」を提案したが、それは以下のような内容だった。①1999年の地方自治法改正は、国と地方公共団体が対等・協力の関係になることを期待されたものであるのに、改正の精神に反する状況になっている、②本来あるべき姿は、沖縄を含めオールジャパンで最善の解決策を合意し米国に当たるべきであるのに、法廷闘争が延々と続くことは望ましくない、③和解案を2案提示する。A案（県は埋め立て承認取消を取り消し、国は辺野古基地の供用開始後30年以内に返還または軍民共用とすることを米国と交渉する）を検討し、否であれば、B案（国は訴訟と審査請求を取り下げ、埋め立て工事を直ちに中止する。国と県は違法確認訴訟判決まで円満解決に向けた協議を行なう）を検討されたい。

このように裁判所は代執行訴訟で国の強引なやり方に疑問を呈し、国敗訴の可能性を示唆するとともに、正常な裁判手続きに乗せることを勧めた。

■和解受け入れは日米両政府の合作

国にとって、裁判で敗訴して工事が止まることになればダメージが大きい。それこそ辺野古新基地建設の続行が不可能になりかねない。それよりは、和解に応じたと演出し自ら工事を止めた方がダメージも小さいし、イメージもいい。「和解条項」には、「国も県も判決に従う」とある。今度予想される裁判で勝訴すれば翁長知事を判決に縛り付けることができるだろうというのが彼らの目論見だ。

2016.3.2 キャンプ・シュワブゲート前。毎日、県内外から人々が集まる

2月15日の翁長知事に対する証人尋問で、国の代理人が「判決に従うか」と執拗に質問していたのはそのためだった。しかし翁長知事は「行政として判決に従うのは当然だ。また私も新辺野古基地は造らせないという公約で知事になっているので、ありとあらゆる手段で、基地を造らせないということはこれからも信念を持ってやって行きたい」と述べている。闘いはこれからだ。

アメリカも辺野古裁判の行方に注目していた。米太平洋軍ハリス司令官、海兵隊ネラー総司令官がそれぞれ米上院軍事委員会および上院歳出委員会で相次いで「普天間飛行場の辺野古移設計画」の2年ほどの遅れを証言した。遅れの理由は「反対運動」と「県民の不支持」だと述べた。米軍の危惧は、いくつもの裁判闘争の長期化によって基地建設のメドが立たなくなってしまうことであった。グアムでの住民裁判によって海兵隊の基地建設の変更を余儀なくされたことがあった。安倍から和解について打診された米は、裁判が一本化されれば基地建設のメドも立ちやすいとして和解を支持したという。

安倍の和解受け入れは日米両政府の合作だ。安倍は和解受け入れの記者会見の場で、「辺野古唯一は不変」と表明し、米政府も「和解は基地建設のプロセス」と述べている。日米両政府は辺野古をあきらめたのではない。一歩退くしかなかったのだ。彼らは今後周到に基地建設の攻撃を準備してくるだろう。

しかし今回の和解で誰の目にもハッキリと分かったことは、日本政府の工事強行策が沖縄の頑強な抵抗の前には通用しなかったということである。日米のメディアに大きく取り上げられている理由はここにある。当然、今後メディアの注目度は上がるし、世論を動かして行く力にもなる。これは工事をストップさせたことと共に、我われが手にした成果である。

■辺野古に結集し、闘いを共有しよう!

和解によって今後のプロセスは、まず県と国との協議が進むことになる。いつ

まで協議が行なわれることになるか断定できないが、おそらく参議院選挙の後まで続けられると見られる。安倍には沖縄の民意を尊重しようという考えは微塵もない故に、夏の選挙が終わればできるだけ早く協議を打ち切り、翁長知事の埋め立て承認取消に対する「是正の指示」を出してくるだろう。その後、県の不服申立による国地方係争処理委員会での審査を経て、結局「是正の指示」をめぐる裁判が争われることになる。この裁判が高裁から最高裁へと移り、判決が確定するまで、半年から一年かかると予想される。

　強引一点張りの安倍政権の埋立工事の強行を食い止めることができた。率直に喜びたい。ゲート前座り込み現場にいた 200 人も和解のニュースに接し「工事を止めたぞ」と勝どきを上げ、歓喜のカチャーシーを舞った。抱き合って喜び合い、うれしさの余り泣き出す人もいた。しかしすぐに気を引き締め、工事の中断からさらに新基地の白紙撤回まで追い込んでいくぞ、との声が上がった。

　磐石に見えた安倍は辺野古ではじめて失敗した。和解を発表した記者会見での安倍は、マスコミ向けに笑顔をわざとらしくつくって見せたが、工事を中断に追い込まれた悔しさがありありと見て取れた。辺野古のように闘えば安倍に対して勝つことができる。工事の中断に追い込んだ今こそ、とどまることなく、辺野古新基地計画の全面的な白紙撤回に向けて、沖縄現地のみならず、全国・全世界へとさらに闘いの輪を広げていかなければならない。

2016.3.12

政府は「是正の指示」を撤回し、誠意をもって協議の場に着け！
3・7 政府が県に対し「是正の指示」

　翁長知事と安倍が会談し国と県との「和解」を発表したのは３月４日の金曜日だった。週明けの月曜日の７日、国は、国土交通相が沖縄県に対し埋め立て承認取り消しを取り消すよう「是正の指示」を出した。「和解条項」はあくまで「円満解決に向けた協議」をうたっていた筈である。政府は沖縄県との協議を始めもしないうちに、新基地建設の手続きを速く進めるための強行策にうって出たのだ。

　■和解により海上工事は止まった！

　和解により海上ボーリング調査は止まった。ゲートからのトラックや作業員の出入もない。

　海上の工事現場はどうなっているか。３月９日、工事現場の様子を確認するため、抗議船に乗って大浦湾の現場に向かった。臨時制限区域の付近にカヌー隊や

抗議船の立ち入りを阻止するために設置された二重のフロートをやすやすと乗り越え、制限区域の中に入っていく。海保の姿はない。工事が止まっていることを実感する。マリン・セキュアリティの船が近づき、「臨時制限区域に入らないで下さい」とマイクで叫び続け、ビデオを回し写真を撮るだけだ。作業員の姿も見えず、機械類も作動していない。海保のボートを泊めていた浮桟橋も片付けられている。

2016.3.9　大浦湾。工事が止まった臨時制限区域内。23番目のガイド棒が差し込まれたまま

　大型の工事台船とコンクリートブロックを積んだ台船が合わせて3台、停泊している。長島付近には、最後の23番目のボーリング調査が途中であることを示すガイド棒が差し込まれたままである。

■戦後71年続く構造的沖縄差別の不当性

　他方、国地方係争処理委員会と「協議」の場を舞台とした県と国との今後の攻防は、国交相の是正の指示は正当か、翁長知事の埋め立て承認取り消しは正当かどうかをめぐって正面から争われる。

　新崎盛輝さんは新刊『日本にとって沖縄とは何か』（岩波新書）で、「戦後日本の政治、とりわけその根幹をなす対米従属的日米関係を支えてきたのは、構造的沖縄差別であった」と指摘している。根本的に問われていることは、戦争によってつくられた戦後日本の体制とその軍事的要塞・沖縄を民主主義と自治をテコに変革することだ。

　オール沖縄会議は現在、全国各地での講演会などを通したキャンペーンを計画している。辺野古基金は5億4千万円を越えた。翁長知事は今年もまた訪米することを明らかにし、そのための県予算も計上済だ。2月上旬には、沖縄県ワシントン事務所が米国内でロビーイングを行なうに当たっての「外国代理人登録法」への登録を完了した。

　和解協議中も闘いは止まらない。工事の一時中止から完全な断念、白紙撤回を

2016.3.16　和解により工事が止まった辺野古ゲート前に、人々が続々と集まる

勝ち取るために、さらに辺野古現場に結集しよう！

2016.3.21

キャンプ・シュワブ前緊急抗議集会　2500 人結集
基地ある限り米軍犯罪はなくならない！　容疑者を起訴し、厳罰に処せ！

　3 月 21 日午後、キャンプ・シュワブ第一ゲート前で、「米海軍兵による性暴力を許さない緊急抗議集会」が開かれた。各地から 2500 人が結集し強い抗議の意思をあらわした。

　「基地・軍隊を許さない行動する女たちの会」の高里鈴代さんは「性暴力の被害にあっても訴えることができないでいる女性がどれだけ多くいることか。県民は基地の黄色いラインを越えると刑特法で捕まるのに、米兵は沖縄中を自由に動き回る」と訴えた。

　ヘリ基地反対協議会の安次富共同代表は「口先だけの謝罪の言葉は要らない。根本的な解決は沖縄の基地の撤去しかない」と述べた。稲嶺名護市長は強い抗議の意思を表す赤い T シャツをつけて登場し、「米軍は良き隣人というが、これまでキャンプ・シュワブの米兵が引き起こした強姦、殺人、住居侵入など数々の犯罪は良き隣人であれば決して起きる筈のない事件だった」と強調した。

　県議会会派県民ネットの奥平一夫県議は「加害者は米軍の一兵士だが、米軍に

基地を提供しているのは一体誰か。安倍晋三ではないか」と怒りの声を上げた。

■容疑者を起訴し、厳罰に処せ！

3月13日未明に起こった米海軍兵による女性暴行事件の経過はこうだ。県警に逮捕された容疑者はキャンプ・シュワブ所属の米海軍一等水兵ジャスティン・カステラノス。容疑者は週末、他の海兵隊員と共に那覇の繁華街に繰り出し酒を飲み那覇市内のホテルに宿泊した。被害女性は日本本土から観光に訪れ、たまたま、容疑者と同じホテルに宿泊していた。同室の知人との連絡の不手際からオートロック式の部屋に入れず、扉の前で寝入ってしまった被害女性を容疑者の海軍兵は自分の部屋に連れ込み、暴行した。女性の悲鳴を聞いた同室の知人が容疑者の部屋に急行し女性を保護すると共に、警察に通報し、事件が明るみに出た。那覇署は面識のない観光客の女性が寝ているのに乗じて性的暴行を加えたとして準強姦容疑で逮捕し、那覇地検に送検した。

準強姦容疑とは寝ていたり深酔い状態だったりして抵抗できない状態にある女性に性的暴行を加える犯罪であり、未遂を意味しない。日本の刑法上の法定刑は3年以上20年以下の有期懲役となっている。

1995年の少女暴行事件では、犯罪米兵は基地内に逃げ込み、米軍は起訴前引渡しを拒否したが、今回、容疑者は県警に逮捕された。

■広がる抗議のうねり

沖縄県警のまとめによると、1972年の復帰後昨年12月まで、沖縄で起きた米軍人軍属らの刑法犯は5896件、そのうち強姦事件は129件、147人が摘発された。『涙のあとは乾く』（講談社）の著者、キャサリン・ジェーン・フィッシャーさんは今回の事件を受けて、「表面化しているのはほんの一部。どれだけの人が傷つき今も苦しんでいるか。」「自分の大切な存在が傷つけられれば、怒り、正義のために立ち上がり、大切な人を守る。日本政府にはそれがない。そのことが米兵による犯罪が起きるのを許している」と指摘した。

米軍は、戦場において躊躇なく人を殺す攻撃性を身につけるよう兵士を教育し訓練する。このような攻撃性と性暴力は一体だ。米軍内部での性暴力も深刻な水準にある。2015年5月15日付の琉球新報問山記者のワシントン報告によると、米国防総省は2014年会計年度の米軍内部の性犯罪件数を18900件（うち女性の被害者8500人）と推定していると発表した。そのうち実際に被害申告したのは約3分の1の6131人に過ぎず、申告者の4分の1は基地内で働く民間人だという。米軍の存在そのものが性暴力の温床なのだ。

日米地位協定により、出入国管理法の適用除外や基地の排他的管理権、犯罪米

兵の身柄引き渡し拒否権など治外法権的な特権を有していることが米軍の構造的性暴力をさらに強める。前泊博盛沖国大教授によると、犯罪米兵の起訴率は10％前後にすぎないという。逮捕されない、起訴されない、処罰され

2016.3.21　米兵による性暴力に抗議する集会。辺野古ゲート前に2500人結集

ないという日米安保—日米地位協定の仕組が米軍犯罪を保護しているのだ。

2016.3.27

係争委は国の不法な関与を退けよ！　3.23 沖縄県、係争委に不服審査申し立て

　翁長知事の埋め立て承認取消の取り消しを求める「是正の指示」に対し、沖縄県は、3月23日、国地方係争処理委員会（小早川光郎委員長）に審査を申し出た。

　その要旨は、①仲井真前知事の埋立承認を、翁長知事が瑕疵があるとして取り消したのは適法である、②国交相の是正の指示は国の違法な関与にあたる、③係争委は国交相に是正の指示の取り消しを勧告するよう求める、というものである。翌24日、係争委は5人の委員による第1回の会合を開いた。審査期間は申し出から90日以内、6月21日までとなっている。

　係争委は政府から独立した第三者機関として、沖縄県にたいする国の不法な関与を退ける判断を下さなければならない。係争委の存在意義が問われている。

■ 3.23「和解」後初めての県・政府協議

　他方、「和解」成立後初めての沖縄県と日本政府との協議が「政府・沖縄県協議会」の第2回会合の形で、3月23日、首相官邸で開かれた。

　沖縄県の主張をまとめると、①米海軍兵による準強姦事件に強く抗議する。日米当局の間で再発防止策を策定しその内容を公表することを求める、②日本政府は辺野古が唯一というかたくなな固定観念にとらわれず、真摯に協議を進めてほ

しい、③辺野古問題とは切り離して、普天間飛行場の5年以内の運用停止のために政府は責任を持って取り組むべきだ。そのため宜野湾市も参加する「普天間飛行場負担軽減推進会議」を早急に開催すべきである、④北部訓練場の一部返還とヘリパッド（離着陸帯）建設について。オスプレイはもともと高江のヘリパッドに予定されている機種ではないのに、オスプレイの離着陸場になっている。オスプレイ配備撤回も今後作業部会で議論していきたい、ということだった。

2016.4.3-4

軍警が目取真俊さんを拘束　臨時制限区域を撤廃し、フロートを撤去せよ！
米軍の治外法権を許す日米地位協定と刑特法

■ 4.1 米軍警察が目取真俊さんを拘束

　4月1日の海上行動で、カヌーチームの目取真俊さんが、キャンプ・シュワブの軍警察（米軍の民間人警備員）により8時間にわたって不当に拘束された。その後、軍警察から身柄引き渡しをうけた海上保安庁により刑事特別法違反容疑で逮捕された。海保による刑特法の逮捕は全国で初めての例だという。キャンプ・シュワブゲート前、および中城海上保安部前での緊急抗議行動が行なわれ、海保から送致を受けた那覇地検は翌2日夜、処分保留のまま目取真さんを釈放した。

■逮捕に至る経過

　カヌーチームや抗議船がフロートを越えて立入制限区域に入るのは今回に限ったことではない。3月4日の「和解」以前には、海保が「安全のため」カヌーメンバーを拘束・排除していたが、和解により工事が止まった以降は、海保は前面から退き、防衛局が契約した「マリン・セキュアリティ」の警備船が立入禁止区域に立ち入らないよう警戒し、軍警は浜辺で監視する程度だった。

　4月1日朝、海上工事が止まっている辺野古の海にカヌー8艇が出た。その内5艇がキャンプ・シュワブの突き出した先端になっている辺野古﨑近くの浅瀬に張り巡らされたフロートを超えて大浦湾に入ろうとした時に事件が起きた。

　釈放後の目取真さんの話を総合すると、拘束された場所はフロートを越えてカヌーを引っ張り上げる時にいつも寄る浅瀬であった。普段はMPも軍警備員も何も言わないが、突然、軍警備員が走ってきて、岩場の上からカヌーチームの1人を捕まえようとしたので、目取真さんがやめるよう抗議したところ、逆に陸上に引きずり上げられたという。軍警備員が2人がかりで、頭を押さえ、腕をつかみ、後ろ手に手錠をかけ基地内の詰め所に連行していった。

2016.4.2 中城海上保安部前。目取真さん不当逮捕糾弾、即時釈放を訴え緊急抗議集会

■「臨時制限区域」は違法だ！

臨時制限区域は2014年6月22日、ボーリング調査の開始に当たって、日米合同委員会が「普天間代替施設建設事業のため」に立入禁止とした海域である。和解によって工事が中止されている現在、臨時制限区域の根拠は一切ない。目取真さんの拘束・逮捕は明らかな不法拘束・逮捕だ。検察にしても勾留の根拠を示すことが難しいと判断したのだろう、早々に釈放せざるを得なかった。

■米軍の治外法権を許す日米地位協定と刑特法

米軍基地の詰め所に連行された目取真さんは8時間の間、ウェットスーツのまま着替えすることもできず、弁護士に連絡をとることも許されず、拳銃所持のMPの監視のもと拘束された。その間与えられた食事はハンバーガー1個とペットボトルの水1本だけだったという。こうしてまったく外界との連絡が遮断された状態が続いた。弁護士が沖縄防衛局、海保、県警にいくら問い合わせても、目取真さんの所在について「分からない」と繰り返すのみであった。外務省沖縄事務所に至っては、米軍に拘束されている事実すら知らなかったという。

まさに、米軍基地は日本の法律がおよばない治外法権の地域となっており、日本政府は米軍に対し何も権限を持たない実態が明るみに出たのだ。こうしたことを保障しているのが日米地位協定と刑特法をはじめとする米軍に特権を与える特例法であり、米軍の治外法権を放置してきた戦後日本の政治の仕組である。

翁長知事は「自治体議員立憲ネットワーク」の研修会での講演のあと、記者団に対し、基地内に8時間も拘束されたのは地位協定の問題もあると指摘した。辺野古の闘いは、戦後日本の政治の根本的なゆがみを是正することをめざす。

2016.4.10

今こそ沖縄から米軍を追い出そう！

2016.4.6　キャンプ・フォスター米軍司令部ゲート前に700人。米軍の横暴・弾圧を許さない！

4.6 米軍司令部ゲート前 緊急県民抗議集会に 700人

　4月6日午後、米軍の横暴・弾圧を許さない！をスローガンに、米軍司令部のある北中城村石平のキャンプ・フォスター（キャンプ瑞慶覧）第1ゲート前で緊急抗議集会が開かれ、700人の市民が結集した。

　子ども連れの人々も見える。取材陣も多い。第1ゲートが面する国道330号線の両側はすべて基地だ。『本土の人間は知らないが、沖縄の人はみんな知っていること—沖縄・米軍基地観光ガイド』（書籍情報社）のキャンプ・フォスターの項目を開いて地図を確認すると、基地の中を国道が通っていることが一目で分かる。基地の中にオキナワがあることを実感する。

　参加者はゲート前に座りこみ、「沖縄を返せ」を歌い、ゲートを完全に封鎖した。車両は一台も通過できない。警官は十数名が入口付近に並んでいるだけだ。軍警が数十人、ずらりと並んで警戒態勢を取り、マイクで「車が通ります。道を開けてください」と叫び続ける。平和市民連絡会、ヘリ基地反対協議会、目取真俊さん、普天間基地爆音訴訟団、嘉手納基地爆音訴訟団の代表が次々と立ち、米軍の横暴を批判した。

　集会がそろそろ終わりに近づいた3時50分頃、初めは姿を見せなかった機動隊が基地内のゲート入口付近に集まり、何か打ち合わせをはじめたかと思うと、突然、指揮官が指揮棒を振りかざして、整然とした集会に警官を突入させた。

　排除に抵抗する人々、座り込む人、寝ころぶ人、ゲート前の国道に広がり座り込む人、ゲート前一帯が騒然となる中、1台の米軍車両が出てくる。2人の米兵が乗っているが、たくさんの勲章をぶら下げており、一目で司令部の高官だと分かる。こうして、約20分にわたりゲート前は大混乱に陥り、国道は30分以上渋滞した。

　結局機動隊が導入されたのは基地司令部の高官が乗った車1台を通すためであった。ただそのためにだけ平穏に進行していた集会の終わり間近に介入し、あたり一帯の交通渋滞を招いたのである。米軍の指示に従順に従う警察という図式

はまさに、米軍に自ら進んで従属する日本という関係の縮図だ。

辺野古総合大学が開講

■新崎盛輝さんが第1回講義

和解で工事が止まったキャンプ・シュワブの闘争現場では、再び訪れる闘いの日々に備

2016.4.5 「辺野古総合大学」開講。第1回は新崎盛輝さん。「日本にとって沖縄とは何か」

えて、深く学び、認識を共有するための「辺野古総合大学」が4月5日から30日まで、全17回の予定で始まった。

予定されているプログラムは多様で、どれも興味深い。「過去に学ぶ―喜瀬武原闘争」「反CTS闘争」「昆布の土地闘争」、「基地と人権」「基地と経済」「沖縄の沿岸漁業と豊かな大浦湾を守るには」「沖縄東海岸の海の魅力」「新基地と環境破壊」「地元住民の新基地反対の20年の闘い」「代執行訴訟―和解の意義と今後の展望」「"標的の村"から"標的の島"へ」「海上での闘いと今後の取り組み」「和解後私たちが注意すべきこと―建設事業の現状と課題」「遺骨収集―糸満から辺野古まで」のほか、歌、サンシンのコンサートや琉舞もある。

4月5日、沖縄大学名誉教授の新崎盛輝さんが第1回目の講義として、「日本にとって沖縄とは何か」をテーマに講演した。新崎さんは最も強調したい点として「『安保反対』というスローガンでは安保は変わらないが、辺野古が阻止できれば安保も変わる。小異を残して大同につくという場合、小異は安保で、大同は辺野古だ」と参加者に語りかけた。

■4.7 第2回目は糸数隆さん「喜瀬武原闘争に学ぶ」

辺野古総合大学の第2回目講義は4月7日、糸数隆さん（マスコミOB会事務局長）が、「喜瀬武原闘争」をテーマに報告した。

米軍は復帰後も相変わらず演習を継続していた。特に、恩納村喜瀬武原と金武町金武を結ぶ県道104号線越えの実弾演習（105ミリ・155ミリ榴弾砲）は住民の生活道路を封鎖し、農作物の出荷や生徒・教員の通学通勤に支障を与えるだけでなく、水源地汚染、山火事、砲弾の破片による人身事故や家屋の損壊、着弾

地近くの喜瀬武原小中学校への危険などで県民の反対が強かった。

　1974 年 10 月 16、17 日の復帰後 8 回目の演習の時に転機が訪れた。当時の原水協（仲吉良新理事長）は現地で抗議行動を行なっていたが、県道封鎖が緩んだ昼食時間に乗用車 100 台が県道 104 号線に進入して午後からの演習を中止に追い込んだ。翌日は労働者・学生 50 人が恩納岳・金武岳・ブート岳の山中に突入し、古タイヤを燃やし、発炎筒を焚いてのろしを上げた。その結果、米軍は演習を中止せざるをえなくなり、以降 2 年間にわたって演習することができなかった。

　防衛施設局は演習場内の山中に鉄条網を張り巡らす一方、8 億円かけて迂回する道路をつくり、地域住民と抗議団の分断をはかった上で、実弾演習を再開した。1976年 9 月 17、18 日の演習に対し山中に入った行動団の内、4 人が逮捕され刑特法違反で起訴された。当時沖縄タイムス労青年部長だった糸数さんもそのひとりだった。

　1977 年 2 月に始まった刑特法裁判は全国的に注目を集めた。かつて砂川裁判で刑特法違憲判決を下した伊達秋雄裁判長が弁護団長をつとめ、弁護団は総勢 120人になった。25 回にわたる審理の後、1980 年、執行猶予付きの有罪判決が下されたが、104 号線越え実弾演習は北海道、山梨県、大分県など日本本土の 5 ヶ所の基地に分散され持ち回りで実施されることになり、現在にいたっている。

　糸数さんは講義の終わりを次のような言葉で結んだ。

　「タイムス記者として 36 年。CTS、全軍労などあらゆる闘いにたずさわった。先輩に教わった言葉がある。右手にペン、左手に石。すなわちきちんと報道すると共に、権力に対して闘うという意味だ。言論人は常に民衆と共になければならない。私は当時 27 歳。行動することにより世の中を変えることができると信じた。」

　講演後、糸数慶子さんと当時お腹の中にいた娘さんが、当時を回想し涙ぐみながら父に対する思いを語った。

■第 3 回目は高里鈴代さん「基地は人権侵害の元凶」

　4 月 8 日は、高里鈴代さんが「基地と人権」をテーマに講演した。テントにいたある女性は「高里さんの話をきくと、当時のことが思い出されて辛くなるので、先に帰ります」と言って、席を立った。それほど米軍による人権侵害は県民に深く悲しみと苦しみを与えているのである。

　71 年前の沖縄戦で米軍が沖縄に上陸すると共に米軍の犯罪、人権を侵害する事件・事故が起こり始めた。かつて沖縄人権協会理事長として米軍犯罪の調査と追及に取り組んだ福地曠昭さんが詳しく報告しているように、絞殺・刺殺・轢殺など数え切れないぐらい多くの殺人、赤ちゃんから老婆まで数多くの強姦、強盗、窃盗、暴行、傷害、住居侵入などの事件、銃剣とブルドーザーによる強制収用、

飛行機の墜落や飛行中の軍用機からのさまざまな部品、物品の落下により命を奪われ傷ついた事件・事故の数々―県民は米軍が駐留し軍事基地があることにより生じる悲しみと苦しみ、そして怒りをこれまで無数に味わってきた。元凶は基地だ。

外国軍隊の存在により起こる人権侵害は外国軍隊の撤退によってしか解決できない。

2016.4.17

普天間返還合意から 20 年　日本政府無為無策の 20 年
4.28　64 周年を迎えて　サンフランシスコ講和条約と天皇メッセージ

1995 年の少女暴行事件のあと沖縄県民の米軍に対する怒りのマグマが大きく噴出する中、1996 年 4 月 12 日、当時の橋本首相とモンデール駐日米大使は緊急記者会見を開き、既存米軍基地の中に新たにヘリポートを建設することを条件に、「普天間基地の 5 年ないし 7 年以内の返還」に合意したことを発表した。本来なら普天間は 2001 年ないし 2003 年に返還されていなければならない。

しかし、普天間返還はいつの間にか消えさり、「普天間の危険性の除去」を口実とした「県内移設」、辺野古新基地建設の流れが、日米安保マフィアたる日米安全保障協議委員会を軸にした日米政府によってつくられていくのである。

その後、基地内ヘリポート建設は東海岸沖の浮桟橋型海上ヘリポート案、さらにリーフ上埋め立て案となったが、海上行動でボーリング調査が完全に阻止されてしまうと、日米両政府は 2005 年、キャンプ・シュワブ辺野古崎の両側を埋め立てV字型の滑走路を備えた新基地を建設する現行案を発表した。当時の稲嶺県知事や岸本名護市長が主張した「15 年使用期限」と「軍民共用」を取り入れた閣議決定はいとも簡単に投げ捨てられ、軍港、弾薬搭載場、ヘリパッド、そして背後に辺野古弾薬庫をもつ、最新鋭総合飛行場計画となったのである。

■大半のメディアも無条件返還を支持

返還合意から 20 年を経たにも拘らず普天間の返還がまったく進まないことに、日本本土のメディアも政府の不作為を批判している。「なぜ返還は実現しないのか。沖縄の民意を顧みない政府の姿勢に最大の原因がある。」(朝日新聞)、「問題をこじらせたのは県内に代替施設をつくる条件がついていたことだ。」(毎日新聞)、「日米両政府は普天間を無条件で閉鎖し返還する作業を何より急ぐべきだ。」(中国新聞)、「政府は普天間の返還を強く求めるべきだ。辺野古と絡めては問題解決は難しい。」(神戸新聞) など、特定の右派新聞を除いて中央紙・地方紙ともメディアの大半は

辺野古と切り離して普天間の無条件返還に取り組む必要性を強調している。

この20年、普天間は動かなかったが、普天間の無条件返還の必要性の理解は大きく広がったと言ってよい。1899年にオランダ・ハーグで開かれた第1回万国平和会議において採択された「陸戦ノ法規慣例ニ関スル条約」（ハーグ陸戦条約）並びに同附属書は「私有財産は没収できない」と明記している。普天間基地は国際法違反の上に造られた基地なのだ。米軍の鉄面皮と日本政府の追従が国際法違反の普天間を維持し続けている。奪ったものを早く返せ、という市民、県民の声はいまや最大限に高まっている。

■ 4.28　64周年を迎えて　サンフランシスコ講和条約と天皇メッセージ

4月28日は沖縄にとって特別な意味を持つ。現在の沖縄の政治的・法的な枠組みの始まりの日である。サンフランシスコ講和条約と日米安保条約は1951年9月8日に調印され、遅れて調印された日米行政協定と共に、翌1952年4月28日に発効した。サンフランシスコ講和条約は日本を含め52カ国が参加したが、ソ連など3カ国は参加せず、中国は参加を認められなかった。東西冷戦の中で、日本が米国主導の「反共」世界の一員となったことを対外的に明らかにしたのがサンフランシスコ講和条約だった。

日本の植民地であった朝鮮、台湾は条約2条で、日本の支配から切り離すことが明記された。はじめ沖縄もこの2条に含まれていたが、のちに沖縄について3条が新たに設けられた。第3条の内容は、前段で、沖縄を、アメリカを唯一の施政権者とする信託統治に置くことを述べ、後段で、前段を実現するまでアメリカは沖縄の統治を続ける、というものであった。狐につままれたような文章だが、要するに、アメリカの沖縄に対する排他的、永久的支配を宣言したものにほかならない。

1951年9月8日、サンフランシスコ講和条約がオペラハウスで華々しく結ばれた同じ日の夕方、吉田首相と池田蔵相は米第6軍司令部の下士官用クラブハウスに出向き、日米安保条約にサインした。それに先立つ1951年1月、対日外交を主導したダレス国務長官は、望むだけの軍隊を、望む場所に、望む期間駐留させる権利を確保する意思を表明していた。サンフランシスコ講和条約を通した日本の「主権回復」は、はじめから米軍の日本支配と沖縄の日本本土からの分断と軍事要塞化いう条件下でのみ可能だったのである。

2013年4月28日、安倍は「主権回復の日」を祝う式典を開催し、天皇陛下バンザイを三唱した。安倍には、日本の「主権回復」の条件として沖縄の日本本土からの分断と軍事要塞化および米軍政支配があったことはまったく念頭にない。日本の利益のために沖縄の犠牲をいとわない人たちが日本政府の中枢で国家

権力を行使していることは実に不幸な事態だ。

■天皇メッセージとは？

1979年公開されたアメリカの外交文書に、いわゆる天皇メッセージがある（沖縄県公文書館所蔵）。1947年9月、昭和天皇が側近の宮内府御用掛・寺崎英成を通し、沖縄の長期占領を希望することを口頭で伝えたものである。GHQの政治顧問シーボルトが要旨をまとめ、「琉球諸島の将来に関する日本の天皇の見解」と題した書簡に添付し米国政府に報告した。

寺崎氏は、米国が沖縄その他の琉球諸島の軍事占領を継続するよう天皇が希望していると、言明した。天皇の見解では、そのような占領は、米国に役立ち、また、日本に保護を与えることになる。……

さらに天皇は、沖縄（および必要とされる他の島々）にたいする米国の軍事占領は、日本の主権を残したままでの長期租借―25年ないし50年あるいはそれ以上―の擬制にもとづくべきであると考えている。天皇によると、このような占領方法は、米国が琉球諸島に対して永続的野望を持たないことを日本国民に納得させ、また、これによる他の諸国、とくにソ連と中国が同様の権利を要求するのを阻止するだろう。

手続きについては、寺崎氏は、（沖縄および他の琉球諸島の）「軍事基地権」の取得は、連合国の対日平和条約の一部をなすよりも、むしろ、米国と日本の二国間条約によるべきだと、考えていた。寺崎氏によれば、前者の方法は、押しつけられた講和という感じがあまり強すぎて、将来、日本国民の同情的な理解を危うくする可能性がある。

アジア太平洋戦争と沖縄戦で完膚なきまでに敗北した日本の支配層、すなわち天皇と軍部・政界・財界・官僚・学界・教育界・メディアの支配層が、戦争責任を何らとることなく戦後もその地位にとどまることを米軍によって保障されることにより生まれたのが戦後日本である。アメリカに逆らえない日本の支配層の起源は戦後日本のそもそもの始まりに由来している。

2016.4.24

ふるさとの土砂を戦争に使わせない！
辺野古土砂全協　4.18沖縄学習交流会に300人

辺野古への土砂搬出に反対する全国各地の活動団体のメンバー38人が4月17〜19日のツアーを組んで辺野古を訪れ、名護市で学習交流会を開催した。沖縄各地からの参加者を合わせ約300人が参加した。会場の名護市役所屋部支所2階ホールは満席。辺野古に基地は造らせない、ふるさとの土砂を使わせない、との熱気があふれた。

　第一部は学習会。3人の講師が報告した。

　向井宏北大名誉教授（海の生き物を守る会代表）「土砂採取と海の汚染─小豆島と奄美大島での潜水調査と砂浜消失」。湯浅一郎環瀬戸内海会議副代表（ピースデポ）「海砂採取と漁業資源・瀬戸内海での教訓─自然は縫い目のない織物、どこも壊してはならない」。北上田毅（沖縄平和市民連絡会）「辺野古新基地建設事業、『埋立土砂』についての問題点」。

＜向井宏教授の報告まとめ＞

　日本政府は2010年名古屋で、生物多様性条約COP10を開催し、絶滅危惧種を守るために2020年までに海洋の10％を保護区にすることを国際的に約束した。3年間の審議を経て、海洋保護区の設定のための重要海域の選定が行なわれたが、その中に辺野古・大浦湾を含む沖縄のほとんどの海域が含まれている。2014年度中に閣議決定を経て公表されるはずだったが、未だに閣議決定に至っていない。なぜか？尖閣列島・北方4島など外交的懸念のある海域と辺野古・大浦湾が含まれているためであろう。外務省・防衛省の反対が考えられる。日本政府は辺野古・大浦湾に基地ではなくジュゴン保護区こそ設定すべきである。

　奄美と沖縄はともに世界自然遺産をめざして取り組んでいるが、採石と埋め立てによる自然破壊はこの動きに矛盾している。山を削る採石は森林の減少と生態系の劣化につながり、騒音、汚水、山崩れなどで住民の生活を壊す。

＜湯浅一郎副代表の報告まとめ＞

　海砂採取による環境への影響は、砂浜の消失による周辺環境の破壊にとどまらず、藻場の消失や海底地形の変化を通して、漁業にも大きな影響を与える。瀬戸内における「イカナゴ」という魚の漁獲量と海砂採取の関係を調査したところ、海砂採取のすすんだ岡山県、香川県、愛媛県、広島県の場合、軒並みイカナゴの生息数・漁獲量が激減した。イカナゴの減少はクラゲの増加とタイ、サワラその他の魚の減少を招いた。イカナゴは低次生態系の主要魚であり、その動きは生態系全体に影響を与え、崩す。

　ところが、海砂採取禁止区域を設定した兵庫県の場合、イカナゴ漁獲量を維持することができた。ほかの地域も海砂採取を禁止したところ、アマモ場が増え、

タイラギという貝も増え、瀬戸内の海洋生態系の頂点にいるスナメリクジラも目視では増加した。自然というのは縫い目のない織物である。むやみに手を加えて自然のバランスを壊してはならない。

　かつて広島の三原瀬戸の海砂で関西新空港を埋め立てた。その結果、ともに海の破壊がすすんだ。バキューム船で海底の砂泥を根こそぎポンプアップして、砂だけを取り出し、小石や泥を高濃度の濁水として放出する海砂採取は、砂浜の消失、浅瀬の消失など海底地形の変化、海水の透明度の悪化による海藻・海草場の減少をもたらした。

　沖縄での海砂採取と辺野古・大浦湾の埋め立てはダブルパンチで、海底地形の変化、濁水の拡散、海草の減少、ジュゴンの生息への悪影響が予想される。

■第2部は各地の報告

　奄美大島の大津幸夫さん（自然と文化を守る奄美会議共同代表）は、「採石により奄美の海は死の海になっている。採石法を改正して自然と環境を保護できるようにしなければならない」と述べた。

　北九州市門司区の八記久美子さん（辺野古埋立土砂搬出反対北九州連絡協議会事務局長）は「門司は山口県のふたつの島を合わせて全体の35％の土砂が搬出される。辺野古の問題は日本の民主主義の問題だ」と訴えた。

　五島列島の歌野礼さん（五島列島自然と文化の会）は、「人口5万人の過疎の島で、知らないうちに戦争に加担させられているのではないか、ということを強く訴えたい」

　熊本県天草からは、生駒研二さん（辺野古土砂搬出反対熊本県連絡協議会事務局長）が、「天草の御所浦採石場は化石の島だ。1億年前の恐竜の化石やアンモナイトの化石が出る。天草ジオパークの顔ともいえる、ここの土砂300万㎥が辺野古に搬出されるのに反対だ」とアピール。

　鹿児島県南大隅の大坪満寿子さんは「核の最終処分場の候補地として名前が上がり、また辺野古への土砂搬出の動きが出ている。自然を守り子や孫が安心して暮らせる環境を残していくのが私たちの務めだと思う」

　山口県の大谷正穂さん（辺野古に土砂を送らせない！山口の声代表）は、「先日車の中に飲みかけの缶コーヒーを置いておいたら、アルゼンチアリの群が集まっていた。こんなものを辺野古に搬出してはいけない」

　三重県の高橋さん（辺野古のケーソンをつくらせない三重県民の会）は、「ケーソンをつくるJEFエンジニアリング（旧日本鋼管）へのチラシまき、署名運動や抗議行動に取り組んでいる」

本部町の平良さん（本部町島ぐるみ会議）は、「本部町は保守的な町だが、今回の辺野古だけは違う。全国の皆さんが来てくれて、また頑張る力になる」

最後に、「埋め立て土砂搬出反対、新基地建設ストップの声を日本全国に響かせよう」との決議文を採択し、閉会した。

2016.5.8

嘉手納基地ゲート前行動　辺野古 NO!　嘉手納も閉鎖！
辺野古総合大学　佐々木末子さん「昆布土地闘争に学ぶ」

毎週金曜日の朝7時半から9時まで、嘉手納基地第1ゲート前で、嘉手納閉鎖！を訴える抗議行動が行なわれている。

4000m級滑走路2本とF15イーグル戦闘機、KC135空中給油機、海軍のP3C対潜哨戒機など約100機の航空機を有し、7000人の兵士、多数の軍属、軍雇用員を抱える嘉手納基地はアジア最大の米空軍基地である。広大な基地面積は成田空港の2倍、隣接する嘉手納弾薬庫は嘉手納飛行場よりも広い。さまざまな空母艦載機や三沢・厚木など国内の基地や韓国オサン基地、さらには米本国のカリフォルニア州やアラスカ州などからもステルス戦闘機F22やF16戦闘機、AV8Aハリアー戦闘機が部隊と共に頻繁に飛来し、訓練を繰り広げている。

71年前の沖縄戦で、日本軍は「不沈空母」をスローガンに伊江島、読谷、那覇、宮古など沖縄各地で、土地を収用し、県民を総動員して飛行場建設を推し進めた。当時「中飛行場」と呼ばれた嘉手納の飛行場もその一つだった。しかし、米軍の上陸に当たって、日本軍は滑走路を爆破して南に撤退した。米軍は難なく「中飛行場」に駐屯し、滑走路を補修・拡張し嘉手納飛行場とした。そして沖縄に居すわった。

先月、嘉手納町による2015年度の嘉手納基地の騒音調査の結果が明らかにされた。70デシベル以上の騒音回数は47,685回だった。ジェット燃料や泡消化剤PFOSの流出事故も度々起きている。嘉手納基地の一部を返還してつくられた沖縄市のサッカー場で100本以上の腐食した枯葉剤ドラム缶が地中から発見された。周辺の水溜りからは基準値の2万倍以上のダイオキシン類が検出、現在調査が進行中である。米軍基地は文字通り諸悪の根源だ。

Yナンバー、Aナンバー、Eナンバーの車がひっきりなしにゲートを内外から通過する中で、抗議団はゲート前の各所に散らばり、GOOD BYE KADENA！などのプラカードを手に、車で通過する米軍人・軍属・家族と国道を通る県民にアピール行動を展開する。時たま、兵士をたくさん載せた自衛隊トラックが通り過ぎる。

2016.4.22　嘉手納基地第1ゲート前の嘉手納ピースアクション

米兵たちの反応はさまざまだ。GET OUT of OKINAWAのメガホンでの訴えに、窓をピッタリと閉め切って無視を決め込む人たちが多い。中指を突き立てて敵意を表す人や、どういうつもりなのかVサインをしたり手を振る人もたまにいる。通過するスクールバスの中には、大人たちがさせているのか、子ども達がいっせいに親指を下げて非難の意思表示をするバスもある。

　信号待ちで停車している時には、メガホンを使わず肉声で丁寧に話しかける。窓ガラスを開けたまま抗議団の訴えに耳を傾ける人もいる。「ここは県民の土地だ。あなたたちはインベイダーだ。米軍と住民は友だちではない。沖縄から出て行ってほしい」との英語での訴えに、うなずきながら涙ぐむ女性兵士もいる。米軍はインベイダーだとの言葉に、無言で目を見つめてくる米兵もいれば、ムキになって表情を変える米兵もいる。「僕は沖縄が好きだ。ワイフは沖縄の女性だ。僕の職場は米軍だ、なくなっては困る」という若い兵士との論争になることもある。

　嘉手納のゲート前行動は始まったばかりだが、嘉手納空軍基地の存在自体を問題として提起するアピールの場となっている。

■辺野古総合大学　佐々木末子さん「昆布土地闘争に学ぶ」

　4月26日、辺野古ゲート前で、佐々木末子さん（第3次嘉手納爆音訴訟具志川支部事務局長）が米軍政下の土地を守る闘いを次のように報告した。

　「具志川市（現在のうるま市）昆布には米軍の天願桟橋・物資集積場があったが、1962〜65年にかけて大改修が行なわれ、全長640m、巾30mの突堤が出来上がった。近くには燃料タンクの基地があり、ナイキ・ハーキュリーズのミサイルも配備されていた。1966年、米軍は新たな土地収用の通告を行なってきた。米軍が示した契約金額は坪あたり10セント、当時コーラ1本の値段だった。契約しなければ強制収用すると言われた。「この土地を取られたら生きていけない」と地主38人は協議を重ね、村内の各団体に協力を求め、村民大会を開いていった。

　天願桟橋はベトナム戦争と直結していた。赤土にまみれた戦車や泥だらけの靴を履いた兵士たちが降ろされていた。テント小屋を建てて座り込んだが、まっ先に駆けつけてくれたのが伊江島の人たちだった。支援の輪も広がった。教職員た

ちは生徒を連れて来てくれた。

　その中で、地元から8人が伊江島を訪問した。真謝部落など訪れ、阿波根昌鴻さんの話も聞いた。私はその時、伊江島の人たちの話をメモした。これを基に「一坪たりとも渡すまい」の歌詞をつくった。

　年末には米兵の集団襲撃もあった。旗を奪われ、闘争小屋も焼かれた。今度は焼かれない闘争小屋を造ろうと、鉄筋コンクリートの団結道場をつくった。1969年のことだ。結局、米軍は1971年、最終的に収用をあきらめた。その結果、昆布10班（A、B）が誕生した。強制収用を防いだだけでなく、広大な黙認耕作地の返還も勝ち取った」

2016.5.15

軍事要塞・沖縄を打ち破るぞ！　5·15平和行進

　第39回5·15平和行進は、5月13日、東、西、南の3コースに分かれて、行なわれた。東コースは、キャンプ・シュワブ第1ゲート前から、国道329号線を南下、米海兵隊キャンプ・ハンセン、キャンプ・コートニー、陸上自衛隊白川分屯地、嘉手納基地を通るコース。ピョンテク平和センター、駐韓米軍犯罪根絶運動本部、チェジュ島の海軍基地反対の市民団体などからなる韓国訪問団30人と台湾の参加者は東コースに参加し行進した。

　行進最終日の5月15日正午から、那覇市の新都心公園で、各コースの行進団が合流し、5·15県民大会が開かれ、2500人集まった。

　新都心公園は、米軍天久基地（マチナト・ハウジングエリア）が復帰後返還され、県立博物館・美術館、国際高校、大型スーパー、各種飲食店などと共に、造られた公園だ。再開発され復興した新都心は、米軍基地が返還されれば大きく発展する沖縄経済の見本として語られている。

　■韓国チェジュ島代表が訴え　沖縄の平和！　カンジョンの平和！

　海外ゲストとして海軍基地反対闘争を続ける韓国チェジュ島のカンジョン村婦人会長のカン・ムンシンさんが発言した。

　カン・ムンシンさんは開口一番、「ハイタイ」で切り出し、「チェジュと韓国の訪問団は海を越えて平和の手をつなぐために参加した。沖縄とチェジュは似ている。サンゴの海、豊かな自然。子どもたちに自然を残すことが出来るよう、沖縄と連帯しともに闘って行きたい。沖縄の平和！カンジョンの平和！」

　そのあと、各コースの行進団の報告が行なわれた。

会場の周りには例のごとく右翼の街頭宣伝車5、6台が集まり騒いだ。政府危機が深まると共に街頭に登場する右翼の役割は、嫌悪感を与える汚い言葉と暴力で人々を萎縮・沈黙させ、危機に陥った体制を救おうとするものだ。国境を越えた民衆の団結を強め、アジアに居すわる米軍を追い出し、軍事基地と戦争のないアジアをつくり出そう！

2016.5.22
女性強姦殺人・死体遺棄事件　米軍を追い出すため、今こそ団結を強めよう！

　うるま市に住む女性会社員が4月28日から行方不明になっていた事件で、沖縄県警は元海兵隊で嘉手納基地勤務の32歳の米軍属、シンザト・ケネス・フランクリン容疑者を逮捕した。容疑者は女性暴行、殺人、死体遺棄の容疑を認めているという。

　被害女性は名護市出身で、今年1月成人式を終えたばかりだった。一人っ子でいとこの中でも一番の年下ということもあって、親族みんなに可愛がられたという。成人式ではピンクの振袖を身につけ、成人の門出のお祝いした。将来を約束した男性と同居していたが、失踪当日の午後8時ごろ、「ウォーキングに行く」というスマートフォンのメッセージを交際相手に送ったまま、行方が分からなくなっていた。

　容疑者の米軍属は、米ニューヨーク州出身の32歳。2007年から2014年まで海兵隊に所属していた。その間2009年から2011年の2年間は沖縄のキャンプ・キンザーで勤務し、現在は嘉手納基地で民間会社に所属しインターネット関連の仕事につく米軍属である。住まいは妻の実家のある与那原町で、ウチナーンチュの妻と誕生間もない子どもの3人家族だった。

　容疑者は事件当日、「ウォーキング中の被害者を後から棒で殴り、草むらに連れ込んで暴行した」「首をしめナイフで刺して殺した」「スーツケースに死体を入れて運び、恩納村の雑木林に捨てた」と自供した。自供どおりの場所から発見された遺体は半ば白骨化していた。

■沖縄は悲しみと怒りのるつぼ

　5月20日、嘉手納基地第1ゲート前で、嘉手納基地爆音差止訴訟原告団と中部地区労共催の緊急抗議集会が開かれ、200人以上が集まった。沖縄平和運動センター副議長の仲村未央県議は、「弱いものがいつも犠牲になる現実に終止符を。基地をなくすという一点で団結を固めよう」と訴えた。普天間基地爆音訴訟団の島田善次団長は「言葉がない。悲しく苦しい。沖縄はいまだ戦場だ。こんな現状が許されているのは我われの怒りが足らないからだ。怒ろう。そしてなんと

しても基地を撤去させよう」と檄を飛ばした。

5月21日に行なわれた葬儀には、家族親戚のみなさんをはじめ、翁長知事、出身地の稲嶺名護市長、地元の島袋うるま市長、小中高の同級生、職場の同僚、友人知人合わせて800人が参列し故人の冥福を祈った。

2016.5.20　嘉手納基地第1ゲート前。女性強姦殺人・死体遺棄事件に対する緊急抗議行動。

■ 5.22 米軍司令部前　2000人が抗議の行進

22日には、米軍司令部のあるキャンプ・フォスター（北中城村石平）ゲート前で「事件被害者を追悼し米軍の撤退を求める集会」が開かれ、2000人が参加した。「基地・軍隊を許さない行動する女たちの会」「強姦救援センター」など36団体が賛同し参加した。静謐の中に深い怒りを表す「サイレント・スタンディング」として黒や白の服装で参加した人々は基地フェンス横を歩きながら、静かに抗議の意思を表した。

2016.5.29

元凶は基地だ。米軍は沖縄から撤退せよ！　5.25 嘉手納 4000 人が結集

「元米兵による残虐な蛮行糾弾！犠牲者を追悼し米軍の撤退を求める緊急集会」は、午後2時から、嘉手納基地第1ゲート前で開かれ、4000人が結集した。

最初に20歳の犠牲者に対し全員で静かに黙祷した。稲嶺名護市長に続いて、玉城愛さん（オール沖縄会議共同代表）が、「言葉にならない悲しみと怒りを覚える。こんな沖縄はもうイヤだ。私たちの命と人権がどうしてないがしろにされなければならないのか」と訴えた。

決議文を拍手で採択したあと、基地に向かって「命をかえせ」などのスローガンを叫び、最後に高里鈴代さんが閉会のあいさつを行った。「みなさん、手をつないでください」との呼びかけのあと、まず基地に向かって英語で訴えた高里さんは、「この地が受けてきた米軍の暴力は恐ろしいほど深刻だ。今こそ基地の暴力を断ち切るため、軍隊の撤退を求める」と述べた。

沖縄は深い悲しみと怒りにあふれている。犯行が明らかになって以降、死体遺棄現場の恩納村の県道104号線沿いの雑木林には毎日、花束や飲物、お菓子などを持って訪れる人々が絶えない。被害者の20歳の女性が好きだったというピンク色の花束や生前の写真もある。一人娘を失った被害者の父親は親戚・家族と共に現場を訪れ、娘さんのマブイ（魂）に「一緒に家に帰ろうね」と泣きながら呼びかけた。

翁長知事は安倍・菅との会談で、「綱紀粛正、再発防止は何百回と言われてきたが何も変わらない」「今の地位協定の下では日本の独立は神話と言われる」と、米軍犯罪の温床になっている日米地位協定の改定を強く求めた。

県議会は5月26日、「元海兵隊員の米軍属による女性死体遺棄事件に関する抗議決議」を採択し、遺族に対する謝罪と補償、普天間の閉鎖と県内移設の断念、海兵隊の撤退と米軍基地の大幅縮小、地位協定の抜本改定などを日米両政府に求めた。決議は自民党が退場し、公明党なども賛成する全会一致だった。県議会が海兵隊の撤退を求めたのは初めてだ。各市町村でも同様の決議が相次いでいる。5月26日現在、県内の自治体の半数に当たる20市町村議会が抗議決議をあげた。

連帯の動きは国会前行動や日本各地だけでなく、アメリカへも広がっている。全米で5万人の会員を有する「コード・ピンク」を中心に「ベテランズ・フォー・ピース」などの市民団体も参加して5月26日ワシントンで、米軍属の犯罪に抗議する「ダイ・イン」行動が行なわれた。参加者のひとりで母親が沖縄県出身の女性は口に黒のガムテープを貼り沖縄の声なき声を表現、地面に横たわる人たちは血が流れる様子を模した布を被って事件の残酷さを表現した。言語学者のチョムスキーさんなど著名人83人は「米軍基地の撤退を求める沖縄県民を支持する」との声明を発表し、オバマ大統領に対し翁長知事と話し合いを持つよう働きかけると強調した。

2016.6.5

6.5 県議選　県政与党が勝利

県議選に勝利した。6月5日投開票の沖縄県議会選挙は翁長知事の県政与党が過半数の27議席を獲得した。19人の候補者を立て翁長県政与党の過半数割れを目指した自民党は敗北した。全48議席の内訳は、翁長県政支持27、不支持15、中立6となり、選挙前より県政与党が増えた。翁長県政不支持は自民党の14人と無所属保守の1人、中立系は公明党の4人と大阪維新の会の2人、翁長

知事を支持する県政与党は、共産 6 人、社民 6 人、社大 3 人、結の会 3 人、無所属 9 人である。与党・野党・中立系の勢力比は選挙前の 24：17：6 から 27：15：6 へ変わった。投票率は前回より 0.82 ポイント増の 53.31％。政治的関心とエネルギーは後退していない。

基地返還と汚染除去　6.3 那覇市でシンポジウム

　6 月 3 日、那覇市国際通りのてんぶす館で、沖縄弁護士会主催のシンポジウム「ビエケス島の米海軍基地閉鎖から学ぶ〜基地返還と汚染除去〜」が開かれ 100 人以上が参加した。

　沖縄では米軍再編に伴ない返還される基地跡地を再開発する事業が各地であるが、ほとんど例外なく有害物質で汚染されており、跡地利用の足かせとなっている。沖縄市のサッカー場の枯葉剤汚染、北谷町や読谷村の複合汚染、最近返還された西普天間地区の汚染などを見ると、米軍基地問題は返還されて終わり、ではないことが分かる。返還跡地の汚染の実情と経歴、及び周辺住民や環境に対する影響を調べ、除染を進めて安全に利用可能な状態にする困難な課題がある。

　今回のシンポジウムは、沖縄弁護士会が、プエルトリコ出身で米軍基地の撤去や除染の問題に取り組むニューヨーク大のマリー・クルーズ・ソト准教授、沖縄での基地返還跡地の汚染問題に詳しい沖縄・生物多様性ネットワークの河村雅美共同代表、そして法律的な観点からの金高望弁護士の三者の報告と意見交換の構成で行なわれた。

　最後に、喜多自然弁護士が、デイヴィッド・ヴァイン『米軍基地がやってきたこと』（原書房）を取り上げ、「米軍基地は現在世界中に 800。返還基地の汚染問題は世界的な問題だ。国際的に連携して問題解決に当たろう」と述べた。

＜ソト准教授の講演要旨＞

　プエルトリコの東に位置するビエケス島はカリブ海に浮かぶ人口約 1 万人の小さな島。アメリカは 19 世紀にスペインとの戦争でプエルトリコを奪い、パナマ運河の支配と合わせてスペインのつくった基地に軍隊を置いた。1940 年代に入って本格的に海軍の爆撃演習場を建設したが、住民との軋轢は拡大した。危険な上陸訓練や誤爆、地元の法律に従わない、地元の女性との関係や暴力も発生する中、米軍に対する抵抗運動が長期間継続された。

　1999 年から 1 年にわたる抵抗闘争は特筆されるものだった。爆撃場の中に入り演習場内で座り込んで抗議し続けることによって、2003 年ついに演習場閉鎖に追い込んだ。しかし、プエルトリコは米領のため地元の行政には権限がなく、

演習場は米内務省に管理権が移り野生生物保護区とされた。アメリカではよくあることだ。基地跡地は戦車や不発弾があふれ、土壌汚染もある。高濃度のカドミウムも発見された。住民のがん発生率も高く、環境汚染と健康被害は深刻だ。

米スーパーファンド法は汚染者の浄化責任を定めている。しかし政府はなかなか責任をとろうとしない。プエルトリコの住民は抗議を続け、少なからず政府を動かすことができた。同じような問題を抱える沖縄も県民が強い信念を持って声をあげ続ければ必ず道は開ける。

2016.6.19

6.19 県民大会に 65000 人　被害女性を追悼し、海兵隊撤退を要求！

「元海兵隊員による残虐な蛮行を糾弾！被害者を追悼し海兵隊の撤退を求める県民大会」が 6 月 19 日午後、那覇市奥武山公園陸上競技場で開かれ、梅雨明けの太陽が照りつける中、65000 人が結集した。参加者は追悼の意を表す黒のカラーを帽子、傘、リボン、かりゆし、シャツ、ズボンなど思い思いの服装で身につけ集まった。小さな子どもを抱いた若い女性やカップル、家族連れも多く目に付いた。沖縄戦を体験したと思われる年配の人々も足を運んだ。

集会は古謝美佐子さんの「童神（わらびがみ）〜天の子守歌」の歌から始まった。古謝さんは 3 歳の時、父親を米軍基地内の交通事故で失ったが、賠償金として 200 ドルが支払われただけだ。子や孫に基地のない平和な沖縄を伝えたいとの思いを歌に託した。

続いて参加者全員で黙祷し、20 歳の夢ある人生を理不尽に奪われた女性の恐怖、悲しみ、怒り、虚しさに思いを巡らし追悼した。そのあと、被害女性の父親からの「多くの米軍犯罪が起こる中で、私の娘も被害者のひとりになった。県民が一つになれば基地撤去も米軍犯罪の撲滅も可能だ」とのメッセージが紹介された。

■ 4 人の共同代表が発言

主催者を代表して、オール沖縄会議の 4 人の共同代表がハワイのウチナーンチュから贈られたレイを首にかけて登壇し発言した。

稲嶺進名護市長「ハイサイ、グスーヨー。間もなく慰霊の日がやってくる。若い命を救えなかった無力感と悔しさを感じる。このような事件が 2 度と起きないようにしないといけない」

呉屋守将金秀グループ会長「今日は父の日だが、父親の無念はいかばかりか。真の追悼は二度とこのような事件を起こさないことだ。沖縄を米軍基地の要から

2016.6.19　被害女性を追悼し海兵隊撤退を求める県民大会。炎天下、傘をさしている

平和と経済のキーストーンにしよう」

　高里鈴代さん「私は那覇市の婦人相談員を長く勤めた。復帰前、ベトナム戦争帰りの米兵にレイプされ首を締め殺されそうになって逃げた21歳の女性がいた。レイプ殺人も何件もあった。もう二度と事件を起こしたくない」

　玉城愛さん（名桜大4年）「安倍晋三さん。本土にお住まいのみなさん。第二の加害者は誰か。あなたたちだ。しっかり沖縄に向き合ってください。オバマさん。沖縄を解放してください。アメリカから解放されない限り、沖縄に自由と民主主義は存在しない」

　■4人の若者のメッセージ

　そのあと、「変わらない過去、変えて行こう未来」と題して、シールズ琉球の4人の若者がメッセージを発表した。

　元山仁士郎さん（国際基督教大4年）初めはウチナーグチ、終わりは英語で、「米軍基地をなくさない限り事件事故はなくならない。私たちに平和に生きる権利があるのか」

　眞鍋詩苑さん（名桜大3年）「胸がいたい。私は県外出身だが、沖縄の悲しみ怒りを沖縄だけのものとせず向き合って行きたい」

　小波津義嵩さん（名桜大3年）「沖縄から基地をなくして欲しいというのはわ

がままなのか。武力に頼らない平和を発信しよう」

平良美乃さん（琉球大大学院１年）「簡単に命が奪われる現実が怖い。同じようなことが二度と起きてほしくない」

そのあと４人の学生は並んで「WE WILL NOT FORGET」

2016.6.19　奥武山の県民大会に65000人。被害女性を追悼し海兵隊の撤退を求める。

「FREE OKINAWA」などのプラカードを掲げアピールした。

司会から全国41都道府県、69ヶ所で沖縄の県民大会と連帯する集会が開かれていることが紹介され、翁長知事があいさつに立った。

■翁長知事があいさつ

「恩納村の死体遺棄現場に行き花を手向け、心の中で犠牲者の女性に声をかけた。あなたを守ってあげることができなくてごめんなさい、と。私たちの前には大きな壁が立ちふさがっているが、県民が心を一つにして立ち向かっていけば、必ず道は開ける。私は県民の先頭に立って不退転の決意で闘う」

そしてウチナーグチで結んだ。「グスーヨー、マキティーナイビランドー（皆さん、負けてはいけませんよ）チバラナヤーサイ（頑張っていきましょう）」

大会決議を採択したあと、「怒りは限界を超えた」「海兵隊は撤退を」のプラカードをいっせいに高く掲げアピールした。最後に海勢頭豊さんの「月桃」の歌声の中、１時間半にわたる集会を終えた。

■自公との攻防の中で勝ち取られた県民大会

1970年、復帰前の沖縄でコザ反米暴動が勃発する直前、糸満市で米軍の二等軍曹が飲酒運転で女性をひき殺す事件があった。軍法会議の結論は証拠不十分で無罪。「人をひき殺しても無罪か」。糸満小学校で開かれた抗議集会には５千人が結集した。この時私たちも那覇からバスに乗って参加したが、今当時と同じように、日米両政府に対する不信は増幅している。

６月17日までに沖縄県議会と全ての市町村議会で、女性暴行殺人・死体遺棄事件に抗議する決議が採択された。県議会をはじめ、海兵隊の撤退に言及した決議も多い。

全基地撤去、辺野古新基地断念を盛り込んだ決議を採択した市町村もある。県民大会はこのような全県的な反基地のうねりの頂点として成功裏に勝ち取られた。

　沖縄自民党は「県内移設によらない普天間閉鎖」「海兵隊撤退」という県民大会のスローガンが「受け入れられない」として参加せず、公明・維新の中間派は「超党派ではない」として参加しなかった。そして奥武山公園の陸上競技場やセルラー球場を会場とするのは「球児の夢を奪うものだ」「会場を変更せよ」などと県民大会の足を引っ張ることに熱心だったが、彼らのもくろみは失敗した。

国地方係争委が結論 '真摯な協議が最善の道'

　6月17日、国地方係争処理委員会は第9回会合を開き、5人の委員の全員一致で、「地方自治法の規定に適合するかしないかの判断をしないことを審査の結論」としたことを明らかにした。

　小早川委員長は会議後の記者会見で、「例外的な措置ではあるが」「国と沖縄県は普天間飛行場の返還という共通の目標の実現に向けて真摯に協議し、双方がそれぞれ納得できる結果を導き出す努力をすることが問題の解決に向けての最善の道である」と述べた。

　中谷防衛相は係争委の結論を受けて、「県は一週間以内に裁判を提起するものと承知している」と語った。彼らには沖縄県と誠実に話し合って問題を解決しようとする考えなどない。彼らが早く得たいものは最高裁の「辺野古推進」のお墨付きである。県は係争委の結論に対し提訴せず国との協議を求めることを決めた。翁長知事は「真摯な協議が最善の道」とした係争委の結論を「重く受け止める」と述べ、国に対し「係争委の判断を尊重し、沖縄県と実質的な協議を行なっていただくことを期待する」と求めた。

　現在、翁長知事による埋立承認取消はそのまま生きている。防衛局は辺野古新基地建設のための埋立工事をすることができない。国交相の是正の指示もそのままだ。ところが、是正の指示は拘束力を持たないので工事を進める根拠とならない。それゆえ、工事中止の現状が継続することになる。

2016.6.23

6.23「慰霊の日」深い哀悼に包まれる沖縄

　6月23日は沖縄県の「慰霊の日」だ。「慰霊の日」は、はじめ米軍政下の1961年に制定され、復帰後、全国で広島の8月6日とならび県レベルの公休日となった。1945年のこの日、第32軍の牛島司令官と長参謀長が自殺し組織的

な戦闘が終わりを告げた日とされている。しかし牛島は死ぬ前に「最期マデ敢闘シ悠久ノ大義ニ生クベシ」との命令書を残したため、その後も戦争は終わらず、いたずらに被害が拡大した。沖縄での終戦は7月2日の米軍の沖縄作戦終了宣言を経て、9月7日、現在の嘉手納基地内の旧越来（ごえく）村で行なわれた降伏調印式である。降伏調印式には、宮古島と奄美大島から陸海軍の将校3人が出席し「南西諸島の全日本軍を代表して無条件降伏」を申し入れ降伏文書に署名した。なお、沖縄市は独自に9月7日を「沖縄市民平和の日」とする条例を制定している。

　1995年、戦争終結50年を記念して大田元知事の時につくられた「平和の礎」には、戦争で死んだすべての人々の名が母国語で刻まれている。

　平和の礎に刻まれた犠牲者の出身地を見れば一目で明らかなように、沖縄戦の最大の犠牲者は沖縄県民だった。自然も人命も文化財もすべて焼かれ奪われた。

　県民の4人に1人、沖縄本島に限れば3人に1人が犠牲になったが、伊江島や南部地域の市町村ではその割合はさらに増える。糸満市、宜野湾市、（旧）具志頭村，中城村（北中城村）、豊見城市では40％を越え、南風原町、浦添市、（旧）東風平町、西原町では半数を越える。そのため、県民は、家族・親戚の中に誰か犠牲者がいるという場合が多い。戦争で親を失った子どもたちも多い。1953年11月、当時の琉球政府が調査したところによると、両親を失った＝4,050人、母親を失った＝2,850人、父親を失った＝23,800人であった。こうして沖縄は、戦争で廃墟となり、社会そのものが破壊された上に、その後居すわり続けた米軍による軍政支配と基地あるが故の事件事故・犯罪の重圧を受け続けてきた。

■6.23国際反戦沖縄集会　魂魄の塔横に350人

　飢餓とマラリアが蔓延した米軍の収容所から解放された人々の「戦後」の歩みは、荒廃したふるさとの野山や畑、ガマや海岸に散らばる遺骨の収集から始まった。沖縄戦終焉の地となった糸満市摩文仁一帯の遺骨は、米須の海岸沿いに集め大きな穴を掘ってその中に収めた。遺骨があまりにも多くて骨の山を築いたため、石灰岩で周りを囲んで二段に盛りあげた。最終的に3万5千体の無名の遺骨が納骨されたといわれるこの慰霊の塔は「魂魄（こんぱく）の塔」と名づけられた。建立に尽力し命名したのが、当時の真和志村長の翁長助静さん、翁長知事の父親である。

　亡くなった犠牲者の遺骨を捜すことができなかった遺族は多い。骨壺には骨の代わりに小石が納められているという。魂魄の塔には、早朝から多くの人が訪れ、祈りを捧げた。

2016.6.23　慰霊の日の平和祈念公園。平和の礎には多くの遺族の方々が訪れる

2016.6.23　国際反戦沖縄集会。魂魄の塔の横の広場に 350 人集まる

一坪反戦地主会などからなる実行委員会は毎年、慰霊の日に魂魄の塔横の広場で 6.23 国際反戦沖縄集会を開いている。第 33 回目となる今年の集会のテーマは「NO! 辺野古新基地、NO! 高江ヘリパッド、NO! 戦争法」。約 350 人が集まった。司会には玉城愛さんと小波津義嵩さんが登壇した。

　幕開けは海勢頭豊さんのミニコンサート。撃沈された学童疎開船をうたった「嗚呼対馬丸」、着弾地に突入して演習を止めた闘いを歌にした「喜瀬武原（きせんばる）」などに大きな拍手がよせられた。続いて、子供の戦争体験を通して沖縄戦の悲惨な実相を描いた大型紙芝居。朗読する城間えり子さんの優しい声に、親と一緒に参加した子供たちも聞き入った。

　高江からの報告は「ヘリパッドいらない住民の会」の儀保昇さん。「軍事訓練場をそのままにした自然遺産登録はまやかしだ。高江に来てください」と呼びかけた。

　辺野古の報告は辺野古カヌーチームの金治明（キム・チミョン）さん。カヌーチームをはじめ海上行動団は、埋め立て工事中止の中でも次に備えて訓練を続けていることを紹介した。

　石垣島出身の前花雄介さんによる戦争マラリアの悲劇を歌った「忘勿石（わすれないし）」、「普天間基地の前でゴスペルを歌う会」による「サトウキビ畑」、劇

団トルの金紀江（キムキガン）さんによる「アリラン」・「人間を返せ」の歌声が響いた。「恨之碑の会」の沖本富貴子さんが、沖縄に強制連行された朝鮮人犠牲者について、「実態調査が放置され、平和の礎への刻銘を希望する遺族の願いが戦死認定の壁に当たって実現できないでいる」と報告した。

2016.7.4

基地に対する立入調査を無条件で認めよ！
米軍、普天間飛行場の文化財調査を拒否

　沖縄県と宜野湾市は、返還後の跡地利用や文化財保護をはかるため、1999年から普天間飛行場内の立ち入り調査を毎年進めてきた。文化庁の補助を受けたこの事業は、飛行場内に約5100の試掘ポイントを設定し、滑走路など使用中の場所を除いた約1700ポイントで試掘が行われ、これまで先史時代やグスク時代などの遺跡102ヵ所が見つかった。沖縄戦で住民が避難している間に集落や学校、田畑、公民館などをブルドーザーで壊して造られた普天間基地のなかには多くの遺跡や文化財があり、返還後の土地利用にあたって詳細な調査は欠かせない。しかし、昨年から調査ができていない。沖縄県教育委員会が問い合わせたところ、昨年11月、米海兵隊は「環境補足協定」に基づいて不許可の通知をしていた。

　2015年9月28日、「負担軽減」を名目に締結された日米地位協定の環境補足協定は、返還前の立ち入り調査の条件を明記している。「返還日が設定されている」「施設及び区域の運営を妨げない」などである。そして、返還前立ち入り調査は「日米合同委員会において設定された返還日の150労働日（約7か月）前を超えない範囲で実施することができる」としている。

　普天間飛行場は返還期日が決まっていない。米軍は環境補足協定をたてに「返還日が設定されていない」「返還日の7ヶ月以内ではない」ことを理由に立ち入り調査を不許可にした上で、返還7ヶ月より以前の立ち入り調査については「日米合同委員会の合意が必要」と回答している。これまで慣例として許可されていた文化財調査が環境補足協定のせいで不許可になっているのだ。これでは立ち入り調査を制限する協定だ。

■北谷グスクの文化財調査も不許可

　普天間だけではない。米海兵隊キャンプ瑞慶覧（ずけらん）内の「北谷（ちゃたん）グスク」は琉球王府の成立に先立つグスク時代などの文化財である。北谷町教育委員は新たな町のシンボルとして返還後の国史跡指定や城跡公園化、郷

土学習の教材としての活用のプランを持って、1983 年から合計 16 回の立ち入り調査を実施してきた。2015 年 10 月、考古学の専門家などでつくる「北谷グスク調査指導委員会」の視察を、沖縄防衛局を通じて米軍に申請したところ、米軍は「返還日が設定されていない」として立ち入り調査を不許可にした。

沖縄市も同様である。キャンプ瑞慶覧のロウワー・プラザ地区の埋蔵文化財の調査を、防衛局を通じて米軍に申請したところ、やはり環境補足協定を盾に立ち入り調査が拒否された。

日本政府は環境補足協定を「歴史的意義を有する」（菅官房長官、岸田外相）と自画自賛しているが、とんでもない。日本政府外務省、防衛省の役人たちはろくなことをしない。米軍の排他的基地管理権を明文化した日米安保・地位協定の下で、環境補足協定は立ち入り調査に条件をつけることによって、米軍に裁量権を与え、米軍の基地管理権を保護してやっている。環境協定は実は米軍保護協定だ。翁長知事は「地位協定の改悪だ」と指摘した。

2016.7.25

政府が県に対し違法確認訴訟を提訴

本土からの機動隊 500 人が高江を暴力支配しヘリパッド建設工事を強行している最中の 22 日午前、国土交通相が「是正の指示に応じないのは違法」として、翁長知事を相手とする違法確認訴訟を福岡高裁那覇支部に提訴した。国との「真摯な協議」を求めていた翁長知事は「国の強硬態度は異常」「普天間飛行場の県外移設を求める県民の民意が示されているにもかかわらず、まったく聞く耳を持たず、強硬に新基地建設を推し進めることは民主主義国家のあるべき姿からは程遠い」と記者団に語った。

政府・沖縄県協議会は和解後の話し合いの場として設置されたものだが、7 月 21 日首相官邸で開催された会合は、わずか 20 分で終了した。政府から違法確認訴訟を提訴する方針が伝えられる場となっただけだ。

2016.8.7

8.5「違法確認訴訟」第 1 回口頭弁論

「違法確認訴訟」の第 1 回口頭弁論が 8 月 5 日午後、福岡高裁那覇支部で開かれた。裁判に先立ち、城岳公園で事前集会が開かれ、1500 人が結集した。

はじめに、呉屋守将共同代表（金秀グループ会長）があいさつした。「菅は振興予算と基地容認とのリンク論を打ち上げた。経済界もみんなと一緒に勝利するまで頑張る決意だ」

衆参両院議員の発言が続いた。照屋寛徳さん「ハイサイ。裁かれるべきは

2016.8.5　裁判所向かい、城岳公園。 意見陳述に先立ち、集会であいさつする翁長知事

国だ。政府がリンク論を騒ぎ立てるなら沖縄は、金は要らない、その代わりすべての基地を撤去せよ、と強く求める」。赤嶺政賢さん「沖縄の歴史の教訓は、弾圧は団結を強めるということだ。全県民、全国民が団結して安倍を追い詰めていこう」。玉城デニーさん「昨日超党派の国会議員で、辺野古、高江を訪問して来た。知事を最後まで支えて勝ち抜こう」。仲里利信さん「沖縄が3000億円余計にもらっているというデマがまかり通っている。我われの闘いは武器を持たないが、空手がある、心がある」。糸数慶子さん「伊波洋一さんと一緒に、院内会派『沖縄の風』を結成した。国内世論、海外の支援を掘り起こし屈しない闘いを続けよう」。伊波洋一さん「参院の外交防衛委員会に籍を得た。基地をつくらさず自然を守り抜こう」

各団体のあと、翁長知事が発言した。

「国の大きな壁があるが、私たちには正義がある、民意がある。どうしても負けるわけにはいかない。昨年の苦しさに比べたら、今の状況はなんでもない。世界が見ている。後の世代の人々が、あの時の人たちが頑張ってくれたから基地のない平和な世の中ができた、と言われるように全力を尽くそう」

最後に手をつなぎ高く上げる方式の頑張ろう三唱で集会を締めくくった。

■裁判所は「国の不法な関与」を退ける判決を下せ

法廷では、翁長知事が意見陳述を行なった。多見谷寿郎裁判長は、県が申請していた8人の証人申請をすべて却下した。国は1回で結審することを求めていたが、裁判長は、8月19日の第2回口頭弁論で知事尋問などを行って結審し、9月16日判決を言い渡すと述べた。

翁長知事を先頭に結束を強めよう。裁判闘争に勝利しよう。

＜翁長知事の意見陳述＞「沖縄はアジアとの平和のかけ橋」

今は基地だらけですが、防衛地点ではなく、沖縄がそこにあることによって、日本、韓国、北朝鮮、中国、東南アジアの国々の人々が、平和と安全の中で人間らしい生活ができる。そういう役割を沖縄に担わせてもらいたいのです。

何百年来アジアと仲良くできた沖縄が日本とアジアのかけ橋になれる、大きな意味で沖縄の自立と、日本という国の中で果たす役割が初めて見えてきたように私は感じています。

辺野古の問題は、沖縄県だけの問題ではなく、地方自治の根幹に関わる問題であり、ひいては民主主義の根幹に関わる問題であります。私は、状況がどんなに難しくても、沖縄県民の願いがある限り、全身全霊をかけて主張し、県民と共に行動していく覚悟です。

2016.9.18

9.16 違憲確認訴訟判決　裁判所前集会に 1500 人が結集

判決が下された。国の言い分を丸写しし、沖縄県の主張、県民の民意を一顧だにしない最悪の判決だ。

判決は、「普天間の移設先は辺野古が唯一」「沖縄の海兵隊を県外移転できないという国の判断は正しい」「国の国防・外交上の判断に地方自治体は従うべき」「埋め立て面積は普天間の半分以下なので沖縄の負担軽減になり、自治権侵害に当たらない」「新基地建設ができなければ普天間は固定化する」「係争委決定に対し県が高裁に提訴しなかったのは違法」など、政府の主張を全面的に代弁した。

法廷と並行して午後 2 時から開催された裁判所前の集会では抗議と非難の声が噴き上がった。

竹下勇夫弁護士の「考えられる中で最悪の判決だ。上告する」との報告に大きな激励の拍手があがった。

■翁長知事 "長い闘いになるが、信念をもってやり抜く"

裁判後の記者会見で翁長知事は、「たいへん唖然としている。地方自治、民主主義や三権分立の意味でも相当な禍根を残すものではないかと思う。私自身は新辺野古基地は絶対造らさないという信念をもってこれからも頑張っていきたい」と述べた。

今回の高裁判決は、日本政府と沖縄県との闘いに終止符を打つものになるどころか、日本政府の中央権力と沖縄県の地方行政権力とのいっそう熾烈な攻防の幕開けとなるだけである。今後上告の手続きが進み、早ければ年内にも最高裁の判

決が出ることが予想されるが、最高裁の判決は埋立承認取消に対する法的決着を つけるだけだ。沖縄県と名護市が持つ埋立に関する行政権限は数多い。何より屈 しない現地闘争と広範な闘う民意は変わることがない。日本の政治に対する幻想 を捨てて、新基地 NO! 沖縄の自己決定権を求める闘いはいよいよ本物の強靭さ を身に着けていく以外ない。

2016.10.16

辺野古埋立承認取り消し1周年　翁長知事が承認取り消しの正当性を訴え

　辺野古の海と大浦湾ではいま、立ち入り禁止区域を示すブイの周囲に防衛局が 雇った警戒船 20 隻が毎日配置につき朝から夕方までただ船を浮かべているだけ だ。これらの警戒船のチャーター料は一日 5 万円と言われるので、毎日 100 万 を無駄に使っている計算になる。海底には依然として防衛局が沈めたコンクリー トブロックがあり、ブイを結んだ鉄の鎖が波で揺られて周辺のサンゴを破壊し続 けている。そして、キャンプ・シュワブのゲート前にはアルソックの警備員が相 変わらずなにもせずただ立っている。つまり辺野古新基地建設作業をいつでも再 開できるようにスタンバイ状態でいるのだ。

　琉球新報・問山特派員のワシントン発の報道によると、米海兵隊トップのネ ラー海兵隊総司令官は 10 月 13 日、浦添市のキャンプ・キンザ―（牧港補給地区） で海兵隊員との対話集会を開き、老朽化が進む普天間の施設を整備する考えを強 調したという。日本政府は今年 8 月に普天間基地の格納庫や兵舎、貯水槽や管 理棟など 19 施設を補修すると発表した。費用は全額日本負担、数百億円に上る。 ネラー司令官の発言は整備対象をさらに拡大するものだという。もちろん彼らは 辺野古移転を諦めたわけではない。普天間固定化の圧力を強めて辺野古移転を承 認させる魂胆だ。

I−3.

高江ヘリパッド建設阻止闘争

2016.7.11

高江ヘリパッド工事再開に対し 7.11 緊急抗議行動

　オール沖縄候補の圧勝に終わった参院選から一夜明けた 7 月 11 日早朝、安倍政権は北部訓練場のヘリパッド建設工事を再開した。24 時間警戒態勢に入っている現地から「緊急です。機動隊・業者来てます！ メインゲートに機動隊のカマボコ 3 台。工事業者のダンプ・重機が集まっています。 至急高江に来てください」との連絡がはいった。緊急連絡を受けて、各地から続々と結集しゲート前で抗議行動を展開した。

2016.7.17

北部訓練場を無条件で返還してこそ負担軽減だ！
全国から 500 人の機動隊、7 月 22 日ヘリパッド工事着工
北部訓練場とは何か？　SACO 合意は見せかけの負担軽減

　政府防衛局は、高江のヘリパッド 4 か所の工事を 7 月 22 日から着工する方針だ。参院選翌日の 11 日から毎日、北部訓練場メインゲートから機動隊用の仮設住宅、仮設トイレ、水タンクなどの資材が大量に搬入されている。N1 地区への出入り口となる県道脇の座り込みテントと車両に対する沖縄防衛局と警察の監視が始まった。すでに全国各地の機動隊が続々と沖縄入りしている。激突は不可避だ。

　防衛局が県に代わって強制撤去を行う法的根拠は何もない。そうすると、警察機動隊を投入してテント・車両を強制撤去するためには、政府防衛局が強制撤去の権限を得る法的手続きを都合よくでっち上げて進める以外ない。今週から始まった防衛局職員による監視警戒活動はその準備である。防衛局の職員は 7 月 16 日、テントと車両に撤去を求める要請文を貼り付けて行った。事態は秒読みに入っている。

　現在の攻防の最大の焦点は高江だ。オスプレイが使用するヘリパッド基地 4

か所の新設は海兵隊が沖縄に居座り、高江と周辺住民をおそろしい騒音と基地被害におとしいれ、やんばるの森を破壊していく沖縄基地固定化の道だ。ヘリパッドの新設を条件とした北部訓練場北半分の返還は「負担軽減」なんかではない。無条件で返還してこそ負担の軽減になる。

2016.4.27　高江座り込みテント前集会。N1への搬入路前の座り込み現場

■北部訓練場とは何か?

北部訓練場は、陸・海・空・海兵の各部隊が、歩兵演習、ヘリコプター演習、脱出生還訓練、救命生存訓練、砲兵教練など対ゲリラ訓練基地として使用している。ベトナム戦争の際、枯葉剤の散布訓練が行われたとの証言がある。また2014年の段階で演習場内に22か所のヘリパッドがあるが、昨年1月、N4の2か所が新たに提供され現在24か所になっている。

北部訓練場は1957年に使用が始まった。亜熱帯の起伏に富んだ森は米軍の対ゲリラ戦の訓練にうってつけとされ、1960年代のベトナム戦争から1990年代の湾岸戦争を経て最近のアフガン・イラク戦争までアメリカの世界各地での戦争の訓練基地となってきた。繰り返される訓練のさなか北部訓練場と周辺で、1972年の復帰後だけでも、6件のヘリコプター墜落事故が起き、米兵20人が死亡または行方不明となっている。信号弾による山火事や催涙ガスの流出事故、電池や注射器など使用済み器材の放置など住民生活や環境への悪影響も深刻である。2007年には、県民の水がめである福地ダムや新川ダムで、米軍のペイント弾が発見されるという事件も起きている。

■ SACO合意は見せかけの負担軽減

北部訓練場は広大な面積を占めるため、地元自治体の経済社会発展の阻害要因となっている。当然、地元からの返還要求は強い。日米両政府はこうした地元からの要求を逆手に取る形で、1996年、SACO（沖縄に関する特別行動委員会）最終合意で、「2002年度を目途に北部訓練場の北半分を返還する」ことを明らかにしたが、北半分にあるヘリパッド7か所の高江集落周辺への移設（のちに6か所に変更）という条件があることがのちに明らかになった。

2016.7.22　早朝。　徹夜でゲート前に泊まり込んだ200人以上が機動隊との対決に備えて集合

新たに造られるヘリパッドはオスプレイ仕様である。オスプレイのすさまじい爆熱風に既存のヘリパッドでは耐えられない。直径を二回りほど大きくし熱爆風に耐えられる特別仕様を施したものでなければならない。

N4地区でオスプレイが日中から午後10時すぎまで離着陸をくりかえし、3機同時の訓練が確認された6月20日の午後10時すぎの騒音が最大99・3デシベルだったという。100デシベルというのは電車通過時のガード下の騒音と同レベルだ。高江の住民は「新たに4か所が完成したら私たち高江区民は住む事ができません」と訴えている。

2016.7.25

7.21 高江現地集会に1600人　オスプレイパッド工事を阻止するぞ!
機動隊が県道封鎖、テント・車両撤去　車両バリケードとスクラムで抵抗
徹底した非暴力の抵抗と執拗を極めた警察の暴力

7月21日午後、N1入り口の座り込みテント前の県道70号線で、「オスプレイパッド建設阻止緊急集会」が開かれた。現場は那覇・南部から車で2時間半、中部の各地からでも1～2時間かかる北部のやんばるの森のまさに真ん中。N1前の道路の両サイドは500メートル以上にわたって、結集した県民の車両がぎっしりと並んだ。

主催は、ヘリパッドいらない住民の会、高江現地行動連絡会、基地の県内移設に反対する県民会議（統一連、平和運動センター、平和市民連絡会）の三者。急な開催だったにもかかわらず、各地から1600人が結集した。

集会に先立ち、道路の両側から参加者全員でアピール行動。工事をやめろ!やんばるの森を守れ!と叫び、こぶしを突き上げた。

高江ヘリパッド建設に反対する現地行動連絡会の間島孝彦さんは、「沖縄の怒

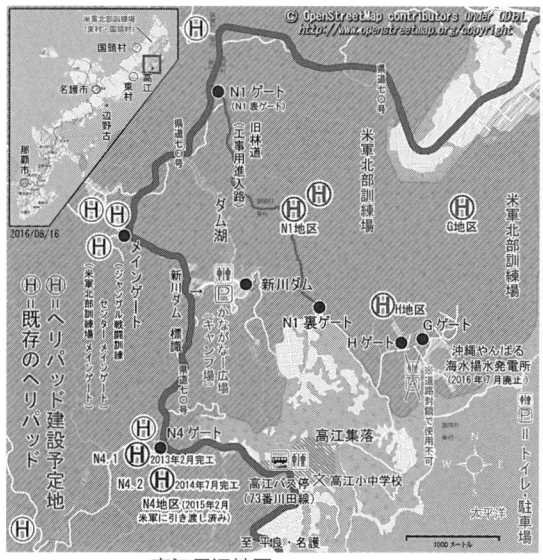

高江周辺地図

りがここに結集した。この間24時間体制でやってきたが、明日はいよいよ着工となる。頑張りを見せる時だ」とアピールした。

高江住民の安次嶺雪音さんは「こんなに集まってくれて嬉しい。私たち家族は今避難している。新たに4か所のヘリパッドができれば、もうここには住めなくなる。自然の中でのびのびと暮らしたいだけなのに、どうして国は私たちを苦しめるのか。皆さんと共にこの場で闘い続ける覚悟だ」と述べた。

新参議院議員の伊波洋一さんは、「今後6年間、皆さんと共に頑張っていきたい。ハワイでは、野生生物・コウモリを保護するため、計画されていたオスプレイ基地が変更になった。沖縄県民はコウモリ以下なのか。オスプレイは環境影響評価をしていない。日本政府が法律違反をしている」と語った。

平和運動センターの大城悟さんが、「決戦が明日未明に迫っている。最大の行動に立ち上がろう」と提起し、最後に全員で頑張ろう三唱して集会を終えた。

■機動隊が県道封鎖、テント・車両撤去　車両バリケードとスクラムで抵抗

集会後そのまま現場に残った人々に加えて、一度帰宅し再び夕方から夜半にかけて現場に戻ってきた人々が続々と結集した。N1ゲート前の県道は数百メートルにわたって、160台以上の車と200人以上の人々で埋まった。22日早朝の国家権力との激しい攻防が予想される緊張感のなかで、夜中から駆け付ける人たちを誘導する人、テントや車の陰、木の下で休む人、椅子に腰かけ話し合う人々、忙しく立ち回る人、そして道路上に寝転んで仮眠をとる人たちも目に付く。どこからか歌声も聞こえてくる。どの人々の態度にも覚悟を決めたような落ち着きがあり、表情は確信に満ちている。悲壮感は全くない。機動隊との激突を控えながらも、N1ゲート前はあたかも'解放区'の様相を呈した。

午前4時過ぎ、座り込み現場を北と南から包囲する形で県道70号線を封鎖し、警察機動隊と防衛局が車を連ねて向かってきた。そのため、県道封鎖ののちN1の闘争現場に入ろうとした人々は警察に阻止され合流することができなかった。N1の座り込み現場は完全に孤立させられたが、我われは警察・防衛局の進入を

防ぐため、車を道路いっぱいにハの字型に交互に並べてバリケードを築き、車と車の間にスクラムを組んで座り込んだ。ピケットラインが幾重にもできた。こうして、全国各地から動員された 500 人の機動隊を含めた警察の暴力に対する果敢な闘いの一日が始まったのである。

■徹底した非暴力の抵抗と執拗を極めた警察の暴力

警察車両は簡単には進入できず赤い回転灯を騒々しく回しながら、長時間道路上に立ち往生したが、数と力に勝る機動隊は時間の経過とともに、スクラムを崩し、抗議の人々を排除して N1 ゲート前に到達した。そして N1 ゲート前を 10 年近くにわたって守り工事を阻止してきた数台の車両をめぐって熾烈な攻防に突入した。車両の上に登りロープで縛りつける我々の必死の抵抗も最後には力尽き、排除された。警察機動隊は、ゲート前の車両にもっともらしく駐車禁止の張り紙を張りレッカー移動し、工事車両を基地内へ通過させた。そしてゲート入り口に鉄柵と開閉式の門を設置した。主な戦場となった N1 ゲート前だけでなく、N1 裏、H 地区、G 地区にも同様の鉄柵を設置した。緑豊かな高江の風景は一変した。

高江一帯は法の支配が及ばない地域となった。

そもそもオスプレイを対象とした環境影響評価をしていないのにオスプレイパッドを造ることが違法だ。翁長知事の「オスプレイが訓練するのははっきりしているので着工すべきではない」、県議会の「ヘリパッド建設を強引に進めることに対し厳重に抗議するとともに、建設を直ちに中止するよう強く要請する」との 7 月 21 日の決議、選挙で示された基地反対の県民の総意をすべて無視し工事を強行する。沖縄では、安倍政権の下で違法状態が日常化している。沖縄に人権と自治と民主主義を取り戻すために、強く声をあげ行動に立たなければならない。

■私たちはここに住んでいる。諦めない

この日ゲート前に動員された東京・神奈川・千葉・埼玉・福岡など警察機動隊の暴力は執拗を極めた。道路上に寝転んで抗議する人たちを足蹴にしてゲート前に殺到する。車と車の間に座りこむ人たちを有無を言わさず 3 ～ 4 人がかりで排除する。ゲート前の車両の上に登って抗議するメンバーを、乱暴に引きずり降ろす。頭に肘打ちをくらわす。力任せに首をつかみあげる。などといった機動隊の暴力によって、50 代の男性がろっ骨を折る全治一か月の重傷を負ったのをはじめ、3 人が救急車で病院に運ばれた。

10 年間の高江住民の闘いの歴史と思い出が詰まったテントは無慈悲に解体され撤去された。しかし闘いが終わったのではない。始まったのだ。この日車両撤去に身を挺して抵抗した住民の会の伊佐育子さんは「私たちはここに住んでいる。

諦めるわけにはいかない」と語った。撤去された N1 ゲート横のテントの代わりに、道路を挟んだ向こう側のテントが新たな運動拠点となりつつある。ゲート前攻防のあと、水、カップラーメン、菓子など全国からのさまざまな支援物資が「座り込みテント」宛に急増している。

この日の闘いは沖縄の非暴力の闘いの到達点だ。武器を持たず、己の体だけを唯一の武器にして、ギリギリのところまで抵抗する非暴力主義に徹した運動が見事に示された。だが、もっともっと力を付けなければならない。

8・5 高江 N1 裏現地集会　強制撤去に反対し 1000 人が結集

8月5日夕方、オスプレイパッド建設予定地に通ずる N1 裏出入り口前で、高江現地集会が開かれ、1000 人が結集した。新川ダム周辺や N1 裏出入り口付近の道路は、参加者の車で数百m以上にわたって埋めつくされた。全国各地から 200 ～ 300 人参加していることが報告され、京都、大阪、東京など各地の若者があいさつに立った。さらに、3 人の国会議員（赤嶺政賢、糸数慶子、福島瑞穂さん）が発言した。

集会終了間際、にわか雨が降りはじめた。参加者の半分ほどは、翌日未明に予想される防衛局の強制撤去の動きに備えて、座り込みテントと周辺の車両に泊まり込んだ。テントの中は数百人の人で埋まり、防衛局・機動隊との対決を控えた緊張感の中で、交流の輪があちこちに咲いた。

真っ暗なやんばるの森の夜空は満天の星、星、星。星ってこんなに数が多くて明るかったのか。夜空を通してまた一つやんばるの森の魅力を体感した。

2016.9.11

9.7 第 2 回集中行動　機動隊に守られて作業員がゲート内に
9.10 第 3 回集中行動に 300 人　工事車両、作業員の進入阻止に成功

午前 6 時から高江橋に阻止線。終日、一般車両の通行は認めるが、機動隊と工事車両の通行はストップ。N1 ゲートの北でも同じようなピケットラインを張り機動隊と工事車両を阻止した。しかし、午後 3 時ごろ、機動隊に守られて、作業員十数人が N1 ゲートから入った模様。

高江橋の阻止線は午後 3 時過ぎに解除し、名護署へ。前日抗議行動のさなか不当に逮捕された女性の釈放を求めて 60 人余りが名護署に集まった。「日思会」「大日本一誠会」の街宣車 2 台が大音量でヘイトスピーチを繰り返す中、整然と警察に対する抗議行動を展開した。逮捕された女性は那覇地検に送検されたが、処分

保留のまま午後7時過ぎ釈放を勝ち取り、近くの空き地で奪還集会が開かれた。

■9.10 第3回集中行動に300人　工事車両、作業員の進入阻止に成功

第3回集中行動日の9月10日は早朝から300人以上が結集し、N1ゲート前、N1南の高江橋、N1北の国頭村安波、H地区ゲート前など、高江周辺の各地でピケットラインを張り、工事車両や作業員の立ち入りを阻止する行動が展開された。

■200人が高江橋に阻止線

N1ゲート前の座り込みテントには「住民の会」をはじめとしたメンバーが張り付き、防衛局や警備のアルソック、警察機動隊の動きを常時監視した。

N1ゲートと北部訓練場メインゲートとの中間地点にあたる高江橋は200人をこえる人々によって完全に制圧された。国会議員の赤嶺さん、県議会与党会派の面々、市町村議員たちもいる。高江橋は、砂利や重機を積んだ工事車両が南からN1ゲートに至るには必ず通らなければならない交通上の要衝だ。高江橋の両側は参加者の車両でギッシリと埋め尽くされ、黄色いセンターラインをはさんで車一台通過することのできる空間が確保された。万が一警察機動隊の排除行動が始まれば、車両をハの字型や川の字型に移動しその間にスクラムを組んで座り込んで警察車両や工事車両の通行を阻む臨戦態勢である。

■N1北の安波、H地区でも阻止線

N1ゲートから北数キロの県道上でも早朝から、数十台の車両と人々とで警察機動隊の車列に対するピケットラインの行動がくりかえし展開された。「なにわ」「和泉」「川崎」「練馬」などのナンバープレートを付けたボンゴ車とカマボコ合わせて10台以上の警察車両がN1ゲートに向かうことができたのは正午をはるかに過ぎていた。

この日、国頭村の採石場を含めて、N1ゲート周辺の各地点で、工事車両と作業員の動きは全くなかった。防衛局は数百人が集まる集中行動日の工事強行を避けたのだ。

■この日の工事はヘリ1機だけ20分

午後2時半ごろ、N1ゲートにヘリコプターの轟音が鳴り響いた。伊江島から飛んできたヘリコプターがN1ゲート付近から資材や重機を空輸するのだ。日本で最大の民間ヘリで、吊り下げ能力5トンのロシア製だという。よく見ると、ヘリの羽が上下2枚ついている。N1裏テントの存在や東村長の農道使用反対によってH・G地区への資材運搬の地上ルートのめどが立たない中で、政府防衛局は、高価な民間運送ヘリを動員したのである。空輸は5回、時間にして20分ほど、この日の唯一の作業だ。

工事車両と作業員はどこからも建設現場に入ることができなかった。地上の闘いに限定すれば、我々の完全勝利だ。早朝から数百名を結集する週2回の集中行動日は実質的に工事をストップすることに成功している。

2016.9.7　午前8時頃。高江橋。200人以上が集まり、工事車両を止める阻止線

■破綻しつつあるヘリパッド工事推進

　政府防衛局の目論見は来年3月の営巣期の始まりまでに工事を完成させ米海兵隊に引き渡すことだ。当初、N1（A、B）、H、Gの3地区を「環境に配慮して1地区ずつ工事を進めていく。工期は1年1か月」としていたヘリパッド建設計画を沖縄防衛局は7月、「3地区同時に工事を行う。工期は6か月」に変更した。米軍の強い要請があったからだ。そのため、全国から警察機動隊500人、防衛省職員70人を動員し、力ずくで工事を進めてきた。そして2か月。力ずくのヘリパッド工事推進政策はさまざまなほころびを生み出してきた。

　警察機動隊による法的根拠のない県道封鎖、工事作業員の運送や護送、抗議行動メンバーの不当逮捕、防衛局による座り込みテントの不法撤去、立木の不法伐採、ずさん工事による赤土流出とダム汚染、自衛隊による物資空輸の検討、など次々に明らかになる「問題点」。そのたびに反対運動からの反撃と沖縄の新聞・メディアによる報道と社会問題化に直面して、政府防衛局は後退し守勢に陥っている。全国紙はどうして報道しないのか。不法な国家権力の犯罪をなぜ知らぬふりをするのか。

　全国動員した現場の機動隊にも疲れが見られる。主に年配の人々の身を挺した抗議行動を目の当たりにし「一体沖縄に何をしに来たのか」と疑問を抱く若い機動隊員も少なくないことが見て取れる。おそらく機動隊員にとっても、人権と民主主義を訴える人々の運動に長期間にわたって接し訴えを耳にするのは初めての経験だろう。当初の「お上の立場で、住民を見下したような感がある」現場の機動隊員の対応は今ではあまり見られない。彼らも真剣に運動に向き合わざるを得なくなった。もちろん、敵意むき出しで暴力的に立ち向かってくる警察官もいるが、多くない。長期の機動隊駐留は今後どのような影響を生み出していくだろうか。

■ありったけの力を尽くして高江に結集しよう！

逆に運動は規模とエネルギーを拡大している。那覇から2時間半、高江は遠い。しかも、毎日夜明け前から闘いが始まる。今、高江現地の闘いは辺野古のキャンプ・シュワブゲート前の闘いに勝るとも劣らない規模の持続性をもって連日展開されている。このエネルギーはどこから湧き出してくるのか。一つは間違いなく、辺野古を闘い抜いぬき「和解による工事中止」に追い込んだ経験、動員されて参加するのではない参加者一人ひとりの自立した信念にあると思う。

9.13 高江ヘリパッド建設現場　陸自ヘリが県道70号線越えに資材空輸
9.14 第4回集中行動　9.17 第5回集中行動

　N1ゲート前の座り込みテントと車両を強制撤去し金属製のゲートと金網を設置して以来2か月近く、防衛局は、砕石や重機を運び込み、N1地区のヘリパッド建設現場に至る搬入道路をつくるための工事を進めてきた。しかし工事は予定通り進行していない。

　高江の現場では各地で、工事車両と作業員の現場進入を阻止するピケットラインの行動が展開されている。その結果、少しずつ工事の遅れが重なってボディブローのように打撃を与えている。

　工事の遅れに危機感を抱いた政府防衛局は、自衛隊を動員した。9月13日、沖縄近海に停泊中の海上自衛隊の輸送艦「おおすみ」から離陸した陸上自衛隊のCH47ヘリ2機が米海兵隊北部訓練場メインゲートのヘリパッドに降り立ち、トラックやキャタピラー車を吊り下げ県道70号線を横切って、N1地区、H地区、G地区方面に空輸する作業を6回繰り返した。

　稲田防衛相は「民間ヘリで輸送できない重量トラックなどに限り使う」と述べた。政府が根拠とするのは防衛省設置法第4条19号だ。この法律は旧防衛施設庁から受け継いだ、基地の提供、使用条件の変更、返還に関することなど所管事務を羅列したものにすぎない。

　　■基地面積は減るが基地機能は強化

　米海兵隊は2013年に太平洋地域の基地運用計画についてまとめた「戦略展望2025」の中で、「最大で約51%の使用不可能な北部訓練場を日本政府に返還する間に、限られた土地を最大限に活用する訓練場が新たに開発される」と述べている。北部訓練場の返還予定地は米軍にとり「使用不可能」で不必要な土地だ。その代り米軍は、オスプレイ訓練のための宇嘉川流域・河口海域と近接ルート上

の高江周辺での 6 か所の
ヘリパッドを手に入れる。
基地面積は減るが、基地機
能は増す。北部訓練場は陸
海空の結合した総合訓練場
に強化される。

■ 9.14 第 4 回集中行動
　　昼過ぎダンプ 10 台

　高江ヘリパッド建設を阻
止する闘いは毎日続く。自

2016.9.17　高江 N1 ゲート前座り込み。第 5 回集中行動に
300 人。資材搬入を阻止

衛隊ヘリ投入の翌 14 日、早朝から N1 ゲートの南の高江橋、北の国頭村安波に
合計 200 人以上が結集してピケットラインの行動を展開した結果、警察機動隊
に護衛された工事のダンプ 10 台が N1 ゲートに進入することができたのは正午
を回っていた。午前中の工事を止めるという成果を手にした。高江の闘いの決め
手は数だ。ひとりでも多く人々が集まればそれだけ長時間阻止できる。高江に結
集しよう！

■ 9.17 第 5 回集中行動に 300 人　N1 ゲート前で完全ピケラインを実施

　第 5 回集中行動日の 9 月 17 日は N1 ゲート前で展開された。早朝から N1 ゲー
ト入り口付近に座り込んで、工事車両と作業員の進入を阻止する行動を終日展
開した。N1 ゲート前にピケラインを張るのは、7.22 のテント・車両の強制撤去
以来はじめての快挙だ。平和市民連絡会の大型バスをはじめ、うるま市、那覇
市、沖縄市など全県各地から集まった参加者は徐々に増え続け、300 人に達した。
防衛局は工事を諦めた。

2016.9.25

9.21 高江水曜行動に 250 人　N1 ゲート前に座り込み、工事阻止行動を貫徹
9.22 北部訓練場内で連日の阻止行動　ショベルカーを取り囲む

　集中行動日のこの日、9.17 に続き、早朝から N1 ゲート前の県道 70 号線の片
側に座り込んだ。

　午前 10 時半ごろから警察機動隊が座り込みの排除を始めた。座り込みの人数が
多いので時間がかかる。車いすに座る辺野古の島袋文子さんは機動隊員の説得に
「ここで死んだら本望だから動かない」と拒否し、不屈の形相で座り込みを続けた。

砕石を積んだダンプは 4 台、4 台、2 台と 3 回にわたって道路両側からの激しい抗議の中ゲートに進入した。ダンプ 10 台の進入に約 1 時間半かかった。体を張っての阻止行動で参加者の体には擦り傷、打撲、圧迫の類の負傷が絶えない。しかし確実に工事の進行を遅らせている。

　他方、H 地区に通ずる新川ダム付近および集落を通り H 地区に至る村道上でも作業員の進入を監視するピケットラインを張り作業員の進入を阻止した。

■県が赤土防止条例に基づき工事中止を要請

　沖縄県の安慶田副知事は 9 月 21 日、中嶋沖縄防衛局長を県庁に呼び、「県赤土防止条例の適用対象となる工事がないか確認する立ち入り調査とその間の工事中止」を求めた。しかし、防衛局は「県の調査は受け入れるが、赤土防止条例の対象ではない」と工事を強行している。本当に傲慢な政府だ。

　防衛局は N1 ヘリパッド建設ポイント付近から H 地区に至る運搬道路建設をがむしゃらに進めており、直径 30 ～ 40 センチ以上の大木を含む貴重な木々を 3732 本も伐採する計画なのだ。しかも沖縄森林管理署は防衛局の道路建設と立木伐採に同意を与えているという。森林管理署に役所としての独立性はみじんもない。自分たちの行為がいかに権力の悪行に加担しているかを考えず、上からの指示に従っているだけだという言い訳と自己保身は、この林野庁に限らず、警察庁、防衛省など、沖縄の新基地建設という歴史的な犯罪に手を貸しているすべての官庁職員、特に幹部に当てはまる。思考停止した官僚たちの業務への忠実さが安倍の権力を現場で支えているのだ。ハンナ・アーレントが指摘したナチ政権下の官僚たちの「思考の欠如」と同じ構造だ。

■ 9.22 北部訓練場内　ショベルカーを取り囲み工事を阻止

　集中行動日の翌 22 日、30 人が北部訓練場のヘリパッド建設現場に入り、非暴力直接行動で工事を阻止した。午前中に工事現場に入った阻止団は、N1 地区で重機で引き倒される木にしがみついて工事をストップさせ、N1 から H 地区に向かう運搬道路建設現場では工事中のショベルカーを取り囲み夕方まで工事を中止させた。そもそも米軍基地内に日本の行政権・警察権は及ばない。

■訓練場内で連日工事阻止行動

　北部訓練場内の工事現場に入り工事を阻止する行動は連日朝早くから取り組まれている。23 日、24 日も 50 ～ 70 人がヘリパッド建設工事現場で、作業員や重機を取り囲み、不法な工事を止めることを訴える直接行動を展開した。

　他方、9 月 24 日の土曜集中行動は 250 人の座り込みで N1 ゲート前を完全に封鎖した。ダンプ 12 台、トレーラー 6 台を待機させゲートからの基地内進入の機会

をうかがっていた防衛局は、北部訓練場メインゲート内に砕石を運び込んだだけ
で、N1 ゲートからの資材搬入を諦め、機動隊も撤収した。ゲート前行動に勝利した。
　こうして、週 2 回の集中行動日には N1 ゲートの外で工事車両の進入が制限さ
れ、毎日の訓練場内の直接行動で防衛局の工事が深刻な支障をきたす事態になっ
ている。そのため防衛局は、水土の集中行動日以外の日に砕石搬入を行うように
なった。9 月 23 日はダンプ 11 台が 3 回にわたって計 33 回砕石搬入を行った。
これは彼らの窮余の一策だ。また、24 日からは機動隊のかなりの部隊が訓練場
内に移動し防衛局の森林伐採や道路建設作業を警備し始めた。闘いの場は訓練場
の外と中に広がった。さらに高江に結集しよう！

<hr>

2016.10.2

9.29 北部訓練場内の直接行動で工事をストップ

　外から資材を持ち込ませない闘いと合わせて、9 月 22 日から毎日行っている
のは北部訓練場の中での闘いだ。防衛局によるヘリパッド建設工事は、N1（A、
B）、H、G の計 4 個のヘリパッド建設、そして N1 から H および G に至る運搬道
路の造成である。防衛局は 7 月の着工以来、県道 70 号線に面した N1 ゲートか
ら N1 ヘリパッド・ポイントに至る運搬道路と N1 の 2 か所のヘリパッド予定地
の造成を行なった。しかし、H および G のヘリパッド予定地は、運搬道路がで
きてはじめてヘリパッド建設が本格化する。現在、N1 から H に至る運搬道路造
成の最終段階にあるが、G への道路およびヘリパッド用地造成はまだできていな
い。用地造成、大量の砕石投入、固めた上に芝生張りなど、ヘリパッド建設工事
全体の工程から見るとまだまだ先は長い。
　ところが安倍は 9 月 26 日、臨時国会の所信表明演説で、高江ヘリパッドの「年
内完了」を表明した。来年 1 月の米大統領就任式までに何とか完成させたいの
だろうが、確かなメドが立っている訳ではない。国会で表明したにもかかわらず
年内にヘリパッドができなければ、安倍は面目を失い、日本政府の信頼も揺らぐ。
「年内完了」宣言は安倍の賭けだ。

■ N1 裏テントから 30 人が訓練場内へ

　9 月 29 日も早朝から北部訓練場内でのヘリパッド建設工事を止める直接行動
が展開された。夜明けとともに N1 裏テントに集合した参加者は約 30 人。4 班
に分かれ、帽子、長靴、飲み物などの持ち物を確認して北部訓練場内に入った。
もともと北部訓練場には通常米軍基地の周囲に張り巡らされるフェンスがゲート

2016.9.29　北部訓練場内。造成中の運搬道路で伐採されたの大きな木の株。

周辺だけにしかない。したがって、県道・村道などとの境界が明確でないし、入ろうと思えばどこからでも自由に出入りすることができる。

　なだらかな丘や急な斜面、小川が流れる谷を通り、やんばるの森の中を歩くこと約30分。N1付近からH地区へ至る造成中の運搬道路に出る。この場所はまだ木が伐採されていない。「許可なく立ち入ることはできません」という「警告」がぶら下がったロープをくぐると、防衛局の職員が並んでお出迎えだ。「ここは米軍への提供施設です。立ち入らないでください」という声を無視して、工事中の伐採現場へと向かう。

　防衛局は直径30〜40センチもあるような木も含め、無茶苦茶に伐採しながら道路建設を強行している。伐採は地面すれすれまで行ない、その上をセメント入りの砕石でおおっていくというやり方だ。やんばるの森を国立公園に指定しながら、同じ森の中にある米軍基地内は自然破壊の極だ。

■作業員は工事をやめて自主退去

　我われが現場に到着すると、H地区のヘリパッドまで約200mの地点で作業員がチェーンソーを使って伐採している最中だった。あと2〜3日でHまで運搬道路が通じるという状況だ。作業員に工事をやめるよう訴える直接行動は非常に効果がある。たいていの場合、作業員は阻止団が現れると工事をやめて退去する。この日も、我われが現場に到着すると作業員は工事をやめてN1ポイント方面へ自主的に退去していった。キャタピラーの付いたショベルカーも置いたままだ。造成中の運搬道路は様々な種類の木々が無残に切り倒され道の両側に投げやられ、セメントがこねられた砕石がすでにかなり敷き詰められている状態だ。

　我われは道の両側に無造作に投げ捨てられている伐採された木を道の真ん中に引きずりだす作業を根気強く行う。たちまち長さ100〜200mにわたり、伐採された木のバリケードが出来上がった。そして、オオシマゼミの鳴き声を聞きながら木陰で寝転んだり座り込んだりして自由に過ごす間、防衛局の職員や警察の指揮官が様子見のため、数人ずつ行き来する。林野庁沖縄森林管理署の清水署長をはじめ職員10人ほどはN1からHに至る運搬道路の道幅の測量を20m

間隔で 54 ポイントにわたって行なった。防衛局と森林管理署の事前協議書で示された「標準道幅 3 m」が計画通りなのかどうかを確認するものだ。ところが、測量後清水所長は「道幅は最大 6.9 m のところがあったが、適切な伐採範囲」だと述べた。森林管理署は「森を守る」

2016.9.29　午後 2 時頃。北部訓練場内。造成中の運搬道路上で、防衛局、警官隊と対峙

という自分たちの役割をおろそかにしていることに恥じないのか。

■防衛局と機動隊に対峙しながら徐々に撤退

午後になって、防衛局 10 数人が機動隊約 100 人を伴って現れ、「ここは米軍提供施設内です。速やかに退去してください」と繰り返す。その後ろには、バリケードを片付けるバックホーが作業している。我々は防衛局と機動隊に対峙しながら、徐々に後退し、H 地区ヘリパッド付近から森に抜けるところまで押し返された。その後、N1 裏テントで総括集会を持った。

「40 人で、実質的に道路建設作業をストップさせた。人が集まれば効果的な闘いができるし、刑特法もはね返すことができる。勇気をもって闘おう」とのまとめを全員の拍手で確認し、一日の行動を終えた。テントでは、朝と同じく、炊き出し班が、疲れて帰ってきた参加者のために、冷たいスイカと温かいご飯を準備してふるまってくれた。

■ 10.1 高江 N1 ゲート前　230 人が結集し、終日ゲートを封鎖

10 月 1 日は土曜集中行動日だ。早朝から、沖縄の各地、全国各地から結集した人々により N1 ゲート前は参加者の乗用車と座り込みで占拠された。警察機動隊はいつものようにカマボコ車をズラリと配置していたが排除活動に出ることなく、資材搬入も一日中なかった。

この日、防衛局は資材搬入を避けたが、前日の 9 月 30 日にはダンプ 12 台、3 往復、合計 36 台に上る砕石の搬入を強行した。県議の参加は会派「おきなわ」の新垣清涼、親川敬、瑞慶覧功の 3 氏だった。

立命館大学の徐勝さんは「20 年前初めて沖縄に来て以来何十回となく沖縄に足を運び、沖縄の闘いから学んできた。沖縄は東アジアで最も厳しい闘いをしているところだ。来月韓国の労働者 80 人が沖縄を訪問する。来年 1 月には教育労働者 30 ～ 40 人が来る。戦争勢力に対する共通の闘いを進めよう」とアピールした。

2016.10.1 北部訓練場内 N1 ゲート砕石置き場。工事中止を訴え、座り込んで集会

　午後 1 時ごろゲート前集会を中締した後、60 〜 70 人の参加者が自主的に県道 70 号線から小山を登って北部訓練場の中に入り、N1 ゲート近くの砕石集積場へと向かった。砕石集積場に至る道には金網とカミソリ鉄条網が設置され、防衛局に雇われたガードマンたちがスクラムを組んで阻止線を張っているが、我々は金網を乗り越え、あるいは左右から迂回して砕石集積場内へ進入した。採石場内は作業員の休憩所とみられるプレハブと簡易トイレが 2 台、その向こうの一段高くなったところが砕石集積場所だ。ユンボが 1 台作業をしている。

　先着メンバーは砕石の山の上や横に座り込む。いつの間にかユンボは作業をやめていた。採石場進入に慌てて防衛局職員 10 数人と機動隊 40 〜 50 人が姿を現した。彼らと対峙し座り込み、抗議集会を開く。参加者は 100 人に膨れ上がった。

　その後機動隊が強制排除に着手した 2 時過ぎから我々は徐々に後退していき、ゲート前の残留部隊と合流したのは 3 時前だった。2 時間近く砕石集積場での行動を続けていたことになる。

　日本政府は北部訓練場内での抗議行動に「刑特法」適用を検討し始めたという。キャンプ・シュワブや嘉手納基地の場合、ゲート前の道路上に引かれている黄色のラインを越えると、米軍の警備員が血相を変えて飛んでくる。北部訓練場の場合、メインゲートを除いて、黄色いラインも金網も軍警備員もいない。「米軍基地の不可侵」を信じる日米両政府は、高江で連日基地内に進入し続けている抗議行動にうろたえ、怒っているに違いない。

　考えても見てほしい。北部訓練場はやんばるの森を米軍が奪い基地としたものだ。復帰後日本政府が米軍に提供しているかもしれないが、県民は同意していない。いわば、米軍は強盗で、日本政府は共犯だ。奪われた土地に入ることがなぜ罪になるのか。犯罪者は強盗とその共犯者であることは分かりきったことだ。いくら年月が経とうとこの事実は変わらない。

10.2 宜野湾市民会館でドキュメンタリー『ザ・思いやり』

　台風18号が接近する10月2日、宜野湾市民会館で、ドキュメンタリー映画「ザ・思いやり」が上映された。

　「思いやり予算」は1978年、当時の防衛庁長官・金丸信が基地に勤務する日本人従業員の給与の一部（62億円）を「アメリカの負担を思いやって」日本政府が負担すると決めたことに始まる。もともとこれらの予算は日米地位協定の枠外の予算措置だったが、その後「思いやり予算」として定着し、年々拡大の一途をたどってきた。その金額は1999年に2756億円までふくれ上がったが、現在年間2000億円近くで推移している。このほかに、地位協定に基づくところの米軍用地の提供、基地周辺対策、米軍再編関連など米軍駐留経費の日本側負担がある。

　リラン・バクレー監督は、アメリカ・テキサス州出身。高校1年の時埼玉県にホームステイしたのがきっかけで日本の大学院で日本文学を学んだあと、日本に住み、天野文子さんの広島原爆日記を英訳しアメリカ各地を訪問して原爆禁止を訴えるなどの活動をしてきた。現在、青山学院大で英語講師を務める。

　朝コーヒーを飲みながら新聞を読むのが一番の幸せだというバクレー監督は、ある日、「グアム基地増強費は日本負担」「財源は増税」との奇妙な記事が目に留まった。費用の使い道は、基地内の住宅、学校、プール、ボーリング場、マクドナルド、ペットの世話までもあるというのだ。なんだこれは！？日本人はこのことを知っているのか！？もっと詳しく調べなければ、と思って始まったのがこのドキュメンタリー「ザ・思いやり」の制作だという。

　バクレー監督によると、日本国民が負担している2015年の米軍駐留経費の総計は8911億円に上る。映画は、日本国民のみなさん、みなさんはこれらの事実を知っていますか、このままでいいのですか、と問いかけている。

10.5 高江集中行動日　N1ゲート前に250人、資材搬入に抗議

　10月5日は水曜集中行動日だ。東京警視庁を中心とした警察機動隊は大部隊を動員して先にゲート前を制圧し、ゲート前での抗議行動を完全に排除する作戦に出た。ゲート前に車を止めさせない、座り込みの際の足場板を置かせない、という強硬な規制を続けた。7月22日の強制的なテント・車両の撤去後をほうふつとさせる事態だ。この日、県議会、各市町村議会は会期中のため議員の参加がなかった。しかし、日本カトリック正義と平和協議会の人々が大型バスをチャーターして早朝から駆け付けたほか、埼玉やうるま市のバスが到着し参加者は最終的に

2016.10.5　G地区ヘリパッド建設現場。防衛局の職員が抗議団の前に立ちふさがる

250人にふくれあがった。そしてゲート前集会という我々の権利を奪還した。

警視庁の機動隊は新しい警官に入れ替わっていた。どうやら10月1日付で変わったようだ。新しい機動隊は荒っぽい。250人もが結集しているにもかかわらず、9時半ごろダンプを通過させるための強制排除に乗り出してきた。沖縄は3〜4日にかけて、中心気圧905ヘクトパスカルという猛烈な台風が通過した。当然工事どころではない。つまり4日間資材搬入ができていない。1時間以上かけて乱暴に座り込みを排除し、砕石ダンプ12台と資材を積んだトラック3台を通して、この日の搬入は終了した。

■G地区ヘリパッド現場で抗議行動

他方、N1裏に結集した人びとが北部訓練場内の工事現場へと向かった。森歩きをすること1時間足らず、G地区に到着した。ヘリパッド建設の4か所の内でも自然が最も豊かだと言われている地域だが、宇嘉川に近く海陸空の総合訓練をするうえで米軍が何よりも欲しがっているヘリパッドでもある。

我々が到着した時、作業員がチェーンソーで木を切ったり、バックホーで伐採した木の片づけをしている最中だった。直径75mのヘリパッド用地の造成の第一段階の立ち木の伐採が半分以上進んでいた。作業員のところに行き工事をやめるよう訴える。「森が泣いていますよ」。作業員は工事をしながらも我々との対話に応じる。「私にも生活がある。家のローンがまだ残っている」などと自己弁護する。中には無言で工事を自主的にやめる作業員もいる。しばらくしてチェーンソーや重機の音が止まった。我われは作業現場のあちこちに座り込む。

30〜40分後、防衛局と機動隊が登場した。機動隊は10人足らずだが、防衛局は15人ほど、うち3人はハンドマイクの音声班、3人は撮影班だ。防衛局はこの間、訓練場内の抗議行動に対する撮影に熱心だ。後々「刑特法違反」の裁判のための証拠集めでもしているのだろう。ハンドマイクの音声班は驚くほど同じことしかしゃべらない。しかも3台のハンドマイクで一斉に叫ぶのでとにかくうるさい。「ヤンバルクイナがうるさいと言ってるゾ」「マイクを使わなくても聞こえるからマイクをヤメロ」と言っても聞かない。上からの指示なのだろう。

■揚水発電所ゲートから生還

　2〜3時間現場にとどまった後、機動隊も増えてきた中で、退去しようと揚水発電所方面に向かって歩き始めた。Gに至る進入道路は予想以上に出来上がっていた。立木の伐採は既に終わり地面はならされている。この道路は揚水発電所のゲートにつながっており、訓練場外へ最も安全で短時間に出ることのできる道である。ところが、防衛局はこの道路を通過させないとピケットを張った。

　訓練場内に勝手に入ってきたから勝手に出ていけという訳だ。「来た道を帰れ」と言い続ける。我われは道に沿って森の中を進みまた道に出て防衛局と対峙しまた森の中を進みしながら、やっと揚水発電所の舗装された道に出た。ここからゲートまでは数百メートルだ。するとまた防衛局はガードマンと共に阻止線を張り通さない。G地区のヘリパッド造成現場を撤退し始めてからかれこれ4時間。みんな昼を食べていない。水も底をつき始めた。こむら返りで歩けなくなった人も出た。疲労困憊だ。「熱射病で全員入院か」という冗談も出始めたとき、県警が仲介をとり、揚水発電所のゲートから出ることができた。ゲート前には仲間が、アイスキャンデーと水とおにぎりを持参して出迎えに来てくれた。

　長時間の粘り強い闘いのすえに我われは防衛局に対する小さな勝利を手にした。疲れたが気分は爽快だ。こうして、訓練場内の闘いは毎日続く。

10.8 高江集中行動日　ゲート前に250人、訓練場内では150人が抗議行動

　8日土曜日の集中行動はN1ゲート前に250人、訓練場内のG地区、N1ゲート脇の砕石集積場など3か所で150人が行動した。

　N1ゲート前の集会は午前7時半から、和気あいあいと体ほぐしのラジオ体操から始められた。そして恒例の「おきなわを返せ」「座り込めここへ」を全員で力強く歌った後、統一連、平和市民連絡会、平和運動センターのあいさつ、赤嶺さん、糸数さんの国会活動報告と続いた。

　防衛局はこの日の集中行動に前もって備え、前々日、砕石を積んだダンプ32台、ショベルカーなどを積んだトラック5台、7日、ダンプ43台をN1ゲートから搬入した。この日の砕石・資材の搬入はなかった。

■「威力業務妨害」は基地内抗議行動を取り締まれない

　他方、訓練場内工事現場での闘いはこの日も朝早くからG地区のヘリパッド建設現場で行われた。この日の琉球新報は、日米両政府が北部訓練場に限定して日本の警察の基地内逮捕で合意したことを伝えていた。訓練場内の抗議行動に手を焼いた日米両政府がとうとう基地内逮捕に踏み出すという内容だが、実のところ、基地への立ち入りそのものを取り締まる刑特法ではなく単に「威力業務妨害」

2016.10.5　G地区ヘリパッド建設現場。作業員がチェーンソーを切り株の上に置いたまま退去。

にすぎないから、訓練場内に入り抗議行動をすること自体を取り締まることができないと公に認めたようなものだ。

　一方、N1 ゲートに集まった約 30 人は、オスプレイの訓練が想定されている宇嘉川河口から上流へさかのぼって G 地区ヘリパッドへと至る行動に取り組んだ。宇嘉川河口は標高 500 m級のやんばるの森が直接海に開けた急流で、亜熱帯の木々が生い茂り、川魚やエビが住む清流だ。宇嘉川の河口から見て左手に G をはじめとして H、N1 のヘリパッドが位置する。川からヘリパッドに至る米海兵隊の訓練のための歩行ルートもある。ここはもともと米軍基地ではなかった。1996 年の SACO 合意で、北部訓練場の一部返還の条件が、ヘリパッド 6 か所の高江集落周辺への建設とこの宇嘉川の河口海域と流域の米軍への新たな提供だった。

　さらに N1 ゲート前の参加者 100 人余は午後、県道 70 号線から小山を登り、N1 ゲート際の砕石集積場に向けた抗議行動を繰り広げた。砕石集積場のフェンス沿いに基地内を進み、N1 ゲートから N1 ヘリパッド・ポイントへ通じる仮設道路で機動隊に遮られながらも 1 時間余りにわたって行動を続けた。こうして集中行動日の 8 日は、ゲート前でのダンプ進入を阻止するとともに、訓練場内の 3 か所で 150 人が抗議行動を展開したのである。

2016.10.16

10.12 高江ゲート前座り込み、ダンプの出入りを完全阻止
山中行動団に命名「高江ウッド」

　10 月 12 日は水曜集中行動日。早朝から N1 ゲート前に続々と集まり、機動隊の強制排除に備えてギッシリと座り込んで午前 7 時ごろから集会がはじまった。各地の島ぐるみもバスをチャーターしたり、乗用車を乗り合わせたりして駆けつけ、最大 400 人が結集した。

急に降り始めた大雨のためブルーシートテントに避難しながらの座り込みとなったが、ダンプによる砕石・資材搬入を完全に阻止した。天候が雨天気味ですぐれないため、山中は危険だと判断され、ゲート前集会に参加した。

■韓国、ベトナムから連帯のあいさつ

　この日の集会には、各地の島ぐるみ、平和フォーラムをはじめ全国各地の参加者のほか、ベトナムと韓国からも参加した。韓国の女子学生は、「米軍基地の問題は韓国も抱えている。沖縄の闘いに学びたい」と日本語で述べた。また、VFP（ヴェテランズ・フォー・ピース）のTシャツを身に着けたベトナムのレイ・リー・ヘイスリップさんは、オリバー・ストーン監督の映画『天と地』の原作者だが、「祖国が外圧にさらされる苦しい記憶を抱いてきた。戦争を経験したからこそ、みなさんが平和のために声を上げる気持ちに共感できる」と語った。高江は、辺野古と同様、平和や人権を共通のキーワードに世界の人々が集い出会う場だ。

■高江の現場に集まり、ゲート前に座り込もう！

　防衛局の方針は、数百人規模の抗議団が結集する水曜、土曜の集中行動日にはN1ゲートからの砕石・資材搬入を強行しないで、北部訓練場メインゲート内にある仮置き場に運んで置き、集中行動日以外の参加者が少ない時に一気にN1ゲートからの搬入を行うということのようだ。

　週2回、砕石・資材の搬入ができないのは防衛局にとって痛手ではあろうが、取り返しのつかない打撃にはなっていない。12日の集中行動日のように300人、400人と集まればゲートは封鎖できる。この状態が毎日継続すれば本当の意味で大打撃、安倍の12月完了計画を粉砕し、日本政府防衛局が高江ヘリパッド建設を放棄せざるを得ない瀬戸際に追い込むことができる。

■山中行動団に命名「高江ウッド」

　10月14日、山中行動団に名前が付いた。やんばるの森にちなんで「高江Wood（ウッド）」という。山中行動団に参加するメンバーは全員個人の責任と自覚で参加している。「高江ウッド」は個々人の参加者をつなぐ連帯組織だ。「高江ウッド」の代表格の佐々木弘文さんは「N1ゲート、通称オモテの闘いがあって、ウラの山中行動の闘いがある。ウラとオモテはつながっている」と提起した。

　この日の朝のN1裏集会で、各地からの参加者が発言した。「N1オモテのテントがなくなっていて残念」という京都からの参加者、「できることを見つけてやっていく」との茨城からの参加者、また、高江は4回目という女性は「高江のことを思うと涙が出てくる。私は、機動隊は怖くないが虫が怖い」とみんなを笑わせた。神奈川からの3人組は「辺野古・高江派遣チーム」を結成して2陣、3

2016.10.14　N1砕石集積場近く。北部訓練場の中から金網越しに見た早朝のやんばるの森。

陣と派遣に取り組んでいることを報告した。

　そのあと、山中行動に移った。砕石集積場の周囲の左右の山道の造成に取り組んだ。200 ～ 300人規模の抗議集会を開くための会場づくりだ。30人余の参加者はチームワークよろしく、砕石集積場のすぐ両側に数百人を収容することのできる空間をまたたく間に造成した。防衛局はマイクで「やめてください」と叫ぶだけ、機動隊はただ見ているだけだった。「刑特法」は適用できない。別に工事を実力で妨害しているわけではないから「威力業務妨害」にも当たらない。参加者は、時折小雨のぱらつくあいにくの天気の中作業をやり抜いた。

2016.10.23

10.17 ～ 18 高江ヘリパッド阻止　毎日行動へ
山城博治議長が器物損壊容疑で逮捕　2 か月前の傷害容疑で再逮捕
「ぼけ、土人が」「黙れ、シナ人」
県公安委員会は本土機動隊派遣要請を取り消せ！

■毎日のゲート前座り込み行動が始まった！

　これまで N1 ゲート前の座り込みは水、土の週 2 回だったが、10 月 17 日から、月曜から土曜まで毎日取り組む行動がスタートした。

　第 1 日目は、早朝から 70 人が N1 ゲート前に座り込みスクラムを組んだ。午前 9 時過ぎから機動隊による座り込みの強制排除が始まり、9 時半ごろから警察車両に先導され砂利ダンプが 4、5 台ずつ N1 ゲートから進入していった。午前と午後合わせて合計ダンプ 60 台分の砕石が運び込まれたが、ゲート周辺で「森をこわすな」「工事をやめろ」と声を上げ続けた。

　結果的に座り込みのない日とほぼ同数のダンプの進入を許してしまったが、ゲート前で一日中抗議の声を上げ、搬入に相当な時間をかけさせた。もし座り込みがなければ、防衛局は何の抵抗もなく短時間で大量の砕石・資材の搬入を楽々

と行うことができていただろう。このような毎日の小さな打撃の積み重ねがボディブローとなってヘリパッド建設工事の進行を遅らせて安倍の 12 月完了計画を打ち破ることにつながる。

■山城博治議長が器物損壊容疑で逮捕

午後 3 時過ぎゲート前集会を終えて、山城博治議長をはじめ約 20 人は、県道 70 号線沿いの斜面を登り北部訓練場の中に造られた作業ヤード・砕石集積場へ向かった。約 1 時間後、斜面を降りてきた山城さんを県警が「ちょっと話を聞かせてほしい」と言って無理やり警察車両に乗せて名護署へ連行した。県警が発表した逮捕理由は砕石集積場周辺の有刺鉄線を 2 本切ったという器物損壊容疑。防衛局の職員が目撃し県警に連絡したのだという。

仮に有刺鉄線 2 本切ったとしてもそれが何だというのか。貴重なやんばるの森の木を 2 万 4 千本以上も切り倒している防衛局の犯罪こそが問題なのだ。警察も裁判所もメディアも強権化する権力に追随するのではなく、取り返しのつかない歴史的犯罪を俎上に挙げるべきなのだ。

フェンスがないとはいえ米海兵隊北部訓練場というれっきとした米軍基地内に毎日のように入り、ヘリパッド造成現場で阻止行動を堂々と続けていることに日本政府と米軍は心底いらだち歯ぎしりする思いであったに違いない。基地内に入っても「刑特法」は適用できない。「威力業務妨害」に該当する行為でもない。とりあえず逮捕できそうな刑法上の容疑を持ち出したのが「器物損壊」なのだ。

■山城議長が 2 か月前の傷害容疑で再逮捕

10 月 20 日、検察の 10 日勾留請求に対し那覇簡裁は却下した。ところが、那覇地裁が勾留を認めた上、検察は「器物損壊」容疑とは別に、8 月 25 日 N1 裏地区で防衛省職員の腕をつかみ肩を揺さぶる行為で頸椎捻挫と打撲を負わせたという「傷害」「公務執行妨害」容疑で再逮捕した。腕をつかみ肩を揺さぶる行為が傷害罪にあたるなら、座り込み強制排除で打撲、擦り傷、切り傷、圧迫による内出血を何人にも与え続けている警察機動隊は全員傷害罪だ。2 か月前の「事件」を持ち出し逮捕理由をでっちあげるとは、安倍官邸の強い指示があることは間違いない。

■平和運動センター事務局長の大城悟さんが代役で登場

2 日目の 18 日も早朝から約 70 人が N1 ゲート前に集まり座り込んだ。N1 裏テントの山中行動組もゲート前に合流した。ゲート前には警視庁と大阪府警の機動隊が陣取っている。逮捕された山城さんに代わり、平和運動センター事務局長の大城悟さんがマイクを握り、「山城さんが帰ってくるまで代わりの任務を全力で尽くす、よろしく」とあいさつし、「今こそ立ち上がろう」を元気よく歌って、ゲー

ト前集会が始まった。

大城さんは「たった今、ダンプ12台が国頭村の採石場を出たとの連絡が入った。しっかりスクラムを組んでほしい」と呼びかけ、緊迫の中、集会が進行した。統一連の瀬長事務局長は「辺野古と同じように高江も止めていく」と決意を

2016.10.18　高江N1ゲート横のフェンス沿いの斜面。大阪府警の暴言が飛び出した。

語った。住民の会の宮城さんは「高江の住民は150人に満たない。高江にいる警察、防衛局、ガードマンなど合わせると、1500人位いるのではないか。不法ダンプを阻止しよう」と述べた。

目取真俊さんは「ヘリパッドのためにはまだまだ大量の砕石が必要だ。友人知人に呼び掛けてゲート前に座り込もう」と呼びかけた。その直後、右翼3人が現れ大音量のマイクで幼稚で下品な言葉を連ねる集会妨害行動を続ける中、機動隊による強制排除が行われ、警察車両が先導してダンプによる砕石、トラックによる資材搬入が断続的に行われた。

■「ぼけ、土人が」「黙れ、シナ人」

N1ゲート前の県道70号線上や斜面のフェンスに沿って抗議行動を行なっている時浴びせられたのが大阪府警の若い機動隊員による「ぼけ、土人が」「黙れ、シナ人」発言だ。大阪府警の機動隊員の一部は本当に言動が粗暴だ。目をむき顔をゆがめて怒鳴り散らす。この発言は日本政府による沖縄に対する態度の本質を示すものだ。翁長知事は直ちに「県民としても知事としても言語道断で、強い憤りを感じている」と抗議した。ネット上で暴言の模様が公開され、全国的に沖縄に対する差別、植民地意識との批判が高まるや、警察庁は批判をかわすため急きょ、当該機動隊員2名を10月19日付で沖縄から配置換えしたうえ遺憾の意を表明した。ところが松井大阪府知事は「府警の警官が一生懸命命令に従い職務を遂行しているのが分かった。出張ご苦労様」と述べたという。まさにこの府のトップにしてこの府警ありだ。大阪府警は県民に謝罪し直ちに沖縄から撤退せよ！

■県公安委員会は本土機動隊派遣要請を取り消せ！

沖縄の衆参議員6人は警察庁に出向き、県民への謝罪と県外機動隊の撤退を求めた。それに対し警察庁の担当者は「沖縄県公安委員会が派遣要請を取り消し

た場合には撤退する」と述べた。本当の意味で沖縄が新基地 NO! で結束することが求められている。「ぼけ、土人が」「黙れ、シナ人」発言を単に批判するだけではダメだ。沖縄の自治権を毅然として行使すべき時だ。翁長知事は本土派遣の機動隊について「引き取ってもらいたいという気持ちはある」と県庁での記者会見で述べている。沖縄県公安委員会は、本土機動隊の派遣要請を取り消せ！

10.19 水曜集中行動日　北部訓練場メインゲートに 250 人が座り込み

午前 6 時ごろから北部訓練場メインゲート前で県議、市町村議員を含め最大 250 人が座り込んだ。これまで集中行動日に N1 ゲートを封鎖しても、メインゲートへの搬入はいわばフリーパスの状態だった。この日の集中行動ははじめてメインゲート封鎖を行動目標としたのである。

時おり激しい雨が降る中、メインゲートを中心にして南北に広がり阻止線を張る断固とした行動で午前中はメインゲート封鎖に成功した。午後 1 時過ぎから防衛局・警察機動隊は座り込みの人数が減ってきたのを見て強制排除に乗りだしてきた。メインゲートへの進入を阻止しようと南側で頑張るメンバー、メインゲートの北で道路に立ちはだかるメンバーに分かれて行動したが、30 分ほどでメインゲートに入られた。

この日、北側と南側から N1 ゲートの入った分も合わせて計 31 台分が運び込まれたことになる。懸命の阻止行動にもかかわらず搬入は防げていないが、連日の 60 台分の約半分にとどめた。

10 月 22 日は 300 人以上の結集で、N1 ゲートからの砕石・資材の搬入を完全に阻止した。

■ 10.20 ヘリパッド工事差し止め仮処分

東村高江と国頭村安波の住民 33 人が北部訓練場ヘリパッド建設工事の差し止めを求めた仮処分申し立ての第 1 回審尋が 10 月 20 日、那覇地裁で開かれた。午前 10 時から開かれた城岳公園での事前集会には 70 ～ 80 人の人々が結集した。

あいさつに立った高江の、伊佐真次さん、石原理絵さん、安次嶺現達さんは口々に、「N4 のヘリパッド 2 基ができてオスプレイの騒音と振動のため落ち着いた暮らしができなくなった。あと 4 基もできてしまえば本当に住めなくなってしまう。やんばるの森を世界遺産に登録しようとする一方で立木の大量伐採と自然破壊が進んでいる」と訴えた。

最後に、71 年前の沖縄戦で鉄血勤皇隊として従軍し九死に一生を得て、戦後沖縄人民党・日本共産党で長く活動された古堅実吉さんの音頭で頑張ろう三唱を行い、集会の幕を閉じた。

10.24 〜 28 高江現地　ゲート前の阻止行動と訓練場内の監視活動
住民 389 人が監査請求　沖縄県は県外機動隊へ公金支出をやめよ！

　この一週間、米海兵隊北部訓練場の二つのゲート（N1 ゲート、メインゲート）で砕石・資材の搬入を阻止する行動が続けられた。しかし、24 日はダンプ 50 台、25 日はダンプ 54 台分の砕石の搬入が強行された。水曜集中行動日の 26 日は、200 人がメインゲート前に座り込み、砕石・資材の搬入を阻止した。防衛局は、メインゲートを避けて北周りで手薄な N1 ゲートへ砕石ダンプ 22 台を進入させた。そしてメインゲート前座り込みが終了した後、待機させていた 20 トントレーラーをメインゲートに入れた。

　高江ゲート前の力学は単純だ。数十人だと突破されるが、200 人以上集まれば阻止できる。ゲート前の闘いの成功は 200 人以上を結集できるかどうかにかかっている。

　10 月 27 日に開幕した世界ウチナーンチュ大会の参加者のうち、ブラジル、カナダ、アルゼンチンなどからの 20 〜 30 代の若者を中心に辺野古・高江を訪問し交流した。世界各国のウチナーンチュの連帯は、新基地に反対し故郷の海や森を守り子孫に伝えていく運動に力を与えてくれる筈だ。また、10 月 21 〜 23 日の日本環境会議沖縄大会の参加者も辺野古・高江を訪れた。

■ H 地区ヘリパッド建設現場での山中行動

　他方、米軍訓練場内での山中行動隊「高江ウッド」の取り組みは連日行われた。集合場所になっている N1 裏テント前には、8 月上旬から防衛局がレンタカー 2 台を放置したままになっている。琉球新報の調べによると、レンタカー代金は 10 月 21 日現在、約 79 万円に上るという。役人たちも自分の車や金だったらこんな無駄で放漫なことをする筈もない。国の予算を使うにあたっての国家官僚はなんと無責任なのか。

　27 日は早朝、N1 裏テントに集合した約 30 人が行動した。森を歩き谷を流れる小川を渡り、急な斜面を上り下りすること約 30 分、H 地区ヘリパッド建設現場に到着した。現場は無残なほど姿を変えていた。青々と茂っていた木々はすべて伐採され赤土がむき出しとなったヘリパッド予定地の法面は木枠が設置され、周囲はフェンスと有刺鉄線で囲われている。ところどころブルーシートで覆われている作業現場では、防衛局の職員、機動隊、ガードマンの監視の中、ブルドー

ザー型のトラックや大小2台のユンボが作業している。伐採された木の根元で一匹のキノボリトカゲがあたりをキョロキョロ見回していた。ここにはもう登っていく木はない。

しばらくしてN1地区の方から車体をきしませながら4トンダンプがやってきた。砂利を満載している。明らかに重量違反だ。我々はフェンスの外から「重量違反だぞ、取り締まれ」と声をあげる。防衛局は「ここは提供施設内です。速やかに退去してください」とマイクで叫んでいたが、後からのダンプの砂利の量が減ってきた。このように現場の監視はそれなりの効果がある。ヘリパッド建設現場での毎日の監視活動は防衛局に対する圧力となり、不法な工事の強行をやめさせ、12月完了を阻止していくことにつながる。

■沖縄県議会決議「県民の心に深い傷を与えた」

沖縄県議会は10月28日、「ぼけ、土人が」「黙れ、シナ人」発言にたいする抗議決議を採択した。県政与党、中立会派の賛成多数で採択された決議は、発言が「沖縄県民の誇りと尊厳を踏みにじり県民の心に癒やしがたい深い傷を与えた」と非難し、「市民および県民の生命および尊厳を守る立場から、沖縄に派遣されている機動隊員らによる沖縄県民に対する侮辱発言に厳重に抗議するとともに、このようなことが繰り返されないよう強く要請する」としている。決議のあて先は県公安委員長と県警本部長で、11月10日に直接抗議に出向く予定だという。

が、沖縄自民党は決議に反対した。彼らは、「土人・シナ人発言は県民への差別発言ではない」「反対派の暴言も悪質」「反対運動が北部訓練場の返還を阻止している」などと主張し、「警察官の心身のケア」を求めた。今回、県政与党が野党・中立会派を含めた全会一致を優先して「機動隊撤退」を決議文案から削除した結果がこれだ。公明・維新は賛成したが、自民はあくまで反対した。沖縄自民党は安倍の先兵だ。

沖縄に機動隊を派遣している東京、神奈川、大阪、福岡、愛知など各都府県で「機動隊引き上げ」の取り組みが進められている中で、沖縄県議会が「県外機動隊の撤退」を決議すれば、明確な運動の結集軸になり得ていただろう。残念な結果だ。

■10.17住民389人が監査請求書を提出　沖縄県は県外機動隊へ公金支出をやめよ！

県外警察機動隊500人以上が沖縄に派遣されてすでに3か月以上経つが、これら県外機動隊は毎日早朝から高江の警備にあたる。彼らがいなければ工事は不可能だ。彼らは県民の基地反対の民意を一切顧みず高江ヘリパッド工事をがむしゃらに遂行する日本政府の暴力の道具である。にもかかわらず、かれら県外からの警察機動隊の活動費（燃料費、高速道路通行料、車両の修理代）を沖縄県が

負担している。沖縄平和市民連絡会を中心としてこの間、警察法に違反した違法・不当な公金の支出だという住民監査請求書への賛同者を募り、10月17日午後、県庁に提出した。請求人は389名になった。沖縄県公安委員会は翁長県政の行政機関の一つとして、民意に従い、県外機動隊の派遣要請を取り消すべきだ。

　また同日、東京の市民グループも、警視庁職員が沖縄に派遣されたことを問題として住民監査請求を行った。請求人は314名、弁護士ら62名も代理人となっている。派遣先の沖縄、派遣元の東京都の市民らの連帯した取り組みだ。東京の請求人には、高畑勲さん(アニメーション映画監督)、ジャン・ユンカーマンさん(映画監督)、上村英明恵泉女学園大教授、小森陽一東京大大学院教授、森住卓さん(写真家)、大仲尊さん(沖縄・一坪反戦地主会関東ブロック共同代表)らが名前を連ねている。神奈川や福岡でも同様の取り組みが進んでいる。

2016.11.6

10.29 土曜集中行動日　高江に 400 人、辺野古に 350 人
11.4 勾留理由開示裁判　山城さんが意見陳述

　土曜集中行動日のこの日、早朝から N1 ゲート前で座り込み、砕石・資材のヘリパッド工事現場への搬入を阻止する行動が展開された。防衛局は N1 には来ず、砕石・資材をすべてメインゲートに回した。正午から、「機動隊員による沖縄を侮辱する暴言を許さない！緊急集会」が開かれ、400 人が参加した。

　目取真俊さんが沖縄タイムスに 11 月 1 日付で掲載した文章によると、「どこつかんどるんじゃ、こら、土人が」と発言した大阪府警の機動隊員はその後、別の場所で抗議行動をしていて 3 人の機動隊員に抑え込まれた目取真さんのところにわざわざやってきて、「頭を叩いて帽子を落とすと、脇腹を殴ってきた」という。とんでもない警官だ。政府のお抱え暴力団そのものではないか。

　この高江の集会には、サンフランシスコ在住の大宜味村出身の山城良子さんと夫のトーマス・キャンバリーさんも参加した。山城さんは 1975 年、当時米海兵隊員だったトーマスさんと結婚して渡米したが、今回ウチナーンチュ大会で沖縄を訪問した。二人は「自然豊かなやんばるの森にヘリパッドは要らない」と語った。

　午後 4 時からは大浦湾が一望できる瀬嵩の浜で、島ぐるみ会議名護の主催による「今こそ当事者の声を！辺野古新基地を絶対つくらせない名護市民集会」が開かれ、約 350 人が参加した。ヘリ基地いらない二見以北 10 区の会の松田藤子会長は「私たちは海や森を守りたいだけ。静かな生活がしたいだけ」と述べた。

地元の若者を代表してマイクを握った渡具知さん（琉大1年）は、「政府は辺野古唯一というが、ここには貴重な生物がすんでいる。私たちも住んでいる」とアピールすると、会場からは大きな拍手と指笛が答えた。

■ 11.2 高江水曜集中行動　200人がメインゲート前に座り込み

水曜集中行動日の11月2日は、採石場からゲートに至る路上での抗議活動と共に、北部訓練場メインゲート前に200人が早朝から座り込み、メインゲートを通じた砕石・資材の搬入を阻止した。政府防衛局はメインゲート前座り込みに手を出すことを諦め、北周りにN1ゲートから砕石ダンプを進入させるとともに、座り込み解散後、大急ぎでトレーラー、ダンプをメインゲートから通過させた。

2016.10.31　高江 N1 ゲート前テント。説明をするスタッフ

■全長2.6kmの米軍歩行訓練ルートの建設

沖縄防衛局は宇嘉川河口からG地区ヘリパッドに至る全長2.6kmの米軍歩行訓練ルートの建設を進めている。沖縄森林管理署は11月2日、ルート上の立木を重機を使って伐採する方法を示した防衛局の事前協議書（10月28日付）に同意した。計画では4694本のイタジイを中心とした立木を伐採し、砂利を敷き、擬木の階段までつくるとのことだ。森の破壊が破滅的に進むにもかかわらず、沖縄森林管理署の清水署長は「最小限の伐採で森林保全に支障がないと判断した」とまるで他人事のように述べた。政府が強権化するとともにどの行政機関もあきれるほど安倍官邸の提灯持ちや太鼓持ちになった。

■ 11.4 勾留理由開示裁判　絶対に屈しない！山城さんが意見陳述

11月4日午後那覇地裁で、山城博治さんに対する勾留理由開示裁判が開かれた。城岳公園で150人近くが事前集会を開いた後、抽選に当たった約30人が裁判を傍聴した。裁判官は高津戸拓也という、那覇地裁判事補に任官されたての若い裁判官だ。

午後3時半山城さんが入廷すると、期せずして傍聴席からガンバレの掛け声とともに拍手が起こった。人定質問のあと裁判官は「容疑は有刺鉄線1本切っ

たこと。損害額は 2000 円。証拠隠滅、逃亡の恐れあり」と勾留理由を述べた。金高望弁護士が「証拠隠滅や逃亡の恐れはない。軽微な事件に長期勾留の必要性があるのか」と具体的に追及した。ところが裁判官は「答えられません」を繰り返すのみ。いかにも権力の意を体する輩だ。

山城さんは意見陳述で、「本土から 500 人をこえる警察機動隊の派遣と高江の制圧というすさまじい状況の中で、必要最小限の意思表示として作業ヤードでの行動があった。やんばるの森は県民のかけがいのない財産だ。壊されてはならない」と述べた。10 分間にわたる意見陳述の間、傍聴席からは拍手と掛け声がひっきりなしに続いた。

裁判官は「拍手はやめてください」「静かにしないと退廷させます」などと威圧するが誰も気にしない。むしろ、「裁判官、恥を知れ」などの声が大きくなるのみだった。裁判が終わり、山城さんが退廷する際にも「ヒロジ頑張れ」の声がひときわ大きく傍聴席のあちこちから発せられ、騒然とした中で閉廷した。

2016.11.13

11.7 ゲート前座り込みと山中行動　高江ヘリパッドの 12 月完成を止めるぞ！

11 月 7 日の N1 ゲート前座り込み行動は、伊波洋一参議院議員、全国の地方議員でつくる「自治体議員立憲ネットワーク」所属の議員 30 人余り、世界ウチナーンチュ大会に参加したブラジルの若者たちも参加して行われた。この日夕方までに、計 88 台のダンプが N1 ゲートから入った。

■赤土がむき出しの H 地区の現場

11 月 7 日の高江ウッドの山中行動は、午前中 H 地区ヘリパッド建設地周辺で、午後は宇嘉川から G 地区ヘリパッドに至る米海兵隊歩行ルートで行われた。山中行動隊の長靴は有り難いことに、各サイズ 30 足を鳩山元首相がプレゼントしてくれた。高江の現場には全国からいろいろな人々が訪れる。この日は、N1 裏テントにも『週刊金曜日』発行人の北村肇さんが訪れた。

H 地区は全般的に工事が急速に進められている。直径 75 mほどの円形に木々が伐採されたヘリパッド予定地の法面の木枠はほぼ設置され、谷に向かって一か所大きく落ち込んだ所は、ユンボ 2 台による整地作業が行われていた。赤土対策は万全か。また、いったいどこからの芝なのか。外来種の混入の危険がある。さらに、ダンプの過積載はないか。我われは防衛局が設置した防風ネット越しに、または防風ネットが張ってある単管によじ登り、抗議の声をあげるとともに監視行動を続けた。

やんばるの森の木々の大量伐採とヘリパッドの直径75mの円形と延長6〜7kmにおよぶ進入道路の存在は、乾燥に弱い亜熱帯の木々の生命力を奪いやがて枯れさせ、やんばるの森全体の動植物に計り知れない悪影響を与えることになるだろう。今年8月、やん

2016.11.7　新たに訓練場として提供された宇嘉川河口一帯

ばるの森は一部国立公園に指定された。将来世界自然遺産に登録しようという動きもある。それなのに森の一角を占める海兵隊北部訓練場の中では森の破壊行動が平然と行われているのである。

■米軍の要望で急きょ計画された歩行ルート建設

また午後は、宇嘉川河口からG地区への海兵隊歩行ルートを歩いた。このルートは2007年に防衛局が県に提出した環境影響評価図書には記載がない。宇嘉川河口の海兵隊提供海域に強襲揚陸艦が停泊し、オスプレイが河口から川をさか上ってヘリパッドまで飛行するとともに、海兵隊員を乗せた水陸両用戦車が宇嘉川河口に上陸、海兵隊員がG地区のヘリパッドまで行進することが想定されている。米軍が要望し、急きょ計画された新しい工事だ。沖縄森林管理署が11月2日沖縄防衛局に出した同意書によると、全長2,570mのうち1,750mの範囲の立木4,694本（最大のもので、高さ1.2mの地点で直径46cmのイタジイを含む）を重機で伐採する予定だという。これまでの4か所のヘリパッドと進入道路の分を加えると、今回の高江のヘリパッド工事で合計3万本以上の木々が伐採されてしまうことになる。歩行訓練だというなら、原生林を歩いてこそ訓練になる。重機で木々を伐採し砂利を敷いた道、一部は擬木で階段を設置すると言われる道を歩いて何が訓練なのか。ただの森の散歩ではないか。

我われが海兵隊歩行ルートを上って行くと、目印の赤のペンキをぬったり、赤や青の荷造り用のビニールひもを道路建設予定ルートに沿って張ってあったりしている。防衛局は巾1.2mの歩道と言っているが、一目で巾2〜4mあることが分かるし、また傾斜がきつい個所も多い。歩行ルートの整備は難工事になるに違いない。しばらく歩くと、防衛局の職員たちが慌てた様子で出てくる。防衛局職員と警察官十数人が並んで立ちふさがり、3〜4台ビデオ撮影機を向け、それ以上前には行かせま

いとする。その場に座り込んで数十分後に、われわれは引き上げた。

第32軍司令部壕内に「日本軍慰安所」があった
正子・ロビンズ・サマーズさんが証言

2012年3月、仲井真県政は沖縄戦当時首里城の地下に造られた第32軍司令部壕の説明版を設置した。説明版の文章は、県環境生活部長の諮問を受けた、沖縄歴史教育研究会の新城俊昭沖縄大学客員教授など5人の専門家の議論により作成・答申された内容から二つの点が削除されたものだった。二つの点とは、「32軍司令部壕内に慰安婦がいた」「壕周辺でスパイ容疑による住民処刑があった」というものである。仲井真県政は「32軍司令部に慰安婦がいたという確認ができない」などの理由をあげて、沖縄戦における日本軍の実態に対する隠蔽工作に協力したのだ。これは辺野古埋め立て承認と並ぶ、仲井真県政の負の遺産だ。

■歴史遺産と戦争遺跡という二つの面を持つ首里城

守礼門を通り園比屋武御嶽石門を少し越えたところの左手にある階段を下りていくと、道の左右の木々の間に2か所、コンクリート製の哨所と第32軍司令部壕の説明版が目に入る。ご覧になっただろうか。首里城を訪れる人々の多さに比べてこの場所に足を運ぶ人は少ない。かつて首里城は国宝だった。当時沖縄は京都、奈良に次いで3番目に国宝が多い県であり、その象徴が首里城だった。10・10空襲で司令部を焼かれた日本軍が首里城地下に司令部壕を設置したため、米軍の猛攻を受け首里城は破壊しつくされた。首里城は歴史遺産と戦争遺跡という二つの面を持っている。

10月下旬タイムスホールで開かれた「辻、OKINAWA そしてアメリカ」と題する絵画展の主人公である正子・ロビンズ・サマーズ（旧姓＝新城）さんは英語の手記を出版し、3歳半で辻遊郭に身売りされるところから始まる自身の生涯を語った。正子さんは戦後自力で負債を完済し米兵と結婚してアメリカに渡った。そして、アメリカで絵の才能を開花させた。正子さんの絵は、リアリズムの力強さと優しさを備えている。正子さんは今年9月、88歳で亡くなったが、現在手記の日本語訳の刊行が準備されている。

■第32軍司令部壕の慰安所と住民虐殺

正子さんは手記の中で「戦前の沖縄でジュリであったこと」「沖縄戦では第62師団の幹部と行動を共にしていたこと」「10・10空襲の後首里の慰安所をへて32軍司令部に来たこと」「壕内にジュリを含む20人ほどの女性がいたこと」などを明らかにしているという。32軍司令部については他にもたくさんの証言がある。

沖縄師範学校の鉄血勤皇隊として司令部壕に出入りしていた大田昌秀元沖縄県知事は「「作戦室と平行に掘られた坑道の両脇には、若い女性が二、三十人もいた…一人残らず朝鮮の女性だということであった。」(『沖縄のこころ』)と証言している。

住民虐殺については同じく、師範鉄血勤皇隊の川崎正剛さんが次のように証言している。「昭和20年の4月、司令部壕第6坑道口に一人の女性が憲兵に引き連れられていた。豊見城出身の30歳くらいの女性。憲兵がスパイをこれから処刑するといい電柱に縛りつけた。壕内にいた朝鮮人女性4、5人が日の丸の鉢巻を締めて銃剣を持ち、憲兵の'次"次'の命令で銃剣を向けていった。次に憲兵は縄を切って女性を座らせた。そして、俺は剣術は下手なんだがなあ、といいながら、日本刀をぬき背後から振り下ろした」(『留魂の碑』)

沖縄戦の事実を記録し次の世代に伝えていかなければならない。

2016.11.20

高江 11.16 ゲート前に座り込み資材搬入を阻止
宇嘉川河口で 5 時間にわたり防衛局・機動隊と対峙

11月16日の水曜集中行動は、N1ゲート前に早朝から150人が座り込みダンプによる砕石・資材の搬入を阻止するとともに、北部訓練場内ヘリパッド建設現場の各地で、工事を止めるための監視・抗議行動が進められた。

訓練場内抗議行動の出発地となっているN1裏テントには、全国各地から人々が集まってくる。関東のある人は10年前から沖縄に関心を持ち始め、今では看護職の仕事をしながら度々、ひと月に20日働いてお金を貯め10日を高江で活動するために充てるという。別の人は、沖縄と本土とを行ったり来たりするのが面倒になり、沖縄に家を借りたり、あるいは引っ越してきて高江・辺野古の運動に全面的に参加しているという。

ヘリパッド建設現場での直接行動は、このような人々の参加によって支えられている。実際問題として、森の中での行動は簡単ではない。北部訓練場はどこからでも自由に出入りすることのできる広大で起伏にとんだ森だ。アップダウンの激しい丘を歩き、谷川を渡り、崖のような急斜面を上ったり下りたりする山中行動は体力が必要だし、注意力も求められる。場合によっては、逮捕の危険が伴う。それでも参加者は絶えることがない。毎日人が集まる。

■3か所で行われた16日の山中行動
16日、山中行動はH地区、G地区、宇嘉川河口の三か所で行われた。

宇嘉川河口へ向かったグループは、約 1 時間の山中行動の後、宇嘉川河口に至る海岸に降り立った。宇嘉川河口から 200 〜 300 m 上流の米軍歩行訓練ルート入り口に設置された作業テントまで、警察機動隊と防衛局が文字通り雲霞のごとく集まっている。少なく見積もっても 100 人は下らない。米軍歩行訓練ルートに向かおうとするのを防衛局と機動隊は阻止線を張り通そうとしない。約 5 時間、宇嘉川河口での阻止線をめぐる攻防が展開された。

我われの行動は非暴力に徹しているので、防衛局や警察も簡単に付け込んでこれない。機動隊をバックにして阻止線を張る防衛局職員に対して怒りをぶつける。

「防衛省の職員は、米軍犯罪防止のパトロールをするために沖縄に派遣されたのではなかったか。なぜ高江にいるのか」。防衛局の職員、警察機動隊員は全く反論しない。ただうなだれて聞いているだけだ。少し前までは何かと屁理屈をつけて言い返していたのが、「土人」「シナ人」発言以来、また問題発言をしてはまずいとでも思った防衛省、警察庁、安倍官邸の指示が下されているのだろう。みな「言わざる」のように黙りこくっている。

■高江 11.19 土曜集中行動　N1 ゲート前で 250 人が座り込み集会

11 月 19 日の土曜集中行動は約 250 人が結集し、N1 ゲート前の座り込みを中心に行われた。この日、N1 ゲート前の座り込み集会は各地からの報告が相次ぎ活発な報告交流集会の様相を呈した。大阪から参加の車いすの男性は、大阪府警を呼び戻す運動を報告するとともに、沖縄での県公安委の派遣要請撤回の取り組みを訴えた。京都からの参加者は、持参のマイクを手に取り「ともに闘っていこう」と呼びかけた。神奈川の女性グループは一言、「頑張ります」。

平和市民連絡会の岡本さんは、サンケイ新聞の記事を紹介しながら、「駐留軍」と呼ばれている東京からの政府高官が高江の現場を取り仕切っていることに注意を喚起した。長野県の参加者は、「高江に来るのは今回が 3 回目、長野の広場でデモ行進をした」と述べた。別の長野の参加者は、「素晴らしい森をどうして壊すのか」と訴えた。埼玉の参加者は、「2 年前に来たときは静かな森だったが、昨日 H 地区のヘリパッドに行って愕然とした、もう工事を止めてほしい」と述べた。バスで参加した京退教の 26 人は、高江住民の会にカンパを渡すとともに、「X バンドレーダー基地に加え、福知山の自衛隊基地の共同使用が図られている」と報告した。

北海道帯広の参加者は矢臼別演習場での平和盆踊りなどの取り組みを紹介した。名古屋の女性は毎週水曜日の高江アクションを報告した。HENOKO BLUE のそろいの T シャツを付けた千葉のメンバーは「木更津の基地でオスプレイの整備をさせず、日本の空から軍用機をなくして行こう」と呼びかけた。東京の参加

者は自分のいる場所で闘うことの重要性を述べた。神奈川から辺野古リレーで2週間の滞在予定で参加した二人は「神奈川県警を目にすると申し訳ない気持ちになる」と語った。石垣島からも参加者が発言した。沖教祖国頭支部の代表は北部地区労との統一行動で参加していることを報告し、「労働組合が立ち上がることが工事を止める」と訴えた。

2016.11.27

11.23 N1ゲート前とメインゲート前で搬入阻止行動

　水曜集中行動の11月23日は、N1ゲート前の座り込みに300人、メインゲートに至る国道70号線上での抗議行動に数十人が参加して行われた。N1ゲートへの砕石・資材の搬入はなかったが、道路上の抗議行動の中、パトカーや警察車両に前後を警備された砕石ダンプ12台がメインゲートを2往復した。

　N1ゲート前の座り込みには各地の島ぐるみだけでなく、神奈川、東京、名古屋、福岡、仙台、奈良、埼玉、大阪、京都など全国各地から集まった多数のグループ、個人が参加した。北海道から参加したキリスト者のグループ14人は「『標的の村』や『森は泣いている』のメッセージを受けて今回参加した」と述べた。福岡から参加の5人は「福岡では火曜日行動を一年間52回行なった。新基地NO! を最後まで闘い抜く」と語った。

　他方、メインゲートに至る国道70号線上での抗議行動は、雨により山中行動が中止になった高江ウッドチームを中心として早朝から行われた。数百メートルにわたって国道の両側に車両を止め、バラバラに行動するメンバーは、警察機動隊のマンツーマン方式での張り付きをかいくぐり抗議行動を展開した。午前から昼過ぎにかけてダンプの行列は2往復にとどまった。抗議行動のささやかな成果だ。

11.26　N1ゲート前に200人、資材搬入を阻止
ヘリパッド建設現場内で、2時間にわたり工事をストップ!

　土曜集中行動の11月26日は、N1ゲート前で200人が座り込み、砕石・資材の搬入を阻止した。県内外の参加者に加えて、韓国仁川（インチョン）の市民団体10人も参加し、「米軍基地をなくしアジアの平和を実現しよう」とアピールした。他方、N1裏テントに集まった山中行動チームの60人余りは2か所のヘリパッドがつながっているN1の建設現場に入り、工事の強行に抗議し「森をこわすな」と訴えた。

■N1ヘリパッド現場の各所で抗議行動

2016.11.26　N1ヘリパッド建設現場。ユンボの前に立ち「工事中止」「森を守れ」とアピール

起伏の多い亜熱帯の森を40〜50分歩くとN1（A、B）のヘリパッド建設現場に到着した。新聞報道によるとN1のヘリパッドはほぼ完成したと言われていたが、我われが目にした現場は、クレーンやユンボ、トラックが忙しく作業する雑然とした工事中の姿だった。鉄筋がむき出しのまま積まれ、土砂が袋から流れ出ている。一度張られた周りの張芝は大部分はがされ、法面の補強工事をしている。聞くところによると、米軍からのクレームで再工事になったらしい。

　防衛局・警察は我われのN1への登場をまったく予期していなかった。工事現場に入った我われは、ヘリパッド建設現場を自由に歩き回り、現場の様子を写真やビデオに収めながら監視行動を行うとともに、作業する作業員たちに森を守り作業を止めるよう訴えた。意地になったように仕事を続ける作業員もいるが、全体的には作業が止まった。

■慌て狼狽する防衛局・機動隊

　その場にいた数人の警察官は大声で叫ぶ。「この場に防衛局職員は一人しかいませんが、その人が言っています。危ないですから、この場所から出て今来た道を帰ってください」我われは応える。「危ないのはヘリパッド工事だ。工事を止めろ。工事を止めたら帰るよ」一人しかいない防衛局職員は大慌てで我われと作業員の間に入り、「ここは提供施設です。提供施設に入ることはできません」と叫ぶが、当然ながら効果はない。工事現場のあちこちに散らばってユンボやトラックの前で、あるいは作業員に向かって「やんばるの森をこわすな」「ヘリパッド工事を止めろ」のプラカードを掲げて行動する我われを誰も止めることができない。

　30分以上たって機動隊数十人が駆け付けた。あちこちに散らばって抗議を続ける我われを現場の片隅に押し込めるころには昼休みになっていた。こうして我々が自主的に撤退するまで約2時間にわたって現場は大きく混乱し工事は止まった。現場でおにぎりを食べながら我われは勝利の歌を歌った。そして二手に分かれてその場から撤退した。N1オモテへは約2kmの道のりだ。N1ゲート脇から県道70号線に出ると、座り込み参加者の嵐のような拍手が迎えた。

現在、8月25日の「防衛局職員に対する暴行事件」を口実に6人が不当に逮捕・勾留されている。名護署に2人、那覇署、浦添署、豊見城署、与那原署に各一人ずつ、計6人である。山城博治議長の勾留は今日で40日を超えた。6人の釈放を勝ち取ろう。

■ 11.22 県監査委員会の意見陳述会
県は県外機動隊への支出を止め、機動隊派遣要請を撤回せよ！

県民389人は10月17日、県監査委員会に対し①県外機動隊への一切の県の公金の支出の禁止、②県公安委員会による県外警察職員の派遣要請の撤回を求めた「沖縄県職員措置請求書」を提出した。県監査委員会は11月14日受理し、11月22日午後意見陳述会が開かれた。請求人を代表して、真喜志好一さん、儀保昇さん、北上田毅さんの3人が意見を述べた。昼前から傍聴希望の多数の人々が集まり、くじ引きの結果20人が傍聴することができた。

意見陳述で真喜志さんは、「1996年のSACO（沖縄に関する特別行動委員会）合意は不要な基地を返還するだけで、内実は米軍基地の近代化、合理化だった。オスプレイのための高江ヘリパッド建設は不当だ」と述べた。

儀保さんは、「不法な道路封鎖、ケガ、拘束、警察車両の排気ガス、ロープでの拘束、不当逮捕、言葉の暴力など。警察は黒服の暴力集団だ。県民の税金の使用を止めてほしい」と訴えた。

北上田さんは、①7月12日沖縄県公安委員会から6都府県に警察職員の援助要請がされる前に、警察庁から援助要請の依頼文が出されたという手続き上の問題、②8月までガソリン代、修理代として約1000万円が計上されているので、年末までに4千万円に達するだろう。警察は県知事や県議会の意見に従うべきで、防衛局の工事に加担すべきではない、と主張した。

それに対し天方徹公安委員と重久真毅県警警備部長が陳述したが、まともに答えようとするものではなかった。結局のところ沖縄側の主体のあり方が問われている。安倍官邸の手先のような県公安委員会がまかり通っているという現実をいかに打ち破るか。警察行政を民主的な自治警察に変えることも含めた、県政全体の自治の確立が必要だ。

2016.12.4

11.30 高江に300人、搬入を終日ストップ
12.3 N1 ゲート前に座り込み　全県、全国から350人が結集、搬入を阻止

水曜集中行動日の 11 月 30 日は、県内外から多数の人々が N1 ゲート前に座り込み、終日ダンプによる搬入を阻止した。他方、N1 裏テントに集まった人々は、H 地区ヘリパッド建設現場と N1 ゲートそばの砕石置き場で、抗議と監視行動を行なった。

■本部島ぐるみ「やんばるの水がめを守ろう」

　糸満市の島ぐるみは「街頭宣伝をしているとき、90 歳ぐらいのオバーがやってきて、戦争が終わってもう何年も経つのに、どうして今頃基地を造るのかと聞いてきた。高江と辺野古の新基地建設を止めよう」と述べた。本部島ぐるみは「やんばるの水がめは沖縄全体のものだ。ヘリパッド現場に入ったが、赤土がむき出しでグランドみたいだった。不法な工事を止めさせよう」と訴えた。

　続いて、自衛隊配備反対を闘う宮古と石垣の参加者が発言した。まず、子供連れの若い宮古の参加者たちは、石垣、与那国への陸上自衛隊の配備撤回を県に要請することを報告した。そして声明書を読み上げ「力を合わせよう」と結んだ。石垣からの 4 人は、山里節子さんら「命と暮らしを守るオバーたちの会」のメンバーだ。「沖縄戦で石垣は地上戦はなかったが、日本軍により強制移住させられ 4000 人以上がマラリアの犠牲になった。軍は住民を守らない。戦争が終わり日本軍の倉庫を見ると、倉庫の中にはマラリアの特効薬・キニーネがたくさんあった。与那国、宮古、石垣から軍隊を撤退させ、基地をなくしたい」と訴えた後、安里屋ユンタを合唱した。

■司法書士会「警察官 100 人増員の否決を」

　そのあと、体ほぐし体操をしてリフレッシュ。国労近畿からは 16 人が参加。名護島ぐるみのメンバーは、収容所での反戦歌として生まれた「二見情話」を歌った。南風原町島ぐるみ「軍事は国を亡ぼす」。中城村島ぐるみ「大事なのは我々の結束だ。敵は翁長知事と現場との分断を狙っている」。司法書士会のメンバーは「県議会に警察官 100 人増員の条例案が提出されるが、県議の皆さんは拒否してほしい」と述べた。

　宜野座村島ぐるみは「沖縄の山、海、空は沖縄のものだ。守っていこう」と呼びかけ、1968 年の 3 大選挙（主席選挙、立法院議員選挙、那覇市長選挙）の際の闘争歌「明るい沖縄をつくろう」を歌い上げた。今帰仁村島ぐるみに続いて、山口県と北九州から参加した「土砂搬入反対全国連絡協議会」の仲間は「戦争は命に対する最大の犯罪。この世からなくしたい」とアピールした。

　歌手ちゃるが「地球が回って生んだ種」を歌った後、マイクロバスで参加した九州の平和運動センターやフォーラムの仲間がそれぞれ福岡、佐賀、鹿児島、宮

崎、長崎、大分、熊本からあいさつした。鳥取県新日本婦人の会のあと、長野、千葉、東京、大阪、広島などから集まった郵政産業労働者ユニオンの 10 人余が、「木更津の自衛隊基地や神奈川の米軍基地に対する抗議行動に取り組んでいる。今回が沖縄の新基地反対のツアーの 3 回目だ」と述べた。

2016.11.30 　N1 ゲート前座り込み集会に集まった 300 人にのぼる人々。搬入を終日ストップ

■内田雅敏弁護士「日本国憲法は平和資源」

　内田雅敏弁護士は「安全保障のカギは軍事力ではなく国と国との信頼だ。日本の平和憲法は平和資源。これをもとに平和共存を実現しよう。私は 1972 年の日中共同声明を毎日暗唱している。今必要とされていることはこの実践だ」と訴えた。京都の歌姫・川口真由美さんは、「京都の米軍 X バンドレーダー基地の隣に自衛隊のミサイル基地が計画されている。絶対に負けない」と語り、「沖縄、今こそ立ち上がろう」など数曲を歌い舞った。具志川 9 条の会の仲宗根勇さんは「宮古のアララガマ精神で頑張り抜こう」と、持ち前の憲法論議を解説し鼓舞した。藤本監督は北部訓練場の中での闘いを撮影した『森は泣いている 2』の完成を報告し、各地での上映を呼び掛けた。徳森さんはいつものように『怒りをぶちまけろ』などを力いっぱい歌った。

■ 12.3　N1 ゲート前に座り込み　全県、全国から 350 人が結集、搬入を阻止

　土曜集中行動日の 12 月 3 日、約 350 人が N1 ゲート前に結集し座り込んだ。防衛局は N1 には近寄らず、メインゲートへ砕石ダンプ 12 台を 2 往復させた。他方、N1 裏テントからの山中行動は、欠陥工事が問題となっている H 地区ヘリパッド現場での監視と抗議を行なった。

　池宮城紀夫弁護士は山城博治さんと面会した様子を「逮捕されてますます元気で頑張っている。皆さんの激励行動が力づける」と述べた後、「この間の弾圧はあまりにひどい。復帰前でも米軍の逮捕はめったになかった。安倍の意を体した露骨な弾圧が行われている」と訴えた。

　この日も多くの団体、グループが結集した。関西から参加の全交 (平和と民主主義をめざす全国交歓会) の 8 人は地元で署名活動をしていることを紹介したあと、「帰って来いよ」の替え歌を「なんで高江にいるんだよ。さっさと大阪に戻

りなさい」と機動隊に向かって歌った。青森県六ケ所村、福岡年金の会、神奈川県座間基地に反対するグループ、うるま市島ぐるみ、豊見城市島ぐるみ、島ぐるみ八重瀬、北谷町民会議、石垣島などが発言した。救援に携わっているメンバーからは、浦添署、宜野湾署、名護署、与那原署それぞれに差し入れ、接見の担当がいることが報告された。また、「今年1月の辺野古ブロックの件で逮捕された4人のうち一人は、ブロックに絵を描いたという容疑だ」と説明し、いかにでたらめな逮捕だったかを明らかにした。

2017.1.6

ヘリパッド建設を止め北部訓練場を全面返還せよ!
まやかしの返還式典に 350 人が雨中の抗議
オスプレイ配備撤回・飛行停止　12.22 緊急抗議集会に 4200 人

12月13日、2機一組の夜間訓練中、オスプレイ1機が名護市東海岸に墜落し、もう1機も普天間飛行場に胴体着陸した。一晩に2機のオスプレイの重大事故が発生した。米軍および日本政府は「不時着」と発表し、「軽微な事故」を装った。真相は、嘉手納基地所属の空中給油機から給油を受ける訓練の最中、給油パイプがオスプレイのプロペラにあたって飛行不能となり、飛行モードのまま名護市安部集落近くのサンゴ礁の海岸に激突・大破し、3人の乗員はパラシュートで脱出したが2人は機内にいたまま激突の衝撃で大けがを負った、というものだ。

オスプレイは欠陥機だ。開発段階から実戦配備の今日まで繰り返される重大事故はオスプレイの機体の構造上避けられない宿命だ。しかし、開発に要した巨額、全米2千社からなる部品工場と多数の従業員、軍産政の癒着、日本政府の米国追随がオスプレイ配備の強行の背景にある。

墜落の衝撃がどれほど大きかったか。原形をとどめず4つに切断された機体、無残にもグラスファイバーの骨組みだけが残されたプロペラや尾翼、粉々に砕け散った金属類の部品や電気コードが墜落の衝撃の大きさを物語る。米軍はいったん残骸の回収を終えたと発表したが、現場には依然としてたくさんの残骸が残されていて危険だったため、住民がダイバーを中心に自主的に回収したところバケツ約10杯分の残骸が集まった。事故を起こし危険な残骸を放置する無責任さを追及する住民の声に押されて、米軍が12月末に追加的に回収作業を行い、トラック1台分の残骸を収集した。それでも現場にはまだ残骸が残っており危険な状態だという。魚や貝を取る人がよく訪れていた浜には人影が消えた。

米軍、日本政府は今なお「不時着」と言い張っており、大手マスコミも追随している。破廉恥極まりない。戦前の大本営発表のようだ。真実を隠し偽りの情報で国民を操作しようという悪質な日本の政治。墜落事故から6日目にオスプレイの訓練を再開した米軍は、年明けの1月5日、

2016.12.25　名護市安部の浜。墜落大破したオスプレイの残骸を集めて整理。

給油訓練を再開し、日本政府も追随した。

墜落の危険を常に伴う欠陥機オスプレイはまた、騒音も普通ではない。沖縄各地の69か所のオスプレイ離着陸帯で繰り返される飛行訓練で、電車通過時のガード下の騒音と同レベルとされる100デシベルの騒音をたびたび出している。人はオスプレイと共存できない。宜野座村の畜産農家では昨年7月、生後1か月の子牛がオスプレイの騒音が原因で死んだという。解剖した獣医師によるとストレスのため胃に3〜4センチの穴が開いていた。養鶏場でも鶏が卵を産まなくなったということが報告されている。

■まやかしの返還式典に350人が雨中の抗議

12月22日、日米両政府は米海兵隊北部訓練場の返還式を行った。返還式会場の万国津梁館に入る国道58号線の交差点では、昼過ぎから返還式に抗議する人々が集まりはじめ、午後4時からの式典に向けて、道路沿いに広がってプラカードを掲げ、マイクで高江ヘリパッド建設反対を訴えた。天候が急に崩れ大雨が続く中でも、参加者は約350人に膨れ上がった。政府・防衛局の一行を乗せた黒塗りの乗用車の行列は式典開始10分前くらいになって、抗議の怒声を浴びながら、猛スピードで会場に入っていった。

米軍が「不要」だといっている約4000ヘクタールに及ぶ広大な面積の返還が「沖縄の負担軽減」であり県民が「歓迎」「感謝」しているとの図式を演出しようとしたが、日米両政府の目論見は完全に失敗した。地元の名護市長、翁長知事、6人の選挙区選出衆参両院議員、新里米吉議長をはじめ県議会与党会派が参加を拒否し、県民が歓迎も感謝もしていないことを明確にした。返還式は会場の空席が目立つ、関係者だけの内輪の式典となった。式典後の記者会見で、菅は苦虫を

かみつぶしたような顔をして翁長知事の不参加に不満の心情を吐露した。「沖縄の負担軽減」を口実に厚かましく新基地建設を強行する日米両政府と県民ぐるみで反対する沖縄というふたつの姿がはっきり浮かび上がったのだった。

2016.12.22　万国津梁館前の国道。猛スピードで会場に向かう政府・防衛局関係者の車列

オスプレイ配備撤回・飛行停止　12.22 緊急抗議集会に 4200 人

　12 月 22 日夕方、オール沖縄会議主催による「欠陥機オスプレイ撤去を求める緊急抗議集会」が、名護市 21 世紀の森公園屋内運動場で開かれ、4200 人が参加した。集会には翁長知事、稲嶺名護市長、沖縄選挙区選出の 6 人の衆参両院議員（赤嶺政賢、照屋寛徳、玉城デニー、仲里利信、糸数慶子、伊波洋一）、高江ヘリパッドいらない住民の会をはじめ各地の島ぐるみ団体や基地の県内移設に反対する県民会議（平和運動センター、統一連、平和市民連絡会）、全国各地からの参加者が結集した。会場は超満員。入りきれない参加者が窓の外の周りに集まるなど、集会は日米両政府に対する抗議と怒りの熱気があふれた。

　翁長知事が登壇すると、会場全体からひときわ大きな拍手と手拍子、指笛が鳴り響いた。翁長知事は「日本政府は県民を日本国民と見ていない。米軍統治下の時代、苛烈を極めた米軍との自治権獲得闘争を粘り強く闘ってきた県民は、日米両政府が新基地建設を断念するまで闘い抜くと信じている。チムティーチナチ、クワァーウマガヌタメニ、マキテーナイビラン（心を一つにして子や孫のために負けてはいけない）」と力強く訴えた。

Ⅰ−4.

辺野古埋立工事の再開

2017.1.6

全県、全国から辺野古現地に結集しよう！
沖縄は闘いの新年を迎えた　辺野古に絶対に新基地を造らせない！
1.4 海上行動　1.5 県民総行動に 400 人

12 月 20 日、最高裁第 2 小法廷は裁判官 4 人の一致した意見で沖縄県の上告を棄却した。その結果、翁長知事による埋め立て承認の取消は違法との裁判所の判断が確定した。

最高裁判決の要旨は、①公有水面埋立法の「国土利用上適正且合理的ナルコト」という「第 1 号要件に適合するとした前知事の判断に違法等があるとはいえない」、②公有水面埋立法の「環境保全及災害防止ニ付十分配慮セラレタルモノナルコト」との「第 2 号要件に適合するとした前知事の判断に違法等があるとはいえない」、③翁長知事による埋立承認取消は、「埋立承認に違法等がないにもかかわらず、これが違法であるとして取消したもの」で、「違法である」、④沖縄県は国交相の是正の指示に従い「埋立承認取消を取り消す義務を負う」から埋立承認取り消しを取り消さないことは「不作為の違法」に当たる、という内容である。

判決の内容は、要旨を読むだけで分かるように、形式論理に貫かれている。裁判官たちに当事者意識を持った真剣さがまるっきりない。翁長知事は判決後の記者会見で、「法の番人として少なくとも充実した審理を経た上で判断をしていただけるものと期待していたが、深く失望し憂慮している」と述べた上で、「今後も県民と共に、辺野古に新基地は造らせないという公約実現に向け全力で取り組んで行く」と表明した。

そして翁長知事は、判決後の記者会見で「行政が司法の最終判断を尊重することは当然」と語り、12 月 26 日、埋立承認取消処分を取り消した。その後、翁長知事は首相官邸で菅官房長官と面談し、前知事が埋立承認時に留意事項として付した工事再開前の事前協議を求めたが、政府・沖縄防衛局は県との協議を拒否して工事を再開した。翁長知事は「沖縄県民の怒りと悲しみはすごいものがある」

「絶対、新辺野古基地は造らせない」と明らかにした。

このように日本政府は最高裁判決を拠り所として辺野古新基地建設を強行しようとしている。とにかく海上工事に取り掛かり、辺野古の海と大浦湾にトン

2017.1.4　キャンプ・シュワブの浜近くで行われたカヌーチームの抗議行動

ブロックと土砂を投入して、後戻りできない既成事実をつくり上げるようと躍起になっているのだ。

　しかし、沖縄県は埋立承認の撤回を含むあらゆる権限を動員して合法的な抵抗を継続する。ゲート前と海上における現地闘争は県内各地・全国各地からの参加者の輪の広がりを得て、昨年をさらに上回る規模とエネルギーで展開していくに違いない。

■沖縄は闘いの新年を迎えた　辺野古に絶対に新基地を造らせない!

1.4 海上工事の再開に対し果敢な抗議

　正月明けの1月4日、那覇防衛局は昨年3.4和解による中止以来10か月ぶりに海上工事を再開した。早朝浜のテント2に結集した海上行動チームは、抗議船4隻、カヌー10艇を出して海上での抗議行動を終日展開した。フロートのない辺野古の海、大浦湾は自由に行き来することができる。「海保の浜」には、工事中止中も防衛局が撤去せず置き続けた100mほどのフロートと海保のゴムボートや作業船3隻、組み立て式の浮桟橋が置かれている。

　一方、汀間漁港から出航した抗議船団は、大浦湾を快走すること約10分でカヌーチームと合流した。「海保の浜」の波打ち際から数十メートルの海上で、「海を守れ」と訴えるとともに「沖縄を返せ」などの歌を流して、抗議行動を続けた。

　防衛局は午前中キャンプ・シュワブ大浦湾側の砂浜の一角にクレーンを使ってフロート・オイルフェンスを並べる作業を少ししただけだった。午後3時前から、突然大型クレーンを運び込み、海保のゴムボート4隻と作業船3隻を浜に降ろし始めた。一気に緊張した現場で、抗議船とカヌーは降ろされようとする作業船に近づき「作業を止めろ」「海をこわすな」と訴えた。海保のゴムボートが抗議行動を妨害する。作業員が乗った作業船はオイルフェンスを引っ張り出し設置し

ようとする。作業船にしがみついて抗議するカヌーメンバーは海保により海に落とされ、約1時間に及ぶ攻防の結果、カヌーメンバー8人が拘束され、無人のカヌーがあちこちに浮かんだ。

抗議船は、残りのカヌーメンバーを船に乗せ、無人のカヌーを曳航して辺野古の浜へ向かった。

2017.1.5　辺野古キャンプ・シュワブゲート前テント。年明けの県民大行動に400人

翌5日も抗議船3隻とカヌー10艇で海上行動を展開した。海保はこの日、巡視艇を沖合に停泊させ18隻ものゴムボートを動員して抗議行動に立ちふさがった。500人の本土機動隊を動員した高江のやり方と同じだ。

■ 1.5 県民総行動に 400 人　キャンプ・シュワブゲート前に座り込み

1月5日、県民会議主催による年明け第1回目の県民総行動が辺野古ゲート前で行われ400人が結集した。午前7時過ぎから資材搬入ゲート前に座り込み、ヘリ基地反対協事務局次長の仲本興真さんの司会で始まった。

稲嶺進名護市長は「今年が正念場だ。最高裁の判決を見ても分かるように、日本はケンポーの上にアンポーがある。辺野古に絶対新基地をつくらせない」と述べた。

照屋寛徳、赤嶺政賢、糸数慶子、伊波洋一の衆議員の後、県議会会派の社民・社大・結連合の宮城一郎県議は、「この間何回か対防衛局交渉に参加したが、ある防衛局の幹部がいみじくも言ったように、防衛局は米軍の要望を聞いて実行する組織であって住民の要望を聞く組織ではない」と述べた。

共産党会派の比嘉瑞己県議「復帰前、県民は、自治は神話と言い放った米軍を相手に自治と民主主義を勝ち取ってきた。頑張ろう」と訴えた。

雨が降り続く中2時間にわたりゲート入り口での座り込み集会を続けた参加者はその後、場所をゲート向いのテントに移して昼休みを挟んで午後4時前まで集会を続けた。

2017.1.14

1.7 辺野古海上抗議行動　カヌー 13 艇、抗議船 2 隻で闘い抜く
普天間基地、米軍が滑走路の補修工事

大浦湾を覆いつくすように設定された「臨時制限区域」の総面積は561.8ヘクター

2017.1.14 辺野古ゲート前座り込み集会。VFP(ベテランズ・フォア・ピース)が米国から参加

ル、周辺の総延長は 10 k mにもなる。3.4 和解で撤去するまで、フロートを 2 重 3 重、所によっては 4 重に重ねて設置していた。防衛局は海上ボーリング調査やコンクリートブロックの投下にとりかかるために、フロートおよびオイルフェンスの設置を猛スピードで行おうとしている。

　7 日朝から防衛局は、フロートを張り巡らせる作業を進めようとした。海上チームはカヌー 13 艇、抗議船 2 隻。海保の職員たちは黙々と職務を遂行する。オスプレイの墜落事故に当たって海保の捜査権が米軍には及ばない「アンタッチャブル」な現実を見せつけられたことを指摘すると、彼らは押し黙る。

　前日海保が平和丸に乗り込みキーを奪い押し曲げるという不法行為を行なったが、この日も現場に到着した先発のカヌーチーム全員を拘束し排除した。後発のカヌーチームは拘束されないギリギリのところで抗議行動を続け、約 2 時間後、排除されたカヌーチームも再度現場に戻って合流した。

　亜熱帯と言ってもこの時期沖縄の海は冷たい。カヌーに座ったままの姿勢で長時間抗議行動を続けるのはたいへん疲れる上に、雨が降ったり海が波立ったりするとウェットスーツを着けていても寒さがこたえる。しかし、毎日作業現場に行き抗議の声をあげることで少しでも工事を遅らせ、新基地建設断念へと追い込んでいきたいとの強い思いがある。

　他方、ゲート前はこの日も早朝から座り込み集会を行い最大 300 人が結集した。資材搬入等はなかった。現地の闘いの場は海上とゲート前の二つである。我々の力は結集力だ。

1.11 水曜集中行動に 200 人　ゲート前に座り込み、新基地 NO! の決意

　水木集中行動の第 1 回目の行動が 1 月 11 日午前 7 時過ぎからゲート前で行われ、約 200 人が結集した。司会を務めた平和市民連絡会の城間勝さんは、「米軍は県民を虫けら扱いしている。それを許しているのが安倍だ。沖縄は空も海も陸もすべて米軍の訓練の場所になっている。こんなところは世界のどこにもない」と怒りをぶちまけた。各地の島ぐるみも次々に決意を表明したあと、劇団トルの金紀江さんは「みんなの力強い挨拶を聞いていると勇気づけられる」と述べて、

ギターを弾きながら歌った。昼前には、長野県中川村の曽我村長がゲート前を訪れ、「長野もオスプレイの飛行ルートになっている。沖縄の諦めない姿勢を学び頑張る」とあいさつした。

他方、海上行動はカヌー13艇、抗議船3隻で行われた。防衛局は今回、フロートを乗り越

2017.1.19 辺野古・大浦湾に登場した新型の「海上フェンス型」フロート

えて作業現場に入る抗議行動を防ぐために、支柱を立てロープを張り巡らしたフロートを設置し始めた。姑息なことを考える防衛省の官僚たち。その頭を、米軍の治外法権と特権を縮小し廃止する方策を考えることに使え。

■普天間基地　米軍が滑走路の補修工事に着手

米軍は1月4日、普天間基地の滑走路の補修工事を始めることを発表した。工事は米軍直轄で、工期は約1年だという。米国防総省は普天間飛行場の改修費として2016会計年度に約582万ドル（1ドル＝150円で約6億7千万円）の予算を計上している。

米軍に協力して老朽化した普天間基地のリニューアルを進めているのが沖縄防衛局だ。隊舎など19施設を日本の予算で改修することに加えて、「駐機場や滑走路の冠水被害を防ぐ」ために縦巨大な「雨水排水施設」をつくるという。その場所は、かつて神山集落の住宅が集中していたところで、宜野湾並松が続き碁盤の目のように家々が立ち並んでいたため、「美らさ神山」と呼ばれていた集落だ。字神山は沖縄戦が始まるまで、373人が農業を営んでいた。集落は米軍基地に姿を変えた。字神山郷友会の人々は「返還が決まっているのに現状を変えるのか」と強く抗議している。

2017.1.22

1.17 那覇地裁に39826筆の署名を提出

1月16、17日の両日、那覇地裁前で、三か月を越える不法勾留が続く山城博治さんら3人の即時釈放を求める緊急行動が行われた。16日昼の集会に400人が集まった。

翌17日午後には、39826筆の釈放要求署名を那覇地裁に提出した。結集した

2017.1.30　那覇空港。翁長雄志知事とオール沖縄訪米団出発式に100人以上集まった

200人が見守る中、山内徳信元参院議員など6人が署名用紙の束を持ち裁判所の窓口に向かった。（これとは別に、鎌田慧さんや落合恵子さんたちが呼びかけた国内外の署名18204筆が1月20日、那覇地裁に提出された）。山城さんの家族は、家族とも接見禁止が続くことに「弁護士を介してしか様子を知ることができない歯がゆさを感じながら日々過ごしている」と述べている。ガン治療中の山城さんは体調も万全ではない。長期勾留・接見禁止は拷問に等しい。検察・裁判所の官僚たちは冷酷な人々だ。

　不法な長期勾留は日本が1979年に批准した国際人権規約違反である。しかも問題は裁判所が行政の追認機関になってしまっていることだ。検察の不当な勾留請求を拒否できない裁判所は政府の行政機関にすぎない。法の番人たるべきことを止めた裁判官たちはもったいぶって法衣を着けることなどやめたらどうか。さらに、問題はメディアが国家による人権侵害と裁判所の行政追随を見過ごしていることだ。長期勾留をまともに報道したのは『日刊ゲンダイ』1月12日夕刊の「沖縄反基地のカリスマリーダー長期勾留の異常事態」「軽微な容疑で逮捕繰り返す」「あからさまな反対運動潰し」の記事のみだ。メディアに関わる人たち、何を恐れているのか。報道せよ。

　「国境なき記者団」が発表した2016年の日本の報道の自由度が前年の61位からさらに下がって72位になった。日本がますます誇れない国になって行く。安倍官邸・検察は山城さんたち3人をすぐに釈放せよ。裁判所は人権無視の不法な勾留を認めるな。メディアは報道せよ。

2017.1.30

1.30 翁長知事訪米激励　那覇空港の出発式に100人以上結集

　翁長知事と稲嶺名護市長、オール沖縄会議の訪米団を激励するため、1月30日午後、那覇空港で出発式が開かれ、100人以上の県民が結集した。翁長知事

と稲嶺名護市長に同行する訪米団は、呉屋守将金秀グループ会長（オール沖縄会議共同代表）を団長として、渡久地修県議（副団長）他4人の県議、訪米団事務局長の稲福弘自治労県本委員長等の8人。

翁長知事は「県民の民意をバックに、辺野古の新基地は造らせない、造れないということを米政権に向けて強く働きかけていきたい」と力強く語った。最後に手に手を取り合って頑張ろう三唱を行ない、エスカレーターで2階出発ロビーに向かう一行を見送った。

2017.2.11

辺野古・大浦湾のサンゴの海は世界の宝だ！
防衛局がブロック投下

防衛局は日曜日の2月5日朝、深田サルベージ建設の新造海底調査船「ポセイドンⅠ」、1個15トン近くののコンクリートブロック合計228個を積んだ台船2隻、大型クレーンを装備した作業台船2隻を大浦湾に配置した。昨年3.4和解の時点で終了していなかったボーリング調査を再開するとともに、汚濁防止膜を固定するコンクリートブロックを海底に投下する計画だ。海上チームは急きょ抗議船2隻とカヌー8艇を繰り出し抗議行動を行なったが、大型作業船の航路を守る20艇近くの海保のゴムボートに阻まれた。

■ゲート前には250人　午前中工事車両・作業員の進入を阻止

一方、キャンプ・シュワブのゲート前は、コンクリートブロックの海中投入が始まるという危機感から多くの人々が自主的に結集してきた。この日、団体や組織の動員はなかったにもかかわらず、7時過ぎには約150名が座り込んだ。辺野古の集中行動日は水、木曜日であり、月曜日はさほどたくさんの人がいるわけではない。しかし、いてもたってもいられず互いに連絡を取りあい駆け付けて来たのだ。

第1、第2ゲートと工事用ゲートの3か所で、午前中いっぱい工事車両と作業員を阻止した。ゲート前の座り込みは最終的に250人を超えていた。そうなると、沖縄県警だけでは排除できないことがはっきりした。300人集まればその日の工事を止めることができる。

■2・7防衛局がブロック投下を開始

翌7日、防衛局はコンクリートブロック投下を始めた。この日4個のブロックが大浦湾の海底に沈められた。沖縄県が度々要請してきた「着工前の事前協議」のない不法行為だ。海上行動チームは抗議船とカヌーを出して作業現場に行きフ

ロートを越えて、作業の中止を訴えて行動した。

　水曜集中行動の8日は、ゲート前に300人が結集し座り込んだ。工事車両・作業員の進入は全面的にストップした。

　海と陸での現場の闘い、翁長県政の行政面からのアプローチ、全国からの支援と各地での闘いの輪の広がり、これらが一つになって大きな力を発揮すれば必ず勝利を手にすることができるに違いない。

2.4 植村隆さん講演会　歴史を改ざんしようとする勢力に屈しない

　2月4日午後、沖縄大学で、朝日新聞記者を30年以上勤めた植村隆さんの講演会「私は捏造記者ではない」が開かれ、約100人が参加した。

　植村さんは2週間にわたって韓国を訪問・取材し、1991年8月11日付朝日新聞に「元朝鮮人従軍慰安婦、戦後半世紀重い口開く」「思い出すと今も涙」との見出しで、「女子挺身隊」の名で戦場に強制的に動員された、ある日本軍慰安婦被害女性が、「韓国挺身隊問題対策協議会」の聞き取り調査に応じて証言を始めたという記事を書いた。その女性は3日後の8月14日、はじめて実名で証言をした金学順（キム・ハクスン）さんだった。証言は1991年8月15日付の「東亜日報」に報じられた。

　朝鮮人女性の日本軍慰安婦としての強制動員を報じたのは朝日新聞だけではなかった。日本の新聞はみな朝日と同じように報じた。北海道新聞は金学順さんの単独インタビューを掲載し、読売新聞は朝鮮人女性が「女子挺身隊」として強制連行された、と書き（1991.12.3付）、産経新聞も金学順さんは日本軍に強制連行された、と報じた（1991.12.7）。つまり、植村さんの記事は当時の日本メディアの一般的認識だったのである。

　植村さんが「ねつ造」キャンペーンを受け始めるのはそれから23年後、2014年2月6日付の『週刊文春』の「〝慰安婦捏造〟朝日新聞記者がお嬢様女子大教授に」の記事からだ。それからのネット右翼、櫻井よしこや西岡力、読売・産経などメディアによるデマ・中傷、勤務する大学や学生、家族に至るまでの人身攻撃はすさまじいものだった。朝日新聞の検証記事（2014.8.5）と第三者委員会の報告書（2014.12.22）は、植村記事に対し「事実の捻じ曲げはない」と結論付けた。植村さんは問題のあるとされた「吉田清治」証言を一つも書いていない。しかし結局、常軌を逸した人身攻撃に、植村さんはこの女子大と次に勤めた北星学園大での教授の職を離れざるを得なかった。

　植村さんと家族、弁護団は理不尽な攻撃に対し屈せず、言論の場でも裁判の場

でもよく闘い抜いた（『真実　私は「捏造記者」ではない』、岩波書店）。2時間近く気持ちのこもったスピーチを続けた植村さんは、「自分にとって一番の武器は何か。それは事実」と述べ、植村バッシングの背後にいる人々の悪意に対しひるまず闘い続ける意思を語った。

2.12 オスプレイ講演会　オスプレイは空を飛んではいけない欠陥機

　名護市安部の沿岸に墜落・大破した事故から一週間もたたないうちに米軍はオスプレイの飛行訓練を再開し、日本政府は追認した。

　今オスプレイは高江のN4の2か所を含む69か所の離着陸帯と広大な空域を使って高度60ｍ（海兵隊マニュアル）の低空で好き勝手に飛行訓練を繰り広げている。辺野古・豊原・久志の地元3区長はキャンプ・シュワブ5か所のオスプレイ離着陸帯の撤去を要請した。名護市の区長会は全会一致でオスプレイの配備撤回を決議した。唯一の解決策はオスプレイの飛行停止と配備撤回だ。

　オスプレイ墜落事故に抗議し配備撤回にむけて、12日午後、沖縄大学でオスプレイ講演会が開かれ約100人が参加した。まず、頼和太郎（「リムピース」編集長）さんが「オスプレイの危険性」について講演した。新倉裕史（ヨコスカ平和船団）さんは「オスプレイ事故率と飛行訓練および関係自治体の動向など」を報告した。映像インタビューの形で参加した弁護士の福田護（第4次厚木基地爆音訴訟副団長）さんは、「日本全土をオスプレイの訓練場にしてよいのか」と訴えた。

　＜頼和太郎さんの話＞

　ヘリモードの時オートローテーションが効かないというのはよく知られたオスプレイの欠陥。空中給油の時は危険。プロペラに当たりやすい構造。もう一つが後方乱気流の影響を受けやすい。危険性を回避するには空中給油をやめるしかないが、やめれば軍事的な能力が落ちる。だから危険を覚悟で空中給油を行なうのだ。

　今回の事故は、暗視装置（NVD）を使う訓練のさなかに起きた。夜間の空中給油のほか夜間の低空飛行や着地帯へのアプローチといった訓練もセットになっていた。乗組員のヘルメットとマニュアルが離れた浜に流れ着いたが、そのマニュアルのブリーフィング欄に残っていた書き込みには、LAT（低空飛行訓練）、CAL（着陸訓練）、TRAP（戦闘救難）などの文字があった。事故機のオスプレイに空中給油していたのは空軍特殊戦部隊のMC130だった。これは夜間の潜入支援を専門としている。

2017.2.15　キャンプ・シュワブ第1ゲート前。米軍ジープの前に立ちはだかり、海兵隊は出ていけ！

＜新倉裕史さんの話＞

　オスプレイの事故による死亡者はこれまで、1992年エンジン火災で墜落し7人が死亡したのをはじめ開発時30人、実戦配備後6人、普天間配備後の4年余りで4人、合計40人にのぼる。オスプレイのクラスAの事故率は年々大きくなり、2015年12月には3.69になった。

　2000年米アリゾナ州での19人の死亡事故で、当初操縦ミスが主原因とされていたが、遺族らの調査によりマニュアルの不備が主原因であることが明らかになり、国防副長官が遺族に謝罪した。2015年ハワイでの2人死亡事故では、死亡した海兵隊員の父親が製造会社ボーイングを相手取り「脆弱性を知りながら対策を怠った」と提訴した。事故が起きてからでは遅い。

　＜福田護さんの話＞

　米軍は事故直後沖縄本島東方約30キロで訓練中だったと発表したが、防衛省発表では「約74キロ離れた沖縄北東の公海上の訓練空域内」とされた。これは「ホテルホテル訓練空域」を指すと思われるが、そもそも「訓練空域」というのは地位協定上の根拠はない。安保条約と地位協定には「施設及び区域」と定めている。沖縄周辺の約20か所の訓練空域は、13か所が「施設及び区域」として提供されていると位置づけられるが、7か所の広大な訓練空域は違う。

　「施設及び区域」以外の訓練を認めてしまったら、米軍は軍事上の必要に応じて日本全国どこでも自由に飛行訓練ができることになってしまいかねない。

■2.15　ゲート前で座り込み　作業車両・作業員の進入を阻止

　水曜集中行動の2月15日、米海兵隊キャンプ・シュワブの第1、第2、工事用ゲートの3カ所に分かれて、作業員・工事車両の通過をチェックし阻止する行動を終日行なった。作業員を乗せた車が時折ゲート前の国道を通過し様子をうかがっていたが、座り込みの人数の多さに進入を諦めて去って行った。

　工事用ゲート前での座り込み集会では、全県、全国各地からの参加者が次々と発言した。フィンランドの旗をもって参加した札幌の女性は「フィンランドの人々の寄せ書きが書いてある旗だ。沖縄の連帯は世界に広がっている」と述べた。台

湾からの3人の学生も連帯のあいさつに立った。全国キャラバン車で参加した関ナマ（連帯ユニオン関西地区生コン支部）の4人は、「京都Xバンドレーダー基地反対闘争で、警察の不法な家宅捜索を受けた。戦前の治安維持法の世界になった。辺野古が民意を守る最前線だ」と訴えた。

　島ぐるみは、今帰仁、名護、宜野座、南城、豊見城、八重瀬、糸満などが次々決意を表明した。埼玉から4人、熊本から11人、関東の学生10人などが連帯のあいさつを行なった。

　他方、海上では、クレーン台船によるコンクリートブロックの海中投下に対し抗議船3隻、カヌー8艇による抗議行動が行われた。現在、防衛局はさらに範囲を広げて、海底調査船「ポセイドンⅠ」による大浦湾の海底調査を行なっている。大浦湾を埋め立てて基地建設を行なうのは軍人が頭で考え出したそもそもはじめから無理な計画なのだ。大浦湾を埋め立ててはいけない。

2017.2.25

2.18 海上パレード　海上に 100 人、浜に 300 人、ゲート前に 100 人

　2月18日の土曜日は、大浦湾の海上、浜、ゲート前の3か所から辺野古新基地 NO! 埋立 NO! の県民の声をあげる行動を展開した。約60人が10隻の抗議船に分乗し、22艇のカヌーと共に海上作業に対する抗議の声をあげた。「SAVE SEA」とのゼッケンをつけたカヌーメンバーは「ジュゴンを殺すな」などのプラカードを掲げ、「ブロック投下やめろ」「美ら海を守れ」などの思い思いの横幕をフロートの鉄棒にくくり付けた。

　一方、海上工事現場が目の前に見える瀬嵩の浜では約300人が集まり、ブロック投下反対！埋立 STOP！を訴える集会を開いた。地元の学生、沖縄3区選出の玉城デニー衆議院議員、県議が次々と新基地建設に反対する意見を述べた。韓国から参加したピョンファパラム（平和の風）の人々も「基地反対。我われは諦めない」との韓国語の横断幕をもって参加し、海上行動に連帯の意思表明をした。

　他方工事用ゲート前では早朝から100人が座り込みを継続した。

裁判所は 3 人を直ちに釈放せよ！　2000 人が熱気と怒りの集会・デモ

　2月24日午後城岳公園で「山城博治さんたちの即時釈放を求める大集会」が開かれ2000人が結集した。山城さんの写真プラカードや「人質司法」「裁判官は誇りを見せて」「家族との面会拒否は人権侵害だ」など思い思いのプラカード

2017.2.24 裁判所前の城岳公園。3 人の即時釈放を求める県民集会に 2000 人

を手に集まり、会場は熱気と怒りであふれた。集会はまず、「3 人を即時釈放せよ」「人権蹂躙をやめろ」などとシュプレヒコールを声の限りに上げた。

照屋寛徳衆議院議員は次のように述べた。「昨日山城さんと面会した。山城さんは不当な接見禁止で家族とも面会できないが、山城さんの健康状態はいい。先日沖縄が冷え込んだ時独居房が寒いのでホッカイロの差し入れをお願いされた。山城さんは、差し入れが認められてカイロを手にした時には暖かくなっていたと言っていた。釈放を勝ち取ろう」

2017.3.4

2.23 嘉手納爆音訴訟判決
2.27ND シンポジウムに 400 人 〝今こそ辺野古に代わる選択を！〟

■2.23 嘉手納爆音訴訟判決　爆音は違法、賠償金は倍増、飛行差し止めは不能

　嘉手納基地周辺の住民 22,048 人が提訴した第 3 次嘉手納爆音訴訟の判決が、那覇地裁沖縄支部（藤倉徹也裁判長）であった。判決は「原告らはかなり激しい航空機騒音に晒されている」「社会生活上受忍すべき限度を超える違法な権利侵害ないし法益侵害と結論すべきである」と述べ、第 2 次訴訟より賠償の範囲を広げ、賠償金額も総額 302 億円となった。

■嘉手納基地の生み出す騒音のすさまじさ

　地裁判決は「会話、電話聴取やテレビ・ラジオの視聴、勉強、読書等、休息や家族団らん等の日常生活の様々な面での妨害、不快感や不安感等の心理的負担又は精神的苦痛、睡眠妨害、さらには高血圧症発生の健康上の悪影響のリスク増大」が生じ、W 値の上昇に伴い増加していると指摘した。「騒音の高感受性群に属する子どもにより大きな影響を及ぼしている可能性があること、戦争経験を有する住民らにとっては戦争時の記憶をよみがえらせ、より大きな不安を与えるであろうこと」も認めた。さらに地裁判決は「アメリカ合衆国又は被告（国）により違

2017.2.27　NDからの提言「今こそ辺野古に代わる選択を」。ND事務局長の猿田佐世さん

法な被害が漫然と放置されている」と評価した。

　ところが地裁判決はこれまでと同様「夜間飛行差し止め請求」を棄却した。「飛行場の管理運営の権限はすべてアメリカ合衆国に委ねられており、被告（国）は米国軍隊の航空機の運航等を規制し制限できる立場にない」と述べ、米軍の治外法権を追認したのである。「思考停止」の裁判所。住民が一番望んでいることは騒音のない静かな生活だ。「騒音のない静かな生活を返せ」という住民の正当な要求は、騒音源＝基地の閉鎖に向けた目的意識を強固にしていく以外ない。

■2.27　NDシンポジウムに400人　NDの提言"今こそ辺野古に代わる選択を！"

　シンクタンクのND（新外交イニシアティブ）主催によるシンポジウムが2月27日、那覇市で開かれ400人が参加した。NDは2013年、「従来の外交では運ばれない声を届ける新しい外交のチャンネルを築くこと」を目的に設立された。これまで、稲嶺名護市長や翁長知事をはじめ議員などの訪米の企画・同行、米国議会・シンクタンク・メディアとの意見交換、東京・大阪での講演会・シンポジウムの開催など多方面の活動を推し進めてきた。

　今回の那覇でのシンポジウムは、日米両政府の「辺野古が唯一」との硬直した政策に対し、「辺野古に代わる選択」が可能であり現実的だということを明らかにするために開かれた。会場には開始時間前から多くの人々が詰めかけ、ロビーはNDの出版物を購入する人や会員申し込みをする人でごった返した。

　まず、ND事務局長で日米の弁護士資格を持つ猿田佐世さんが「どうして辺野古唯一となっているのか」と疑問を呈した後、「辺野古に代わる選択」として、①現行の米軍再編計画を見直し、第31海兵遠征隊（31MEU）の拠点を沖縄以外に移転する、②日米 JOINT MEU for HA/DR（人道支援・災害救援活動）を常設する、③運用などを支援するため、日本が高速輸送船を提供する。米軍駐留経費の施設整備費を移転先で現行のまま日本政府が負担する、④ HA/DR への対応、その共同訓練などアジア各国の連絡調整センターを沖縄に置き、アジア安全保障

2018.3.7　ゲート前座り込み。歩道から通行の車両にアピール。「未来に残そう青い海」

の中心地とする、の４項目の提言を提起した。

東京新聞論説・編集委員の半田滋さんは「沖縄の自衛隊は全国で唯一陸空合わせて８つの高射砲部隊を持っている。何を守っているか。嘉手納基地を守っている。海兵隊が抑止力だという観念からもう目覚めてもいい」と述べた。

2017.3.11

辺野古 NO!　全国署名 121 万余筆、国会に提出

昨年 10 月から集めてきた「沖縄県民の民意尊重と基地の押し付け撤回を求める全国統一署名」が 121 万筆を越えた。呼びかけ人の「基地の県内移設に反対する県民会議」「『止めよう！辺野古埋立て』国会包囲実行委員会」「戦争させない・９条壊すな！総がかり行動実行委員会」の３団体は３月９日、衆院第１議員会館で集会を開き、野党４党と参院会派「沖縄の風」に署名を提出した。

■３月４日サンシンの日　ゲート前で舞・歌

３月４日は「サンシンの日」。辺野古のキャンプ・シュワブゲート前でも朝から 400 人が結集し、50 人のサンシン演奏と多彩な舞踊・歌を披露して新基地 NO! をアピールした。参加者の一人、国指定重要無形文化財「組踊」保持者の島袋英治さんは「平和だからこそサンシンが弾ける」と述べた。

サンシン奏者が琉球音楽の「てぃんさぐぬ花」などを合奏し、数十人の人々が「かぎやでぃ風」を踊った。彫刻家の金城実さんは「ヌンチャクは薩摩の支配に抗したものだ。２本の棒は妻と娘の髪の毛で結ばれている。我々は沖縄の抵抗の文化を遺伝子として受け継いでいる」と述べ、ヤンバルクイナの飾り物を頭に付けて浜比嘉島に伝わるという「下駄踊り」を披露した。最後は全員立ち上がり、カチャーシーで締めた。

そのあと、大浦で実験農業を試みている青年男女が「花」を歌った。米国ノースダコタ州でネイティブ・アメリカンの運動に関わって沖縄のことを初めて知ったという髪結ユニットと仲間たちは、プラカードを掲げ、「私たちはつながってい

2017.3.15　宜野座村潟原。4列縦隊に並んで、米海兵隊水陸両用戦車14台が上陸訓練

る」と訴えた。途中、共産党の志位委員長もあいさつに立ち「沖縄が諦めなければ新基地は絶対できない」と訴えた。

警察機動隊は、参加者が減った午後2時半ごろになって座り込みを強制排除し、作業車両数台を通過させた。

2017.3.18

3.17 第1回公判に500人　山城さんたち3人が無実を訴え
宜野座村潟原（カタバル）で水陸両用戦車の訓練

裁判所周辺は早朝から傍聴券を求める人々で混雑した。その数約500人。裁判所構内に中継車を配置したQABをはじめ取材陣も集まり、空には取材ヘリが旋回した。

午前9時から裁判所向かいの城岳公園で「裁判勝利！即時釈放！政治弾圧を許さない大集会」が開かれた。会場には県内各地の参加者に加えて、「フォーラム平和・人権・環境」の50人も全国動員で結集した。弁護団と共に前に立った池宮城紀夫弁護士は「これまで山城さんの釈放のため、保釈請求、準抗告、特別抗告合わせて21回行なったが、すべて却下された。司法が行政の手先になり下がっている。関係者に会ってはいけないなどという保釈条件は人権侵害であり、憲法違反だ」と述べた。

午後6時からは県庁前の県民広場で集会が行われ、400人が参加した。東門美津子さん（元沖縄市長）は「博治は昔からよく知っている。博治への弾圧は県民への弾圧だ」と述べた。集会のあと国際通りを元気にデモ行進した。

■3月18日夜、山城博治さん保釈

ついに山城博治さんを取り戻した。18日午後8時ごろ、知らせを聞いて駆け付けた150人にのぼる人々の出迎えを受けて、那覇拘置所から出てきた山城さんは、妻の多喜子さんから花束を受けたあと、5か月にわたる獄中生活で10キロもやせた細い体から元気な声を振り絞り「みなさんと再会できてこんなに嬉しいことはない」と述べ、涙を浮かべみんなと喜びの抱擁を交わしカチャーシーを舞った。

保釈金は700万円。「事件関係者との面会を禁じる」との保釈条件が付されて

いるという。すでに公判が始まり証拠隠滅の恐れもないことが明白であるにもかかわらず、最後まで保釈を妨害した検察の悪意と検察に従属する裁判所の姿には怒りを禁じえない。

■ 3.15 水曜集中行動　ゲート前に 250 人、終日搬入阻止

3 月 15 日の水曜集中行動は、250 人でゲート前が埋め尽くされ、作業車両の出入りは終日ストップした。2 ～ 300 人が集まる水曜日はほとんど工事車両の出入りがない。「水木土の週 3 回、工事を止めよう！」というのがゲート前に結集する人々の合言葉になりつつある。

島ぐるみのあいさつのあと、全国各地からの発言が続いた。和歌山「やんばるの森でカエルの声を聞く会で沖縄を訪問した」。埼玉「昨年オール埼玉総行動で 1 万人集会を開催した」。14 人が参加の関西「一昨日から来ている。那覇拘置所で釈放を訴えて大声を出したので声が枯れてしまった」。東京都板橋区からの参加者は「沖縄の会（基地のない平和な沖縄をめざす会）を立ち上げて活動している」と述べて、トランペットで「沖縄をかえせ」などを演奏した。「原発やめようタンポポ舎」の千葉からの参加者は、基地と原発をなくすことを訴えた。

また、米国インディアナ大学ジャーナリズム学科の 10 人余は一週間の予定で沖縄を訪問しているが、この日辺野古を訪れ座り込みを取材した。

■宜野座村潟原で水陸両用戦車の訓練

この日、宜野座村潟原（かたばる）では上陸・撤収訓練が行われ、水陸両用戦車 14 台は潟原の浜に 4 列縦隊で集まった。沖に浮かぶ強襲揚陸艦に戻っていくのだ。タンクの上部の出入り口からは迷彩服の米兵が身を乗り出してあたりを見回し、時おりミラーをこちらに向けて照射し威嚇してくる。一瞬銃撃されるのではとの恐怖心がわく。空にはオスプレイが飛んでいる。国道は米軍車両が列をなして通り過ぎていく。戦場に直結した訓練場・オキナワ。沖縄の空も陸も海も米軍や日本政府のものではない、県民のものだ。これ以上蹂躙するのはやめよ！

2017.3.25

3.25 ゲート前県民集会に 3500 人　辺野古新基地は絶対造らせない！

3 月 25 日の土曜日、ゲート前で「違法な埋立て工事の即時中止、辺野古新基地断念を求める県民集会」が開かれ、3500 人以上が結集した。まず登壇したのは山城博治さん。不当な保釈条件のため、通常の集会参加ではなく、集会前の発言という形で池宮城紀夫弁護士と共に壇上に上がり、「やっと帰ってくることができた。5

か月以上にわたる勾留を頑張り抜くことができたのは県内外、全世界からの激励のおかげだ」と述べ、熱い拍手を受けた。池宮城弁護士も「裁かれるべきは安倍だ」と訴えた。

玉城愛さんの開会宣言に続いて、呉屋守将共同代表（金秀グループ会長）は「私たちはウチナーンチュの経済人

2017.3.25　ゲート前県民集会に 3500 人。稲嶺名護市長の音頭で、頑張ろう三唱

だ。基地の集中の中で沖縄の未来はない。知事を支え、新基地は絶対に許さないという点で団結し闘い抜こう」と訴えた。

衆参両院議員の後、辺野古現地集会に初めて参加した翁長知事が決意を述べた。「今日を期して新たな闘いのスタートだ。私は銃剣とブルドーザーで米軍基地がつくられていった米占領下を思い起こす。今辺野古で同じことが行われようとしている。あらゆる県の権限を行使し、埋立承認の撤回を力強く必ず行う。チバラナヤヤーサイ、ナマカラドゥヤイビンドー（頑張りましょう。今からですよ）」と訴えた。

辺野古新基地を絶対に造らせないという県民の一丸となった決意を表した集会だった。

2017.4.1

4.1 ゲート前座り込み 1000 日集会　600 人が結集し、辺野古新基地 NO! を訴え

キャンプ・シュワブゲート前座り込みが 4 月 1 日で 1000 日目を迎えた。4 月 1 日は 72 年前の沖縄戦で米軍が沖縄島に上陸した日である。辺野古の闘いは、海と陸での非暴力の抵抗で工事の進行を大幅に遅らせ、全国・全世界に支援と連帯の動きをつくり出してきた。

3 月 31 日午後 12 時をもって仲井真前知事の行なった岩礁破砕許可が期限切れとなった。4 月 1 日以降サンゴ破壊や海底の形状を変える一切の作業ができない。もし行なえば不法行為となり、刑事告発による処罰や裁判提訴の対象になる。沖縄県は漁業取締船「はやて」を海域に出し監視を始めた。菅や防衛省・農水省は「岩礁破砕許可がなくても工事ができる」と強弁して無許可の工事強行を示唆していた。ところが、沖縄防衛局は 3 月 31 日、荒天にもかかわらず十数個のブロックを

2017.4.1　ゲート前座り込み 1000 日集会。参加者は 600 人を越えた。

あわてて投入し 228 個のブロック投下が完了したと発表した。4 月下旬に土砂投入と護岸工事などに着手するとしている。

翁長知事があらゆる行政権限を行使し埋立承認を必ず撤回すると明言していることに対し、菅は記者会見で「工事が遅れたら翁長知事個人に損害賠償を求めることはありうる」と述べた。日本政府中央の政治家たちの悪質さと傲慢さには怒りを禁じえない。地方自治体の長が認められた権限を行使するのは当然の権利だ。時の政権の意に反するからと言って自治体の権限行使を抑圧するのは「官邸独裁」だ。

■山城博治さん「大事なことはゲート前に集まること」

4 月 1 日は土曜議員行動日。早朝から、県議・市町村議をはじめ各地の島ぐるみがゲート前に結集し座り込んだ。普段早朝から海に出る海上チームも全員ゲート前に集まって座り込み集会に参加した。あいさつと歌が続く。

司会から、茨城、石川、北海道、宮城、大阪などから参加していることが報告された。北海道の参加者は「オール北海道闘争団」のプラカードを持参している。山城博治さんもあいさつに立ち、「一番大事なことは我われがゲート前に集まることだ」と訴えた。

「ゲート前座り込み 1000 日目集会」は午前 10 時から始まった。照屋寛徳衆院議員、赤嶺政賢衆院議員、糸数慶子参院議員に続いて発言したヘリ基地反対協の仲本興真さんは「我われは 20 年間闘ってきた。先輩たちの闘いを受け継ぎ、絶対に新基地を造らせない」とアピールした。県議会各派もあいさつに立った。共産党県議団の玉城武光県議は「私は漁協組合長を 9 年間やっていた。岩礁破砕許可の更新申請が必要ないというのは政府の屁理屈だ」と述べた。会派「おきなわ」の平良昭一県議「私には 2 歳半の孫がいる。孫が戦争に行くようなことがあってはならない。この島は私たちで守っていく」と語った。参加者は 600 人をこえた。

2017.4.15

海は県民の財産、軍事基地にさせないぞ！

4.14 抗議船3隻、カヌー11艇で海上行動

　この間海が荒れてなかなか海上に出ることができなかったが、4月14日、前日に続いて海上行動を行ない、抗議船3隻、カヌー11艇が出た。辺野古漁港横の通称松田ぬ浜を出たカヌーチームは、普段に比べて少し波のある海を進んだ。干潮時に比べて満潮時はリーフを越えて外海の波が押し寄せるため波が高めになる。浜では米兵50～60人が上半身裸で海水につかり何やら訓練をしている模様だ。若い海兵隊員たちもアメリカ本国からはるか太平洋を越えて東アジアの島・沖縄に県民の反発を受けながらなぜ駐屯していなければならないのか、少しは考えてみるべきだ。

■大浦湾の基地建設は自然に対する冒涜

　第二次安倍政権になってからは異次元の不法性に入っている。「名護漁協が漁業権放棄を決議したから岩礁破砕許可を得なくていい」と詭弁を弄し、無許可の海上工事を強行しようと躍起になっている。国家権力を持つ政府が、防衛省、国交省、法務省、農水省はじめ全省庁、裁判所を意のままに動かし、法律の解釈を勝手に変えることができるなら、本当に何でもありだ。

　カヌーチームのメンバーは、海上工事の様子を監視し続けた。ボーリング調査はまだ終わっていない。大浦湾の複雑な海底地形の上に巨大なコンクリートの構造物をつくるという構想自体が自然に対する冒涜であり、直ちに止めるべきだ。

　フロートを両側から挟むように設置された緑色のネットは縦横3～4ｃｍの網状になっている。畑に設置される鳥よけのネットのような網にダツがかかって死んでいた。これは氷山の一角だ。魚たちにとっても現在の辺野古の海・大浦湾は住みにくいところになってしまった。ジュゴンは2年前ボーリング調査が始まるとともに姿を消した。長さ10ｋｍにも及ぶフロート・汚濁防止膜、数百個のコンクリートブロックと鉄板、工事の騒音によって、『大浦湾の生き物たち』（南方新社）に紹介されているような海洋生物の生活は危機にさらされている。またこの日、カヌーメンバーはフロート付近で衰弱した子どものウミガメを発見し救助した。美ら海水族館に連絡し保護を依頼した。埋め立て工事は海を殺す。海を殺して人を殺す軍事基地を造ることを許してはならない。

2017.4.22

4.17 第3回公判に250人　前代未聞！防衛局職員がついたてをして証言

4月17日の第3回公判に先立ち城岳公園で事前集会が開かれ、250人が参加した。

裁判は茶番としか言いようがない。防衛局職員がブロック積みに関する証言を行なったが、「証人が圧迫を受け精神の平穏を害される恐れがある」との検察の申立てを地裁が認めて証人と傍聴席の間についたてを立て遮断したのだ。裁判所が守っているものが市民ではなく権力だという図式がハッキリ示されている。

4.21 夜、添田さんついに保釈

4月21日午後11時前、半年以上の長期勾留が続いていた添田充啓さんが保釈された。那覇拘置所前に集まった50人の人々の出迎えの花束や抱擁を受けて、添田さんは「保釈が認められたのはみなさんのおかげ」と感謝の言葉を述べた。

2017.5.6

政府・防衛局は違法な埋立工事をやめ、辺野古・大浦湾から撤退せよ！
4.29 辺野古ゲート前に 3000 人

4月25日、日米両政府や工事関係者の出席のもと、日本政府・防衛局は辺野古・大浦湾の埋め立て着工の起工式を行い、網に入れたグリ石を5個クレーンで吊り下げて浜の波打ち際に置いた。防衛局の各種警備船多数、海保の高速ボート20隻に乗った保安官100人、海岸にも陸上警備のアルソックに加えてウェットスーツ姿の海保約20人が警備するという物々しい警戒の中で、この日のセレモニーは15分であっけなく終わった。いよいよ埋め立て工事は、これまでのフロート・汚濁防止膜の設置やブロックの投下・接続といった工事の準備段階から消波ブロックや土砂の大量投入による護岸の建設という工事の本格化に進む。

起工式を終えた政府・防衛局はマスコミを通じて「原状回復不可能」と宣伝し、既成事実化を図ろうと懸命になっている。既成事実化をくい止める力は現場にある。辺野古へ全力で結集しよう！

■4.29 辺野古ゲート前県民集会　埋立やめろ！3000 人の怒りの声

4月29日土曜日、ゲート前で「辺野古新基地建設阻止！共謀罪廃案！4.28屈辱の日を忘れない県民集会」が開かれ、約3000人が結集した。第1ゲート前の両側の歩道は数百メートルにわたり「Marines Out」「No Osprey」「命どぅ宝」「未来に残そう青い海」など様々なプラカードを手にした人波で埋まった。喪服を着けた人も多いが、たいていは黒のTシャツ、黒いズボン、黒いリュック、黒いリボンなど何か黒のものを身に着けている。

仲村未央県議の司会で、ヘリ基地反対協議会の開会あいさつのあと、元海兵隊員

による暴行殺人事件で犠牲になったうるま市の島袋里奈さんを哀悼し全員で黙とうした。

主催者を代表して高良鉄美会長（琉大教授）が「講和条約は占領軍撤退をうたったが、日米安保条約で米軍を駐留させた。先祖も悔しくて泣いていることだろう」と述べた。

2017.5.10　ゲート前座り込みに 250 人。終日搬入を阻止。鴨下さんとアメリカの訪問団。

2017.5.13

5.10 ゲート前座り込み、終日資材搬入を阻止

5 月 10 日の水曜行動は早朝から 250 人が辺野古ゲート前に集まり、終日資材搬入を阻止した。工事用ゲート前は人波で埋まった。また第 1、第 2 ゲート前でも抗議行動が展開された。

ゲート前の座り込み集会は名護市、宜野座村、八重瀬町、糸満市、南風原町、豊見城市、南城市など各地の島ぐるみの活動報告と決意表明に続いて、「島ぐるみ会議と神奈川を結ぶ会」は「派遣基金を設立しこれまで高江・辺野古に 50 人以上送ってきた。今回 11 人で参加した」と述べた。

日本山妙法寺の鴨下さんと共にスピーチに立ったアメリカの 5 人は、米国での平和行進とパイプライン反対運動で出会い、今回 2 か月の予定で沖縄を訪れたという。5 人はそれぞれ「みなさんと共に平和の祈りを捧げるために来た。皆さんの目に美しい魂を見た。沖縄から基地をなくす日を夢見ていきたい」「私たち先住民は水を守るために闘っている」などと語った。同行している群馬の 17 歳の青年は「真実を学びに来た。皆さんの勇気ある行動に感動を受けた」と話した。

連日展開されるゲート前行動に、米兵たちも県民の怒りの深さを真剣に受け止めるべきだ。

2017.5.20

5.14 復帰 45 年県民大会　瀬嵩の浜に 2200 人

集会の始まる1時間以上も前から、平和行進に参加した県内外の諸団体ののぼりが会場のいたるところになびいた。全港湾、自治労、全水道、教組、動労、全農林、東交、合同労組、労金労、フード連合、さらに各地の平和運動センターなどが参加している。集会に先立ち、川口真由美さんと泰真実さんのリードで「座り込めここへ」などを力強く歌った。

　はじめに、山城さんが「沖縄は負けない。全国にも伝わっているはずだ。韓国から40人の代表団が参加している。ともに東アジアの平和をつくり出そう」とあいさつした。「負けない方法…勝つまでずっと諦めぬこと」と書かれたTシャツ姿で参加した稲嶺進名護市長は「自宅からここまで走ってきた。市長になって7年。全国からたくさんの励ましを受けてきた。瀬嵩の浜から民主主義と地方自治を取り戻す」と訴えた。沖縄選出の国会議員、安次富浩さん、高江住民の会の伊佐真次東村議の発言が続いた。

　チェジュ島カンジョン村の海軍基地反対対策委員会のコ・グォニル委員長が通訳の大畑さんと共に壇上に立つと、韓国代表団40人がそろって前に立ち「平和は銃剣ではつくれない」などの横幕を広げた。コ・グォニルさんは力強い声で、「チェジュ島の海軍基地建設はされたが、闘いは終わった訳ではない。米中対立の軍事緊張ではなく、ともに東アジアの平和をつくろう」と訴えた。

　大会宣言を読み上げた後、大浦湾沿いをデモ行進した。右翼数十人が日の丸を掲げて橋のたもとに集まって妨害したが、行進団は毅然と行進を貫徹した。行進のあと、韓国の代表団は二見集落の一角にある「ワカゲノイタリ村」で沖縄の青年たち、沖韓民衆連帯のメンバーたち、5.15の参加者たちと共にバーベQ大会に参加し歌やサンシンで交流を深めた。

2017.5.27

5.27 ゲート前県民集会に 2000 人

　5月27日午前11時、辺野古ゲート前で「辺野古新基地建設阻止！K9護岸工事を止めろ！環境破壊を許さない県民集会」が開かれ、2000人が参加した。

　工事用ゲート前では早朝から座り込み集会が開かれた。土曜の担当は平和市民連絡会の女性陣だ。高里鈴代さんが進行係となって、200人がゲート前に座り込んで各地の島ぐるみの報告と決意、泰さんリードによる歌で団結を固めた。200人以上が集まる土曜日は通常、砕石ダンプ、生コン車などの進入はない。

　県民集会の後、昼のおにぎりや弁当を食べた後、残った200人で工事用ゲー

ト前での座り込みが再開された。午後の司会は平和市民連絡会の上間芳子さん。「グリーンコリア平和巡礼」の韓国緑色連合のメンバー40人も参加した。

　代表してマイクを握ったシン・スヨンさんは「私たちは韓国の環境団体だ。毎年一回主に歩いて各地をめぐる巡礼をしている。今回20回目だが、沖縄を選んだ」と述べて、全員で歌と踊りを披露した。ろうそく集会の中で「大韓民国は民主共和国だ」という歌がいつも歌われた。その替え歌で「沖縄は民主主義の国だ」。「暗闇は光に勝てない。ウソは真実に勝てない。沈黙し続ければ沈没する。平和を望む沖縄に基地はいらない。米軍出ていけ。勝つまであきらめない」という歌詞に踊りを振り付けて元気よく歌った。座り込み参加者は大喝采し、一緒にカチャーシーを舞った。

■カヌー13艇、抗議船5隻で海上抗議

　他方、海上行動は前日に続き風もないいい天気の下、カヌー13艇、抗議船5隻で早朝から午後まで行われた。カヌーチームは初心者で構成するゆっくり班も含めて全員がフロートを越え作業現場に迫った。フロートを超えると海保の拘束が待っているが、しばらくの間クレーンを使った護岸工事作業を止めることができた。拘束を覚悟でフロートを越えて作業現場へ迫るカヌーチームの毎日の行動が海上の作業を少しずつ遅らせ、埋め立て工事の問題を広める役割を果たしている。カヌーとゲート前、海と陸から埋め立て工事をはさみ撃ちにして止めよう！

2017.6.3

5.31 ゲート前座り込みに200人　終日資材搬入をストップ

　5月31日水曜日のゲート前行動は早朝から200人が結集し、終日資材搬入をストップした。各地の島ぐるみが次々に発言した。名護市「私の祖母は沖縄戦で日本軍から手榴弾を渡された。米兵を初めて見た時あまりに恐ろしくて手榴弾を後ろ手にそっと海に落とした」と語り、琉歌を紹介した。「クニヌウフカジニムカティチルヌバス　シマヌハマカンダ　サティルチュラサ」（国の大風に向かってつるを伸ばす沖縄の軍配ヒルガオが美しく咲いている）。宜野座村「戦争中は悲惨だったが、戦後も大変だった。父親はどこで死んだか分からない。古鉄集めで生計をつないだ。ウチナーンチュ、頑張っていこう」

　糸満市は、「ヤマト政権に負けてはいけない」と述べた。豊見城市「15人参加。米軍基地が沖縄の発展を妨げている。足を引っ張っているのが自民党県連だ」。八重瀬町「日本は米国の属国か、沖縄は植民地か。辺野古を止めれば日本は変わる」。

辺野古新基地建設阻止！高江オスプレイパッド撤去！
山城さん、稲葉さん、添田さん3人の裁判闘争報告集会
〜権力による弾圧裁判を許さず勝利しよう〜

2017.6.3　裁判闘争報告集会。「今こそ立ち上がろう」を声の限り歌う稲葉さん、添田さん、山城さんら登壇者。

南城市「東京新聞に載った時事漫画を紹介しよう。安倍がそば屋に入った。店の主人は、かけですか、もりですかと聞く。基地押しつけと国の私物化は根が同じだ」、南風原町「8人参加。どうしてもダンプを止めたいという気持ちで来ている」

　雨脚が強くなったので場所をテントに移動し座り込みを続けた。「沖縄の闘いに連帯する東京南部の会」が、ゆんたく祭りなど地域での取り組みを紹介したあと、「若い機動隊員が土人、シナ人など差別発言をするのは沖縄の歴史を知らないからだ」と語った。「ストップ辺野古新基地建設大阪アクション」のメンバーは、「19の呼びかけ団体で結成された。これまで土曜行動を669回行なった。1879年から続く沖縄に対する差別の押し付けを断ち切るのはヤマトンチューの責務だ」と述べた。

　昼休みをはさんで午後までテント前集会が継続された。終日資材搬入はなかった。

　うまずたゆまず続けられる辺野古の陸と海の闘いによって工事の大幅な遅れに直面している防衛局は、今週からなりふり構わぬ作業強行の動きを始めた。6月1日に一日としては最多の98台の作業車両が進入したのに続き、2日には125台のダンプ、生コン車、20トントレーラーが入った。それに伴い、警察機動隊の座り込み排除が暴力的様相を強くしている。1日には工事車両の前に立ちふさがって抗議した女性を「道交法違反」で逮捕、2日にはゲート前座り込みをきわめて乱暴に排除し、東京から夫婦で参加した64歳の女性を道路に頭から倒れた。「ゴンという大きな鈍い音がした」という。女性は救急車で搬送されたが、頭がい骨骨折、急性硬膜下血種で重体、集中治療室で治療中だ。

6.3 裁判闘争報告集会　山城、稲葉、添田さんも元気に登場

　午後6時からの「裁判闘争報告集会」には朝からゲート前で座り込みを続けた参加者の多くを含め250人が集まった。集会は「基地の県内移設に反対する県民会議」「平和フォーラム」など5団体の主催で開かれた。

第Ⅰ部は、平和運動センターの大城悟事務局長による開会宣言、山内徳信さんの主催者挨拶、三宅俊司弁護士による弁護団報告などが行われた。第Ⅱ部では3人と各弁護士の発言が行われた。山城博治さん「この裁判はおかしい。負けられない」、金高望弁護士「日本の刑事裁判は人質司法だ」、稲葉博さん「辺野古写真展の韓国語、中国語訳を付けて広めていく」、松本啓太弁護士「公判のたびに厳戒態勢になる異常な裁判所。不当裁判に負けない」、添田充啓さん「199日勾留されたが、みなさんの支えのおかげで耐えることができた。感謝している」、中村昌樹弁護士「警察が力ずくで弾圧しても何の罪にも問われないのに、市民が些細なことでつかまり起訴されるのはおかしい」。

　集会は最後に、泰真実さんリードによる「今こそ立ち上がれ」「座り込めここへ」の大合唱で幕を閉じた。

6.10 辺野古現地集会に1800人　国会包囲と連帯し、辺野古 NO!　共謀罪 NO!

　18000人が集まった国会包囲行動に連帯して、辺野古現地では午前11時から「辺野古新基地建設阻止！共謀罪廃案！6.10集会」が開かれ1800人が結集した。

　伊波洋一参院議員は「沖縄選出国会議員は午後2時からの国会行動に参加する。辺野古と共謀罪に反対する闘いはつながっている」とアピールした。

　辺野古弁護団の三宅俊司弁護士は「基地包囲の呼びかけが共謀罪になる。共謀罪の次は憲法改悪と緊急事態法だ。今止めなければ戦争への道を転げ落ちていく」と訴えた。

　社大党の比嘉京子県議は「瑞慶覧長方さんの父親は、社会主義の本を所持しているという疑いで警察に連行され自白を迫られ投身自殺をした。再びこのような時代にしてはならない」と呼びかけた。統一連の瀬長和夫事務局長は「憲法が道交法で抑え込まれている。本末転倒だ」、平和市民連絡会の高里鈴代さんは「2005年の日米合意では2014年までに辺野古新基地を完成させるとなっていた。止めてきたのは私たちの抵抗だ」と述べた。参加者が100人余りに減ったすきをついて、県警は午後2時、座り込み排除にかかった。砕石ダンプや足場を満載したトラックなど22台が進入した。

6.14 辺野古水曜行動に200人　豪雨の中、砕石ダンプの進入を阻止！

水曜日のマイク担当は今週から平和市民連絡会になった。これまで水曜を担当していた平和運動センターは土曜日担当に移った。労働組合など組織の土曜日ゲート前結集に力を入れるためとのことだ。

　雨の中、早朝からゲート前、県内外からの発言が続いた。九州各県から参加した平和フォーラムの22人は、各県の代表者が報告した。愛知県からの一行は「毎週土曜日スタンディングをしている。辺野古写真展も行なった」「座り込みは人生で初めての体験だ。沖縄から基地をなくすことを祈る」と述べた。

■ 6.17 辺野古土曜行動に200人　雨中の座り込みを排除し資材搬入強行

　6月17日土曜日、梅雨前線にかかって朝から雨が降り続き大雨・強風・雷注意報が発令される中、午前中の資材搬入の動きもないことから、ゲート前で始められた座り込み集会は途中から場所をテントに移動して継続された。

　座り込み参加者は増え続け、200人にのぼった。全国各地からの発言が続いた。静岡「明日から平和行進に参加する」、大阪「父は1944年、フィリピンで戦死した。負ける戦争になぜ行くのか、と聞かれて、父は、行かなければ国賊、非国民といわれて生きていけなくなる、と答えたという。二度とそういう世の中にしてはいけない」

　沖縄市から参加の11人は「今日で124回目、延べ2148人になる」と述べて、反ナチ運動のマルチン・ニーメラー牧師の有名な言葉「ナチスが最初共産主義者を攻撃したとき、私は声をあげなかった。私は共産主義者ではなかったから……」を紹介し、警告の檄を飛ばした。

　雨が降り続く中、1時間以上にわたって囲い込みと砕石ダンプ、トレーラーによる資材搬入が続き、合わせて2回合計74台の車両が基地内に入った。

山城さんが国連人権理事会でスピーチ

　スイス・ジュネーブの国連人権理事会で6月15日、山城博治さんが「私は日本政府が人権侵害を止め、新しい軍事基地建設に反対する沖縄の人々の民意を尊重することを求めます」とスピーチした。沖縄の闘う民意を込めた1分半のスピーチに、参加者の拍手と連帯の握手が寄せられた。報道の自由に関する国連の特別報告者であるデービッド・ケイさんとも会いお互いサンキューと繰り返しながら固い握手を交わした。山城さんのスピーチから半時間後、日本政府代表部の長岡公使は「拘束は適法、辺野古埋め立ては知事の承認を得た」などと反論の原稿を読み上げた。海外の外務官僚たちは、民主主義国としての日本の評価が国際的に低下して行っているのが分からない筈がない。いい加減安倍官邸の駒として動く

のをやめたらどうか。

　翌16日には、国連ビルでシンポジウムが開かれ、金高望弁護士、沖縄タイムスの阿部岳記者、琉球新報の島袋良太記者も出席した。また、国連人権高等弁務官事務所を訪問した際には、国連職員たちから「山城博治さんは人権の擁護者」と歓待された。「人権の擁護者」とは他人の人権のために闘う人の意で、国際的に特別な保護の対象になる存在だ。沖縄の国際的注目度はいっそう高くなった。

6.24 海上パレードにカヌー22艇、抗議船4隻　瀬嵩の浜で300人が連帯集会

　梅雨明けの6月24日土曜日、海上行動チームはカヌー22艇、抗議船4隻で海上パレードを行なった。カヌーチームは「ジュゴンを救え」の大きな横断幕を掲げてデモンストレーションをした。浜には全国から参加した「連合」の組合員も含めて約300人が集まり、海上行動チームを激励し連帯する集会を開いた。4隻の抗議船には、国際女性ネットワーク会議に参加した海外代表団をはじめメディアなどが定員いっぱい乗り込んだ。

　最後に「美ら海守るぞ」「平和を守るぞ」などとシュプレヒコールを叫び浜での集会を終えた。そのあとカヌーチームはフロートを越えて作業現場に近づき抗議した。

　ゲート前では、「慰霊の日」にちなみ設けられた祭壇に香をたて手を合わす参加者の列ができた。ガマフヤーの具志堅さんは「大浦崎収容所で少なくとも300人以上が亡くなっているがこれまで遺骨調査はされていない。その上にコンクリートで固めた基地を造るのは死者に対する冒涜だ」と訴えた。

　国際女性ネットワーク会議に参加した海外代表団も高里鈴代さん、糸数慶子さんと共にゲート前座り込みに参加し、軍事主義に反対し人権を守る各地の闘いの連帯をアピールした。日本山妙法寺の鴨下僧侶と共に行動してきたアメリカからの参加者は「人生の中で沖縄の人たちほどやさしい人たちに出会ったのは初めてだ。来週アメリカに戻るが、世界から戦争をなくし沖縄から基地をなくすために頑張る」と述べた。

　その他、東京の「カトリック正義と平和協議会」、長野県の「信州沖縄塾」、山形県の鶴岡教会など全国からの参加者、各地の島ぐるみの参加者でゲート前は活気であふれた。

7.7 海上行動　炎天下、仮設道路の現場で終日監視と抗議

2017.7.7　カンカン照りの暑さも、海に浸かると少し和らぐ

カヌーは 13 艇、抗議船は勝丸とブルーの船の 2 隻が出た。カヌー 13 艇は松田ぬ浜から出て、K1 護岸への仮設道路につながる取り付け道路づくりの現場に向かった。

現場に到着しフロートに接近すると、真っ先に海保が近づいてきて「今日は 34 〜 5 度になるようです。水分補給をしながら体調に気を付けてください」と言ってくる。こうして、フロートをはさんだ海保との対峙の長い一日が始まるのだ。

太陽は朝からじりじりと照り付ける。特に海上では紫外線が強い。カヌーチームはみんな、帽子、サングラス、顔や首の覆いで完全防御のスタイルだ。潮が引くと、カヌーメンバーはそれぞれカヌーから降りて、露出した岩に座ったり、腰まで海に浸かって歩いたりする。暑さを和らげるいい方法は海の水に浸かることだ。砕石投入の作業はなかった。また、キャンプ・シュワブの浜では朝から、米軍 20 人前後がゴムボートを使用した訓練を続けた。沖縄の土地を占領し自分勝手に訓練する「基地帝国」米国の横暴は何時までも続けられるはずがない。

沖縄県が工事差し止めを求めて提訴

沖縄県議会は 7 月 14 日の定例本会議で、県知事が辺野古工事の差し止めを求めて裁判を提訴する議案を賛成多数で可決した。社民・社大・結連合、おきなわ、共産の与党会派 24 人が賛成、自民・維新の 17 人が反対、公明の 4 人は退席した。訴訟費用 517 万 2 千円の補正予算も可決した。

キャンプ・シュワブの基地名の由来となった米海兵隊シュワブ二等兵は 1945 年 5 月 7 日、浦添グスク周辺の戦闘で死亡した。海兵隊はどうして沖縄戦で戦死した米兵の名前を基地の名前にするのか。沖縄は戦利品ではない。日米両軍が沖縄を舞台に激戦をくり広げた沖縄戦。米軍は戦争が終わればさっさと自主的に撤兵すべきだった。そうすれば、日本軍が宣伝した「鬼畜米英」ではなく、住民の傷の手当てをし水も食べ物もくれた有り難い米軍として感謝されたまま沖縄から去ることができたかもしれない。しかし現在、戦後 72 年間の米軍の占領と事件・事故、犯罪の数々を通じて、米軍は県民の敵意に囲まれたまま撤退する以外に道はない。

7.22 キャンプ・シュワブ包囲行動 「人間の鎖」に 2000 人結集

2017.7.22 キャンプ・シュワブを包囲する人間の鎖。

埋め立て工事はまだ始まったばかりだ。工事予定海域の浜には今年もウミガメが数か所にわたって上陸し産卵した。翁長知事は 7 月 24 日、埋め立て工事の差し止め訴訟と仮処分申し立てを行う。

7 月 22 日午後、キャンプ・シュワブゲート前で、「辺野古・大浦湾の埋立を止めよう！人間の鎖大行動」（主催＝基地の県内移設に反対する県民会議）が行われ、炎天下 2000 人が集まった。参加者は、年配の人々、若者、家族連れなど多様で、子供連れも目に付く。米海兵隊キャンプ・シュワブが面する国道 331 号線の辺野古集落前の信号からメインゲート（第 1 ゲート）、工事用ゲート、第 2 ゲート、第 3 ゲートの 4 つのゲートを含め、約 1.2 ｋｍを 1 時間にわたって‘人間の鎖’で封鎖した。

基地を取り囲んだ長い列から一斉に赤、白、青、黄色、緑など色とりどりの風船が空に放たれた。その数 1000 個。とける素材を使用した自然に優しい風船だ

という。そのあと発言した稲嶺進名護市長は「風船には希望が込められている。新基地を止め、基地のない沖縄を子や孫に伝えていくというのが私たちの願いだ」と檄を飛ばした。

　続いて、基地に向かって手を取り合ってウェーブを行ない、「NO BASE HENOKO」「海兵隊撤退」「とり戻そう普天間」「違法工事中止せよ」などのプラカードを掲げるアクションを繰り返した。

7.25 辺野古海上大行動、150 人が海上座り込み

　午前 7 時半、浜のテント 2 に海上行動参加者が集まった。この日の海上行動のために全国から送られてきた青い布の日よけ帽子数十枚、ジュゴンのイラストや「LOVE　HENOKO」の文字が縫い付けれらたカラフルなゼッケン十数枚、新品の救命胴衣数十個も準備されている。100 人のカヌーチームは 10 班に編成され、1 班から順次、松田ぬ浜から出た。水陸両用戦車 1 台が大音響を上げながらすごいスピードで浜を行ったり来たり、デモンストレーションを繰り返した。

　海は静かだ。浜から 10 分も行くと、赤いペンキでドクロの絵が描かれている K1 護岸付近の砕石投入現場に到着した。海上には海保の高速ゴムボートが 6 隻、散らばって警戒に当たっている。作業員はいない。100 艇のカヌーが現場に座り込むとの情報に、さすがに防衛局もこの日の海上工事を諦めたのだろう。

　大衆運動の力は数だ。数に込められた思いの強さだ。情勢の核心をとらえていれば運動は紆余曲折を経るにしても必ず爆発的に拡大する。

　71 艇のカヌーとレインボー旗を掲げた 9 隻の抗議船に乗る 150 人の海上行動団は、「土砂投入するな」「海を壊すな」などのプラカードを掲げるとともに、埋立てやめろ！海を守れ！と叫んだ。

　抗議船から仲本興真さんがマイクで「海保のみなさん、みなさんの本来の仕事は海を守ることです。政府の埋立て、海の破壊に手を貸すのは止めてください」と訴えた。

　世界から寄せられたメッセージも一斉に掲げられた。香港「沖縄の平和のための闘いに連帯する」、フランス「米軍新基地建設 NO!」、台湾「海が泣いている、軍事基地建設をすぐに止めて」、スウェーデン「海を守れ」、バングラディシュ「海を守ろう」、アフガニスタン「辺野古の平和と環境保護、正義のために立ち上がろう」、スペイン「米軍新基地建設ノー」、韓国「海が泣いている」など。世界中

に味方がいることを実感する。

昼前、雨雲が広がり雨がポツリポツリ降り始めて雷注意報が出されたため、急きょカヌーチームは松田ぬ浜に引き上げ、上陸したカヌーを並べて、「美ら海を守れ」を合言葉に連帯集会を開いた。集まった 250 人は決意を新たにした。

2017.7.25　カヌー 71 艇、抗議船 9 隻による海上行動。「不屈」号にはハングルで「海軍基地反対カンジョン村」の旗

■ 7.29 土曜行動に 200 人、終日資材搬入を STOP

7 月 29 日土曜日のゲート前行動は、台風接近のため海上行動が中止になりカヌーメンバーもゲート前に合流して開催された。

神奈川県の厚木基地爆音防止期成同盟の高久保副委員長は「辺野古の闘いと厚木の闘いは根が同じ。第 5 次の提訴を 1 万人の原告を目標に準備している」と述べた。

大型バスで参加したうるま市島ぐるみは「今回 143

2017.8.2　水曜行動に 150 人。「基地さえなければ沖縄はもっと発展している」と訴え。

回目のゲート前行動だ」と訴えた。そのあと、テントに移動し座り込みを続けた。

昼休みをはさんで午後 3 時までスピーチ、報告、歌など多彩に進行した。資材搬入は終日なかった。この日午後、防衛局はゲート前座り込みの向かい側の基地内に新たに監視カメラを設置した。

2017.8.5

翁長知事の工事差し止め裁判を受けて、日本政府は埋立て工事を中止せよ！
8.2 辺野古水曜行動、ゲート前で県警と攻防

8月2日水曜日のゲート前行動は約150人が座り込んだ。はじめに辺野古ネーネーズのリードによる歌から始まった。いつも一番に発言するヘリ基地反対協の安次富浩さんは風邪による体調不良のため不参加とのことだ。

　県警は道路上の横断幕撤去に異常な執着を見せる。この日も「耐用年数200年の基地建設を進める？これからどれほどの市民が殺されるのか…防衛局職員、機動隊員、責任とれるのか！」との横断幕を撤去するために、県警は機動隊を動員。一帯は大混乱の中、「警察がドロボーしてもいいんですか」という声を浴びながら、横断幕を撤去した。

　警察に対する怒りが沸騰する中で、座り込み集会が再開された。島ぐるみ豊見城の新田さんは「歴史上、すべての独裁政権は倒されてきた。フィリピン、韓国、古くはフランスのルイ14世然り。民衆の力こそ社会を変える原動力だ」と述べた。名護島ぐるみの上間さんは「以前のボーリング調査の時は、防衛局との攻防が主で、警察、海保は第三者の中立の立場だった。この間警察、海保は運動弾圧の前面に出てきている。安倍がさせている」と述べた。島ぐるみ大宜味は「入れ歯入れても白髪でも、頭はげてもまだ若い、ゲート前での座り込み、座るだけならまだできる」との『ボケない小唄』を陽気に歌った。宜野座村島ぐるみの仲村さんは「オスプレイが昼夜問わず飛び回っている城原地区はたいへんだ」と報告した。

　そのあと、機動隊とのもみ合いの際、押されて排水溝に頭から倒れた年配の男性が救急車で搬送された。木陰に設置された救護班にはこの日、鹿児島からの若い女性が看護師として待機した。なはバスのメンバーは「基地さえなければ沖縄はもっと立派になっているはずだ。日米が合意しても沖縄は合意していない」と訴えた。

2017.8.19

8.12 県民大会に45000人
辺野古新基地 NO！　オスプレイ NO！　県民民意はゆるぎない！

　8月12日午後、那覇市奥武山陸上競技場で、「翁長知事を支え辺野古に新基地を造らせない県民大会」（主催＝オール沖縄会議）が開かれ、45000人が参加した。辺野古・大浦湾を表すブルーのシャツや帽子、スカーフを身にまとい、8月の炎天をものともせず多くの県民が駆け付けた。

　続々と集まる大型バス、モノレールや自家用車、徒歩で参加する人々で会場周

2017.8.12　奥武山陸上競技場に45000人、翁長知事を支え辺野古に新基地を造らせない県民大会。

辺はたいへんな混雑。親子孫3代で参加の人々、車いすの人々、「土人（ウチナーンチュ）にも五分の魂」「沖縄を返せ沖縄に返せ」など、手書きのプラカードも多い。琉球新報は15000部、沖縄タイムスは5000部、号外を発行した。

　はじめに、主催者を代表して、共同代表の高里鈴代さん、玉城愛さん、高良鉄美さんの3人があいさつに立った。高里さんは「沖縄は慢性的な人権侵害が横行している。苦渋に満ちた歴史に終止符を打とう」と呼びかけた。玉城愛さんは、「暴行殺人事件の現場に行き祈りを捧げてきた。事件は基地あるがゆえに起こる。沖縄にこれ以上基地を造らせない」と訴えた。今回新たに共同代表についた高良さんは「沖縄に憲法が届いていないのは復帰前も復帰後も同様だ」と指摘した。

　さらに、呉屋守将金秀グループ会長、照屋寛徳、赤嶺政賢、玉城デニー、仲里利信、糸数慶子、伊波洋一の衆参両院議員6人全員、沖ハムの長浜社長、かりゆしの當山社長が発言し、演壇左右に並んで座った県議会与党議員二十数名が紹介された。

■八重山ブロック「宝の島が基地の島にならないよう」

　島ぐるみのあいさつは、南部ブロックを代表して糸満島ぐるみがサンシンと琉歌のコラボで、辺野古新基地NO! を訴えた。「悲しみも決意に変えて今日も座す辺野古の海は青く澄みたり」。八重山ブロックは長浜さんが「宝の島が基地の島

にならないよう自衛隊配備に反対する」と述べた。宮古ブロックは奥平さんが「自衛隊新基地NO！の闘いを石垣と一緒にやっている。沖縄本島の皆さんも関心を持ち支援してほしい」と述べた。

中部ブロックは宜野湾の桃原市議が「8月13日は沖国大に米軍ヘリが墜落した日だ。この13年間、危険性は全くなくなっていない」と呼びかけた。最後に北部ブロックから名護島ぐるみの親川さんが「普天間返還の8条件なるものが出てきて、県民だましが明らかになった」と訴えた。

総がかり行動実行委員会の福山さんの発言に続いて、8月16〜24日の日程でアメリカ西海岸を訪問する訪米団一行が壇上に並び、団長の伊波洋一さんが主な日程を説明した。

■米国ピースアクションのポール・マーティンさん

次に続いたのは人目を惹くパフォーマンスだ。全米に100の支部を持つアメリカ最大の平和団体「ピースアクション」の政策担当シニア・ディレクターのポール・マーティンさんが「辺野古新基地NO！」のプラカードを頭上高く掲げて壇上に登りアピールした。マーティンさんはフィリピンの環境活動家と共に辺野古を訪れ「米国でこんな美しい海を埋め立てることは考えられない。米軍基地があることでさらに危険になる。その上、基地建設には日本の国民の税金が使われる」と指摘した。

また、同じパフォーマンスを見せたアメリカの市民団体「平和、軍縮、共通の安全保障キャンペーン」のジョセフ・ガーソン代表も新聞記者とのインタビューで、翁長知事の「子や孫のために」という訴えに共感したと述べ、「普天間は辺野古に移設せず閉鎖することが米国と中国との緊張をなくすことにつながる」と語った。

城間幹子那覇市長は「母は現在90歳。沖縄戦を生き延びた。何で日本は沖縄を大切にしないのか、といつも口にする」と述べた。

翁長知事は次のように発言した

「オスプレイは昨年12月名護市安部（あぶ）の海岸に墜落したのに続いて、今月オーストラリアに墜落した。2年前ハワイに立ち寄った時にも墜落した。事故原因も不明のまま飛行再開した米軍に追随する日本政府を見ると、日本の独立は神話だと思える。県民の誇りと尊厳をかけた闘いに負けられない。7月24日に工事差し止め訴訟を提訴した。昨年12月の最高裁判決に縛られない、別個の裁判だ。国ともあろうものが法令をすり抜けることに心血を注ぐ姿勢は法治国家とは程遠い。沖縄は万国津梁のかなめになる。将来の沖縄の姿に自信と勇気をもって、基地をなくそう。マキティーナイビラン。ナマカラルヤイビンドー。（負けてはいけません。今からですよ）」

■辺野古・高江写真展に 500 人

沖縄平和サポートが主催した辺野古・高江写真展が、7 月 22 ～ 23 日と 8 月 9 日の 3 日間県庁前広場で開催され、合わせて 500 人が来場した。全部で 100 枚以上の写真のキャプションには日、英、中、韓の 4 か国語の説明が付けられていて、本土からの来県者だけでなく海外の観光客が訪れ、写真に見入った。

2017.9.2

ドイツの「国際平和ビューロー」「オール沖縄」にマクブライド賞を授与

ドイツの平和団体 IPB（国際平和ビューロー）は、2017 年のショーン・マクブライド平和賞を、辺野古新基地反対の闘いを粘り強く進めてきた「オール沖縄」に授与することを決定した。「国際平和ビューロー」は長い歴史を持つ平和団体で、1910 年にノーベル平和賞を受賞している。授賞式は 11 月 24 日、スペインのバルセロナで行われる。

また、8 月 21 日にはサンフランシスコの米連邦控訴裁判所が「沖縄ジュゴン訴訟」で、「安保や外交に裁判所が介入する権限はない」として原告の訴えを退けた一審判決を破棄し差し戻す判決を下した。沖縄の闘いは世界に広がっている。

■ 8.30 ゲート前座り込み　200 人が県警の強制排除・資材搬入に抗議

8 月 30 日水曜日のゲート前座り込みは、まず全員が立ち上がって恒例の 3 曲（沖縄今こそ立ち上がろう、座り込めここへ、沖縄を返せ）を歌い、集会を開始した。

高里さんは 8.16 ～ 24 の訪米団の報告を行ない、「私たちの闘う相手は、目の前の機動隊、警備員、防衛局の後ろにいる二つの大きな政府だ」と訴えた。

韓国の民衆民主党「沖縄遠征団」の 3 人の若者は、「8 月 21 日、米韓軍事演習の開始に抗議して沖縄に来た。9 月に 3 週間米軍反対全国キャラバンを行う。共に闘おう」と述べ、「岩のように」の歌に合わせて踊りを披露した。

海外からの参加者が増えている。8 月 31 日には、韓国抱川（ポッチョン）市の米軍射撃場の騒音対策委員会の訪問団（市議 10 人を含む 60 人）が嘉数高台から普天間基地を視察したあと、ゲート前テントを訪れ、「韓国にも基地がある。基地被害をなくすため協力していきたい」と述べた。

■基地の島から平和発信の島へ　9.7 命どぅ宝コンサート

9 月 7 日は、1945 年日本軍と米軍との間で「降伏調印式」が行われ、沖縄戦が正式に終了した日だ。場所は当時嘉手納飛行場の中にあった越来村の米第 10 軍司令部。日本軍は自殺した牛島満司令官に代わり、宮古から先島群島司令官・

納見敏郎中将と奄美からは陸軍司令官・高田利貞中将、海軍司令官・加藤唯男少将が出席し、米第10軍司令官・スティルウェル大将との間で降伏文書に署名した。表紙に大きく「Surrender（降伏）」と記された一連の降伏調印文書は沖縄県公文書館に保管されている。納見中将はその後GHQから「A級戦犯」として逮捕命令が出されると宮古に戻って自殺した。

6月23日の慰霊の日は、牛島司令官と長参謀長が自殺し日本軍の組織的な戦闘が壊滅した日であるが、沖縄戦が終わった日ではない。牛島司令官が残した遺書に「祖国のために最後まで敢闘し、生きて虜囚の辱を受けることなく、悠久の大義に生くべし」と書いた。牛島司令官は戦争を終わらせるために死んだのではない。遺書にあるように「今や戦線錯綜し、通信も途絶し、予の指揮は不可能」となったために死んだのである。だから司令官が死んでも戦争は終わらなかった。かえって各地の軍の勝手な行動が生み出された。久米島での鹿山正海軍兵曹長による住民殺害事件はその典型だ。

実は、牛島司令官と長参謀長が自殺する2日前の6月21日、陸軍大臣及び参謀総長から訣別電報が届いていた。訣別電報に記されていたことは二つ。一つは、米軍司令官・バックナー中将が戦死したこと。もう一つは、10.10空襲の1か月後の11月11日に着工され、朝鮮人6500人を含む1万人が動員された全長10kmの松代大本営が完成間近ということ。松代大本営は、天皇が三種の神器と共に住み、政府諸機関やマスコミが入る地下要塞であった。

沖縄の日本軍は、米軍の読谷・北谷海岸からの上陸以降、嘉数高地―前田高地―シュガーローフに至る1か月半の激戦を死力を尽くして戦った。その結果、5万人をこえる戦死傷者、精神障害者を出す損害を米軍に与えたが、6万人以上の戦死者を出して日本軍はほぼ壊滅した。決着はついた。日本の同盟国、ドイツとイタリアは既に降伏していた。

ところが日本軍は戦争を止めなかった。5月22日、首里城地下の日本軍司令部は各地の部隊指導者を集めた会議で、前線部隊参謀長の「首里での決戦」方針を退け、糸満市摩文仁へ司令部を移し戦争を継続することを命令した。その結果、10万人以上の住民が避難していた南部一帯が戦場となり多数の住民が犠牲になったのだ。

前田高地近くの浦添市ベッテルハイムホールで開催された9.7命どぅ宝コンサートには約50人が参加した。初めに降伏調印式と前田高地の戦闘の実写フィルムの上映が行われた。毎年の9.7の取り組みを継続してきたまよなかしんやさんは、後遺症による言葉の障害がありながらも、今回も元気な姿を見せた。

9.20 辺野古ゲート前に150人　資材搬入阻止の座り込み、県警との3度の攻防

9月20日の水曜行動は、約150人が県警の乱暴な排除に抵抗しながら3度にわたる資材搬入ストップの闘いをやり抜いた。集会は、城間さんの「ご通行中のみなさん、私たちは違法な埋立て工事を止めるために座り込んでいます。けが人を出さない、逮捕者を出さないという非暴力の運動を貫徹しています」との訴えで始まった。

2017.9.20　強制排除にかかろうとする警察機動隊。座り込みをリードする平和市民連絡会の城間勝事務局長。

長崎のうたごえ団の『沖縄の叫び』の合唱のあと、9時前から、県警による座り込みの強制排除と工事車両による資材搬入が行われた。車両は合わせて66台。砕石ダンプのほかに、20トントレーラー、鉄骨を組んだ構造物、鉄骨、木材を積んだトラックなどがあった。そのあと、ゲート前のテントに座り込みを移動した。豊見城、八重瀬、南風原、南城、国頭、今帰仁、那覇の各島ぐるみが報告と決意を表明した。

土木技師の奥間さんは「新基地予定地には2本の活断層が走っている。こんなところに基地を造るのか」とアピールした。この日2回目の排除と資材搬入は12時前から30分余りにわたって強行された。国連NGOのIMADR（反差別国際運動）が出した声明にある通り、「政府の対応は悪化」し、警察の暴力性が強まっている。砕石だけでなくH鋼材、クレーン車、生コン車が進入した。

10.7 辺野古土曜行動に1000人　島ぐるみが総結集し、終日工事車両をSTOP

10月7日土曜日の辺野古現地行動は、各地の島ぐるみが総結集し、工事車両の

全面ストップをかちとった。日本政府防衛局による埋立工事のための資材搬入が連日強行される中で、毎月第一土曜日を島ぐるみの総結集による県民行動と位置づけ、朝から夕方まで資材搬入を完全にストップすることを目的に取り組まれたのがこの日の土曜行動だ。午前中は那覇と北部、午後は中部と南部の担当となりゲート前座り込みを貫徹するとともに、12時から1時の間に県民集会が開催された。

　キャンプ・シュワブ第一ゲート前の路上は人波で埋まった。参加者は1000人。12時、宣伝カーの上にしつらえられた壇上で、司会のうるま市島ぐるみの伊芸事務局長が開会を宣言し次のように述べた。「辺野古の海にも陸にも新しい基地は造らせないと、ゲート前で座り込みを始めてすでに1000日以上。建白書に立脚した県民の声をハッキリと示そう！」

　この日、機動隊がみんな引きあげ、資材搬入はなかった。

海兵隊 CH53E ヘリ、高江で炎上大破

　10月11日午後、普天間基地所属のCH53Eヘリが飛行中エンジンから出火し、緊急着陸した東村高江の民間の牧草地で炎上大破した。事故を起こしたCH53E型機は、13年前沖縄大に墜落したCH53Dヘリを大型化した後継機だ。プロペラのローター部分に放射性物質ストロンチウム90を使用しているのも共通している。事故直後、炎上したヘリを消火するため国頭消防本部の消防車4台で駆け付けた消防士は、米軍及び沖縄防衛局から放射性物質について何も知らされないまま懸命に消火活動に従事した。しかしその後、米兵はガスマスク姿で焼け焦げた機体の調査にあたったのだ。

■米軍の治外法権と米軍を守る日本政府

　普段隠されていることもこうした事故が起こるといっぺんに明るみに出て、可視化される。現場は米国の治外法権、日本が米軍に対し主権を持たず、沖縄を軍事植民地として踏みつけている現実をはっきりと示した。日本の警察は事故を調査する権限がない。内周規制線の外側の外周規制線で人々が近づくのを止める役割をしているだけだ。マスコミも入れない。西銘さんの住宅から牧草地に至る道は4人の警官が封鎖していた。外周規制線だという。事故の翌日、現場を視察した翁長知事は外周規制線を通過したが、内周規制線までだ。内周規制線をこえて中に入ることができたのは自衛隊だ。

　米軍は早々に「96時間の飛行停止」を発表した。小野寺防衛相はあたかも日

本政府の要請により米軍が飛行停止したかのようにつくろったが、米軍は小野寺に会う前に 96 時間の飛行停止を発表していた。「米軍が主人」、日本が主権を持たない事実を国民の目から何とか隠そうとする、こざかしい日本の政治家と防衛省の官僚たち。

■ 10.14 辺野古ゲート前行動

11 日水曜日の高江での米軍ヘリ炎上大破後、辺野古での資材搬入はない。警察機動隊も辺野古には姿を見せない。ゲート前は、選挙運動の最中とあって、いつもに比べて参加者は少ないが、毅然として座り込みを貫徹した。

その後テントに移動したあとでの集会で、ハワイに住む沖縄 4 世のアメリカ人、ロバートさんが「ハイサイ、グスーヨー、チュウウガナビラ」と切り出し、参加者の驚きと歓迎の大きな拍手が起こった。ロバートさんは「沖縄の歴史や文化が失われて行っているのではないかと危惧している。自分のルーツは沖縄だ。ハワイはアメリカとは歴史も文化も違う。むしろ沖縄に似ている。自分はウチナー 4 世として沖縄の基地にもハワイの基地にも反対だ」と述べた。

ロバートさんはホームステイ先で「沖縄の若い人たちはどうしてウチナーグチを使わないのか。クトゥバウシナイン、クニウシナイン(言葉を失うと国を失う)」と話したという。

2017.10.28

10.25 海上座り込み行動にカヌー 80 艇

■カヌー 80 艇、抗議船 6 隻、連帯集会に 300 人

「辺野古・大浦湾をカヌー＆船でうめつくそう！」を合言葉に、7 月 25 日に続く 2 回目の海上大行動が 10 月 25 日貫徹された。台風 21 号が去り、22 号がまだ接近していないという海上のコンディションもラッキーだった。浜のテント 2 に集まった海上行動の参加者は、海が荒れていたため、海上のコンディション確認のため待機した。海に出ることができたのは予定より 1 時間遅れの 9 時 30 分、10 班体制で一班から順次出航した。

K 1 護岸予定地のいわゆるドクロ前に、カヌー 80 艇、抗議船は 9 隻、総勢 150 人が展開した。これだけの船が海に浮かぶと壮観だ。抗議文を読み上げ、メッセージは日本語、英語、スペイン語の 3 カ国語で読み上げた。その後「沖縄を返せ」、「We shall overcome」、「月桃」を歌った。沖縄には常に歌がある。カヌーチームは 11 時 30 分、松田ぬ浜に戻った。風と波が高かったわりには事故もなく整然

とやり抜いた。昼食のあと、カヌーを並べた浜で連帯集会を開いた。

■カヌーチームと共に松田ぬ浜で連帯集会

連帯集会の進行係は島ぐるみ名護の浦崎悦子さん。美ら海を守り活かす海人の会の西銘仁正代表、海上チームを代表しての3人の発言が続いた。10.25海上大行動のチラシのイラストを描いた友寄さんは「全国各地の仲間が戦争したくない、戦争させたくないの一心でカヌーに乗った。あきらめなければ必ず勝つ」とアピールした。抗議船の中原さんは「レインボー旗は平和を願う旗だ。イタリアでは、イラク戦争加担NO!のシンボルだった。ジュゴンが住み命がわく海を奪い戦争基地にしてはいけない」と訴えた。

最後に、川口真由美さんの歌と頑張ろう三唱で浜の集会の幕を閉じた。

一方、キャンプ・シュワブゲート前では、早朝から座り込みが行われ、100人以上が結集した。資材搬入が2週間ぶりに行なわれ、合計160台が進入した。

崎原盛秀さんの評伝発刊

崎原盛秀さんの評伝『一人びとりが代表──崎原盛秀の戦後史をたどる』(上原こずえ著、琉球館)が発刊された。崎原さんは、1933年、当時の西原村に生まれた。戦中・戦後の大阪での暮らしののち、引きあげてきた沖縄での米軍政下、中学から、首里高、琉大を経て、教員生活をはじめた。以来60年間、さまざまな沖縄の闘いの中に身を置き、権力の不条理に対する抵抗を貫いてきた。沖縄を代表する一人の反骨の読み物として面白いし、金武湾や靖国、辺野古の現場での崎原さんのルーツが分かるようで興味深い。巻頭のたくさんの貴重な写真も、崎原さんの歩んできた道を照らし出すのに花を添えている。

2017.11.25

唯一の解決策は米海兵隊の撤退だ!　11.22 雨中のゲート前行動

いま沖縄に集中する基地問題の矛盾が一挙に噴き出している。沖縄には米陸海空海兵四軍すべてが基地を持ち、軍人軍属家族合わせて5万人が駐屯している。その中で空軍の嘉手納飛行場・弾薬庫と海兵隊の各地のキャンプ・飛行場・訓練場が両軸だが、基地面積、兵員、事件事故、犯罪が多いのが海兵隊だ。「沖縄の負担軽減」とは海兵隊撤退だ!

11月19日早朝、米海兵隊キャンプ・キンザー(牧港補給地区)の上等兵による飲酒運転・信号無視による交通事故。米兵は公務外に公用車の2トントラックを運転し、那覇市泊の交差点で会社員・平良さんを死なせた。平良さんは長年海

2017.11.22 辺野古ゲート前座り込みに150人。雨中、資材搬入阻止行動を貫徹。

外で仕事をしてきたが、6年前に沖縄に戻り、余生を過ごそうとしていたところだった。加害者の車は地位協定をたてに米軍が持ち去った。警察に保管されているのは被害者の車だ。事故のあと米軍は「綱紀粛正」として飲酒禁止令を下したが、3日後に解除した。県民を愚弄するにもほどがある。

■ 11.22 辺野古ゲート前座り込み　雨中、資材搬入阻止の闘い

11月22日の水曜行動は、停滞前線が一日中雨を降らす悪天候の中、朝から夕方まで約150人が結集した。

工事用ゲート前を固めた座り込みは意気軒高だ。物理的な力では若い機動隊員にかなわないが、身を挺して最大限の抵抗をする。座り込みから一人ひとりを引きはがし、警官3人で持ち上げフェンス横の歩道の囲みに拘束していくのに、かなり手間取っている。ユンボを積んだ前田建機、円筒形のコンクリートを積んだ平成重車両、鉄の構造物の金功重機、コンテナを積んだ琉成運送のトラックのほか、丸政工務店、北勝重機運輸、宇堅総合開発、比地建設、大宜味産業、池原運送、与儀運送、親田運送、東栄運輸、丸久運送、當真土木などが砕石、砂利などを運び込んだ。合計85台。座り込み参加者はずぶぬれになりながら、1時間半に及ぶ警察による規制・資材搬入の間、マイクとプラカードと声による抗議をくり広げた。

私は4週間ぶりの現地行動だった。鼠経ヘルニアの手術のため10日間入院し、しばらく静養を余儀なくされたためだ。思い当たるのは9月20日水曜日のゲート前のゴボー抜きである。この日、朝と昼の2回、機動隊のゴボー抜きに対し負けまいと踏ん張った。体調に異変をきたしたのはこの時以来だ。

2017.12.2

12.2 第1土曜日辺野古ゲート前県民集会

12月2日は、小雨が降り続くあいにくの天気の中、県内外から1000人が結集し、終日資材搬入をストップした。午前中は中北部が中心となってテントに集まり座り込みを行なった。

島ぐるみ国頭は十数人が並んで立ち決意を述べた。「お金はいらない。平和が欲しい」。名護島ぐるみは「若い層はTVを見ない、新聞を見ない。ネット情報をうのみにしている。若者たちにきちんと話をすることが必要だ」と述べた。

テントは超満員、道路上や反対側の道路にまで人々があふれる中、12時からの県民集会で、稲嶺名護市長は「悪の元凶、海兵隊を追っ払わなければならない。オスプレイの代わりにアーケージュー（トンボ）が飛ぶような環境を作り上げよう」と述べ、喝さいを受けた。

2018.1.6

1.6 第一土曜日集中行動に600人

正月明けの1月6日、2018年の第一回目の土曜集中行動が行なわれた。ゲート前は、各地の島ぐるみをはじめ、「沖縄の闘いに連帯する関東の会」や鹿児島、埼玉、大阪など全国からの参加者の熱気で埋まった。沖縄防衛局は警察機動隊を基地内に配置したものの、参加者の数の多さに資材搬入を諦めた。人が集まれば工事を止めることができる。

ゲート前テントでは、12時からの集会に先立ち、稲葉博さんのあいさつと替え歌「ジンギスカン」のにぎやかな歌と踊り、キリスト教学院大の10人の学生たちの「辺野古は初めて。たくさん学んで帰りたい」「どうしてこんなに人が集まっているのか」などのスピーチ、知念良吉さんの歌で盛り上がった。

集会は高良鉄美さんの「今年も頑張ろう」との挨拶で始まり、スピーチが続いた。照屋寛徳、玉城デニー、伊波洋一さんのあいさつ、赤嶺政賢さんのメッセージ朗読が行われた（糸数慶子さんは午前中座り込みに参加し発言した）。沖縄選出の国会議員ほど、偉ぶることなく、選挙公約を守り、運動の現場に常に足を運んでいる議員を他に知らない。県民の誇りだ。休憩のあとテント前集会が午後3時まで続けられた。

■「カンタ！ティモール」上映会

12月24日午後、名護市内で、辺野古カヌーメンバー有志が主催する「カンタ！ティモール」上映会が開かれた。「カンタ」とはティモール語で「歌う」を意味するという通り、映画の初めから終わりまで全編、ギターの音と共に歌が流れて、力強いドキュメンタリー映画に仕上がっている。東ティモールは1999年の独立に関する住民投票を経て、2002年、21世紀の最初の独立国としてポルトガルのあとを受けたインドネシアの支配から脱した。

この映画は、広田奈津子監督が東ティモール独立前後の数年間撮影したフィル

ムと取材をもとにつくられた。2012 年公開されると、全編を通じる明るい歌、子供たちの笑顔、独立に至る苦しみを語る住民たちの証言などと共に、自国企業の利益を最優先する日本の対応を暴き出し、衝撃と感動をもたらした。

　上映後、簡単なトーク会と CD・本の販売が行われた。私は、CD と報道写真記者・南風島渉『いつかロロサエの森で─東ティモール・ゼロからの出発』（コモンズ）を購入した。植民地支配と独立というテーマに真正面からぶつかり大きな犠牲の果てに独立を勝ち取った東ティモールの闘いは、さまざまな形の植民地支配を受ける地域の人々に勇気と知恵を与える。

2018.1.20

1.13 沖縄戦・精神保健研究会主催　『戦争とこころ』出版記念講演会

　1 月 13 日午後、浦添看護学校で沖縄戦・精神保健研究会主催の『戦争とこころ』出版記念講演会が開かれ、100 人以上が参加した。精神科医の蟻塚亮二さん（福島県相馬市・メンタルクリニックなごみ所長）が「戦争体験と PTSD」と題して、要旨次のように講演した。

　過酷な体験に基づく「言語化されない記憶」が勝手に頭に侵入し、「怒る、不機嫌、話したくない」等々の症状が起こる。別の言葉でいえば、過去が「トラウマ記憶」としてフラッシュバックし現在の生活に入り込んでくる。過酷な戦場体験をしたアメリカのベトナム帰還兵の場合にも、戦闘体験の直後から発症し継続する場合だけでなく、晩年になって発症する退役軍人たちもいる。PTSD 症状の例としては、ホロコースト生存者の場合、入眠困難・中途覚醒、トラウマ記憶の反復的かつ苦痛な夢、類似した事件に対する著しい心理的苦痛、反復的・侵入的なトラウマ記憶の想起、過度の警戒心、怒りの爆発等が挙げられた。沖縄戦による PTSD の発症時期も、20 代、30 代、50 代、60 ～ 70 代の晩年と様々だ。沖縄戦体験は、家族・親戚・同郷の近い関係、近い距離、近い風景で起こったため、PTSD も近くに存在し、発症のリスクも高い。生き残ったけれど心に傷を負った住民の PTSD は兵士の PTSD とは違う。トラウマによって、自分と未来に対する悲観、あきらめ、自罰の傾向と自己無価値観など、自己に対する「否定的認知」が顕著になることも多い。トラウマは世代を超えて続く。

　閉会のあいさつは沖縄戦・精神保健研究会の當山冨士子会長が行なった。

1.20 辺野古ゲート前土曜行動　午前、午後 2 度の資材搬入に抗議

　1 月 20 日土曜日。9 時前から県警による座り込み強制排除と砕石ダンプ等 87 台の搬入が行われたが、再度ゲート前に集まりブロック・足場板を置いて集会を

再開した。進行は平和市民連絡会の伊波義安さん。伊波さんは「まだ4％しか工事は進んでいないが、護岸がいくつか造られたため、ジュゴンやウミガメが来なくなり、アジサシも激減した。軽く見てはいけないが、あきらめてもいけない」と檄を飛ばした。

そのあと、テントに移動して集会を続けた。長野県のメンバーは信州沖縄ネットワークの結成について報告した。金城実さんはハーモニカを演奏し喝さいを浴びた。そして、「闘いの歴史は長い。負けることは誇りになる。自分は誇り高き非国民、誇り高き琉球土人と考えている」と述べた。

この日は県内だけでなく、大分、北海道、大阪、千葉、埼玉などからの参加者を合わせ200人近い人々が集まった。北海道のメンバーは「10年ほど前、小林多喜二の『蟹工船』がブームになり文庫で60万部売れた。韓国はじめ各国で翻訳された。つまり、現在も同じ問題があるということだ。多喜二が殺された理由は、単に過酷な労働の実態を小説に書くだけでなく、反戦・反軍の活動をしたためだ」と述べた。

いつもだと2回目の資材搬入は11時半から12時にかけて行われるが、参加者が多いためか、この日はなく3時前、2回目の資材搬入で77台が進入した。

2018.1.28
グアムのこと知ろう！　つながろう！　1.20 グアム交流勉強会

1月20日、那覇市で「沖縄の基地負担軽減のためにグアムへ基地をもって行くっていいこと？この機会に知ろう！そしてつながろう」との集まりが開かれ、約40人が参加した。

グアムの歴史は古い。独自の言葉や料理、古代遺跡もある。ところが16世紀になりスペインがグアムの統治をはじめ300年以上続いた。その過程でスペイン軍の残虐な鎮圧があり、当時のグアムの人口の90％以上が殺されたという。太平洋戦争では一時、日本軍の支配下に置かれ「大宮島」と名付けられた。日本の敗戦後、グアムは米軍のアジア太平洋戦略上の拠点として軍事基地化された。1950年にアメリカの自治属領（準州）となり、現在、3000m滑走路2本の空軍基地と原潜が寄港可能な海軍基地がある。

高里鈴代さんは、沖縄海兵隊のグアム移転問題の経緯を報告し、次のように述べた。

「1996年、日米両政府はSACO合意を結んだ。それによると、①辺野古新基地を2014年に完成、②8000人グアム移転、③日本が28億ドル負担となって

いた。米軍の数は5年前から公表されなくなったが、沖縄の海兵隊の実数は12000人くらいだと考えられている。したがって8000人が移転すれば4000人しか残らない。ほんとうに辺野古新基地が必要なのか。

1898年の米西戦争で、アメリカはスペインからフィリピン、ハワイ、プエルトリコと共にグアムを奪った。アジア太平洋戦争で日本が一時支配し、原住民のチャモロの女性は日本軍慰安婦にされた。戦後再びアメリカの支配下に入ったが、地元の人たちは植民地支配からの解放を願い、米西戦争後グアムの米植民地支配下への割譲を決めたパリ条約のコピーを燃やし灰にして流すパフォーマンスをやった」

2018.1.20　「グアムのこと知ろう！つながろう！交流勉強会。グアムの3人が報告。

■グアムからの報告

そのあと、「グアムに独立を」「グアム連帯・平和と正義」などのグループから参加の3人（モニカ・フローレス、スタシア・ヨシダ、レベッカ・ガリソン）が次のように報告し発言した。

「グアムの人口は約17万人。30％が米軍基地で、年間約620万発の実弾演習が行われている。演習場の海域は伝統的な漁業の海で、陸には遺跡や墓がある。自然が豊かで、水、ラン、聖地、蝶、渓谷、オオコウモリ、ウミガメすべて貴重だ。絶滅危惧種がたくさん記載されている。コウモリやカタツムリ、固有種の木がある。また歴史的・考古学的に重要な60カ所の遺跡がある。環境汚染も深刻だ。人びとは「Return Stolen Land」（奪った土地を返せ）と訴えている。チャモロ人のグアムの先住民族としての権利を認める国連決議に反対したのはアメリカと日本だけだった」

第21回池学淳正義平和賞　ゲート前テントで盛大に授与式

1月22日午後、キャンプ・シュワブゲート前のテントで、第21回池学淳（チ・ハクスン）正義平和賞の授与式が盛大に行われた。この日ソウルから那覇空港に到着した池学淳正義平和基金の一行7人はまず辺野古の浜のテントを訪れ、出迎えたテントのスタッフや教会関係者とあいさつを交わした。

浜のテントからゲート前に移動すると、資材搬入のまっ最中で、工事用ゲート前では100人以上による抗議行動が行われていた。池学淳基金の一行もゲート前で、資材搬入の強行と毅然たる抗議行動の様子を食い入るように見守った。

　授賞式は、午後4時から、多数の座り込み参加者と共に行われた。はじめに祝賀式の幕開けを飾る「かじゃでふう」の琉舞と武芸の演技が華麗にまた勇壮に披露された。司会進行はヘリ基地反対協議会の仲本興真事務局長。開会あいさつのあと、キム・ビョンサン理事長が来沖直前に体調をこわしたため7人になった韓国からの訪問団が紹介された。続いて、谷大二神父が謝辞を述べた後、ピョン・ヨンシク審査委員長が要旨次のように審査経過を報告した。

■審査経過の報告

　このように辺野古の現場でみなさんにお会いできて感激です。池学淳正義平和賞20年の歴史において受賞者の元を訪れ直接賞を授けることは初めてのことです。この賞は主にアジア地域で人権と平和のために闘っている団体や個人に与えられてきましたが、今回、フィリピンと日本、二国の中から選ぼうとの提案があり、論議の中で沖縄に推薦が集中しました。理事会で検討の結果、ヘリ基地反対協が決まりました。

　今回の受賞がみなさんの闘いを激励し、東北アジアで戦争と基地をなくし恒久的な平和を実現するための踏み石になることを希望します。

■賞杯、メダル、賞金2万ドル

　そのあと、チェ・ブシク神父がキム・ビョンサン理事長のあいさつを代読し、池学淳主教と共に長い間活動を続けてきた長老のキム・ヨンジュさんが上手な日本語で、生前の主教の活動を詳しく報告した。

　賞杯と賞金の授与は、チェ・ギシク副理事長（希望財団代表）が行なった。チェ・ギシク神父は、かつて全斗煥政権下で逮捕拘束され拷問を受けた経験があるという。ことの経違はこうだ。1980年光州事件が起こり、韓国軍部により数千人の青年学生市民が殺された。2年後、全斗煥政権と背後にいる米軍に抗議するとして、十数名の学生による釜山のアメリカ文化センター焼き討ち事件が起こった。政府により指名手配された一部の若者をかくまったとして、神父は逮捕拘束され数年間獄中にあった。神父は言う「私はキリスト者だ。誰であれ保護を求めるものは助ける。たとえ、金正恩であったとしても保護するだろう」。

　賞杯と賞金、メダルそして花束はヘリ基地反対協の安次富浩さんと浦島悦子さんに手渡された。賞金は2万ドル、日本円にして約220万円。賞杯には「暗闇が光に勝つことができないように正義と平和に向かう献身と努力は必ず勝利する

でしょう」と、ハングルと英語で記されている。最後に全員で記念撮影し、現場の熱気があふれた授賞式の幕を閉じた。

夕方は名護市内の居酒屋で、カヌーチームをはじめ現場メンバーが多数参加する中、和気あいあいとした交流懇談会が開かれた。

一行は翌日から、普天間基地

2018.1.22　池学淳正義平和賞授与式。賞杯・メダル・賞金を受けとる安次富さんと浦崎さん。

と嘉数高台、北部訓練場と高江住民の会のゲート前テント、韓国人慰霊の塔・平和の礎を訪問し、1月24日昼、沖縄を後にした。

私は平和賞の一行に通訳ガイドとして同行した。私が沖縄県地域限定通訳案内士の資格を得たのが2008年。韓国ドラマを見たことがきっかけで韓国に対する関心が大きくなり、韓国語の学習を行なうようになった。ドラマも毎日見た。韓国の友人・知人ができた。旅行の度にソウルの教保文庫に立ち寄りたくさん本を買い入れ読んだ。反基地闘争を通じた韓国との交流を進めるうえのみならず、アジアの歴史と文化を見る目を広く養う上で、韓国語は大いに役立った。

2018.2.10

2.4『沈黙は破られた』上映会に150人
アルゼンチン軍事政権の犠牲者にウチナーンチュもいた

2月4日、南風原文化センターで、1976〜83年のアルゼンチン軍事政権のウチナーンチュ犠牲者など遺族の証言で構成するドキュメンタリー映画『沈黙は破られた─16人のニッケイたち』（アルゼンチン、2015年公開。監督：パブロ・モジャーノ　原案：カリーナ・グラシアーノ）が上映された。会場ではアルゼンチンのマテ茶とチェロスという名のお菓子のセットが100円で販売され、多くの人が味わいながらはるか南米の人びとの暮らしに思いをはせた。

■アルゼンチン日系移民の大半を占めるウチナーンチュ

沖縄は日本で有数の移民県だ。現在世界のウチナーンチュは約40万人いるというが、その中の半分以上が住むのが南米である。明治政府による琉球併合によって生活基盤を奪われた人々は海外移民に活路を求めた。1930年代には日本の南洋進

出に伴い国策として県民の南洋移民が進められた。また、戦後の米軍政下の基地建設による土地強制収用で暮らせなくなった農民が波状的に南米に渡っていった。

　ウチナーンチュがアルゼンチンに最初に足を踏み入れたのが 1909 年というので、すでに 100 年以上の歴史を有することになる。気候、言葉、文化、生活などすべてが異なる地球の裏側の国でその土地に根付くために奮闘し続けてきた人々の努力を思わざるを得ない。アルゼンチンの日系人は約 5 万人、アルゼンチン全体の人口の約 0.1％にすぎないが、そのうち 7 割が沖縄系と言われる。沖縄を主とする日系人は、「大人しく、従順、勤勉、誠実」を規範とするモデル・マイノリティーという選択をしたのだった。

■明るみに出た軍事政権の拉致・拷問・殺害

　時代が変わると人々の意識も変わる。2 世の世代はアルゼンチン社会に溶け込み活動するようになっていった。1970 年代、チリ・アジェンデ政権に対するクーデターを皮切りに南米各国で親米軍事政権が成立し、アルゼンチンでも 1976 年、ビデラ陸軍総司令官が大統領になり、史上最も凄惨な独裁体制といわれる軍事政権が 1983 年まで続いたた。多くの人が拉致、拷問、殺害にあい、行方不明者が続出した。大半が 20 代の若者で、教師、ジャーナリスト、一般人、学生らが殺されたり、軍用機に乗せられて海に投下され殺害されたりしたことが後の民主化政権の下で明るみに出た。

　行方不明者の母親たちを中心に結成された人権団体「5 月広場の母たち」「5 月広場の祖母たち」によると、犠牲者は 3 万人以上。今だにどこで殺されたかさえ分からず遺骨もない不明者が多いという。また、逮捕された女性が生んだ乳児を軍が組織的に奪い養子にする略取が多発。妊婦は出産を待って殺され、子供は「左翼思想に染めないため」軍人家庭に引き取られたという。その数は 500 人以上にのぼるとのことだ。

■沈黙を破り真相究明に立ち上がった遺族たち

　映画は、16 人の日系人行方不明者の遺族の「クリーニング店で仕事中現われたトラックの人に連れていかれた」などのインタビューで進行する。ホルへさんの中村家、リカルドさんの大工廻家、フリオさんの具志堅家、ノルマイネスさん・ルイスさんの松山家、オラシオさんの具志堅家、フアンさんの安里家。姓で分かる通りほとんど沖縄の人たちだ。具志堅オラシオさんは 1978 年労働者だった 21 歳の時に失踪、2004 年に無縁墓地に埋葬されていた遺骨の DNA 鑑定で身元が判明した。後頭部に銃痕のような二つの穴があったという。オラシオさんの父親は 1930 年代に宜野座村から移民、苦労して 2 男 2 女を育てた。1978 年に

織物工場で働いていた時行方不明になった具志堅フリオさんは 2014 年、軍政下で収容所だったところの遺骨の DNA 鑑定で明らかに。

　長い間、県系社会でのタブー視が続いたが、時が経つにつれて人々は真相究明の声をあげ始めた。オラシオさんの兄ルイスさんは「最後の一人まで行方不明者を探してすべての責任者を裁いて欲しい」と訴えている。ビデラ元大統領は裁判で終身刑を受けその後死んだのをはじめ、拷問や殺害に関与した約 250 人の軍人などが裁判にかけられ有罪判決を受けたが、真相究明はまだ半ばだ。

2018.3.3

3.3 辺野古に 300 人、資材搬入 STOP　人が集まれば工事は阻止できる

　3 月 3 日第 1 土曜日の集中行動に県内外から 300 人以上が集まった。この日は旧暦の 1 月 16 日。沖縄各地で「ジュールクニチ―」「あの世の正月」の行事が行なわれる。しかも、朝から大雨洪水警報が発令される大雨の中、ゲート前テントは人波であふれた。各地の島ぐるみがあいさつに立ち、屈せず闘い抜く決意を明らかにした。「あきらめない」とのゼッケンとそろいのオレンジ色の帽子姿で参加した山形県の 22 人は地元で集めたカンパ 100 万円を持参した。

2018.3.17

3 人に不当な有罪判決　3.14 城岳公園に 300 人

　東京から駆けつけた精神科医の香山リカさん、右翼の個人攻撃から身を守るため移住したドイツから参加した辛淑玉（シン・スゴ）さんも力強い激励のスピーチを行なった。

　判決は、山城さん（求刑 2 年 6 か月、判決 2 年・執行猶予 3 年）、稲葉さん（求刑 1 年、判決 8 ヶ月・執行猶予 2 年）、添田さん（求刑 2 年、判決 1 年 6 か月・執行猶予 5 年）であった。柴田寿宏裁判長が読み上げた判決文の要旨は、①威力業務妨害、共謀、暴行容疑について検察の言い分を認めた、②添田さんの 2016.11.29 の公務執行妨害、傷害については無罪、③特にリーダー的存在の山城さんが犯行をあおったという面があり非難を免れない、とし、政権による運動弾圧の擁護に終始した。山城さんと稲葉さんはすぐに控訴した。

■夕方から地裁判決報告集会

　午後 6 時からは場所を那覇市自治会館大ホールに移して、地裁判決報告集会が

開かれた。県内外で取り組まれた無罪を求める署名総計 316,279 筆（未提出のものも合わせると 33 万以上）を地裁に提出し、その中には、アメリカの 1908 筆を含め世界 50 か国から 2414 筆の署名も含まれていることが報告された。

　主催者代表の高良鉄美琉大教授は「法は人権を守るためのもの。裁判官は明治時代の裁き方を止めて欲しい」と述べた。弁護団事務局長の三宅俊司弁護士は「外形的事実だけで犯罪者にしていく有罪判決」と糾弾した。香山リカさんは花束をプレゼントした。

　山城さんは「ひどい裁判、ひどい判決。籠池夫妻の勾留に見られるように、政権にとって邪魔者は法を無視して弾圧する今の政治のやり方。勇気をもって闘おう」と述べた。稲葉さんは「この事件は沖縄の歴史に残る。無罪を勝ちとる」と述べた。添田さんは「実刑を覚悟していたので判決は意外だった。今考え中だが、控訴しない可能性がある。支えてくれたみなさん、ありがとう」と語った。

2018.4.14

沖縄県が地位協定調査中間報告書を発表
「米軍ファースト」の沖縄・日本の姿が赤裸々に

　那覇空港を利用したことがある人は、北向きに離陸するときしばらくの間エンジン出力を上げず低高度で飛行する体験をしたことがあるだろう。すると右側に米海兵隊の普天間飛行場と米空軍の嘉手納飛行場が目に入る。陸上の感覚では那覇から普天間、嘉手納までかなり離れているようでも航空機ではあっという間だ。通常航空機は離陸するとエンジンパワーを最大にして上昇し続け、安定的に飛行することのできる高度にできるだけ早く到達するように飛行する。

　那覇空港ではそれができない。1000 フィート（300 m）までしか高度を上げられない。民間航空路の上空に米軍のための空域が存在するからだ。琉球新報は「駐留の実像」シリーズの第 2 部「主権及ばね空」で、米軍による沖縄の空の支配がいかに民間航空機の運航に困難と危険をもたらしているかを詳しく書いた。それによると、嘉手納ラプコンの返還後も「アライバル・セクター」と呼ばれる空域があり、那覇空港を離発着する民間航空機は米軍の許可なくこの空域に入れない。嘉手納ラプコンは 2010 年返還され、民間機の管制権が日本側に移ったが、米軍優先の構造は温存された。那覇空港の管制塔でアライバル・セクターを管理するのは国交省の職員ではなく、米軍属である。

　日米合同委員会は 1975 年の「航空交通管制に関する合意」で米軍に優先的取り扱いを与えると決定した。復帰後 45 年以上経ても変わることのない日本の米

軍従属のひとつの典型だ。

■今年2月知事公室の職員3人が独伊で調査

沖縄県は今年2月知事公室の職員3人をドイツ、イタリアに派遣し、米軍の地位協定運用の実態を調べ、その結果を先月「他国地位協定調査中間報告書」として発表した。

日米地位協定は1960年に締結されて以来これまで一度も改定されていない。1972年5.15の復帰から昨年12月末まで、米軍人等の刑法犯が5967件、航空機関連事故が738件発生したほか、深刻な騒音、環境汚染が起こっている。沖縄県は今回の調査の目的を「日米地位協定の問題点を更に明確化し、同協定の見直しに対する理解を広げることを目的として、他国の地位協定や米軍基地の運用状況について調査を行なう」としている。

いくつか抜き書きすると、「米軍機にもドイツの国内法が適用される。米軍も国内法の騒音基準を守らなければならない」「市長や市職員には米軍基地立入の年間パスが支給されており、いつでも立ち入りが可能」（米空軍のラムシュタイン基地がある地元の市長）、「ドイツには横田ラプコンのような米軍のための空域は存在しない」（ドイツ航空管制安全・保安・軍事部門管理者）、「米軍の活動にはイタリアの国会でつくった法律をすべて適用させる」（戦術空軍司令官）、「イタリアの米軍基地にはイタリア軍の司令官がいて、米軍はすべての活動についてイタリア軍司令官の許可が必要。ここはイタリアだ」（元首相）といった具合だ。米軍に追随する異常な日本の現状が赤裸々になる。

4.7 辺野古緊急学習会に200人
法律、地質学4人の専門家が辺野古新基地建設の誤りを指摘

4月7日午後、那覇市内で、辺野古訴訟支援研究会主催による「3・13判決は何を審判したのか。活断層の上に基地！？」と題する緊急学習会が開かれた。司会は龍谷大の本多滝夫教授。工事差し止め裁判と地裁判決の問題点について、県の訴訟担当弁護士の松永和宏さんと仲西孝浩さんが、大浦湾の活断層について琉大名誉教授の加藤祐三さんが、埋立承認の撤回に関して琉大教授の徳田博人さんがそれぞれ専門家の立場から新基地建設の問題を語った。

二人の弁護士は、県の工事差し止め請求に対する那覇地裁の判決を「辺野古の工事を進めるために国が法をねじ曲げたもの」と批判した。「辺野古の活断層疑惑」と題して講演した加藤教授は次のように説明した。

■加藤名誉教授「辺野古の活断層疑惑」

2018.4.7　辺野古訴訟支援研究会主催の緊急学習会「3・13判決は何を審判したのか　活断層の上に基地！？」

断層とは地層が切れてずれること。この時地震が起きる。つまり、地震が起きることと断層が生じることは同じこと。1891年の濃尾地震は上下6ｍ、水平2ｍの断層が生じ死者は7千人。断層の種類には正断層、逆断層、左ずれ、右ずれがある。活断層とは比較的最近活動したことがあり、今後も活動する可能性があるもので、数十万年前から現在まで。辺野古・大浦湾には辺野古断層と楚久断層の二つが海上で合流している。合流地点の地質断面図は2000年に当時の那覇防衛施設局が発表したが、数十ｍの落ち込みは地震が何度も起きたことを示すもの。

辺野古断層と楚久断層は海底の谷地形でつながっている。辺野古断層の延長は埋め立て予定地の真下を通り、辺野古断層と楚久断層の間に弾薬庫がある。

2017年11月15日、糸数慶子参院議員が辺野古海域での活断層の有無と安全性を質問主意書で尋ねた時、政府は、「既存の文献によれば活断層の存在を示す記載はないことから活断層が存在しているとは認識していない」と答弁した。既存の文献とは何か。東大出版会『活断層詳細デジタルマップ』と国立研究開発法人産業技術総合研究所ホームページ『活断層データベース』だと政府防衛省は明らかにした。『デジタルマップ』は野外で活断層が確認されても航空写真でその地形がよく分からないものは記載しないし、『データベース』は長さ10ｋｍ未満の活断層は収録していない。辺野古断層の陸上部分の長さは8.5ｋｍ、楚久断層の陸上の長さは7.1ｋｍだが、海底部分も含めると、それぞれ、10.5ｋｍ、12.1ｋｍになる。合流点の地質断面図は活断層を示している。今年3月開示された沖縄防衛局の2016年地質調査報告書は「活断層と断定されていないがその疑いがある」と明記している。

従って、「海底地盤の安全性に問題がない」というのは誤りである。活断層の上に基地をつくることになる。活断層は音波探査で調査できる。防衛局は2015年11月音探を実施した。しかし開示された音探図面は画像処理されていて、分からない。厚さ40ｍもの軟弱地盤問題もある。軟弱地盤は目の前の大問題、活断層は中長期的大問題。画像処理前の音探図面と合流地点の音探図面の開示を求める。

4.23〜28 一週間連続ゲート前行動　4.23、700人の結集で終日ゲート前を占拠

　一週間連続行動の初日、平日にもかかわらず、午前8時半ですでに400人をこえ、その後も参加者は増え続け、最大700人に至った。文字通り人の海だ。

　マスコミの注目も集まった。朝から新聞社、テレビ局の取材陣が張り付いている。月曜日の進行担当は統一連事務局長の瀬長和夫さん。6日間500人集中行動実行委員会・共同代表の奥間政則さんと儀保昇さんが前に立ち、「海も陸も工事を止めよう」と檄を飛ばした。県議・市町村議に加え、参議院議員の糸数慶子さんと伊波洋一さん、衆院の赤嶺政賢議員も座り込みに参加した。救護班、弁護士、送迎車も万全だ。

　朝から装甲車両数台を基地内に待機させていた警察機動隊は、ゲート前の人海を軽く見たのか、いつものように午前9時前に座り込みの現場に現われたのち、ゴボー抜きを始めた。座り込む人々の抵抗はいつにもまして粘り強い。警官がたじたじとなり手を焼いている。ゲート前は人波であふれかえり、排除されたらまたゲート前の別の所で座り込みの輪が広がった。

　警察機動隊の乱暴な排除でけがをしたり体調を崩したりして救急車が2度も到着した。常識的に考えて、ゲート前の500人をこえる座り込みを県警が排除するのはそもそも無理だった。県警は時宜を失せず排除をあきらめて撤収の決断を下すべきだった。ところが、防衛局が資材を積んだ工事車両を一度はゲート前に待機させた後無為に帰したくなかったのか、県警は座り込み排除にこだわり続けた。その結果、国道329号線は朝から大渋滞。3時間経っても4時間経っても座り込みが続き、ゲートが開かない。工事車両は動かない。ゲート前連続行動の初日は成功した。座り込み参加者の意気はいやがうえにも高い。あちこちで「やったね」「大成功だ」と笑顔で言葉をかけ合う姿が見られた。

　午後1時、業を煮やした防衛局と県警はあろうことか、警官による細い通路を確保して人があふれるゲート前に無理やり工事車両を通そうとした。案の定ゲート前は座り込みの人波とガードマン、警官入り乱れての押し合い、大混乱の中，工事車両は立ち往生した。この中で押されて倒れ肋骨や鎖骨を折るなどケガ人が続出した。最終的に3時前後までに朝から行列をつくっていた工事車両の搬入が行われた。

■4.21 サンゴ移植シンポジウム　大久保准教授「防衛局は論文を曲解」

　名護市内で開かれたシンポジウム「サンゴ移植は環境保全措置となりうるか」（ヘリ基地反対協議会主催）で、大久保奈弥准教授は、沖縄防衛局が大久保准教授の実験データをもとに作成された県のマニュアルをもとに4月末までのサン

2018.4.23　ゲート前連続一週間 500 人行動。防衛局は無理やりダンプの進入をはかったが、人波に阻まれ立ち往生。

ゴ移植をめざしていることについて「防衛局は論文を曲解している。怒り心頭だ。この時期はサンゴの産卵前の臨月でストレスを与えるべきではないとはっきり言っている」と述べた。

復帰 46 年、5.15 平和行進　500 人が辺野古ゲート前から行進

　中北部の平和行進は辺野古ゲート前から、国道 329 号線を宜野座・金武に向かって行進した。

　韓国平和行進団 14 人も韓国語のコールや歌でアピールした。水原自由学校の小学生は手作りの「ぬちどたから」とパッチワークで縫い付けた横断幕を掲げて行進し、参加者から盛んな拍手を浴びた。

　5 月 12 日、ゲート前テントで、ピョンテクのヒョン・ピルギョンさん（米軍基地撤収研究所所長）は「ピョンテク市では日本の植民地時代に造られた基地が戦後米軍に引き継がれ、現在 800 万坪をこえる巨大基地になっている。25 の市民団体が集まり、基地監視活動を続けている。沖縄とピョンテク、日本と朝鮮半島の平和は結びついている」とあいさつした。そのあと韓国参加団一行はグラスボートで大浦湾の海を見学した。

　また、韓国民弁（民主社会のための弁護士会）と大阪労働者弁護団の一行約

40人も20回目の交流会を沖縄で持ち、辺野古ゲート前テントを訪れた。13日は全員そろいのTシャツを着て普天間基地包囲の平和行進に参加し、午後の県民大会に参加した。

■5・13県民大会に3500人

平和行進を締めくくる県民大会は、5月13日、宜野湾海浜公園屋外劇場で開かれ、3500人が参加した。司会は県議の仲村未央さん。オープニングは、川口真由美さんと泰真実さんの「We shall overcome」。

主催者を代表して山城博治さんは「与那国、八重山、宮古の自衛隊基地建設で南西諸島が戦争の防波堤とされ戦場となることを止めよう」と決意を述べた。

海外ゲストのコ・グォニルさん（チェジュ島海軍基地反対対策委員長）が通訳の有銘祐理さんと共に演壇に立つと、韓国参加団がそろって演壇下に立ち横幕を広げた。コ・グォニルさんは「ろうそく革命で独裁から民主政治を勝ちとったが、依然として米軍中心の世相が強く残っている。恒久的な平和体制をつくるため共に闘おう」と述べて、「米軍はアメリカへ帰れ」とシュプレヒコールした。

そのあと舞台にのぼった韓国の水原（スウォン）七宝山（チルボサン）自由学校の小学生14人は、セウォル号真相究明を求める運動の中で歌われた歌を元気よく踊った。歌詞は簡単。「闇は光に勝てない。嘘は真実に勝てない。真実は沈まない。我々は諦めない」を繰り返す。安倍政権のウソと欺瞞、隠蔽に塗り固められた政治に対し、日本でこそが声を大にして歌わなければならない歌だ。

2018.6.3

5.31「辺野古の海の貝の話」　黒住さんが辺野古の海の貴重さを訴え

新基地建設問題を考える辺野古有志の会とティダの会が主催する講演会「辺野古・大浦湾の貝類の貴重性について〜サンゴウラウズを象徴として〜」が久志公民館で開かれ、60人が黒住耐二さん（日本貝学会）の話に聞き入った。

3センチくらいのサザエの仲間であるサンゴウラウズは一属一種、世界で辺野古・大浦湾にしか生息しない。地元の貝類研究家の仲嶺俊子さんが1981年に発見したが、これまで8個体しか採取されていない希少種であるという。黒住さんは「サンゴウラウズは辺野古・大浦湾の貴重性を象徴する貝」だと指摘し、「サンゴウラウズが生息できる環境が永続的に存在すること」が大事だと述べた。

辺野古・大浦湾には貝類が1000種生息している。比較的小さな海域の中に驚くほど多種多様な生物が生息する生物多様性を示すものだ。

2018.6.10

6.6 辺野古ゲート前座り込み

　テント前の集会では、カナダ在住の元外交官という男性は「私のルーツはユダヤ人だが、イスラエルのパレスチナ弾圧に反対だ。ガザ地区ではイスラエルの発砲により116人が殺された。地元の人々が無視されるのは沖縄と同じ現象だ」と述べた。

　名護市議の大城敬人さんは「沖縄戦での疎開船などの撃沈は対馬丸だけではない。少年航空兵に志願した小父は1943年12月湖南丸で鹿児島に行く途中米潜水艦により撃沈され死亡した。しかし補償は一切なし」と報告した。

　座り込み参加者は昼前、2回目の資材搬入に備えてゲート前に移動した。この日救護班に詰めたのは鹿児島からの二人。はじめて見る辺野古の現場に驚きながら、すり傷や打撲、出血で数人の治療をした。

2018.6.24

6.22 辺野古ゲート前慰霊祭　大浦崎収容所の戦死者を追悼

　73年前の沖縄戦で、米軍は30万以上の住民をすべて中北部各地の収容所に強制的に隔離した。キャンプ・シュワブのある辺野古崎には、1945年6月下旬から今帰仁、本部、伊江の住民2万人以上が閉じ込められた大浦崎収容所があった。どこの収容所でも飢餓とマラリアで毎日4〜5人の死者が出たという。大浦崎収容所では300人以上が死亡したといわれているが、辺野古崎にキャンプを張っていた米軍は戦後、基地を拡張固定化した。遺骨は基地の中の埋葬地に埋められたままだ。

　慰霊の日を前にして6月22日午前、ゲート前のテントで大浦崎収容所の戦死者を追悼する慰霊祭が開かれた。100人をこえる人々が集まり、日本山妙法寺の黒柳さんの読経に合わせて合掌・焼香した。

2018.7.1

6.25 第4回海上座り込み　カヌー、抗議船約80隻が一斉に海上行動

　6月25日月曜日、4.25に続く4回目の海上座り込みが行われ、抗議船10隻、カヌー68艇が埋め立てやめろ！海を守れ！と声をあげた。一斉に浜を出たカヌーの群れは海を埋め尽くさんばかりに見える。

カヌー隊は K4 護岸に集合しプラカード、シュプレヒコールで抗議したあと、砕石投下の現場に行き、一斉にフロートを越え工事阻止行動を行なった。海保の高速ゴムボートはいつにもまして多い。普段は 12 隻程度なのに、数えると 17 隻もいる。カヌーはかなり善戦したが、しばらくして海保に拘束され、松田ぬ浜に戻された。しかし、また現場に戻る。

　2 度目の拘束のころには西の空が徐々に暗くなり、雷が聞こえ、時々稲妻が走った。浜に着く頃には大粒の雨が降り雷も激しくなったため、午後の辺野古の浜での連帯集会は中止となった。連帯集会でカヌーチームを代表してスピーチする予定だった山崎さんは伝えたいことが様々あったのに残念、と述べた。

■＜予定していた山崎タヲル（通名）さんのスピーチ要約＞

　辺野古の海は毎日少しずつ殺されています。4 年前の夏、最初は海底に穴を開けるボーリング調査という［小さな点］の破壊が始まりました。それが重さ数十トンのコンクリートブロックという［大きな点］の破壊に変わり、護岸工事では［点］から［線］の破壊になり、現在は護岸で埋立区域を囲うという［面］の破壊が始まりつつあります。やがて基地が作られてしまえば、滑走路から軍用機が飛びたち、このあたり一帯の［空間］が破壊され、それは戦を呼び込み、私たちが暮らす一つの［時代］をも破壊することになるでしょう。

　護岸の内側には色とりどりの小さな魚、ヤドカリやカニたち、名前も知らないたくさんの貝類、モズク、アマモといった植物など多様な命が生きています。護岸の囲いが閉じられてしまえば、もう海ではなくなります。水温や水質は激変し、内側にいた生き物の大半は死滅してしまうでしょう。

　沖縄に過酷な米軍基地負担を強いているのは、この国全体の政治的な状況だということを、僕は強く感じています。本土に生まれ育った僕は、この国の政治のあり方を当事者の一人として変えていかなければならない、そのことが沖縄の基地問題を解決することになると思います。

　ちっぽけな一人の人間に何ができるんだと笑われるかもしれません。しかし、いまこの瞬間から僕たちが日々の行動と意識を変えたなら、世界の一部は確実に変わったことになります。未来は僕たちの手の中にあります。夢をあきらめずに、この愚かな基地建設をやめさせるため、それぞれの場所で、それぞれのやり方で、日々の行動を続けていきましょう。

Ⅰ−5.

埋立承認撤回と玉城デニー知事の当選

2018.7.29

翁長知事が埋立承認撤回を表明（7月27日）

　沖縄県の翁長知事は7月27日午前、県議会で記者会見し、「埋立承認」を撤回することを明らかにした。翁長知事は幾分痩せ、風邪のため声も少し嗄れていたが、以前と変わらぬ強い眼光を放ちながら辺野古新基地をストップさせると述べた。会見場に設置されたマイクの数は15本。メディアの関心の高さを示した。

　翁長知事は会見の冒頭、県民投票条例を求める署名が7万7千にのぼったことの重み、朝鮮半島の緊張緩和へ向けた動きが進んでいることの2点を挙げ、「20年以上も前に決定された辺野古新基地を見直すこともなく強引に推し進めようとする政府の姿勢は到底容認できるものではない」と述べた。

　そして知事は、埋立承認の撤回に向けて事業者である沖縄防衛局への聴聞の手続きに入るよう関係部局長に指示をしたとの報道資料を読み上げた。承認撤回の理由は①「環境保全及災害防止に付十分配慮」という基幹的な要件が充足されていない、②軟弱地盤による護岸倒壊の危険性、活断層の存在、航空機の安全な航行のための周辺建物の高さ制限違反、辺野古新基地の滑走路が短すぎるため普天間が返還されないこともあるとの稲田前防衛相発言など、承認後に明らかになった事実は「国土利用上適正且合理的」との要件も充足されていない、③埋立承認の効力を存続させることは公益に適合しない、ということだ。さらに、記者との質疑の中で翁長知事は、基地の島から脱してアジアの架け橋となる沖縄を展望している、と述べた。

　ラジオで翁長知事の記者会見の様子に聞き入っていた辺野古ゲート前や本部塩川港の現場では、歓呼の声がいっせいに上がった。

2018.8.18

8・11県民大会に風雨をついて7万人
翁長知事の遺志を継ぎ、県知事選挙に勝利しよう！

2018.8.11　県民大会。冒頭、参加者は全員立ち上がって静かに頭を垂れ、故翁長雄志知事に黙祷を捧げた。

　8月11日土曜日、辺野古の海の色をあらわすイメージカラーのブルーの服や帽子を身に着け、翁長知事を追悼する黒のリボンや腕章をした人々が早朝から、奥武山陸上競技場に詰めかけた。読谷村の10台を筆頭にほとんどの市町村の島ぐるみは大型バスを複数台チャーターした。会場への人波が四方から途切れることなく押し寄せた。

■元山仁士郎さん「署名簿を手渡したかった」

　開会に先立ち、辺野古県民投票の会の元山仁士郎さんが、「短期間で10万人以上がサインした請求署名は辺野古NO! の民意の大きさを示すものだ。署名簿を翁長知事に手渡したかった」と述べ、知事を追悼した。

　はじめに、6月23日の慰霊の日の平和宣言が知事の肉声で流れた。「未来を担う子や孫が心を穏やかに笑顔で暮らせる'平和で誇りある豊かな沖縄'を築くため、全力で取り組んでいく決意をここに宣言します」。生前の知事の姿を彷彿とさせる声に、参加者はあちこちで目頭を押さえながらしばし聞き入った。

　11時からの県民大会はオール沖縄会議共同代表の一人、親川盛一さんの開会宣言でスタートした。はじめに、全員立ち上がって黙祷を捧げた。そのあと演壇に登った翁長知事の次男の雄治さん（那覇市議）が病魔と闘う知事の姿と共に

2018.8.11 奥武山陸上競技場の県民大会。風雨を
ついて7万人が結集

メッセージを紹介した。「父は最後の最後までどうやったら辺野古新基地を止められるのか、病床でも資料を読みあさり頑張っていました。沖縄は試練の連続だが、いつもウチナーンチュは誇りを捨てることなく闘い抜いてきた、沖縄が一つになると、大きな力になる、と語っていました。父、翁長雄志に辺野古を止めることができたと報告できるよう、みなさん頑張りましょう」。会場は大きな拍手と指笛に包まれた。翁長知事が座る予定だった壇上の椅子の上には、大会に出席するときにかぶろうと準備したブルーの帽子が置かれていた。

そのあと、高良鉄美琉大教授、城間幹子那覇市長のあいさつ、国会議員・県議・市町村長の紹介、現地闘争部の山城博治さんの報告が続いた。連帯あいさつは、基地反対派の保守政策集団「にぬふぁぶし」、「チーム緑ヶ丘1207」、経済界から金秀興産社長山城敦子さんが発言した。

沖縄防衛局が設置した環境監視等委員会の元副委員長で、のちに辞任した東清二琉大名誉教授はメッセージを寄せて、「海ガメ、海草藻場、ジュゴンについて調査を依頼しても防衛局は何も調べない。委員会で藻場の話をしても議事録にはのらない。県外の委員たちは沖縄のことが分からない。埋立承認の撤回を支持する」と述べた。

県知事の職務代理として演壇に立った謝花副知事は、

「翁長知事は、志半ばに倒れ本当に無念だっただろうと思います。8月4日に面談した際、県民からの付託に応え、撤回すると話されていました。翁長知事がまさに命を削って辺野古新基地反対を貫いた姿勢は末永く後世まで語り継がれるでしょう。翁長知事の思いを受け止め、毅然として判断していきます。これからも県民一丸となって、ともに頑張っていきましょう」と述べた。

■決議文「美ら海に新たな基地を造らせない」

そのあと玉城愛さんが「豊かな生物多様性を誇る辺野古・大浦湾の美ら海に新たな基地を造らせない」との決議文を読み上げて提案し、満場の拍手で確認された。

最後に、高里鈴代さんのリードで、つないだ手を高く上げるガンバロー三唱を行なった。

8・11県民大会に呼応し全国各地で連帯の集会デモが取り組まれた。東池袋中央公園での「8・11首都圏大行動」に2800人が参加したのをはじめ、札幌、仙台、

静岡、名古屋、大阪、京都、福岡で、翁長知事を追悼し日本政府の工事強行に反対する集会デモが行われた。

また、琉球新報の座波幸代ワシントン特派員によると、AP 通信をはじめ、ワシントンポスト、ABC ニュース、米軍準機関紙「星条旗」、ドイツの国際放送、中東の衛星テレビなど、多くの海外メディアも翁長知事の死去と県民大会を報道した。

2018.8.17　カヌー48艇と抗議船4隻が海上行動。ゲート前の座り込み参加者と合流し、辺野古の浜で連帯集会

8月17日の土砂投入を止めた！

翁長知事の遺志を継ぎ、県知事選挙に勝利しよう！

8月17日は政府防衛局が護岸で囲った辺野古の海の一角に土砂を投入すると6月以来公言してきた日だ。8・16 ～ 18 連続行動の二日目、辺野古ゲート前には早朝から土砂投入を止めるとの決意を固めて全県、全国から多くの人びとが集まった。参加者は 400 人に膨れ上がった。海上では、カヌー48艇と抗議船4隻が高めの波をついて土砂投入阻止の行動を行なった。

翁長雄志知事は 8月8日夕帰らぬ人となったが、文字通り命がけで沖縄を守ろうとした姿に対する県民の同情・共感・感動はさざなみのように広がった。

■通夜に 1500 人、告別式に 4500 人

8月10日大典寺で行われた通夜には 1500 人の人びとが参列した。13日の告別式には 4500 人が参列した。県内外に置かれた追悼記帳所では 9412 人が記帳した。4年前県民の新基地 NO! の熱い思いをバックに、埋め立てを承認した裏切者の前知事・仲井真に大差で当選して以来、県知事として県内外、アメリカ、国連に沖縄の声をあげ続け、県の行政権限を行使し中央政府との闘いをひるまずやり抜いた翁長知事の姿は誰もが知るところだ。同時に沖縄独自の歴史と文化に基礎を置くウチナーグチの奨励や空手振興、アジアの中での経済発展に力を入れた。翁長知事は沖縄の自治と自立、自尊心を体現した。知事就任から 4年近く、これほど県民に愛された知事はいない。

このような県内の政治的雰囲気の中で、日本政府は 8月17日の土砂投入を先送りせざるを得なかった。当初あげられた理由は「喪に服す期間」だという。とんでもない連中だ。沖縄の民意を踏みにじる安倍官邸のせいで翁長知事は自らの

2018.8.18　辺野古ゲート前テント。翁長雄志知事を偲んで寄せ書きを書く。

命を削ることを余儀なくされたのだ。安倍官邸も都合が悪いと考えたのか、土砂投入延期の理由はその後「気象条件」に変わった。

　県知事選挙は9月13日告示、9月30日投開票で実施される。安倍官邸・自民党は佐喜真宜野湾市長を立てる。佐喜真は出馬表明で「翁長県政の4年間は国との関係で争いが絶えずひずみや分断が生まれた。和と協調が求められる」と述べた。しかし考えてみるべきだ。争いが絶えなかったのは翁長知事が望んだからではない。沖縄の民意を無視し無理やり国策を押し付け続けた日本政府のせいなのだ。国が沖縄の自治と民主主義を尊重していれば、争いが生まれることはなかった。

　辺野古土砂投入をめぐる攻防と県知事選挙は沖縄の未来を左右する重大な闘いだ。安倍官邸は県に承認撤回をさせないよう一日2000万円にのぼる遅延賠償金を持ち出して圧力をかけるなど、あらゆる手段で沖縄を押しつぶそうと躍起になっている。負けてはならない。沖縄の未来は沖縄が拓く。県民一人ひとりが声をあげ行動しよう！　土砂投入を止めるとともに、辺野古NO! を貫く新しい知事を県民の総意で生み出そう。沖縄が結束して立ちあがってこそ、全国、全世界の連帯の輪が大きく広がる。

<hr>

2018.8.25

カリフォルニア大学生、辺野古で語る
〝もし日本が米国に基地を造るとなったら激怒する″

　米カリフォルニア大サンタクルーズ校の学生たち17人が、米軍統治時代の沖縄の歴史を調べることを目的に8月2日から30日まで沖縄各地を訪問し調査やインタビューを続けている。16日には辺野古に足を運び、ゲート前と浜を訪れた。

　アラン・クリスティ准教授は「学生たちには、沖縄の歴史を知ると共に米国民として米軍基地のことも考えて欲しい」と語った。学生たちは「運動が10年以上継続しているのには衝撃を受けた」と述べた。

　その中で、祖母が沖縄出身のレックス・マクラレンさんは「沖縄にはたくさんの基地があるのになぜここに新しい基地を造らないといけないのか。米国人は自

国に他国の基地があるという感覚が分からない。もし日本が米国に基地を造るとなったら激怒すると思う」と話した。この言葉が端的に「在日米軍」の本質を示す。外国軍が基地を造り特権をもって駐留し、その費用を自国政府が支出するという異常な事態をいつまで続けるのか。

8·13 沖縄戦孤児シンポジウム　〝戦争は二度とあってはいけない″

　8月13日午後、戦争孤児たちの戦後史研究会主催、沖縄大学地域研究所共催による沖縄戦戦争孤児シンポジウムが開かれ、約100人が参加した。

　司会は沖大地域研究所副所長の島袋隆志准教授。主催者を代表して浅井春夫立教大学名誉教授があいさつしたあと、石原昌家沖国大名誉教授が「戦争孤児になる瞬間と孤児のいま」と題して講演した。石原さんは、戦争孤児がどのようにして生まれ、どのような生活を余儀なくされたのかについて、史料に基づいて次のように語った。

　ハワイ生まれの沖縄2世で1939年に帰国して当時の浦添村役場の戸籍係に勤務した知念明さんは、米軍の南下に伴いガマにいる住民に投降勧告をする仕事に従事した。その際の詳しい様子が『浦添市史』に書かれている。瀕死の重傷を負っている親子が引き離されたり、幼い子供の場合、名前や住所を聞いても分からないこと等から、戦争孤児が生まれた。

　さらに、孤児たちがどのように生き抜いたのかについて、北谷町の『上勢頭誌』に掲載された9歳で孤児となった沢岻安英さんのサイパンでのキャンプ生活を紹介した。誰も助けてくれる人はなく残飯を拾って食べて飢えをしのいだ、墓の地面の上で寝た，大人に対しては何も信じられなくなっていた、栄養失調になり病気になった、死にかかっている時に高宮城トヨさんが発見してくれ九死に一生を得た、サイパンから沖縄に来てからの生活は、どこに行ってもいじめに会い言語に絶するみじめな思いを味わされた、等というものである。

■「つるちゃん」の戦争体験

　沖縄戦の孤児は当時の琉球政府の統計で約3000人という数字があるが、実際にはもっと多いのではないかという（謝花直美『戦場の童―沖縄戦の孤児たち』）。ここで謝花さんが紹介しているのが、南部の戦場で家族親戚9人を失い孤児となった金城つる子さんだ。つる子さんの娘さん・明美さんは戦争体験をまとめた絵本『つるちゃん』を作り、読み聞かせ活動を続けてきた。絵本の中では小さな子どもだったつるちゃんは子供たちにとってはおばあちゃんの年令になっていて、二人のつるちゃんを通して沖縄戦を実感するのだという。

　宜野座村の米軍野戦病院で重傷の姉も失い一人ぼっちになったつる子さんの面

沖縄戦 戦争孤児シンポジウム
―親を亡くし、兄妹を亡くし、すべてを亡くし、それでも生きた戦争孤児の人たち―

2018.8.13　沖縄戦戦争孤児シンポジウム。主催＝戦争孤児たちの戦後史研究会。石原昌家さんの講演。

倒を見たのは病院で看護婦として働いていた朝鮮の女性たちだったという。ある日、一人の朝鮮の女性がつる子さんを連れて当時の越来村嘉間良にあった孤児院を訪ねた。年上の子どもたちがつる子さんの姿を見て「朝鮮ピー」とはやし立てたという。看護婦をしていた女性は朝鮮半島から強制連行され「従軍慰安婦」をさせられていたとみられる、と謝花さんは書いている。

　シンポジウムには、沖縄戦で両親と兄妹3人を失い一人ぼっちで戦後を生き、1フィート運動の会で語り部として活動した石原絹子さんも参加し自らの体験を語った。石原さんの戦争体験は、パンフレット『二度と戦争のない世を』や『沖縄戦を語り継ぐ―地獄から魂の叫び―』に詳しい。

■石原絹子さんの魂の叫び

　石原絹子さんは当時小学1年生。父母に小学3年生の兄、3歳の妹、1歳の妹の6人家族だった。父は防衛隊に召集された。母と兄妹5人で隠れていた防空壕に日本軍がやってきて母に銃を突き付けて「子供たちを殺すか、さもなくば壕から出ていけ」と怒鳴った。消火活動でやけどを負って一人では歩けない母を兄が肩車し、1歳の妹をおぶり3歳の妹の手を引いて雨の夜中に壕から追い出された。わずかに残っていたコメも取り上げられた。

　艦砲射撃、火炎放射器、空爆が荒れ狂う地獄の戦場で、母と兄は岩の下敷きになってはらわたが飛び散り死んだ。無残に変わり果てた二人の姿は脳裏に焼き付いて今も走馬燈のように思い出される。道路や畑や野原に転がり重なり、ハエや蛆虫についばまれている死体、ふくれ上がって水たまりにふやけている死体、身の毛がよだつようなこの世の地獄を見た。恐怖で震えるばかりだったが、気が付くと、背中の妹はいつの間にか冷たくなって目や鼻口耳から蛆虫が湧き出していた。恐ろしくて全身逆毛だった。胸に傷を受けていた3歳の妹は水を求めながら目にいっぱいの涙を浮かべて静かに息を引き取った。顔じゅうの蛆虫を払い続けたが、体中から湧き出てくる蛆虫に絶叫して気を失なった。

　恐怖・絶望・悲しみ。この世の地獄の中で精魂尽き果て泣く力も起き上がる力もなくなって気を失った。気が付くと、'鬼畜米英'の衛生兵の腕の中に助けられて

いた。放心状態の目に留まったのは米兵の胸に揺れる十字架だった。十字架が不思議にも灰のような心に光を与え、その後の人生を支え生きる力、生きる希望を与えてくれた。家族の写真は一枚もない。一度でいいから夢に出てきて欲しいと思う。

二人の妹の名前は'つぎこ'と'ふじこ'。平和の礎に刻銘されているが、ひらがな。戸籍が焼け、戦後つくられた戸籍には二人の名前がなかった。どういう漢字かも分からない。

■基地と戦争のない島を

7歳の少女が経験した戦争の極限の残酷と悲惨は具体的なかたちが違っても多くの県民に共通する戦争体験である。戦争を生き残ったのは'艦砲の喰えぬくさー'。'命どぅ宝'は県民の共通の価値観だ。沖縄県民は基地と戦争のない島を手にするまで決して闘いをやめない。

2018.9.30

沖縄県知事選挙に玉城デニーさん当選！　県知事選挙の歴史上最高の得票

我われは勝利した。翁長知事の遺志を引き継ぐ玉城デニーさんが安倍官邸と自民・公明・維新・希望の4党の大々的な動員と圧力をはね返し、8万を上回る票差で勝利した。投票率が前回に比べて少し下がった中、玉城さんの得票は沖縄県知事選挙の歴史上最高得票を記録した。

玉城デニー　　396.632
佐喜真　淳　　316,458

■安倍官邸と自公維の敗北ショック

2014年の知事選挙は、自民の仲井真弘多と維新の下地幹郎がともに立候補し、沖縄の公明党も自主投票の立場をとった。仲井真と下地の票を合計すれば330,523。これに公明の票を合わせれば翁長知事の得票を上回ることが可能だと彼らは腹積もりした。こうして自公維の組み合わせができ、小池の希望まで合わさった沖縄つぶしが安倍官邸と共に猛烈な勢いで選挙運動を進めた。自公の選挙のプロたちが大挙常駐体制をとった。菅は3度沖縄に来て企業・団体・市町村長・議員の締め付けに力を注いだ。二階が来た回数は3度にとどまらない。タレント議員・進次郎も3度やってき票集めに奔走した。小池も来た。

台風24号が投開票日前の週末沖縄を直撃した。金曜の夕方から土曜日は全県がほぼ暴風圏だった。日曜日も全域で停電が続き、大きな爪跡を残した台風の後片付けに追われる中でも県民は投票に出かけた。投票率は63.24%。決して高い

2018.9.13　沖縄県庁前。県知事選挙で玉城デニー候補の必勝を期して結集した支持者。

数値ではないが、4年前の64.13%にほぼ近い。民意は沖縄の自尊心を示した。

　デニーさんは4年前の翁長知事の得票に約3万6千票を上積みした。対する佐喜真は4年前の仲井真・下地の票から1万4千票減らした。自公維を支持していた人々もかなりの割合で佐喜真ではなくデニーさんに投票したことになる。辺野古については口を閉ざし、「対立から協調へ」をキャッチフレーズに日本政府の国策に逆らわないことを条件に振興予算という名の協力金を引き出すことを訴えた佐喜真に県民はNO!を突き付けた。

　若者たちは創意工夫を凝らして積極的に動き回った。イデオロギーよりアイデンティティ。人々は党派を超えて結集した。復帰前からの社会党や社大党の活動家、地域の有力者や保守系の市民たちも運動を担った。とくに女性たちの活発さが目立った。各地で開催された決起集会にはどこも予想を上回る参加者の熱気であふれた。電話や訪問で返ってくる反応はほとんどが「家族みんなデニーだよ」「頑張って！」「今度は何としても負けられないからね」などという支持と激励の言葉だった。

■デニー知事は米国でも注目

　玉城デニーさんの当選は、「米海兵隊の息子、沖縄県知事になる」と、アメリカでも注目されている。玉城デニーさんは、米軍の父親と伊江島出身の母親との間に、1959年に生まれた。しかし、デニーさんが母親のおなかの中にいるときに父親が米国に帰ってしまったため、デニーさんは母子家庭で育った。翁長知事が「デニーさんは戦後沖縄の歴史を背負った政治家」と語ったのはこういった事情を念頭に置いたものだ。

　選挙から一夜明けた10月1日月曜日から再び辺野古ゲート前の座り込みが始まった。各地の島ぐるみのメンバーは知事選に勝利した喜びを体いっぱいに表し、今後の政府防衛局との対決を勝ち抜く決意を新たにした。

10.9 翁長前知事の県民葬に3000人

　10月9日午後、那覇市奥武山の沖縄県立武道館で、8月8日に急逝した翁長知事を追悼する県民葬が行われ、3000人の県民が参列した。会場に入りきれな

2018.10.9　県立武道館で行われた故翁長雄志知事の県民葬。3000人の県民が参列。

い人々は会場外に設けられたモニターを観覧し、会場内の人びとの献花が終わるまで列をなして待ち続けた。翁長知事の遺志をついで新基地建設を止める願いがこもった、厳粛な中にも熱気のある県民葬だった。

　県民葬実行委員長にはデニー新知事が就任した。デニー知事は式辞で、「生まれてくる子どもたち、明日を担う若者たちに、平和で豊かな誇りある沖縄を託せるよう、一丸となって努力し続けることを誓う」と述べた。会場からは大きな拍手が起こった。

　安倍の弔辞を代読した菅は「翁長前知事は文字通り命懸けで沖縄の発展のために尽くしてきた。これまでの功績に心から敬意を表する」と歯の浮くようなお世辞を言い、「沖縄県に大きな負担を担っていただいている現状は到底是認できるものではない」と述べるや、会場のあちこちから一斉に「ウソつくな」「民意を無視するな」などと抗議の声が上がった。拍手はひとつもなかった。献花を終えて退場する菅に対しても「ウソつき」「帰れ」などとヤジが飛び騒然となった。

　拍手が一番多かったのは、友人代表として追悼の辞を読んだ呉屋守将金秀グループ会長に対してだった。呉屋さんは、県民の圧倒的支持を得て当選した4年前の知事選、自身が那覇高校の2年上級だとの翁長知事との親しい間柄に触れながら、「ニライカナイから沖縄県の行く末を見守っていただきたい」と述べた。

　黙祷、式辞、追悼の辞、献楽、代表献花、謝辞、閉会の辞のあと、翁長雄志さんをしのぶ、在りし日のビデオ上映が行われた。「ウチナーンチュ、ウシェーティーナイビランド―」と叫ぶ2015年のセルラースタジアムの場面を冒頭に、4年間頑張り抜いた翁長知事の懐かしい姿の数々に、会場から期せずして大きな拍手と指笛が巻き起こった

　私は、翁長知事の那覇市長時代、韓国政府のある部局の訪問団を迎えた歓迎会の席上、通訳として隣りの席に座って2時間近くを共に過ごした経験がある。その時の印象は、人当たりは柔らかいが自分には厳しい「外柔内剛の政治家」というものだった。翁長さんが「県民の父」であったなら、デニーさんは「気さく

な兄貴」というところだろう。沖縄の自己決定を求める闘いのすそ野はいっそう広がり前進を遂げる筈だ。

沖縄防衛局が国交相に審査請求と執行停止申し立て

　安倍官邸の沖縄に対する強権発動がまた始まった。10月17日、沖縄防衛局は沖縄県の埋め立て承認撤回の取り消しを求める審査請求と執行停止の申し立てを、同じ内閣を構成する国土交通省に行なった。

　2年前の行政不服審査法の改正に伴い新設された第7条2項では「国の機関又は地方公共団体その他の公共団体若しくはその機関に対する処分で、これらの機関又は団体がその固有の資格において当該処分の相手方となるもの及びその不作為については、この法律の規定は、適用しない」と明記している。実際、年間10万件以上の国または地方公共団体に対する行政不服審査の申立では、生活保護、社会保険、国税、情報公開、労災などに関する個人や企業からのものばかりだ。『政府広報オンライン』でも、「国や地方公共団体が国民や住民などに対して行使する処分に不服がある場合に利用する制度」と紹介し、改正法の特徴を①公正性の向上、②使いやすさの向上、③国民の救済手段の充実・拡大、の3点を挙げている。

　安倍政権のウソとごまかしの政治はその度合いを深めている。国家権力は腐敗する。

■全国の地方新聞はほとんど沖縄支持

　県知事選挙で玉城デニー知事が大差で当選したあと、全国の中央紙、地方紙は一斉に社説を掲げた。安倍官邸の御用新聞・読売が「辺野古移設は普天間返還のための唯一の現実的な選択肢」と述べたのを除き、さまざまな論調で沖縄の民意の尊重を訴えた。

　朝日新聞は「辺野古ノーの民意を聞け」との見出しで、「安倍政権は県民の思いを受け止め辺野古が唯一の解決策という硬直した姿勢を改めるべき」と書いた。毎日新聞は「再び辺野古ノーの重さ」との見出しで「8月に死去した翁長雄志氏に続き再び辺野古ノーの知事を選んだ県民の審判は極めて重い」と述べた。東京新聞は、「辺野古基地は白紙に」との見出しで、「民意が示された。政府は直ちに辺野古移設を見直すべきだ」と訴えた。北海道新聞は「新基地拒否で県政継続」との見出しで「国が説得すべき相手は沖縄ではない。米国だ。首相は沖縄に寄り添うと言い続けている。ならば行動で示してもらいたい」と断じた。西日本新聞は「この民意を無視できるか」との見出しで「くりかえし発せられる沖縄の民意。

その重さを政府は無視できるのか」と問うた。高知新聞は「政権は立ち止まり対話を」との見出しで「安倍政権は強権的な姿勢を改め、沖縄の声に誠実に向かい合いなおさなければならない」と主張した。

2018.11.10　那覇空港。米国に沖縄の声を届ける玉城デニー知事を激励するために集まった。

玉城知事が6人の県職員と共に訪米
沖縄の民意が実現する日本の政治をつくりあげよう！

　玉城デニー知事は、沖縄の民意を米国に直接伝えるために、11月10日昼過ぎ、那覇空港から出発した。この日の那覇空港は、修学旅行シーズンの中高生たちで大混雑。空港向かいの大型駐車場3基もどこも満杯、どの階も通常の駐車スペースに入りきらない車が通路に駐車する事態となった。

　那覇空港の隣接地には、陸上自衛隊と航空自衛隊の基地の緑が広がっている。何という対比！対潜哨戒機や戦闘機など軍用機の運用で那覇空港の民間空港としての発展を阻害している自衛隊は、復帰前の米軍基地を引き継ぎ空港周辺の広大な土地を占有している。

　知事の出発に先立ち那覇空港一階ロビーには、「We Love デニー」などのプラカードを手にした県民100人余りが集まり、知事を激励した。知事は「沖縄の民意をアメリカにはっきり伝える。県民はあきらめない」と話した。

　■外国特派員協会での講演

　玉城デニー知事に対する国外の注目度は高い。訪米に先立ち11月9日に東京の日本外国特派員協会で行われた会見にも世界各地の記者が参加した。中には沖縄のことを知らず、「埋め立て工事が年内に完成すると聞いた。2か月で止められるのか」と頓珍漢な質問をする記者もいたという。AP通信、ワシントン・ポスト、FOXニュースなどの海外メディアも相次いで報じ、「日本政府が沖縄の声を米国に伝えていないので、その声を米国人に直接伝えるのは私の責任であり、米国は私たちの話を聞く責任がある」との知事の発言を伝えた。

　世界のウチナーンチュたちは玉城知事のアメリカ訪問に呼応し「玉城デニー知事を支持する声明」を11月7日、英語、スペイン語、ポルトガル語、日本語で

発表した。発起人は、ニューヨーク大学東アジア研究助教授の島袋まりあさんなど 9 人。すでに 600 人以上の署名が集まった。

国際反基地会議に稲葉さんが出席

アイルランドの首都ダブリンで 11 月 16 日から「全世界から米軍基地とNATO 基地の撤去を求める国際会議」が開かれ、騒音、環境汚染、事件事故など基地問題を抱える世界各地の約 30 か国から 230 人が参加した。主催したのは国際組織の「全世界の米軍基地・NATO 基地の閉鎖を求めるグローバルキャンペーン」。稲葉博さんが「辺野古の闘いは必ず勝てる。皆さんの力が必要だ」と訴えたのに対し、アメリカ、ドイツ、チェコなど世界各地から連帯の声が上がった。

アメリカのバーマン・アザットさんは「沖縄の人びとには世界が味方に付いていると伝えたい」と述べた。チェコのミラン・クライチャーさんは、米軍のミサイル防衛システムの配備計画に対し大規模な反対運動で中止に追い込んだ 10 年前のチェコの経験を紹介して「沖縄の皆さん、絶対にあきらめないで」と呼びかけた。VFP（ベテランズ・フォー・ピース）のケネス・アッシュさんは「米国は世界中に米軍基地を置いて他国を侵略しているが、米国を侵略した国などない」と述べた。沖縄は孤立していない。むしろ、世界で孤立しているのは日米両政府だ。

つい最近、茨城県の原電の幹部が東海第二原発の再稼働にあたっての安全協定に関して周辺 6 市村に対し「市村に拒否権はない」と述べたことを撤回・謝罪した。支配者のおごり。沖縄の辺野古新基地建設も同じだ。権力者から政治を取り戻そう。

民間桟橋からの土砂搬出という違法行為に走る沖縄防衛局

本部港塩川地区は台風の直撃で岸壁の半数が使用不能となり、来年 3 月まで修復のめどが立たないため、辺野古への土砂の積み出しができない。あせった沖縄防衛局は、名護市の琉球セメント屋部工場の民間桟橋を使って土砂の搬出を行なう準備を進めている。土砂の搬出港は埋立承認願書の図面にもハッキリ本部港と記されている。

安倍政権の法を守らず法を無視する違法行為には際限がない。数々の犯罪の中で最大最悪の影響と結果をもたらすものは国家権力の犯罪だ。

I－6.

県民投票

2018.5.26

沖縄のことは沖縄県民が決める！　辺野古県民投票の署名活動スタート

　5月23日夕、那覇市のかりゆしアーバンホテルで、「話そう、基地のこと。決めよう、沖縄の未来」をスローガンに、「辺野古」県民投票の会による「署名キックオフ集会」が開かれ200人参加した。「辺野古米軍基地建設のための埋立ての賛否を問う県民投票条例の制定を求める」署名を集めることのできる受任者は700人以上にのぼるという。役員は代表＝元山仁士郎（一橋大学大学院）、副代表＝新垣勉（弁護士）・安里長従（司法書士）、顧問＝呉屋守将（かねひでグループ会長）など。

　この日、署名集めに必要な請求代表者証明書を県から受け取り、署名運動をスタートさせた。請求代表者には、彫刻家の金城実さん、写真家の比嘉豊光さん、音楽家の海勢頭豊さん、ガマフヤーの具志堅隆松さん、泡瀬ウミエラ館の屋良朝敏さんなどがいる。署名期間は7月22日までの2か月。有権者数の50分の1にあたる24000人以上の署名が必要となるが、会では11万5000人分の署名を目標としているという。

2018.8.4

県民投票署名10万筆を突破

　2か月間にわたって進められた署名運動は7月23日で締め切られ、署名総数が法定数の有権者の2%の約2万4千筆をはるかに上回り、10万筆を越えた。県の有権者数1,158523、署名総数100,979、署名の割合8.72%とのことだ。

　辺野古県民投票の会は7月30日、元山仁士郎代表、新垣勉副代表など十数人が記者会見して声明文を発表し、「県民投票の目的は辺野古埋め立ての賛否を問うという一点にある。民主主義社会において民意を無視した政治が行われていいのか」と主張した。

　中央政府は重要な国策であればあるほど、地域の住民が広く議論し主張する機

会を奪い、中央政府の政策を国家権力の主に財政力と警察・司法力を動員し、力で押し付けてきた。住民の声をきけ！沖縄県民の声をきけ！「安保・外交は国の専管事項」という言い訳は通用しない。重要な国策であればあるほど県民の命と暮らしに直結する。国策にこそ県民の声が反映されなければならない。県民投票は県民の自己決定権の実践だ。辺野古 NO! の民意を単純明快に示す法的方法だ。

10.26 県議会本会議にて県民投票条例を賛成多数で可決

　沖縄県議会は 10 月 26 日、辺野古の埋立の賛否を問う県民投票条例案を採択した。県民投票に要する必要経費 5 億 5 千万円余も合わせて可決された。自民、公明は賛否に加えて、「やむを得ない」「どちらともいえない」の 2 項を含めた 4 択の修正案を提案したが否決された。維新は採決時退席した。

　沖縄県は県民投票に向けて期間限定の「県民投票課」を新設し広報活動にあたる。41 市町村のうち、糸満、宜野湾、うるま、石垣の 4 市は県民投票への態度を保留しているが、玉城デニー知事は「県民一人ひとりが改めて意志を明確に示す県民投票には意義がある。すべての市町村で実施されることが重要だ」と述べた。

県民投票の投開票日は 2 月 24 日　辺野古 NO! の県民意思を圧倒的に示そう！
11.30 学習会　〝民意を明確な事実にしよう″

　玉城デニー知事が記者会見し、埋め立ての賛否を問う県民投票の日程について、2 月 14 日告示、2 月 24 日投開票と発表した。日程が正式に決まったことで、県民投票の運動が全面的に進展する。

　県民投票条例は第 1 条で「普天間飛行場の代替施設として国が名護市辺野古に計画している米軍基地建設のための埋め立てに対し、県民の意思を的確に反映させることを目的とする」と記している。そして第 10 条で、「本件埋め立てに対する賛成の投票の数または反対の投票の数のいずれか多い数が投票資格者の総数の 4 分の 1 に達した時は、知事はその結果を尊重しなければならない」と規定した。先の 9 月知事選挙の有権者数が 1,158,602 だったので、その 4 分の 1 は単純計算で 289,651。半年間の有権者増を計算に入れれば、おそらく 29 万を上回ることだろう。埋め立て反対票がそれを上回らなければ、県民投票はそもそ

も成立しない。ここが県民投票成功のための最低限の数字だ。

　一見して誰の目にも明白な沖縄県民の意思をハッキリと示すことが辺野古県民投票の目的だ。沖縄の未来は沖縄県民が決める！という自己決定の実践を通して、辺野古埋立ストップ！新基地建設撤回の道筋を切り拓いていこう！

2018.11.30　南城市島ぐるみ会議主催の学習会。県民投票の会の元山仁士郎さんと新垣勉弁護士。

■ 11.30 県民投票学習会
〝県民投票で民意を明確な事実にしよう〟

　元山仁士郎さん代表の「辺野古」県民投票の会は各地で積極的に学習会を開催している。11月25日には県議会会派を招いたシンポジウムを開いた。会派おきなわ、社民・社大・結連合、共産、維新の会が参加した。維新の会は市町村議会で県民投票の予算措置に賛成すると明言している。自民党と公明党は欠席した。自公は「知事選で民意は既に示された。金をかけて県民投票をやる必要はない」「2択では民意は示されない」「普天間の固定化につながる」などと、およそ難癖としか言いようのない口実をあげて県民投票に反対している。菅は県民投票が辺野古に影響するかを問われて「何も変わらない」と答えた。

　11月30日、南城市島ぐるみ会議主催の学習会「なぜ、いま県民投票なのか─その目的と意義─」が開かれた。元山さんは「祖父は喜界島出身、祖母は宮古島出身。私自身は宜野湾市で生まれ育った」と自己紹介したあと、「話そう、基地のこと。決めよう、沖縄の未来」をスローガンとした県民投票の会の署名集めを振り返った。「沖縄の8つの島を回りいろいろな人々と話をする中で痛切に感じたことは、島々の対話、世代間の対話の不足と共にその必要性だ。県民の中で議論を深め、民主主義の成熟性を示そう。目標の投票率は22年前と同様の60％、最低でも50％」と述べた。

　新垣勉弁護士は要旨次のように述べた。

■新垣勉弁護士の話

　「翁長知事が3年前埋立承認取消を行なった前夜、知事公舎に呼ばれて話した。知事は、マスコミは裁判での勝ち負けだけに注目するが、政府に対する県の抵抗は勝ち負け以上の歴史的意味を持っている、と語った。沖縄の歴史、日本の歴史の中で県知事が国と対等に闘っていることの意義ははかり知れない。今回の埋立

承認撤回は3年前の埋立承認取消と同じような経過をたどる可能性があり、否が応でも裁判に行きつく。裁判官は頭がいいし理屈がうまいが、唯一の弱点は事実に弱いということだ。裁判官の目には辺野古反対と容認の二つの民意が映っていた。県民投票の結果が事実になる。民意を、裁判官も否定できない明確な事実にすることが必要だ。

　県民投票をやったからと言って、政府がすぐに断念するものではないだろう。できることをすべてやる。その中で可能性を切り拓く。もう一度みんなで辺野古の問題を考え直そう。一人ひとりが考えることが世の中を動かす、政府を動かす。沖縄の闘いが成功すれば日本の歴史を変える力になる」

2018.12.16

12.12 琉大で県民投票セミナー　県民投票のスペシャリスト・今井一さんが熱弁

　12月12日、琉球大学で「ジャーナリストと考える県民投票セミナー～1800件の住民投票を参考に～」が開かれた。主催は、県民投票を盛り上げる学生有志の会で、会場となった2号館301教室には多くの学生が集まり、議論に耳を傾けた。
　国内のみならず世界各地の住民投票の現場を取材して、岩波新書『住民投票』をはじめ何冊もの著書を出した今井一さんが1時間半にわたって熱弁を振るった。
　＜今井一さんの話（要旨）＞
　日本ではあまり根付いていないが、世界ではどこでも大事なことは住民投票で決めるという習慣が広がっている。
　県民投票に意味がないなどとはとんでもない。主権者の権限は選挙だけではない。通常の選挙と住民投表は違う。選挙は決めてくれる人を選ぶのに対し、住民投票は自分で決める。これまでの日本の住民投票をすべて合わせると1800件に上るが、多いのは市町村合併についてだ。原発などはほんのわずか。大事なことは、知らせて、考えて、投票するという過程、情報公開が住民投票の命だ。賛否両派が一堂に会して議論する討論会をやってほしい。
　行政・議会と主権者たる住民の考えのねじれがよく起こる。ねじれの解消のために主権者たる住民の考えが尊重されなければならないが、現実には逆のケースが多い。住民投票に使う予算が無駄だという議論がある。違う。主権者の主権行使に無駄な金は一円もない。むしろ、無駄な公共投資などをやめるべきだ。
　安倍・菅に公開質問状を出そう。公開討論会に出てきてもらおう。彼らがいかに無責任でいかに卑怯か、あぶりだされる。水準の高い住民投票を実現しよう。

1.5 辺野古ゲート前に 1000 人　新年の闘いの幕があけた！
辺野古新基地ストップ、安倍退陣を実現する年にしよう！

　新年の初めての県民大行動に全県各地から 1000 人が結集し、辺野古ゲート前を埋めつくした。午前 9 時からの前段集会に続き、11 時から県民集会が開かれた。

ハワイとテレビ電話でつなぎ連帯集会

　テント前には大きなスクリーンが準備され、テレビ電話を通じたハワイとの中継が行われた。まず、今回のホワイトハウスに対する辺野古埋め立て中止要請署名の呼びかけ人の一人で、ハワイで沖縄の文化継承に取り組む県系 4 世のエリック和田さんが「ハイサイ、グスーヨー、アロハ」とウチナーグチとハワイ語のあいさつで語りかけた。ホワイトハウス署名の呼びかけ人の一人、県系 4 世のロバート梶原さんは「私たちはあきらめない。なぜなら私たちはウチナーンチュだから」と署名に取り組んだ経緯と決意を述べた。西原町出身の県系 4 世でシカゴ在住の横田ライアン真明さんは 7 歳の息子さんと前に立ち、「沖縄の皆さんの活動は世界のウチナーンチュの大きな励みになる」と語った。

　■全市町村で県民投票を実行し、新基地 NO! の民意を明確に示そう！

　昨年中に那覇市をはじめ 35 市町村で実施の方針を決めた。そのうち、浦添市、本部町、金武町は、議会が一度は予算案を否決したが、再議で可決した。与那国町議会は再議でも否決したが、町長が実施の方針を表明した。その他の町村では議会が全会一致で可決したところも多い。

　年が明けて 1 月 6 日現在、不実施ないし保留の市は北から、うるま市、沖縄市、宜野湾市、糸満市、宮古島市、石垣市の 6 ヵ所である。宜野湾市、石垣市は議会が再議でも否決し、市長が実施しない方針を表明した。宮古島市は議会での否決を受けて市長が不参加方針を明らかにした。桑江沖縄市長は 1 月 6 日の記者会見で「2 択では民意は示されない」ことを不参加の理由にあげた。

　県民投票に不参加方針の市長の口実は「議会の尊重」であることが共通している。下地宮古島市長は 1 月 4 日記者会見で、県民投票不参加の一番の理由に「市議会の決議」をあげ「住民から選ばれた議員が判断したもので大変重い」と述べた。議員は重いが住民は軽い。こうした市長や議員は有権者から負託を受けているにすぎないにもかかわらず、自分たちが政治の主人公だと思いあがっているか、誤解している。主権を有しているのは住民であって、市長や議員ではない。ところが、主権

県民投票へ向けて、各地の集落という集落にはこうした横断幕とノボリ類が張り巡らされた。

を有する住民と住民が選んだ議員や首長の考えが相反することがよく起こる。そうしたとき、主権者が主権者の意思を明確にするのがまさに住民投票である。

また、中山石垣市長を代表に県民投票を妨害する市長たちが口実としてあげるのが「県知事選挙で民意は示された。改めて県民投票を実施するのは金の無駄」というものである。「金の無駄」を理由に県民投票を行わないのは、主権者が権利を持った主体ではなく、受動的な被支配者の地位にとどまることを願う政治家のこじつけにすぎない。

松川宜野湾市長は「普天間基地の危険性の固定化」を県民投票不参加の理由にあげた。「辺野古に基地ができなければ普天間基地の返還ができなくなる」というのは日米両政府が宣伝してきたフェイクニュースのひとつだ。

沖縄県は県民投票不参加の動きの6市に対し、市長との面談や勧告などの行政指導を強めている。元山仁士郎さんの辺野古県民投票の会も市当局に対する要請や説得活動を続けている。また、島ぐるみが中心となって、1月7日に6市庁前で一斉に抗議要請行動が行われた。

県下の全市町村が県民投票に参加するかどうかの厳しい攻防が展開されているが、県民意思は鮮明だ。琉球新報が沖縄テレビ、JX通信と共に12月下旬に実施した県民世論調査によると、「全ての市町村が県民投票を実施すべきだと思うか」との設問に対し、「実施すべき」70.96％、「実施する必要なし」19.04％、「県民投票に行くかどうか」の設問には、「行く」77.98％、「行かない」9.81％であった。さらに、「日本政府は県民投票の結果を受け入れるべきだと思うか」との設問に対し、「受け入れるべき」69.04％、「受け入れる必要はない」16.83％、「どちらともいえない」14.13％であった。

日本政府が恐れていることはこれだ。県民投票で改めて明確になる新基地NO！の民意が政府に受け入れを求めて一層盛り上がっていき、県民ぐるみの沖縄との対立がいよいよ抜き差しならないものとなる中で、国民の広い共感を得た沖縄に

政治的に敗北するというシナリオだ。だから執拗に妨害をくり広げているのだ。

2.24 辺野古県民投票の成功へ　新基地 NO!　沖縄の民意を明確に示そう!

　宜野湾市、沖縄市、うるま市、宮古島市、石垣市の 5 市長と自民系市議に対する抗議の運動が活発に進められている。沖縄市で 500 人、うるま市で 300 人の抗議集会が開かれたのを始め、各市で抗議行動や損害賠償裁判の原告集め、県民投票実施を求める署名などが行われている。辺野古県民投票の会代表の元山仁士郎さんは宜野湾市役所前で体力ギリギリの 105 時間ハンストを行なった。

　5 人の市長は当該市における県民投票の実施を拒むいかなる権限も法的根拠もない。県民投票の投票権は県知事選挙、県議会議員選挙の投票権と同じく、県民の基本的な権利である。市議会の決議や市長の判断で奪うことのできるものではない。

　5 市の市議や市長のバックに、沖縄選挙区で落選し最近比例で復活した宮崎衆院議員が県民投票予算案の市議会での否決や市長の不参加を行なう悪知恵をつけていたことが明るみに出た。宮崎議員作成の資料には「県民投票の不適切さを訴え、予算案を否決することに全力を尽くすべき」「議会で否決された予算案を市長が執行することは議会軽視であり不適切」「否決しても議員が損害賠償など法的な責任を負うことはない」などと書いていた。昨年末、自民党本部から強い指示があったというから、宮崎議員の行為は官邸からの直接指示とみなした方がよいかもしれない。

　その筋書き通り、5 市の市長は市議会での否決・再議の否決を受け、口をそろえて「市議会の決定は重い」と言いながら県民投票不参加を表明したのだった。越権行為も甚だしい。

　県民投票で問うことは辺野古の埋立ての賛否だ。戦後 73 年間続く基地の島・沖縄に、さらに新たに米海兵隊基地を造るための埋め立てをさせていいのか?という沖縄の行く末に関わる重大問題だ。すべての県民が自分の意思を表明する権利がある。その権利を奪おうとするのが 5 市長なのだ。

　どうしても拒否するなら、市民の自主投票を盛大にやり抜こう。法的に正式な県民投票としてカウントされないとしても市民の意思を明確に示そう。高い投票率と埋め立て反対票の高比率で沖縄の民意を全国全世界に訴えよう。ゆるぎない沖縄の民意が最後には勝利する。

1.26 県民投票キックオフ集会に 3000 人
辺野古ゲート前を埋めつくした新基地 NO! の人波

1 月 26 日土曜日、キャンプ・シュワブゲート前で、県民投票を成功させよう！県民投票キックオフ集会が開かれ、各地から 3000 人が結集した。

冒頭あいさつに立った稲嶺進さんは、「紆余曲折を経て全市町村で県民投票をやる運びになった。3 択になろうが、辺野古埋め立てイエスかノーかでハッキリ示すことだ」と呼びかけた。

2019.1.26　集会の最後にガンバロー三唱をして笑顔

高良鉄美琉大教授は「民衆が権力を持つことがデモクラシーだ」と訴えた。

若者代表として登壇した翁長雄治那覇市議は「3 択でも 4 択でも 10 択でも、問題は何も変わらない。新基地に賛成か反対か、埋め立てに賛成か反対か、だ。」と力強く訴えた。

2.24 辺野古県民投票の成功へ　新基地 NO ！沖縄県民の総意を明確に示そう！

沖縄県議会は 1 月 29 日の臨時会で、当初の「賛成」「反対」に「どちらでもない」を加えた 3 択での辺野古埋め立ての賛否を問う県民投票条例改正案を賛成多数で可決した。24 日の県議会各派代表者会議で確認された全会一致での採択はならなかった。なぜか。沖縄自民党の一部が反対に固執したからだ。沖縄自民党は、県民投票条例をめぐって、県民投票の実施そのものをあくまで妨害しようとするグループと 3 択での県民投票の全市町村での実施を行なおうとするグループに分裂した。2 人は退席、5 人は反対したが、照屋守之県連会長はじめ 4 人の県議は県民投票条例に賛成した。その結果、県議会全会派によるほぼ全会一致に近い

形が出来上がり、2択での県民投票実施を拒んでいた宜野湾、沖縄、うるま、宮古島、石垣の5市長は参加表明し、2月24日の県民投票は県下の全市町村で実施される運びとなった。

「賛成」「反対」の2択に比べて「どちらでもない」を加えた3択は、賛否を明確に示すという県民投票の趣旨からいって後退であることは明らかだが、2月24日に間に合わせて全市町村実施をできることになったのはかけがえのない成果だ。県民投票で辺野古埋め立てに対する県民の意思を明らかにしようという考えは、埋め立てに賛成・反対のレベルを超えた全県民の共通認識である。「社民・社大・結連合」「共産」「おきなわ」「維新」に加えて、土壇場で、「公明」と「自民」の一部が加わりほぼ全会一致に至らせた原動力は、自己決定権を行使しようとする沖縄県民の強い意志だ。新基地 NO! 沖縄の民意を明確に全県、全国、全世界に明らかにしよう。

2019.2.25

辺野古埋め立て反対 72%　沖縄の民意は示された！
賛成 19%、反対 72%、どちらでもない 9%

2月24日辺野古県民投票が行われた。2月15日から実施された期日前投票を合わせた開票結果は次の通り。

有権者数	1,153,591
投票数	605,394
投票率	52.48%
賛成	114,933
反対	434,273
どちらでもない	52,682
無効票	3,497

投票数に占める「賛成」「反対」「どちらでもない」の比率はそれぞれ、19%、72%、9%であった。県民の圧倒的多数が辺野古埋め立て反対の意思を示した。

県民投票条例の第10条（投票結果の尊重等）によると、「いずれか多い数が投票資格者の総数の4分の1に達したときは、知事はその結果を尊重しなければならない」、そして「知事は、内閣総理大臣およびアメリカ合衆国大統領に対し速やかに県民投票の結果を通知する」となっている。投票資格者の4分の1は 288,398 である。反対票はこれを 14 万票以上上回った。

共同通信の出口調査によると、自民支持層の約半数、公明支持層の約55％が埋め立て反対に投票したという。「辺野古埋め立て反対」は、保革・中間などの様々な政党の枠を超えた沖縄県民大多数のゆるぎない民意なのだ。

■玉城デニー知事の深夜の記者会見

　玉城知事は結果が判明した深夜の記者会見で次のように述べた――。

　「結果を尊重するとともに、速やかに日本の総理大臣とアメリカ合衆国大統領に通知する。普天間飛行場の辺野古移設に反対する民意は過去2回の知事選挙や一連の選挙でも示されてきたが、辺野古埋め立てにしぼった県民の民意が明確に示されたのは今回の県民投票が初めてであり、極めて重要な意義がある。県民投票による民意の明確化を受けて、改めて辺野古新基地の阻止に全身全霊を捧げる決意だ。政府は、沖縄県民の断固たる民意を真正面から受け止め、辺野古が唯一というこれまでの方針を直ちに見直し工事を中止するとともに、普天間飛行場の一日も早い閉鎖返還という根本的な問題解決に向け、これまで再三求めてきた県との対話に応じるよう強く求める。国民の皆さまは国会や政府の議論にゆだねるだけでなく一人ひとりが自らの問題として議論し考えて欲しい」

■安倍政権に強烈な打撃を与えた県民投票

　辺野古埋め立て反対！を明確に示した県民投票の結果は翌日のNHKニュースでもトップで取り上げられるなど、全国的にも大きな反響を巻き起こした。埋め立て反対の沖縄の民意は誰もが否定することのできない事実になったのだ。辺野古をめぐるすべての議論は今後この事実から出発する。

　安倍政権に対する打撃が大きいからこそ、県民投票に対する攻撃があふれている。読売や産経は、「反対は全有権者の4割にも満たなかった」「県民の総意とは言えない」などと述べた

　ネット上では県民投票を揶揄し県民を愚弄する言説が横行している。いわく、「投票率52％で県民の総意とは滑稽」「沖縄愚民」等々、無知で下劣な言葉があふれている。強い市民の参加要求を受けて渋々県民投票を実施せざるを得なかった不参加表明5市長たちはまたぞろ「普天間固定化の危険」などと言い県民投票に不満を述べ始めた。しかし、宜野湾市民をはじめ5市民の判断は違う。例を挙げると、宜野湾市の結果は次の通りだ。

有権者	76,789
投票数	39,788
投票率	51.8%
賛成	9,643

反対　　　　　　　26,439
どちらでもない　　 3,500

　反対票は賛成票の3倍近くあり、投票数に占める割合は66.4％になる。普天間基地の閉鎖・返還を願う宜野湾市民は、辺野古新基地に強く反対している。

2019.3.3

3.2 辺野古ゲート前に1300人
県民投票で示された民意に従い埋め立て工事を中止せよ！

　3月2日土曜日、オール沖縄会議主催による恒例の第1土曜日県民大行動がゲート前で開催された。全県各地に加えて北海道から熊本まで全国各地から合わせて1300人が結集し、県民投票で示された沖縄の民意に従い辺野古埋め立て工事を直ちに中止することを訴えた。早朝からの工事用ゲート前集会、テント前の報告・意見発表に続き、午前11時から平和運動セン

2019.3.2　オール沖縄会議主催の第1土曜日県民大行動に1300人。全員で手をつないでガンバロー三唱。

ターの岸本事務局次長の進行で、全体集会が持たれた。

　国会議員は、前夜2時まで国会がありほとんど寝ずに朝6時半の飛行便でやってきたという赤嶺政賢衆院議員、糸数慶子・伊波洋一の両参院議員が参加した。県議会与党3会派のあいさつが続いた。

■長崎被爆2世のあいさつ

　全国の参加者を代表して、長崎の被爆2世の男性が「辺野古は止められる。私たちは核廃絶、戦争反対、辺野古新基地反対だ」と訴えた。

　午後1時からの「障がい者辺野古のつどい」の紹介に立った田丸さんは「障がい者集会は昨年に次いで2回目だ。辺野古から声をあげる」と述べた。知念良吉さんの「オキナワンボーイ」の歌のあと、全員で手に手を取り合うガンバロー

三唱で集会の幕を閉じた。

■ 3.1 玉城知事・安倍首相の会談

　玉城デニー知事は県民投票の結果を携えて、3月1日安倍首相と会談した。安倍首相を見据える玉城知事に対し、うつむき加減に目をそらす安倍首相。首相官邸でのこの写真によって、沖縄が日本政府を相手にして対等に堂々と闘っていることが一目で感じ取れる。

　玉城知事の顔には、県民の総意に基づく負託を受けた知事としての責任感があふれていた。他方、「県民投票の結果を真摯に受けとめる」と言いながら「工事を続ける」と言う二枚舌の安倍首相の顔は、おどおどとして卑屈だ。

2019.3.17

3.16 県民大会に怒りの1万人

　3月16日土曜日午後2時から、那覇市の新都心公園で、「土砂投入を許さない！ジュゴン・サンゴを守り、辺野古新基地建設断念を求める3.16県民大会」が開催された。県民投票で明確に示された沖縄の民意を一顧だにしない日本政府の政治の堕落に対する怒りを胸に、各地から1万人をこえる人々が集まった。

　司会は仲宗根悟県議。壇上には同時手話通訳のボランティアの女性が並んだ。はじめに稲嶺

2019.3.16　新都心公園。辺野古新基地建設断念を求める県民大会に1万人集まった。

進前名護市長、平和市民連絡会の高里鈴代さんの二人があいさつに立った。

　そのあと、各ブロック代表が発言した。そのうち、南城市島ぐるみ会議の瑞慶覧長風事務局長は「未来を切り拓くのは若者の役割だ。沖縄は日本の植民地ではない。アジア・世界との交流の場であるべきだ。辺野古に基地を造らせてはならない」と述べて、祖父の瑞慶覧長方さんがつくった琉歌を披露した。

　野蛮おし付きや　見事はねのけて　美ら海の辺野古　守てみしら

　「民主主義国家において直接示された民意は何より重く尊重されなければなら

ない」との玉城デニー知事のメッセージは謝花喜一郎副知事が代読した。

そのあと、国会議員・県議の紹介に続き、戦争をさせない・9条壊すな！総がかり行動実行委員会の福山真劫共同代表、島ぐるみ那覇のバスでいつも辺野古に通っている比嘉多美さんが「辺野古の海は渡さない」、若者代表の吉居俊平名護市議が決意を語った。

オール沖縄会議事務局長の山本隆司さんが大会決議案を読み上げた。共同代表の稲嶺進さんと高里鈴代さん、ヘリ基地反対協の安次富浩さんが上京し、要請行動を展開する。

2019.3.24

ジュゴンが死んだのは埋立工事のせいだ！

サンゴの海の生物多様性を象徴するジュゴンが死んだ。3月18日夕方、死んだジュゴンが今帰仁漁港の防波堤に打ち上げられているのを漁協の組合員が発見した。沖縄周辺海域でこれまでジュゴンは3頭しか確認されていなかった。3頭にはそれぞれ「個体A」「個体B」「個体C」の名称がつけられていたが、今回死んで打ち上げられたのは「個体B」とみられる。体長3m、体重500kgのメスで、頭や顔、口の周辺、胸びれに出血があり、皮膚がむけている個所も確認された。今帰仁村はジュゴンの死骸を管理し、沖縄美ら島財団に死因の調査を求める予定だ。

熱帯・亜熱帯の浅い海に生息する「海牛目」のジュゴンは絶滅危惧種で日本の天然記念物だ。日本には沖縄だけにしかいない。そのうちの1頭が死に他の2頭も昨年から目撃されていない。

ジュゴンは元々藻場が豊富で豊かな環境の辺野古・大浦湾に生息していた。ところが、埋立工事のせいで、広大な餌場となる藻場を奪われ、住処を追われ、死んだのだ。

もしジュゴンが言葉を発することができたなら、「住処をかえせ！」と叫んでいたことだろう。

2019.4.7

国交相による埋立承認撤回の取り消し
見え透いた政府の自作自演・権力の乱用

石井国交相は4月5日、沖縄県が昨年8月末に行なった辺野古埋立て承認の

撤回に対し取り消す裁決を行なった。

「無理が通れば道理が引っ込む」という言葉がある。沖縄県民と日本政府が全面対立する辺野古新基地建設の構図がまさにそうだ。沖縄県民は一貫して新基地反対・埋め立て反対の明確な意思を示してきた。しかし、安倍政権は、「真摯に受け止める」「県民に寄り添う」と空虚な言葉を並べる一方で、やっていることははじめから終わりまで、違法・脱法のもとで埋め立て工事のごり押しだ。

県民はこの状況を歯ぎしりして見ているが、屈服した訳でもあきらめた訳でもない。辺野古に新しい基地を造ってはならないという共通認識は揺らぐことなく共有され続けている。

2019.5.19

復帰47周年5.15平和行進に2000人　韓国基地平和ネットワーク14人参加

沖縄平和運動センターが主催する5.15平和行進は県内外に加えて、韓国各地で軍事主義に反対する運動を繰り広げている韓国基地平和ネットワークの14人を含め、2000人が参加した。

5月16日沖縄県立武道館で開催された全国結団式に海外ゲストとしてスピーチした平澤平和センターのイム・ユンギョンさんは「朝鮮半島の戦争は去れ、平和よ来い！」と訴えた。スピーチに合わせて、演壇前に立った参加団は「平和は銃剣で守ることはできない」「との横幕を広げてアピールした。

17日から中北部と南部の2コースに分かれて、平和行進が行われた。

最終日の19日日曜日、宜野湾市役所から海浜公園まで行進した。例によって、5.15平和行進には毎年必ず現れる右翼の街宣車10台近くが大音響のマイクで

2019.5.29　琉球セメント安和桟橋。運搬船に積み込むベルトコンベアーの前で待機するダンプの列。

妨害行動を行ない、市役所前では、行進参加者の一人を押し倒すという暴挙を働いた。暴行を働いた右翼の3人はその場にいた警察官によって逮捕・連行された。

　大会のオープニングは川口真由美さんが「We shall overcome」などを力強く歌った。山城博治さんのあと、照屋寛徳、屋良朝博、糸数慶子、伊波洋一の衆参議員4人と高良鉄美予定候補が連帯のあいさつに立った。ヘリ基地反対協の安次富浩さんも「辺野古新基地は必ず止める」との決意を明らかにした。

　韓国訪問団はシン・ジェウクさんが「3日間、戦争の傷跡が残る場所を歩いた。辺野古、普天間、嘉手納、様々な基地を見た。歴史が刻まれた場所を歩くことは過去の歴史を心に留めることだ。長い足跡の一番後ろに私たちは立っており、どのように歩いていくかを知っている。皆さんと共に平和の道を進んでいく」と述べた。

2019.6.2

6.2 米海軍兵による女性殺害追悼抗議集会に450人
「彼女」は「わたし」だったかもしれない……

　6月2日日曜日、北谷町のちゃたんニライセンターで、米海軍兵による女性殺害緊急追悼・抗議集会が開かれ、喪服や黒のリボンを身に着けて約450人が参加した。主催者共同代表は、瑞慶覧功県議、亀谷長久北谷町議会議長、高里鈴代さん、糸数慶子参院議員の4人。強姦救援センター沖縄（REICO）、沖教組女性部、北谷町職労、JAおきなわ女性部、嘉手納爆音訴訟団、連合沖縄、自治労県本部など53団体が賛同団体に名を連ねた。司会は沖縄うないネットの玉那覇淑子さん。

　事件は4月13日未明に起こった。米海兵隊第3海兵師団所属の海軍3等兵曹が北谷町に住む女性の自宅で女性を殺害したあと自殺した。発見者は女性の小学生になる子どもだった。はじめに黙祷を捧げた。主催者を代表して亀谷議長は「悲惨な事件事故が続く理不尽な中でいつまで生活しなければならないのか。声をあげよう」と提起した。経過報告を行なった高里さんは「女性は今年1月米憲兵隊に訴えた。警察も知っていた。どうして接近禁止命令が出ていた兵士の外出、外泊が許可されたのか」と強く非難した。

　玉城デニー知事は「無念だし、怒りがわく。問題の背景は沖縄の加重な基地の存在にある」と訴えた。糸数慶子さんは「どれだけ涙を流せばいいのか。どれだけ怒りを上げればいいのか」と述べた。

　民謡グループ「でいご娘」のリーダーで、栄口区の自治会長を務める島袋艶子さんは、復帰の翌年の1973年、飲酒運転の米兵車両に激突された事故で両親を

2019.11.30　松山公園。中山きくさんらが、二高女から軍属動員された白梅学徒隊について語る。

一瞬で失ったことを回想しながら、「ずっとトラウマになってきた。私は当時 26 歳。はじめての妊娠が分かり母親に告げようとした矢先だった。その後、父親の残した艦砲の喰ぇぬくさーを歌ってきた。残された子供たちを思いやり、見守る必要がある」と述べた。

そのあと、地域の 9 人が壇上に登り、リレースピーチを行なった。

2019.6.9

6.8 八重瀬ピースウォーク　白梅学徒隊の戦争を追体験

6 月 8 日土曜日午前 10 時から「白梅学徒の足跡をたどるピースウォーク」（主催＝八重瀬町ガイドの会）が行われ町内外から約 40 人が参加した。今回のコースは、県立第 2 高等女学校の女生徒たちが看護教育を受けた当時の東風平国民学校（現在東風平中学校）から八重瀬岳の第 1 野戦病院壕までの約 3 キロ。途中、白梅の女生徒たちが毎日水くみに通ったという八重瀬岳麓の山井泉、戦死者約 1500 人が収められた八重瀬の塔、第 1 野戦病院本部壕を経て、八重瀬岳中腹の手術場壕まで、2 時間近くかけて歩いた。

当時 2 高女 4 年生で戦場に動員され、現在白梅同窓会の会長を務める中山きくさんが自身の戦争体験を語った。

＜中山きくさんの戦争体験＞

1941 年 12 月 8 日の真珠湾攻撃があった時、私は小学 6 年生だった。当時は、「欲しがりません勝つまでは」の軍国主義の時代。県立 2 高女に進学してから、英語が廃止になり、兵隊を出している農家の援農、軍の陣地づくりの手伝いなどをやっている中、1944 年の 10.10 空襲を迎えた。那覇が廃墟になり、戦争の真実の姿を初めて思い知らされ、生きた心地がしなかった。那覇にあった校舎もこの時焼けてしまい、それからは授業もなくなり毎日軍隊の手伝いに明け暮れた。

看護教育の話が出てきたのは翌 1945 年の 2 月。私はこの時 4 年生で卒業を

目前にしていた。看護教育を受けないと卒業証書は与えないとも言われる一方、私も含め、一緒に疎開しようとの父母の誘いを振り切って志願してきた生徒たちも多くいたと聞く。3月6日に東風平国民学校にあった看護教育隊へ。3月23日に地上戦が始まったため、八重瀬岳の第一野戦病院本部壕へ移動した。

4月中旬に手術場壕へ派遣された。負傷兵は、着物はびしょびしょ、泥だらけで運ばれてくる。運ばれてきた人の中には一人も女性、子供、お年寄りがいない。手術の照明に何を使ったかというと、ローソク。手術の大半は切断。麻酔もなく「生切り」といった。この、新里堅進『白梅の碑』の絵を見て欲しい。手術壕の中の様子が描かれている。

5月の末ぐらいになると、米軍がこの東風平まで来るというので第一野戦病院を閉鎖・解散するという。それが6月4日。南部へ南部へと住民が列をなしていた。それから戦場を彷徨った。もう壕に入れない。ガマもお墓もいっぱいで、昼は藪に潜んで、夜になるとあてどもなく、あの村に行ったりこの村に行ったりした。

食べ物がなく、畑の小指大のさつまいもを生のままかじった。道路にも、キビ畑にも、アダンの中にも、おびただしい死体が折り重なるようにいっぱい。2高女の生徒も22人亡くなった。

今日参加している高校生など若い人たちにぜひ伝えたい。なんとしても今の政権の戦争への歩みを止めないといけない。

2019.6.23

全戦没者追悼式に 5000 人余　安倍の発言に「ウソつくな」のヤジ

沖縄県・沖縄県議会主催の沖縄全戦没者追悼式に 5000 人余の県民の参加で会場が埋まる中、正午を期して黙祷が行われた。玉城デニー知事は「広大な米軍基地は沖縄の発展可能性をフリーズさせている。政府の対応は民意を尊重せず地方自治をないがしろにするものだ」と厳しく批判した。

知事の平和宣言のあと、糸満市立兼城小学校 6 年生の山内玲奈さんが「本当の幸せ」と題する平和の詩を朗読した。安倍は前列左端の椅子に腰かけていたが、玉城デニー知事の発言や山内さんの朗読を聞いている風もなく、頭を後ろ側に倒したり、うつろな表情を変えることはなかった。

続いて発言した安倍は「西普天間住宅地区跡地は初の大規模返還だ。沖縄の基地負担軽減に尽くす」などと述べたが、発言の間中、会場のあちこちから、「安倍かえれ」「ウソつき」などのヤジが飛び続けた。韓国チェジュ島から参加した

4・3研究所のメンバー一行は「韓国だったらこの程度では済まない。日本の人たちは大人しい」と感想を述べた。

安倍政権退陣！　辺野古埋立て即刻中止を！　8.3 辺野古ゲート前に 800 人

　8 月 3 日の第 1 土曜日、参院選後初めての辺野古現地行動が行われ、800 人が結集した。集会に先立ち、まよなかしんやさんが自作の「命の海に杭は打たせない」を熱唱した。

　司会は山城博治さん。「県民投票を尊重し辺野古埋立に反対するという決議をあげた全国の自治体が 30 にのぼる」と述べたあと、全国の自治体への働きかけを行なった司法書士メンバーの仲眞初美さんが報告した。

　共同代表のあいさつは稲嶺進さん、そのあと国会議員のスピーチが続いた。シンガポールのナンヤン工科大学から訪れた学生・教員が「辺野古の闘いを直接知りたくてやってきた」と語った。米国オレゴン州ポートランドから参加した沖縄出身の与那嶺もえさんの 7 歳になる娘さんのキナさんは英語で「命の源は海。みんなで海を守ろう」を訴えかけた。

　そのあと、県議会与党会派の決意表明が続いた。無所属会派「おきなわ」の親川敬さんは「この世の中のどこに、県からの行政指導を 50 回も受けても止めないということがあるのか。安倍こそ元凶」と怒りをもって語った。共産会派の西銘純恵さんは「裁判が無駄遣いというが、基地建設こそ無駄遣い」と糾弾した。

8.11 沖国大ヘリ墜落 15 年抗議集会　宜野湾市役所前に 150 人

　2004 年 8 月 13 日沖国大に米海兵隊の CH53D ヘリコプターが墜落炎上してから 15 年が経過した。事故機は全長 27 m、重量 10 トンの大型ヘリだが、市街地上空で制御不能となり、中部商業高校から我如古公民館の上空を経て沖国大の 1 号館に激突炎上した。その衝撃で回転翼、テールローター、さまざまな金属部品が周辺に飛び散り、バイク、乗用車、民家を破損した。民間人に死傷者が出なかったことは不幸中の幸いだが、米軍は即座に現場を占領・封鎖し、県警・消防・市・大学の立ち入りをシャットアウトした。

　8 月 11 日日曜日午後 5 時から、宜野湾市役所前の広場で、ヘリ墜落に抗議す

ると共に普天間飛行場の閉鎖返還を求める集会が開かれ、約 150 人が参加した。主催は島ぐるみ会議ぎのわんと普天間基地爆音訴訟団。司会進行は桃原功さん（宜野湾市議）。松川宜野湾市長にも参加要請を行なったが、不参加だったという。

　緑ヶ丘保育園の園長でクリスチャンの神谷武宏さんは「基地があるかぎり事故は起こる。事故が起きてからでは遅い」と述べて、「We shall overcome」を参加者と共に熱唱した。

　わんから市民の会の赤嶺さんは「野嵩ゲート前のスタンディングは毎日続けている。しかし現場だけでは止められない。行政と連携しなければならないし、アジアの人々と手を携えなければならない」と述べた。

　日米の戦闘が続いていた 1945 年 6 月、米軍は住民を収容所に入れて無人となった宜野湾、神山、新城などの集落、民家、学校、田畑をブルドーザーで押しつぶし飛行場をつくりあげた。戦前沖縄を訪れたウィルソンの写真集に残されているような、首里から普天間宮へ向かう琉球石灰岩の並松街道の素晴らしい松並木の景観もすべて破壊した。こうした暴力的な基地建設の経緯から、普天間基地は民有地が圧倒的な面積を占める。比率でみると、民有地の割合は 90％以上で、地主数は 3 千 5 百人以上いる。基地の中には住民の生活痕、遺跡が多く残されたままだ。

　普天間飛行場の広さは東京ドーム 100 個分。宜野湾市の全面積の約 4 分の 1 を占める。常駐機は現在、垂直離着陸機オスプレイ 24 機、CH53 大型ヘリ 12 機をはじめ各種ヘリなど約 60 機。加えて、日本本土、米国、韓国から、KC130 及び KC135 空中給油機や F35、FA18、F15、F22 などの戦闘機が頻繁に飛来し、夜 10 時以降の夜間を含めた騒音がすさまじい。宜野湾市は市内 8 カ所に騒音測定器を設置しているが、それによると、一昨年の騒音発生回数は上大謝名、新城、野嵩、宜野湾、真志喜の 5 か所で 46,807 回にのぼる。うち午後 10 時から午前 6 時までのいわゆる夜間騒音は 1,662 回あった。米軍機の事故は、沖国大ヘリ墜落ののち 15 年間で、墜落 9 件を含め 511 件にのぼるという。

2019.8.25

全国高校生短歌大会で最優秀賞

　石川啄木のふるさと、岩手県盛岡市で開催された第 14 回全国高校生短歌大会（短歌甲子園）で、沖縄から出場した昭和薬科大付属高校文芸部の 2 年生女子学生 3 人のチームが団体戦で準優勝に輝いた。大会を通して最も優れた歌に送られる特別審査員小島ゆかり賞には、国吉伶菜さんの次の短歌が選ばれた。

碧海に　コンクリートを流し込み　儒艮の墓を　建てる辺野古に

9.11 嘉手納爆音訴訟の高裁判決

　9月11日、嘉手納基地の周辺住民約2万2千人が原告となり夜間・早朝の飛行差し止めと賠償を求めた第3次嘉手納爆音訴訟の控訴審判決が福岡高裁那覇支部であった。大久保正道裁判長は、一審の那覇地裁と同じく飛行差し止めを認めず、一審の賠償額を約30％減額した不当な判決を下した。法廷では判決主文を小さな声で2, 3分読み上げ、そそくさと席を立った。

　賠償総額は261億2577万円。一審の総額約302億円より40億円以上の減額となった。この爆音訴訟も、軍事費だけは増大、増税と福祉切り捨ての安倍政治の方向にぴったり沿うものとなった。

　それにしても裁判官は恥ずかしくないのか。米軍機の飛行による被害の実態について、日常生活の様々な面での妨害、不快感、不安感など精神的苦痛、睡眠妨害、血圧上昇など、さらに夜間飛行制限について十分履行されていない、と判決は指摘した。北谷町に住む女性は、補聴器で増幅される爆音が「耳にヤリを突っ込まれたよう」と述べている。しかし、判決は「社会生活上受忍すべき限度を超える」と認定しながら、今年4月控訴審判決があった第2次普天間爆音訴訟と同様、賠償額を大幅にカットしたのだ。

　判決は言う。「飛行場の管理・運営権は米国に委ねられており、国は米軍機の運航を規制・制限することができる立場にない」。「第三者」たる米軍に対し行使する日本の主権はない、と述べているのだ。従属国家日本の政治は堕落の極にある。

9.18「国の違法な関与取り消し訴訟」第一回口頭弁論

　9月18日午後2時半から、福岡高裁那覇支部で、沖縄県が今年7月17日に「県の埋め立て承認撤回を防衛相の請求をうけて国交相が取り消したのは県の行政に対する国の違法な関与にあたる」と国交相の裁決の取り消しを求めた訴訟の第1回口頭弁論が開かれた。玉城デニー知事が出廷し意見陳述した。裁判長は、嘉手納爆音訴訟でも安倍官邸の意を受けた判決を下した大久保。県が求めた証人尋問と国に対する求釈明を退け、この日で結審した。

10.2 辺野古ゲート前座り込み　1日3回の資材搬入に根気強く阻止行動

　10月2日水曜日、定例の安和桟橋での土砂搬入の動きが見られないため、島ぐるみ南部のメンバーは辺野古ゲート前に結集した。辺野古ゲート前には約100人が集まった

　テント前の集会では各地の発言が続いた。横田チヨ子さんは「私はサイパンの戦争の生き残り。75年前の戦争でサイパンは廃墟になった。現代の戦争はボタン一つで島がなくなる。戦争をさせてはいけない、基地を造らせてはいけない」と発言した。

　横田さんは3歳の時、先に移民に行った父を頼って母と共にサイパンに行った。家族はキビづくりに精を出した。その後、戦争を経験し九死に一生を得て1946年3月に沖縄に引き上げてきた。現在91歳の横田さんは足腰もしっかりしていて、ゲート前の座り込みにも必ず参加し、大きな声で不法工事を糾弾する。横田さんの体験は、下嶋哲朗『非業の生者たち』（岩波書店）に掲載されている。

沖縄戦が始まった 10.10 空襲の日
各地でガマに入る入壕体験の平和学習　「命どぅ宝」を伝える平和ガイド

　各地のガマや壕ではさまざまな団体やグループによって、実際にガマの中に入り、当時の生活を追体験する平和学習が実施されている。この日も、南風原町陸軍病院20号壕、南城市糸数壕（アブチラガマ）、糸満市轟の壕、山城本部壕、アンティラガマ、八重瀬町ヌヌマチガマ、クラシンウジョウガマなどで平和学習が取り組まれた。

　専門家の調査によると、沖縄には3000か所の大小さまざまなガマがあるという。加えて、日本軍は人工壕を多数掘り陣地とした。沖縄戦の舞台となったこれらのガマや壕のうち現在まで残っているいくつかのものが平和学習の場となっている。ガマはそれぞれの歴史と物語を持っている。10月10日の平和学習のうち2か所を紹介しよう。

■ヌヌマチガマとクラシンウジョウガマ
　八重瀬町新城（あらぐすく）のヌヌマチガマは、八重瀬岳の第一野戦病院本部

壕が急増する負傷者を収容できなくなって新城分院として開設された全長500m
の自然壕。1000人の負傷兵を収容したという。通称白梅学徒隊、県立二高女4年
生の5人が勤務したが、6月3日、日本軍の敗退に伴い、野戦病院閉鎖・学徒隊
解散となった。独歩患者は「原隊復帰」、軍医・看護婦・衛生兵・学徒隊もみなガ
マを出たが、歩くことのできない患者はどうしたか？当時の言葉で「処置」した。「処
置」とは何か。青酸カリだ。手榴弾を選ぶ兵もいたという。

　沖縄戦当時、各地に野戦病院、陸軍病院とその分院、分室が多数あったが、動
けない負傷兵はどこでも「処置」された。ひめゆり学徒隊の勤務した南風原町の
陸軍病院でも、やはり撤退にあたり負傷兵を青酸カリで殺した。日本軍が栄養補
助食品として保有していたコンデンスミルクを水で溶き青酸カリを入れて「天皇
陛下からの賜りもの」として飲ませた。青酸カリは非常に苦い。毒だと分かって
いて飲む兵もいただろう。飲んで毒だと騒ぐ兵は衛生兵が静かにさせたという。
戦争になると、人の命は鴻毛のように軽い。

　海側の具志頭グスクの下に位置するクラシンウジョウガマは、グスクの主である
具志頭王子がなくなった時、ガマの中に墓がつくられたことにちなみ、「世の主ガマ」
と呼ばれてきたが、今ではクラシンウジョウ（暗御門）ガマと呼ばれる全長150
mの自然壕だ。地元の住民は戦争に備えて食料貯蔵庫として利用していたようだが、
日本軍が接収し人工壕を掘り足し陣地とした。はじめ第9師団が入っていたが、台
湾への転出に伴い第24師団が入り、のちまた部隊の入れ替わりがあった

　那覇空港そばのガジャンビラに陣地を構えていた高射砲部隊が敗走し、クラシ
ンウジョウガマまで後退したのは5月下旬。米軍が具志頭村の港川から陸揚げ
した戦車を先頭に摩文仁へ向けた総攻撃を開始すると、日本軍はクラシンウジョ
ウガマ一帯にいた敗残兵部隊に米軍を迎え撃つことを命じた。その時、犬死はイ
ヤだ、と通信班を中心に班長の畑中軍曹、我如古兵長など7人の兵隊が夜間の
部隊の出動に紛れて逃亡した。その中の一人、大阪のカメラマン、渡辺さんは自
身の戦争体験をのちにまとめて『逃げる兵―サンゴ礁の碑』として出版した。ス
リリングな戦争体験記だ。

2019.10.27

10.21〜25　琉球セメント安和桟橋　赤土ダンプの進入を完全ストップ！

　10月21日から5日間、琉球セメント安和桟橋からの赤土土砂の搬入・搬出
は完全にストップした。

2019.10.23　安和桟橋ゲート前。全国から200人近くが参加。5日間完全に搬入ストップ。勝利のカチャーシー。

　オール沖縄会議現闘部と各地の島ぐるみ、団体による通常のゲート前行動に加えて、「あつまれ辺野古」のグループが呼びかけた「連続5日間大行動」に呼応して連日多くの人びとが安和のゲート前に結集し、座り込んだ。ゲート前には救護班のテントが設置され、北海道、東京、神奈川、千葉、静岡、名古屋、京都、大阪、兵庫、山口、熊本など北から南までの17都府県から数十人以上が集まり、県内各地の参加者と共に、赤土土砂搬出入ストップ！新基地阻止！の行動を貫徹した。

　どういう訳か、この5日間、警察機動隊は全く姿を見せなかった。運搬船の出航を止めようとカヌーを浜辺に準備したカヌーチーム「辺野古ぶるー」のメンバーも、ウェットスーツとマリンシューズの海上行動姿のまま、ゲート前の座り込みに参加した。ゲート前は、各地の参加者の報告やスピーチと歌、サンシンが交互に行われ、交流を深めた。

　安和のゲート前行動は完全に勝利した。参加者は歓声をあげカチャーシーを舞った。本部島ぐるみの高垣さんらと共に、朝から夜まで連日頑張り抜いた現場リーダーの中山吉人さんは、真っ黒に日焼けした顔をほころばせて心からの喜びを口にした。

10.23　APALAシンポジウム　米国アジア系労組との連帯集会に130人

　10月23日夜、那覇市八汐荘で、APALA（アジア太平洋系米国人労働者連合）からの代表団を迎えて、辺野古新基地に反対する連帯集会が開かれた。APALAは、アジア太平洋にルーツを持つ66万人の組合員を擁する労組で、ワシントンに本部を置き全米12以上の支部を持つ。2015年には全国執行委員会で辺野古・高江との連帯決議をあげ、2017年と今年の年次総会で、沖縄県民に連帯し辺野古新基地に反対する決議をあげた。

　APALA創始者や現議長ら7人が沖縄を訪問し、普天間第二小学校、宮森小学校、辺野古ゲート前などを訪れ、交流した。那覇市での連帯集会には、辺野古・安和からの駆けつけた各地のメンバーを含め約130人が参加した。

　進行役は高里鈴代さん。パネリストの糸数慶子さん、ジュゴン保護キャンペーンセンターの吉川秀樹さん、APALA創設者のケント・ウォンさん、APALA議長

2019.10.23　米国アジア系労組との連帯集会。
APALA議長のモニカ・タマラさん。

のモニカ・タマラさんと共に壇上に上がった。

ケント・ウォンさんは「沖縄の人々に会うことができてとてもうれしい。沖縄のくじけない闘いに感銘を受けている。未来の子どもたちのために勝利しよう」と訴えた。

モニカさんは「私の出身はラオス。難民の子どもだ。アメリカのラオス・カンボジアに対する空爆は一部沖縄から出撃した。両親は戦争を逃れ米国へ避難した」と述べた。吉川さんは、沖縄訪問に対し感謝の意を述べたあと、国防権限法案とジュゴン訴訟について報告した。

質疑と意見交換の中で、モニカさんは「アメリカにも基地があるが、沖縄のように住宅地や学校の近くにはない。米軍基地の存在の中で教育がどれほど困難に直面しているか。子供たちが慣れてしまうのが一番怖い問題だと思う」と述べた。さらに、「アメリカでも集会の最後には、全員で声を合わせてスローガンを叫ぶが、その内容は、抵抗しよう！組織しよう！闘おう！」だと言ったあと、参加者全員が立ち上がり、一緒に英語で「resist, organize, fight」と叫んだ。

2019.11.10

11.4 県下 45 万人の水が危ない！
豊里友治さん　米軍による水汚染問題講演会に 130 人

11 月 4 日午後、宜野湾市社会福祉センターで、島ぐるみ会議ぎのわん主催の「PFOS/PFOA 汚染で県下 45 万人の水が危ない！」と題する豊里友治さんの講演会が開かれ、各地から 130 人が参加した

＜豊里友治さんの講演（要旨）＞

北谷浄水場の汚染を中心に考える。PFOS は 2009 年 POP ｓ条約で製造、使用、輸出入が制限された。PFOA は 2019 年に製造、使用、輸出入が禁止された。PFH ｘ Sは、2021 年、規制がかかると予想される。PFOS 等の毒性については、環境省が 2011 年に出した処理に関する留意事項、北海道大環境研究教育センターの岸玲子先生の研究などによっても明らかにされている。今年 5 月 15 日放

映の「クローズアップ現代＋」によると、米国のデュポン社は PFOA 被害裁判で和解し、3550 人に 760 億円の補償を行なった。工場周辺 7 万人の毒物の血中濃度は米国人平均の 20 倍にも上り、高コレストロール、甲状腺疾患、腎臓がん、精巣がんなど 6 つの病気を補償した。

　米国の保健福祉省の毒物疾病登録局は 2018 年、動物実験の結果をもとに、PFOS/PFOA の基準値を定め、環境保護庁は 2019 年、包括的な全国 PFAS 行動計画を公表した。それによると、PFOS/PFOA を有害物質としてリストに加え、2100 億円を投じて基地周辺の汚染場所の浄化を行なう計画であるという。独・英の基準は米国より緩いが、米国の各州ではより厳格な独自の規制に取り組む動きが進んでいる。

　厚生省が集約した 2013 年から 5 年間の全国約 100 か所の浄水場の PFOS/PFOA 検出状況によると、米英独の基準値をはるかに越える量が測定されている。特に、最近は北谷浄水場が原水、浄水とも最大値を記録した。言うまでもなく、汚染源は嘉手納基地だ。

　沖縄県の現在の一日最大給水能力は 60 万トン以上あるが、実際の供給量は 42 万トン前後で推移している。汚染された水源からの取水を止めることは可能だ。北谷浄水場の使用を中止し、米軍に有機フッ素化合物の使用を止めさせ、日米両政府に汚染除去を求めなければならない。米国の州独自の取り組みにならって、県独自の厳しい環境基準を設けるべきだ。

「戦死者たちからのメッセージ」展　平和祈念資料館 1 階企画展示室

　友人から「すごいメッセージ力がある」との連絡を受けてさっそく足を運んだ。11 月 5 日、修学旅行生であふれる平和祈念資料館 1 階の奥まった企画展示室で、武田美通・鉄の造形「戦死者たちからのメッセージ」と題する 30 作品が展示されていた。知る人ぞ知る、かも知れないが、私は初めて見た。そして鉄という金属を素材としていることが信じられない位、造形のすばらしさと訴える力強さに唖然とした。何という巧みさ、表現力。まるで死した兵士たちが実際に語り、叫ぶような迫真力にあふれていた。

　30 作品どれもみな素晴らしいが、その中で特に印象深かったのは、鉄のヘルメットをかぶり銃剣付き小銃を手にしたドクロの兵士が帰還の敬礼をしている作品だ。タイトルは「帰還兵が問う」とある。ドクロの帰還兵は「あの日から 74 年、雨ざらしだった白骨のわが身に、敢えて当時の兵装をまとい、長い歳月をかけて、ようやく故国に帰ってまいりました。あの戦争は何だったのか―。しっかりと検証され

2019.11.5　沖縄県平和祈念資料館。武田美通・鉄の造形「戦死者たちからのメッセージ」作品展。

たのでしょうか。私たちの死はムダではなかったのでしょうか。それを確かめたくて帰ってまいりました」と語りかける。

　もう一つ目に焼き付いたのは、白骨のドクロがかんからサンシンを手にして歌っている造形だ。説明文には、「歌い継ぎ、語り継ぎゆかん、沖縄戦の地獄を」とのキャプションのもと、「米軍の沖縄上陸いらい猛烈な鉄の暴風にさらされながらも県民男子は防衛召集の兵士として戦列に加わり、女子もまた看護や炊事、砲弾運び、さらには挺身切り込み隊にまで参加し、約10万人が戦火の犠牲となった。この凄惨きわまる沖縄戦をどれだけの人が知っているだろう。果たして、後世に生きる私たちはいま、沖縄とどう向き合っているだろうか」とある。

　銃で自決する兵士、銃剣を手にした陸軍兵士、指さす特攻兵士、飢餓地獄の兵士、靴を喰う兵士なども含めて、ドクロが語り、問い、叫ぶ。

　武田美通さんは2016年5月15日、80歳で亡くなった。

11.27 琉球セメント安和桟橋　ゲート前と海上で赤土土砂搬出阻止行動

　本部半島の採石場から土砂の積み出しを止める行動は毎日、本部塩川港、および琉球セメント安和桟橋のゲート前と海上で貫徹されている。11月27日も、辺野古のカヌーチームは10艇近くが午前、午後の2回、身を挺して土砂運搬船の出航を遅らせる海上行動を行なった。

　本部塩川港では本部町島ぐるみを中心に抗議行動を行なった。午前中は前日に台船に積まれた分が沖合で運搬船に積み替えされた。午後は機動隊が来て積み込みが始まったが、約半分積み込んだ時点で機動隊も帰ってしまい中断したとのこと。

　安和桟橋ゲート前では、「ふるさとの土は平和のために使いたい」の横断幕や「新基地は住民の命と暮らしをおびやかす」のノボリが多数掲げられる中、島ぐるみ南部や県外からの参加者10〜20人が朝から午後遅くまで「マイクのコールに合わせて「埋め立てやめろ」「赤土入れるな」と声を上げた。名護方面から本部方面

に向かう車は、県内の住民や仕事関係だけでなく、レンタカーや観光バスも数多いが、車の中から興味深そうに見つめたり、手を振ったり、時々スマホを向けたりする人々もいる。ゲート前では、プラカードを手にアピールしたり、マイクで「みなさんの地域や職場にゲート前の抗議行動をお伝えください」などと呼びか

2019.12.25　琉球セメント安和桟橋入口ゲート前。クリスマスにちなみ、サンタ姿で埋立中止を訴え

けたりする。連日の安和のゲート前行動は期せずして、辺野古新基地反対の一大宣伝行動の場になっている。

1.1 辺野古の浜、初興に 300 人

　辺野古の浜の初興は、ヘリ基地反対協の浦島悦子さんの進行で、午前7時から始まった。砂浜の上に敷かれたビニールシートにお供えの品々や酒を置き、集落の関係者や国会議員など十数人が座って手を合わせ、前列の真ん中に座った海勢頭豊さんがマイクを手に、太陽が昇る辺野古の浜に向かって、新年の祝詞をウチナーグチで唱えた。「沖縄の諸々の神々よ。今日は初興の日です。海を守る闘いにどうか勝たせてください。ウニゲーサビラ」。そして浜の四隅に移動しながらそれぞれウートートーを行なった。

　荘重なサンシン合奏。源啓美さんはじめ十数人によるかぎやでぃ風の踊り、船のカイと棒術の演武、小学生二人による谷茶前の踊りが披露された。赤嶺政賢、屋良朝博、伊波洋一、高良鉄美の衆参議員も紹介された。韓国、オーストラリア、アメリカなど諸外国からのメッセージも読み上げられた。

　そのあと、カヌーチームを代表して松川博之さんが夫人と子ども2人と共に前に立ち、スピーチした。「小学校の教師をしている。6年前から辺野古に参加し始めた。翁長さんが知事に当選したとき、子供たちが言った。"じゃあ、辺野古に基地を造らないことになったんだね"。子供たちに民主主義や人権をどう教えればいいのか。安心して生きられる世の中をつくりたい」

カチャーシーの乱舞、ディアマンテスの勝利の歌に合わせた輪になった踊りで1時間半に及ぶ行事の幕を閉じた。

■引き返せるのに、回転し始めた歯車を止める勇気がこの国にはない

1月5日沖縄コンベンションセンターで開かれた「吉永小百合・坂本龍一チャリティーコンサート in 沖縄」に参加のため一足早く沖縄を訪れた坂本龍一さんは1月3日、船上から辺野古・大浦湾の海を視察した。坂本さんは、透明度の高い海の美しさ、サンゴのすばらしさに感嘆の声を上げ、「自然は一度壊したら元に戻せない。引き返せるのに、回転し始めた歯車を止める勇気がこの国にはない」と述べた。

坂本さんが指摘する通り「引き返せるのに回転し始めた歯車を止める勇気」がないためこの国はアジア侵略とその敗北を典型として、最悪の歴史を繰り返してきた。負の回転を続ける歯車を止める勇気を持とう！

2020.2.16

2.13 平和市民連絡会の対県交渉

2020.2.13　平和市民連絡会の対県交渉。辺野古を止めるため県行政の取り組み強化を求める

2月13日午後4時から約2時間、沖縄県庁13階会議室で、平和市民連絡会による辺野古埋立てに関する申し入れが、共同代表3人（真喜志好一さん、宮城恵美子さん、松田寛さん）と城間勝事務局長、北上田毅さんはじめ30人余りの参加のもとに行なわれた。

県側は、金城統括監はじめ、基地対策、環境保全、港湾の各課長が出席した。

冒頭、真喜志さんから「辺野古新基地建設事業を阻止するための県の取り組み強化を求める要請」が金城統括官に手渡された後、県側の各課長からの説明が行われた。

普段より多い報道陣を前に、参加者たちは、県行政を担う中堅幹部たちのあいまいで心のこもっていない答弁に対し、「現場に来て見てください」「責任感を持っ

て」「県民の期待を裏切らないで」などの言葉を発した。

　問われているのは、日本政府の新基地建設の強行に対し、民意をバックに県の有する行政権限を駆使して立ち向かっていくという肝心（チムグクル）を持つのかどうかということだ。

安倍政権言いなりの最高裁判決　確固とした自主自立の県政を！

　3月26日、最高裁第一小法廷（深山卓也裁判長）は、福岡高裁那覇支部の判決（2019.10.23）に続き、沖縄県が「県の埋め立て承認撤回に対する国の違法な関与取り消し」を求めた上告審で、沖縄県の上告を退け政府による違法な政府の関わりを認める判決を出した。深山はじめ、池上、小池、木澤、山口の五人の裁判官は恥じよ！

　沖縄県の金城基地対策統括監、東京事務所の渡久地所長、弁護団の加藤裕弁護士、国会前で辺野古に連帯する行動を続けてきた市民たちが傍聴した。判決のあと、「沖縄を無視するひどい判決」「民主主義の危機」などと声を上げた。安倍政権末期の行政・司法の堕落は底なしだ。

　玉城デニー知事は記者会見を開き、強く批判するメッセージを発表した。

4.6 辺野古・大浦湾　カヌー7艇、抗議船3隻が埋立工事に抗議

　ミーティング後、直ちに海上に出たカヌーと抗議船は長島の間を通り抜けて、大浦湾に入った。丁度、土砂運搬船が二隻、近づいてくるところだった。開口部のフロートを開け、数艇の海保のゴムボートが警備している。

　カヌーチームと平和丸は土砂運搬船の航路近くまで近づいて海保と対峙し、「辺野古の海に土砂を入れるな」と訴えた。海保が「航路内に立ち入らないでください。平和丸の船長に警告します」などとスピーカーで繰り返す中、海上チームは毅然とした抗議行動を行った。

　その後、K8護岸で、次の赤土を積んだ台船が入ってくるタイミングでカヌーチームはフロートを越えた。海保の高速ボートに阻まれ、台船まで到達できない。辺野古の浜で解放されたカヌーチームは休む間もなく、平和丸に乗船、カヌーをけん引してK9護岸へ向かった。K9護岸に着くと、まさに赤土満載のランプウェ

イ台船がK9護岸に迫りつつあった。直ちに、抗議船からカヌーに乗り移り、フロートを越えるがすぐに全員が拘束された。

この日、カヌーチームは昼休みをとる余裕もなく、K8、K9、K8と三度、フロートを越える行動をやりぬいた。海上行動チームは屈しない。沖縄県民は屈しない。

4.5 沖縄戦を知るピースウォーキング

4月5日、「沖縄戦を知るピースウォーキング」が行われた。スタート地点の糸満市真壁公園には50人以上が集まり、約四時間かけて現場をめぐった。当時15歳の大城藤六さんが同行し体験を語った。

公園の一角で大城さんはまず小学校時代を振り返った。

「1941年、学制改編で小学校が国民学校になった。校門にある奉安殿で毎日最敬礼をした。天皇という言葉を聞くとみんな気を付けの姿勢を取った。登校は揃って軍歌を歌いながらだった。シンガポール陥落の時は小学生も集落内を練り歩いた。体育の時間が倍になり、行進などの訓練をやった。1943年からは竹やり訓練も始まった。人を倒す訓練。左胸を狙って突いてすぐ抜く。戦の好きな人が国の指導者になり、世の中が変わる時、学校も教育も変わっていく」

南北の塔のすぐ後ろには、大城さんたちが隠れた壕「アバタガマ」がある。その前で大城さんは「当時の南部には、日本兵3～4万、住民11万、合わせて15万人近くの人があふれていた。米軍の船が島尻の海を取り巻き、艦砲射撃は激しかった。捜索24連隊が戻って来て、住民をガマから追い出し、子供をおぶって逃げる女性を後ろから銃剣で刺し殺すなど、何人もの住民を殺した。6月19日に米軍から放送があった。"戦争は終わった。平和になった。食べ物をあげる"真栄平には朝鮮人もいた。両手をあげて真っ先に捕虜になった。それから三日後、みんなで外へ出た」と語った。

2020.5.24

検察官定年延長法案と同じく、辺野古埋立も見送りを！

安倍政権が「国民の理解なしには進められない」と検察官定年延長法案の見送りを決めた時、沖縄県の玉城知事は間髪入れず「辺野古新基地も県民・国民の理解を得られない。埋立工事の撤回を」と訴えた。全くその通りだ。

4月中旬からコロナ緊急事態下で辺野古埋立工事も中断している。現在、コロナ感染から日常生活が徐々に回復しつつある。しかし、日常生活がもとに戻って

も、辺野古埋立工事をこのまま継続することを県民は望んでいない。

県議選　県政与党が後退するも過半維持

　6月7日投開票の県議会選挙（定数 48）は、玉城デニー知事を支持する与党が過半数の 25 議席を占めたのに対し、野党の自民党 19 議席、中立を掲げる公明・旧維新の 4 議席となった。4年前の県議選に比べて、与党は 2 減、野党は 4 増、中立は 2 減だ。

　その結果、知事や与党の周辺で「期待外れ」「事実上の敗北」という声が上がり、沖縄自民党は議席増を喜んだ。しかし、県議選の結果は単純に、玉城デニー知事の与党が多数を占めたことに尽きる。

6.23 沖縄慰霊の日　摩文仁に集い、反戦平和を心に刻む

　沖縄では、今なお不発弾と遺骨が出る。内閣府沖縄総合事務局の「不発弾等処理実績」によると、2017 年は年間 563 件、2018 年は年間 678 件にのぼる。一日平均 2 件近くだ。不発弾は中南部に集中している。至る所で、5 インチ艦砲弾、黄燐弾、さらに今年 4 月には那覇空港で 10・10 空襲のものとみられる 250 キロ爆弾が数発発見された。全体で 2000 トン以上残っているという。「鉄の暴風」はまだ終わっていないのだ。

　そして、遺骨。昨年一年で収容された沖縄戦犠牲者の遺骨は 59 人で、過去 3 年で最多だった。このうち一人は、地元住民数人が米軍の砲撃により生き埋めになった糸満市の山城壕から発見された。厚生労働省によると約 2,800 人の遺骨が未収容だという。

　例年数千人規模で開催される追悼式は、今回、限定 200 人の式として挙行された。米国政府も沖縄戦 75 周年記念メッセージを発表した。それは「第 2 次世界大戦の最も激しい戦いの一つである沖縄戦で歴史的勝利を収めた」「この記念碑的な戦いで命を落とした 1 万 2 千人以上の米国の英雄をしのぶ」「その犠牲の遺産には、日本との同盟が含まれている」などとしている。つまりアメリカにとって、日米安保と沖縄基地は米軍の戦利品なのだ。戦後 75 年、もう十分ではないか。軍靴の下から沖縄を解き放て。

6.25 ～ 26 宮古島訪問　陸自駐屯地、ミサイル弾薬庫建設現場と戦争遺跡
噫々忠烈丈夫之墓

　6月25～26日の二日間、宮古島を訪問した。ミサイル基地いらない宮古島住民連絡会の清水早子さんと上里清美さんの案内で、野原越の野戦重砲兵の秘匿壕・納骨堂、特設水上勤務101中隊の朝鮮人軍属が1945年3.1空襲で犠牲になった平良湾、狩俣の浜と特攻艇の秘匿壕、などを回った。

■千代田の陸上自衛隊宮古駐屯地

　千代田の陸自駐屯地は、昨年3月の警備隊に続き、今年の3月、地対空・地対艦のミサイル部隊が配備された。自衛隊歓迎の宮古島市長や市議会に支えられて、陸自部隊は我が物顔に基地内外で訓練している。さらに、駐屯地内の駐車スペースには、ミサイル6基を積む移動式発射の大型軍用車両が何台か見える。

　昨年4月、宮古島駐屯地で行なわれた「隊旗授与式」で、当時の岩屋防衛相は「宮古島が島嶼防衛の最前線だ」と訓示した。日本の軍国主義者は再び、沖縄を、宮古島を国家の捨て石として犠牲を強いてきている。

■保良のミサイル弾薬庫建設現場

　宮古島南東部の保良（ぼら）では、ミサイル弾薬庫、射撃訓練場の建設が進んでいる。昨年10月に着工して、弾薬庫の建物の一部はすでに4階部分にまで足場が組まれている。巨大な弾薬庫だ。弾薬庫から保良の民家までわずか230m。集落内のゲートから民家までは50mにすぎない。近くの竹仲山公園から見渡せば、弾薬庫と集落とは本当に隣り合わせ。朝工事現場に行くと、数人がノボリ、プラカードを手にゲート前に座り込んでいた。保良集落の下地さん夫妻と島尻さんとの事だった。話を伺うと、毎日座り込み抗議しており、保良の集落の人々は70％が弾薬庫建設に反対しているという。明るく朗らかに闘い続けたいと語った。

■豊旗の塔の噫々忠烈丈夫之墓

　異形のこの塔は長らく謎だった。沖縄県慰霊塔（碑）調査結果一覧表によれば、建立者は「特設水上勤務101中隊」とされているので、碑の裏側に刻銘されている4人は朝鮮人軍属ではないかと思われていた。今回やっと謎が解けた。

　表側は「噫々忠烈丈夫之墓」とハッキリ読み取れる。ところが裏側は「故陸軍々属」のところはどうにか判別できるが、肝心の名前が読み取れなかった。ところが意外にも、その日の大雨で碑の上から雨がかかり、濡れた刻銘面が鮮明に浮か

び上がったのだ。

その結果、4人はすべて、32軍防衛築城第4中隊（野口隊）所属で、高山小鳳（本名高小鳳）さんは慶尚北道出身、他の3人は日本人軍属であることが分かった。留守名簿には、3人は1945年6月13日戦死と記されている。不思議なことに高さんのみ死亡年月日が1945年4月14日となっている。伝えられた話からは、米軍の攻撃が落ち着いた頃何かの爆風で死んだ、碑を建てた、後になって畑の持ち主が処分に困り県に相談したところ、宮古の教育委員会の人たちが戦争遺跡とし

2020.6.26　この碑はこれまで特設水上勤務101中隊のものと思われていたが、防衛築城第4中隊（野口隊）のものと判明。

て一時博物館に保管した後豊旗の塔の一角に移した、ということが明らかになった。

宮古島では地上戦はなかったが、空襲、マラリア、飢え、そして今回のような爆風で多くの県民、日本兵、徴用された朝鮮人が死亡した。

7.26 牛島貞満さん講演会に70人　〝地下壕は沖縄戦の現実を学ぶ大切な場所〟

7月26日午後、那覇市の教育福祉会館で、首里城地下の第32軍司令部壕の保存・公開をテーマにした牛島貞満さんの講演会が開かれ、約70人参加した。主催は「第32軍司令部壕の保存・公開を求める会」。

牛島貞満さんは、第32軍牛島満司令官のお孫さん。小さい頃から「おじいちゃんは立派な軍人で、とても偉かった」と聞かされ、8月15日には家族そろって靖国神社に参拝し、遊就館に展示されている牛島司令官の軍刀や軍服を見て育った貞満さんが、それに疑問を持つのは摩文仁の平和祈念資料館を訪れてからだったという。

1945年6月23日（貞満さんによると22日）、牛島司令官が自決するにあたって、「祖国のために最後まで敢闘し、生きて虜囚の辱を受けることなく、悠久の大義に生くべし」と命ずる遺書を残したことはよく知られている。その結果、沖縄戦が最後の一兵まで「玉砕」する終わりのない戦闘になった。貞満さんは、一般兵士や学徒隊の女学生などから「優しい人格者」と慕われた祖父・牛島司令官が、なぜ多くの命を犠牲にする命令を出したのかと疑問を抱きながら、「祖父が沖縄県

民や日本軍兵士の犠牲を極めて多くした」事実に向かい合ってきたが、犠牲を大きくした最大の原因は「南部撤退」と「最後まで敢闘」の命令だと考えるに至った。

　沖縄県は第32軍司令部壕の保存・公開に向けて、歴史、土木など専門家からなる検討委員会の設置を決めている。県民大多数の要望は、首里城の再建と同時に第32軍地下司令部壕の保存・公開である。

あかばなの咲く美しい街を廃墟にした戦争

　あかばな（ハイビスカス、仏桑華）は沖縄を代表する花だ。朝咲き夕しぼむが、また翌朝咲く。次から次へと咲く不死の生命力を宿したかのような花だ。朝鮮の代表的な無窮花（むくげ、ムグンファ）とよく似ている。

　沖縄に第32軍が置かれたあと、中国をはじめ各地から日本軍部隊が沖縄にやってくるのは1944年8月以降。その中のひとつ、独立高射砲第27大隊に所属した渡辺憲央さんは、那覇空港そばのガジャンビラの丘の上から那覇の町を見た時の感想を書き、沖縄戦で廃墟になる前の姿を描いている。

　「丘の上から眺めた那覇の町は、たとえようのない美しさであった。緑に囲まれた赤い屋根、青い屋根から朝餉の煙がたなびき、真紅の仏桑華の花が点々と宝石をちりばめたように見えた」

　戦争がこの美しいまちを破壊した。ちなみに、ガジャンビラの地名に、渡辺さんは蚊と蛇が多いということから、「蚊蛇平」と漢字をあてているが、正しくは、「我謝平」。我謝という集落の坂という意味である。ヒラは坂のことで、日本古語のひとつ。

10.3 辺野古ゲート前に700人　7か月ぶりにオール沖縄会議の県民大行動

　10月3日第一土曜日、30度を越える真夏日となった辺野古ゲート前で、7か月ぶりに、オール沖縄会議による県民大行動が行われ、700人が結集した。会場のあちこちでは、しばらくぶりで会う人々同士のあいさつと談笑の輪が広がった。

　今回は、コロナ感染防止対策を徹底して、事前事後の行動を省き、午前11時から12時までの集会のみで実施された。参加者の体温チェック、手指の消毒、バス内のマイクの消毒、集会中の人と人との距離の確保なども実行された。

　はじめに、主催者のオール沖縄会議の共同代表のあいさつが行なわれた。高里

鈴代さん、4区候補の金城徹さん、前連合沖縄会長の大城紀夫さん、前名護市長の稲嶺進さんのあいさつに続き、玉城デニー知事のメッセージが読み上げられた。知事は「意見書が1万5千件を越えたことは多くの人々が関心を持っていただいた結果だ。辺野古に新基地は造らせないという公約を実現するために全力をつくす」とアピールした。

そのあと、四人の国会議員、県議会会派の「てぃーだネット」の山里将雄さん、会派「おきなわ」の平良昭一さんが決意を述べた。

最後に、現場で闘う各団体の報告と決意表明が行なわれた。うるま市島ぐるみの宮城事務局長、ヘリ基地反対協議会の仲本興真さん、本部町島ぐるみ会議の高垣さん、島ぐるみ八重瀬の会からは私が安和の闘いの報告と決意を述べた。

2020.10.18

石灰岩地形は沖縄の歴史そのもの、県民の財産

隆起サンゴ礁の石灰岩地形は、沖縄の、特に中南部の各地のガマとして自然の中に存在するだけでなく、首里城をはじめグスクの石垣、金城町石畳をはじめ数多くの道、民家の壁や石垣、さらにきれいに加工されて内装など、沖縄のあらゆるところに人々の生活と深い結びつきを持って活用されてきた。一言でいえば、琉球石灰岩は、隆起サンゴ礁の島の歴史そのものであり、沖縄の生活と文化を体現する建築資材であり、県民の貴重な財産だ。骨材を取った残りの土砂といえども、軍事基地を造る埋立に使われるべきものではない。

隆起サンゴ礁の島・沖縄がどれほど長い年月をかけて形成されたのか。琉球石灰岩とは、更新世の琉球層群中の石灰岩及び石灰質岩からなる層（およそ130万年～2万年前に形成）である。沖縄防衛局の計画では、沖縄県全体の調達可能量は、約4,500万立方mとしている。政府と防衛省の官僚たちの埋め立て計画は、沖縄の歴史そのものと言える石灰岩関連の石や土を根こそぎ奪い取り辺野古の海に投下しようとするものである。それは、とことん沖縄を無視し、踏みつけ、ないがしろにするものだ。

2020.10.25

10.19 辺野古・大浦湾海上行動

野党国会議員でつくる「沖縄等米軍基地問題議員懇談会」（会長＝近藤昭一衆

院議員）のメンバー 10 人が 10 月 17 〜 19 日にかけて、石垣島の自衛隊駐屯地造成現場を視察したあと、埋立工事のすすむ辺野古・大浦湾を抗議船に乗り海上からとゲート前から視察した。沖縄の衆参両院議員 5 人も参加した。

10 月 19 日午前、議員団は汀間漁港に集合した。出発に先立ち、ヘリ基地反対協の仲本さんの司会で、名護市議の東恩納琢磨さん、水中写真家の牧志治さん、さらに島ぐるみ八重瀬から南部の土砂採取に関する報告があった。平和丸、不屈、勝丸の 3 隻に分乗してまず、向かったところは、大浦湾の軟弱地盤区域。

そのあと、K 8 護岸のフロート周辺でデモンストレーションするカヌーチームと合流し、一緒に声をあげた。議員団はその足でゲート前行動に参加した。海上行動チームは、K 8 護岸でフロートを越えて阻止行動を展開し、全員海保に拘束された。

映画『赤い闇―スターリンの冷たい大地で』

今年 8 月に全国で封切りされた話題の映画『赤い闇―スターリンの冷たい大地で』（監督：アグニェシュカ・ホランド）が、沖縄でも桜坂劇場で一週間にわたって上映された。私たちが足を運んだのは平日の夕方だったが、ざっと見て 20 〜 30 人の観客がいた。スターリンによるウクライナの収奪と飢餓、モスクワの国家権力に追従するジャーナリズムとあくまで真実を追求する記者というテーマに加えて、『ソハの地下水道』などいくつかの話題作を手掛けてきたポーランド出身の女性監督が制作した最新作ということも理由であったと推測される。

1930 年代半ばのソ連邦のスターリン政府の実態―民衆を抑圧する警察、モスクワに世界から集まったメディアの堕落、知識人たちのスターリンに対する幻想、ウクライナの貧困と飢餓生活・行き倒れの死体などが描かれる。ウクライナの飢餓の現実を描く映像は非常に抑制的だ。一説には数百万人が餓死したと言われるウクライナのホロドモールの現実はもっと悲惨で残酷で怖ろしかったに違いない。現在、ウクライナには、やせ細った少女像が立つ「ホロドモール犠牲者記念碑」と慰霊塔が建てられている。

戦争、難民、飢餓は言うまでもなく、一見自然災害と思われる大災害もよく見ると、ほとんどすべて人災である。ウクライナの飢餓は、ロシア革命のテルミドール反動により国家権力を掌握したスターリンによる収奪の結果だった。ロシア革命の社会主義はスターリンの強権に置き換えられた。レーニンと共にロシア革命をリードしたトロツキーはすでにソ連から追放され流浪の身となっていた。

映画には主人公の英国人記者、ガレス・ジョーンズの友人として、ジョージ・オーウェルも登場する。映画の中のオーウェルは少し頼りない感じを与えるが、監督

はソ連の現実がオーウェルがその後描いた『動物農場』『1984 年』と類似していることを示唆した。

ウクライナの飢餓の現実を全世界に暴いたジョーンズは、2 年後の 1935 年、今度は日本の傀儡国家「満州国」を取材するため中国を訪れたが、当地で匪賊に襲われ殺された。29 歳だった。誰が殺したか。

2020.11.1

10.25 平和学習フィールドワークに 80 人
首里城周辺の埋没した戦跡壕をめぐる

10 月 25 日（日）、平和祈念資料館友の会主催による平和学習ＦＷ「首里城周辺の埋没した戦跡壕をめぐる」が行なわれ、各地の平和ガイドや子供連れの親子が帽子・運動靴姿で集まった。

一中健児之塔に向かって黙とうした後、資料展示室解説員の山田さんが当時の学徒隊について、「3 〜 5 年生は鉄血勤皇隊として第 5 砲兵司令部に配属され、2 年生は通信隊として電信第 36 連隊に動員された。1 年生は家に帰された」と説明した。一中関係の犠牲者は教職員、1 年生を含め 300 人を越える。

ＦＷの一番目は、一中健児之塔の後ろ側の小山に造られた第 3 小隊壕と銃器庫跡。一中に向かう玉陵坂（タマウドゥンヒラ）の左右に第 1、第 2 小隊壕と炊事班壕があったが今は埋没している。次に安国寺に向かった。ここには当時、永岡隊の陣地壕があった。現在埋められているが、かつての入り口には目印として地蔵が置かれている木の下で、永岡隊の炊事係として従軍した一高女の翁長安子さんが次のように体験を語った。

＜翁長安子さんの証言＞

一高女 2 年生の時に「お国のために働きたい」と永岡隊に志願した。私の兄は二人とも軍に入隊していて、私も従軍が当然だと思った。当時 15 歳。体の小さい私でも出来ることは何かと考えて、水汲み、飯運びならできると、炊事係を志願した。

水汲みは 20 〜 25 ｍもある崖下のヒージャー（泉）から布のバケツで水を汲み、約 60 人分の水筒に入れて引き上げる仕事。朝 5 時半ごろから 1 時間以上かかった。反対側の山は擲弾筒の陣地だった。シュガーローフ・新都心の戦に、永岡隊の兵士達が出撃した。「おじさん達、どこに行くんですか」と尋ねたことがある。爆弾を持って斬り込みに行ったのだが、5 〜 6 人の内帰ってきたのは二人だけ。日本軍の戦争は、手榴弾、一発しか打てない銃、擲弾筒で、兵隊が死んでいった。

ある時米軍の砲撃を受け、安国寺に移動してきた。第32軍司令部が首里城から撤退した5月28日、永岡隊に「最後まで首里を死守せよ」との命令が下った。安国寺に米軍の戦車が来た。戦車砲の直撃で5人が即死、数人が負傷した。戦車のガラガラガラという音、けがをした数人も火炎放射器で焼かれた。壕の中は煙が充満し、ガス弾が投入され馬乗りされ壕がつぶされた。

壕の裏側から、ちぎれた手足、血の海の地面を通り、隊長のベルトにつかまって、転げ落ちるように抜け出た。米軍の銃撃を受けて倒れたが、目が覚めたら死体の中で生きていた。背中は血でべっとり。私はもう死ぬと思いながら、金城町の死体だらけの坂道を石畳につかまりながら降りた。

金城橋も日本軍が撤退にあたって破壊していたが、橋げたの間に松の木が渡してあったので、渡ることができた。渡ると様子が一変。死体はおばあ、子供がほとんど。浦添、宜野湾辺りから逃げてきた人たちだろう。民間人の移動コースになっていた。右足のない兵隊が「助けて」といったが、どうする事も出来ないので、そのまま通り抜けた。そして国吉、摩文仁を通って、捕虜になった。捕虜になる時、二世米兵が「大丈夫ですよ」と言って抱きかかえ上げてくれた。

埋立承認の仲井真元知事に旭日大綬章

菅政権は秋の叙勲で、仲井真元沖縄県知事に旭日大綬章を授けた。県民ぐるみの民意を踏みつけ新基地を押し付ける日本の国策遂行上「勲一等」功績大という訳だ。余りにも露骨な国家権力による沖縄工作の自認ではないか。

仲井真は秋の叙勲を受けて新報、タイムスなどとのインタビューで、「ウチナーンチュが考えたら県外が一番いい。だが決まった話を変えるのは大変で、また20年かかる可能性がある」と述べた。民間人として自分の考えを発言する分にはいくらでも自由にやればよい。だが、彼は知事だった。県外を掲げて県民に選ばれた知事として、公約を破ってはいけない。仮に仲井真元知事が公約通り埋立申請を承認しなかったら辺野古新基地建設は頓挫していたかもしれないというのに、埋立工事を決定的に加速した責任があることを彼は全く自覚していない。

国・地方さまざまなレベルで政治権力を手にすると、政治家たちはフリーハンドで与えられた権力であるかのように錯覚する。しかし、権力の源泉は国民・県民・住民にあって、選ばれた政治家たちは委任されているにすぎない。権力を持つ政治家は謙虚になれ。

『ゆきゆきて神軍』を観て

奥崎謙三生誕 100 年を記念して、この夏から公開された『ゆきゆきて神軍』が沖縄・桜坂劇場でも上映された。私たちが観た時は大きい劇場に 6 人のみ。

日本陸軍一等兵だった奥崎謙三は「神軍平等兵」を名乗った。自家用車の上の前後左右に「ヤマザキ、天皇を撃て！」などの看板を取り付け、車体にも「怨霊」「神軍」など様々なスローガンを書きなぐった街頭宣伝車に乗って精力的に各地を走り回る様子から映像は始まった。飢餓の果てに日本軍により処刑された兵士の上官、同僚兵士の居場所を尋ね問い詰め、時に暴力をふるい、警官とやり合う映像が続く。その所業は、密林でむなしく死んだ日本軍兵士たちの怨念が乗り移っているかのようだ。

奥崎謙三が所属した独立工兵第 36 連隊 1,300 人は、地獄の戦場・ニューギニアで、米軍の攻撃、飢餓とマラリアによって全滅、生き延びたのは 100 人に満たない。奥崎自身もジャングルの中で、飢餓に苦しみ、米軍との戦闘で負傷して「いっそのこと米軍に殺された方がましだ」と米軍の食料保管庫を襲い、捕虜になったという。

日本による戦争の被害者は、侵略され焼かれ奪われ殺されたアジアの人々だけにとどまらない。侵略戦争に動員された日本軍兵士、武器を持たされ残虐行為を強制され、戦闘で死傷しあるいは飢餓と病気で命を失った日本人青年も被害者だ。また、戦争被害補償を求める四団体に代表される多くの人々も戦争被害者である。戦争加害者・戦争犯罪人は、天皇を頂点とした政軍官財学報の国家指導層である。敗戦後の混乱期に、日本は天皇制を廃止して共和制に移行する選択肢もあった。しかし、天皇と戦争犯罪人は占領軍・ＧＨＱに助けられて戦後日本に生き延びた。

それゆえ、奥崎謙三の天皇に対する追及は今なお意義を持つ。「皇居パチンコ事件」の陳述で、彼はこう述べた。「数百万人の無辜の民衆が死んだ、あの悲惨な太平洋戦争が、裕仁の詔勅で始まり終ったというまぎれもない事実は、日本人の中で裕仁の戦争責任が最も重く且つ大であることを、何よりも如実に証明するものである。しかるに裕仁は、ヒトラーの如く追いつめられて自殺せず、ムッソリーニの如く民衆によって処刑されず、敗戦によってもまだ天皇迷信の蒙から醒めない多数の日本人の無知と怯懦に支えられて。今日なお特権的な生活を保障され、存在しつづけている」（『ヤマザキ、天皇を撃て！』三一書房）

2020.11.22

11.21 辺野古新基地反対！　埋立ストップ！　海上アピール行動

コロナ感染拡大が続く中、11月21日土曜日、海上アピール行動が行われた。参加したのはカヌー30艇、抗議船6隻、ボート2隻、合わせて約60人。K8護岸前の海上で新基地反対！埋立ストップ！の声をあげた。

2020.11.21　K8護岸前の海上アピール行動。カヌー30艇、抗議船6隻、ゴムボート2隻が参加。

辺野古の浜（松田ぬ浜）を一斉に漕ぎ出したカヌーチームが久志岳と辺野古岳をバックにK8護岸へと向かう様は壮観だ。伴走する平和丸からは「沖縄今こそ立ち上がろう」「바위처럼（岩のように）」「임을 위한 행진곡（あなたのための行進曲）」「진실은 침몰하지 않는다（真実は沈まない）」などの曲がスピーカーから流れ、カヌーチームを鼓舞する。途中、ウミガメに2度遭遇した。

■K8護岸前で盛大に海上アピール行動

カヌーチームは、この日の海上行動のために全国から送られた横断幕、寄せ書きなどを手分けしてオイルフェンスに張り付けて行く。カヌー30艇と平和丸、ブルーの船、不屈号に加えて、汀間漁港から出航した勝丸、うまんちゅ、ゆがふが取材記者や乗船客を乗せて到着すると、海上はたちまち大きな熱気に包まれた。K8護岸の作業員や警備員も注目して見ている。

最初に全員声を合わせて「埋立止めよ」「美ら海まもれ」のシュプレヒコール。続いて、歌のリレーが行なわれた。

さらに、海上行動チームの中原貴久子さんが平和丸でマイクを手にして発言した。「みなさん、あれが辺野古弾薬庫です。復帰前、核爆弾も配備されていました。地球上の核兵器の約半分を所有するアメリカのために、唯一の被爆国である日本の政府が新たな米軍基地を造るのは許されません」と述べた後、「沖縄に平和を。沖縄から平和を。世界に平和を」と、力強くアピールした。続いて、海上行動アピール文が読み上げられた。

■カヌー20艇余が一斉にオイルフェンス越え

最後に「沖縄を返せ」の歌と共に、カヌーの大半はオイルフェンスを越えてK8護岸の土砂搬入現場に向かって突進した。海保はボートから飛び込み拘束しようとするが、カヌーの数が多いため、簡単にいかない。カヌーは全速力で護岸へ近づいていくが、しばらくして、全員拘束された。しかし、拘束されても抗議は

止めない。プラカードを高く掲げ、違法工事の中止を訴える。

2020.11.29
11.27 南部地区のドローン撮影　石灰岩採掘現場・土砂置き場の実態を調査

　沖縄ドローンプロジェクトの奥間政則さんを迎えて、11 月 27 日、糸満・八重瀬地区の石灰岩採掘現場・採石場の現地調査を行なった。

　調査のポイントは、巨大な FPS-5 レーダー（通称ガメラレーダー）がそびえる与座岳の麓に広がる大里砕石東風平鉱山、八重瀬町字仲座と与座の第 2 丸真コーラル鉱山、荒崎海岸に沿うような形に細長く土砂置き場・採石場がある束里鉱山、今年 9 月に沖縄総合事務局から認可を受けたという熊野鉱山、さらに、丸波鉱山、珊瑚建材、大度鉱山、三和鉱山、開成鉱山など多くの石灰岩採石場が稼働している真栄平・宇江城地区だ。

■ガマフヤー具志堅さんが講演

　11 月 28 日午後 6 時から、八重瀬町中央公民館で、「糸満・八重瀬の土石を辺野古埋立に使用してはならない！八重瀬学習会」が開かれた。南部各地から 45 人が参加した。

＜具志堅隆松さんの講演要旨＞

　多くの住民が命を失ったあの沖縄戦について、日本軍の作戦は成功であったと自衛隊の内部で話されていると聞いた。軍隊は住民を守らない。しかし、多くの日本人は、軍隊は国民を守ってくれると勘違いしている。沖縄戦の犠牲者は南部に集中している。その南部では開発により緑地が減少している。大きな原因は採石場だ。遺骨が出るのも緑地である。畑や住宅地からは出ない。

　魂魄之塔の近くで 9 月から遺骨収集をしている。遺骨は石灰石と区別がつかない。手作業で掘っていかなければ、遺骨を見つける事は難しい。採石業者は自分たちで収集するという。その気持ちは尊重するが、時間をかけてやらない限り収集は困難だろう。新都心に通ずる道路をつくる時、真嘉比では、55 人の作業員が 2 か月間動き、172 体を収容した。遺骨収集は時間をかけてやるものであって、効率優先の業者にできる訳がない。

　2016 年、遺骨収集の法律ができ、遺骨を遺族に帰すまでが遺骨収集だとされた。沖縄戦の犠牲者の遺骨はほとんど帰っていない。遺骨の代わりに亡くなった辺りの石や土を骨壺に収めている。石や土には亡くなった人たちの魂がしみ込んでいる。だから、骨の代わりに石をとってくる。

戦争を始めた国には、南部で遺骨が出ている現場を見に来てほしい。南部に遺骨が残っているという認識があるのか、と対政府交渉で尋ねたことがある。担当者は答えない。答えられない。南部の土石の搬出は、辺野古の賛否以前の人道上の問題だ。南部では、日本兵もたくさん死んだ。日本政府の公務員たちにとって、先輩たちの骨を埋立に使う事になりますね、と尋ねても答えない。

　沖縄戦の遺族は南部からの土砂をとるな、まず遺骨を先に帰してくれ、と言う権利がある。日本兵の遺族にとっても同じだ。大きな声で、南部から石をとるな、何故なら、まだ遺骨が帰って来ていない、と言うべきだ。南部はどこからでも遺骨が出てくる。おそらくまだ1万体は残っているだろう。

2021.1.10

12.14 土砂投入3年抗議行動　カヌー31艇・抗議船5隻、ゲート前に200人

　沖縄防衛局が辺野古埋立の土砂投入を始めた2018年12月14日から3年のこの日、キャンプ・シュワブ海域と辺野古ゲート前で、抗議の行動が行われた。

　朝早くから集まった参加者は工事用ゲートに集まり、工事ストップ！を訴えた後、ゲート前テントで集会を開いた。県内外から約200人が集まった。

　東京、長野、大阪、兵庫、千葉、京都から参加した郵政シルバーユニオン17人が並んで前に立ち、下司（げし）さんが挨拶した。参加者のうち一部は宮古島にわたり、千代田の自衛隊基地、保良（ぼら）の弾薬庫などをめぐったという。

　他方、カヌーは辺野古の浜から、抗議船は辺野古漁港と汀間漁港から海に出た。カヌーは27艇、抗議船は6隻など合わせて50人がK8護岸のオイルフェンス前の海域に結集した。

　海上集会は10時からスタートした。まず、参加者全員でシュプレヒコール。「土砂投入をやめよ」「海の生き物を殺すな」などと声をあげた。続いて、佐敷教会の牧師で長年「不屈」の船長を務める金井創牧師が、この間の運動の渦中に亡くなった多くの人々の名をあげて追悼と平和の祈りを捧げた。

　オール沖縄会議事務局長の福元勇司さんが埋立工事を止めるよう呼びかけた。ゲート前の歌姫、こと親盛節子さんと佐藤明美さんがいつもゲート前で歌っている歌を元気よく歌い、私が昆布土地闘争歌「一坪たりとも渡すまい」を日本語・韓国語で歌った。

　そのあと、カヌーチームのぱぐさんが「工事の皆さん、作業の手を止めて聞いてください」と、心からほとばしるマイクアピールを行なった。ぱぐさんは辺野

古の埋め立てが始まる前に、K8護岸周辺にくらす生き物たちを一枚の写真図にまとめた人だ。引き続き、連日カヌーに乗っているKさんが「民意を守れ！海の生き物を殺すな！辺野古土砂投入2年　抗議アピール」を読み上げた。

　最後は、全員でガンバロー三唱とシュプレヒコール。カヌー

2020.12.14　K8前の海上アピール行動。平和丸から歌でカヌーチームを鼓舞。

チームはオイルフェンスを乗り越えK8護岸へ向かって突進した。海上保安庁のゴムボートが水しぶきをあげて追い回し拘束していく。カヌーは拘束されても屈しない。カヌーに乗ったまま立ち上がり、あるいは座ってプラカードを高く掲げる。また、いっせいにパドルを高く立てる。

2021.1.16

琉球新報の県民意識調査（昨年10〜11月実施）

　琉球新報は2001年から五年に一度大がかりな県民意識調査を実施している。昨2021年10月15日から11月15日にかけて、県内41市町村を5区域に分類し、人口比に応じた割合で55地点を抽出するエリア・ランダム・サンプリング法で、調査員が訪問面接し20歳以上の1047人から回答を得たという。調査内容は、しまくとぅばや祖先崇拝、沖縄の文化、料理、郷土意識、天皇、近現代史、米軍基地、自衛隊基地などである。その結果が今年1月1日号の紙面に報道された。

■ 4人にひとりが「自治州」「連邦制」「独立国」を求める

　今回の意識調査には、日本における沖縄の立場に関する設問がある。

　○日本における沖縄の立場をどうすべきだと考えますか

　沖縄県のままでよい　62.5%

　内政上の権限を強化（沖縄単独州、自治州、特別県制など）　10.8%

　内政上の権限を強化し、政府と同等の権限を持つ連邦制　9.9%

　独立国　3.0%

　分らない　12.2%

　「沖縄県のままでよい」62.5%に対し、「内政上の権限強化」「連邦制」「独立」

を合わせると、24.0％になる。県民の4人にひとりは、中央政府に対する県の行政権力を強め広範な自治を有する、さらに対等の権力を有する連邦制にするとか独立国になるべきだと回答したことになる。

5年前、2016年10〜11月に行われた調査では次の通りだった。

○今後、日本における沖縄の立場をどうすべきだと考えますか

現行通り　46.1％

沖縄関係予算の編成権を持つなど内政上の権限を強化した制度（道州制の沖縄単独州、自治州、特別県制など）　17.9％

内政上の権限を強化し、さらに外交・安全保障に関しても沖縄側が政府と同等の権限を持つ連邦制にすべきだ　14.0％

独立　2.6％

分らない　18.0％

「現行通り」46.1％に対し、「自治州など、連邦制、独立」を合わせると34.5％に上った。前回調査の2016年秋は、翁長知事による埋立承認取消に端を発する裁判で「和解」が成立し辺野古の埋立工事が中断している時期であり、県民の日本政府に対抗する意識、沖縄の政治的自立を求める意識が高揚していた。

あれから5年。日本政府による強権発動により沖縄の声がことごとく踏みにじられてきた中で、現状の行政の仕組みを打ち破ることの困難性の感覚が今回の調査に現れたと言えるかもしれない。

■木村浩子さんがよんだ新年の短歌

締めくくりに、伊江島の土の宿をながらく営んでいた画家・作家・アーティストの木村浩子さんが新年にあたってよんだ短歌を紹介しよう。

新春の　海輝きて　大空を　鳥よ羽ばたけ　軍機消すまで　　木村浩子

第32軍司令部壕の模型の展示会　県庁ロビーと南風原文化センターで

1944年10.10空襲により、那覇市安里の養蚕試験場にあった32軍司令部も焼けて、11月から松代大本営の着工と同時に首里城地下に人工壕を掘ることになった。龍潭池のほとりに位置していた沖縄師範学校の学生たちも大挙動員された突貫工事であった。

この第32軍司令部が「60万県民の総決起」「軍官民共生共死の一体化」の下、各地に陣地構築を進め地上戦を行い壊滅的的な敗北を被ったにもかかわらず戦争を止めず摩文仁の洞窟に移動してさらなる住民被害を生みだした沖縄戦の現地最高指導部なのである。

第32軍司令部壕の保存・公開を求める会は1月4日から7日まで沖縄県庁一

階ロビーの一角で、司令部壕の模型展示会を開催した。首里の森の表層・石灰岩層の下に広がる粘土層に掘られた司令部壕の姿は 500 分の 1 の精巧なジオラマでよく分かる。さらに段ボール紙を用いて再現した司令部壕中枢部の模型が展示された。司令官室は守礼の門の真下あたりにあったことが分かる。

■壕の保存・公開・活用へ向けて

沖縄県は昨年 1 月、沖縄戦研究の吉浜忍元沖国大教授や土木・地盤・トンネル工学・戦跡文化財の専門家らで構成される第 32 軍司令部壕保存・公開検討委員会を発足させた。昨年 12 月 27 日の第 4 回委員会に壕の基礎調査の中間報告が行われた。それによると、業者がレーザー測量などを実施した第 2、3、5 坑道について来年度にもＷＥＢツアーを公開するとの事である。未発掘の第 1 坑道については今後 4 年間で調査・試掘を行ない、その上で全体の壕の保存・公開の基本計画をまとめるとしている。

首里城の再建は地下の司令部壕の保存・公開と一体のものである。ユネスコの世界遺産に登録された地上の首里城に対し、日本軍の戦争犯罪の現場・地下の司令部壕跡は反戦平和を発信する歴史遺産とならなければならない。

2021.2.28

2.23 浦添西海岸を守る学習会に 100 人　亀山統一さん講演

2 月 23 日午後、浦添市社会福祉センターで、浦添西海岸の未来を考える会が主催して、先の浦添市長選挙を振り返り今後の軍港反対運動の取り組みをテーマにした講演会が開かれた。司会は考える会の里道さん。亀山統一（のりかず）琉大助教が約 1 時間 20 分にわたって講演した。

＜亀山統一さんの講演まとめ＞

那覇軍港は 1976 年に返還合意されたが、その後も低頻度の使用が続いている。古く浅く狭い軍港だ。

沖縄県、那覇市、浦添市で構成する那覇港管理組合は民港についての組織なので軍港の議論はしていない。民港計画の策定後、軍港移設協議会（防衛省、内閣府、国交省、県、那覇市、浦添市、那覇港管理組合。2001 年設置）で軍港の位置や形状を協議する。

昨年 8 月、米軍が軍港位置の「南側案」を拒否し、「北側案」で進める方針を防衛省が那覇港管理組合に伝達。浦添市長も「北側案」の受け入れを表明。玉城知事はその後、官房長官に対し、那覇軍港が遊休化しているとして、移設前の先行

2021.2.6　浦添市長選挙。伊礼悠記さんの明確な浦添軍港反対の訴え

返還を要求した。

　ここで言う「南側案」「北側案」はいずれも、関係機関の調整のための仮のものであって、政府、自治体のいずれも那覇港の拡張案、軍港の規模・形状について決めたものは何もない。この点で、「海上ヘリポート」「軍民共用空港」「V字型滑走路」などと次々具体案が示され、それらに対する民意が問われた辺野古とは全く異なる。

　米軍はすでに沖縄に軍港を持っている。東海岸には大型の強襲揚陸艦も着岸可能なホワイトビーチがあり、弾薬埠頭として天願桟橋、さらに金武町のレッドビーチもある。

　キャンプ・キンザーの返還・跡地利用は沖縄の未来を左右する大問題だ。政府案では、海兵隊が国外移転し、キャンプ・キンザーが全面返還されるころ、返還地の目の前の海域を埋め立て、軍港をつくるということになる。跡地利用が台無しになるのではないか。キャンプ・キンザーの跡地利用、那覇港湾の将来計画、那覇軍港の返還問題の全体像について、民意を反映して一から検討する必要がある。キャンプ・キンザーの返還は、汚染除去や地籍の明確化などで長期間かかることは避けられない。計画を検討する時間は十分にある。地方自治、民主主義に基づいて、市民参加で計画を進めることが大事だ。

　浦添市長選挙を振り返ると、当選した松本市長は軍港問題に全く言及しなかった。逆に、伊礼候補は「軍港反対」をはっきり争点として打ち出した。辺野古に続いて、浦添でも「新基地 NO!」「海まもれ！」の運動が立ち上がった。第一歩を踏み出した。

2021.3.7

3.1〜6 県庁前、具志堅さんハンストに広がる共感

　3月1〜6日の一週間、県庁前広場にテントを張り、南部地区から辺野古埋立の土砂を採掘することに反対して、ガマフヤーの具志堅隆松さんと支援の沖縄平和サ

ポートの稲葉さんや宗教者たちによるハンガーストライキが実施された。

　具志堅さんの訴えは単純明快だ。「戦没者の血のしみ込んだ南部の土砂を遺骨と共に軍事基地建設のための埋め立てに使うなど、戦没者への冒瀆であり、人間の心を失った

2021.3.2　県庁前広場。ガマフヤーの具志堅さんのハンスト2日目。

行為である。防衛局は南部からの埋め立て用土砂採取は断念すべきである」(ハンガーストライキ決行趣意書)

　テントには、島田善次、知花昌一、谷大二、黒柳堯憲、鴨下祐一さんをはじめ宗教者の方たちだけでなく、多くのボランティアが集まり、受付、チラシ配布、プラカードでの訴えを行なった。

　県議会与党議員団は初日にそろって参加し連帯の言葉を述べた。具志堅さんは3日目に、沖縄県議会に対し、①熊野鉱山に対し自然公園法第33条2項による開発中止を命じること、②戦没者の遺骨が眠っている可能性が高い南部地区の未開発緑地帯での土砂・石材の採取を禁止する条例を制定すること、を求める陳情書を提出した。

　外国特派員協会とはWEB記者会見を通じて、沖縄戦で行方不明になった米兵も239人いるという事実も伝えながら、戦跡の土砂の埋め立ての問題は米国も当事者であり関心を持ってほしいと訴えた。また、多くの戦争体験者もテントを訪れ、時に涙を浮かべながら自身の戦争体験を語り、南部の石灰岩採掘と辺野古への投入に反対する意思を示した。

　ハンスト最終日の土曜日朝、玉城デニー知事がジャンパーとトレーニング服姿で現場に現われ、具志堅さんと約30分にわたって対話した。

2021.4.18

沖縄戦跡国定公園内の石灰岩採取を止めよう！
熊野鉱山に対する沖縄県の措置命令

　4月16日午後、沖縄県の玉城デニー知事は県庁で会見を開き、魂魄（こんぱく）の塔付近で石灰岩の採掘に着手した熊野鉱山に対し、自然公園法に基づき風景を保護するために必要な措置命令を出すことを明らかにした。

措置命令の内容は、①戦跡公園としての風景の保全や人道的な配慮から、遺骨の有無を関係機関と確認し収集に支障がないようにする、②周辺区域の風景に影響しないよう必要に応じ植栽等をする、③周辺植生と同様に植物群落を原状回復する、というものであり、さらに留意事項として、①戦没者の遺骨が混じった土砂は採取しない、②遺骨収集に関する法律、糸満市風景づくり条例を守り、必要な手続きを実施する、③着工届出書、完了報告書を提出する、とされている。

　そのうえで、県は熊野鉱山の業者に弁明通知書を送付した。業者の弁明を受けて県が最終的に措置命令に関して判断するのは4週間後の5月14日になる。

■県の措置命令では戦跡の森を守れない

　ところが、今回県が出そうとする措置命令は、「採掘を止める」という最も肝心な点に踏み込まなかった。

　自然公園法は、鉱業権、採掘権といった私的財産権を最大限保護している。沖縄戦跡国定公園を普通地域、特別地域に色分けし、普通地域では届け出をするだけで採掘が可能となるという自然公園法上の「合法性」こそが問題なのである。

　沖縄戦跡国定公園を守ることに関心がない日本政府の官僚や政治家は、自然公園法に基づいて、熊野鉱山に鉱業権を与え採掘を許可した。沖縄戦の戦跡が壊され、戦争の記憶が残る森が破壊されても、彼らは良心の痛みを感じない。なぜなら、「法律に基づいてやっている」のだから。

■中央政府に対抗する県行政独自の価値観を

　各種法律体系による中央集権支配の中で、沖縄県が自主的な自治行政を貫くのは非常に困難だ。

　地方自治体は中央政府と対等の立場にある、をいうことを美辞麗句に終わらせないためには、中央政府と同じ土俵の中にいて彼らの法解釈を受け入れていてはいけない。地方自治体独自の価値観に基づいて、独自の法律・条例を作り出すことに踏み出さなければならない。そうしなければいつまでたっても中央の下請けから脱することはできない。

　戦跡公園内の石灰岩の採取を禁止する。新たな操業は認めない。操業中の鉱山は期限を切って閉山する。このようにして、県民の価値観にもとづく法律を県議会がつくり県行政が実施することこそ自治の道である。こうした県行政の実行は県民の熱い支持を得るに違いない。

4.15　辺野古海上行動　カヌーに対する海保の危険行為を糾弾する！

沖縄県が4月12日から5月5日まで新型コロナの「まん延防止等重点措置」

の対象となったのに伴い、オール沖縄会議は辺野古ゲート前、安和桟橋、本部塩川港、海上、辺野古の浜テントの各現場での抗議活動の休止を決めた。各現場では、各々責任団体の監視行動と自主的な市民による行動が続いている。

　辺野古の浜のテント2を拠点とした海上行動も、規模を縮小し週4日、カヌーは10人までとして、抗議の声をあげ続けている。4月15日の行動には、平和丸など抗議船3隻とカヌー9艇が参加し、K8、K9の二つの護岸での抗議・阻止行動を行なった。

　ところがこの時、K8護岸の海上で、海保がカヌーメンバー千葉さんにめがけて突っ込んできた。通称GB（ゴムボート）といっても、レジャーに使うゴムボートのような柔らかなものではない。硬質ゴムで周囲を被った、硬さは金属並みの高速ボートだ。胸を強打された強い痛みが胸から首、頭に至り、意識はもうろう、目まい、吐き気を訴えた千葉さんは直ちに救急車で病院に搬送された。

2021.7.25
「尖閣列島遭難事件」の真相

　沖縄戦末期の疎開船の被害は、1944年8月の対馬丸の撃沈・遭難をはじめ数多くある。疎開は軍による国策であった。1945年6月24日、石垣の住民に24回目の台湾疎開命令が出された。6月30日の夜、石垣島から台湾に向かった二隻の疎開船（一心丸、友福丸）も米軍機による爆撃を受け、一隻は沈没、もう一隻は航行不能となって魚釣島（中国名釣魚台）に上陸した。その後一か月以上、食べ物のない無人島で暮らし、多くの人々が亡くなった。死亡原因は、米軍による爆撃、水死、餓死、病死だ。

　このいわゆる「尖閣列島遭難事件」について、『沖縄県史10　沖縄戦記録2　各論9』（1974年）に6人の証言が掲載されている。その中の一人、石垣ミチさん（当時43歳）によると、疎開者は約180人、ほとんどが老人、婦人、子どもで、台湾人、朝鮮人も乗っていたという。宮良当智さんは数え年60歳であったが、老父母の付き添い兼約半数を占めた字大川班の班長として疎開することになったという。

　沖縄タイムス2021.7.20のコラム「唐獅子」に、宮良当智さんのひ孫に当たる宮良麻奈美さんが「魚釣島のパパイア」との一文を寄せている。1969年、宮良さん達が魚釣島に上陸し慰霊塔を建立したとき、「飢えに苦しむことがない様に」とパパイアの種を植えたそうだ。遺族会は、中国との対立をあおり島への上陸を目的化する一部議員たちの行動を批判し、争いの火種になる行動を望まない

とハッキリ述べている。

尖閣諸島は、琉球王国が中国と冊封関係を形成して以来、無人島であったが、中国名が付けられて主に航路の標識として利用された。日本が「尖閣」と名付けたのは 1894 年の日清戦争に勝利した後にすぎない。「尖閣は日本固有の領土」などではない。明治維新以後の天皇制国家のアジアに対する侵略と暴力の歴史の一過程なのである。

2021.10.3

10.2 全県各地でブルーアクション

緊急事態宣言が 9 月末をもって終了した沖縄県で、10 月 2 日の第一土曜日、オール沖縄会議が呼びかけて、辺野古ゲート前と海上および市町村の各地で一斉に、辺野古新基地に反対する抗議行動が行なわれた。行動の名称は「ブルーアクション」。参加者は、辺野古の海の色を象徴するブルーの衣服、帽子、タオル、マスクなどを身に着け集まった。コロナの前には、毎月第一土曜日は「県民大行動」として辺野古ゲート前に数百人から千人が集まっていたが、新たな統一行動として「ブルーアクション」がスタートした。

辺野古ゲート前には、高里鈴代さんをはじめ共同代表、沖縄選出の国会議員を含め 150 人以上が集まった。集会の様子はオンライン発信された。

海上では、抗議船 4 隻、カヌー 8 艇が K 8 護岸近くのフロートで抗議の声をあげた。

各市町村の街頭ではそれぞれスタンディングが取り組まれた。那覇市では、県民広場前に約 30 人、泊高橋前に約 10 人、安里十字路に約 30 人が集まり、その他の地域でも、名護市 50 人、沖縄市 100 人、うるま市 70 人、浦添市 30 人以上、豊見城市 30 人、糸満市 30 人以上、南風原町 20 人余、南城市約 25 人、八重瀬町約 15 人、北中城村 10 人以上などと行われた。

■沖縄は日本という船の舳先 (へさき)

「船はその舳先が最も大きく揺れる。その舳先に立って四囲を見渡すと、航路の安全も危険もよくわかる。日本列島を一隻の船にたとえるなら、沖縄はその船の舳先。そこからはこの国の進むべき進路がよくわかる」と三木健さん（八重山郷土歴史研究家）が述べているという。進むべき航路を見失ってしまった日本の進路を沖縄から正していこう。

10月28日第1回口頭弁論　千葉さんが意見陳述

10月28日（木）午前11時30分から、那覇地裁で、カヌーチームの千葉和夫さんが海保による暴力行為に対し国家損害賠償を求めた裁判の第1回口頭弁論が開かれた。101法廷には抽選に当たった23人が傍聴した。

千葉さんは、裁判長をしっかりと見すえ、時折り身振りを交えながら、意見陳述を行なった。そのあと、城岳公園で報告集会が開かれ、約50人参加した。司会は、千葉さんの裁判を

2021.10.28　城岳公園。千葉和夫さん。

支援する会の西浦さん。報告に立った千葉さんは「海保のGBとカヌーを比べたら、戦車と乳母車のようなもの」と切り出し、海保の無謀な暴力を強く糾弾し、事件後、半年以上経過したにもかかわらず依然として、右手・首・右足に残る後遺症について述べた。

そのあと、三宅弁護士が臨時制限区域の正当性がないことを話し、支援する会の二人の共同代表（金井創さん、鈴木公子さん）が裁判支援を呼びかけた。

原告の請求棄却を求めた国の答弁書は「接触は一回のみ」「GB28が減速し停する直前に、その船首ゴム製部分が原告の左腕及び胸部付近に軽微に接触したものにすぎず」、それにより「障害が生じたとは認められない」などと述べ、責任逃れに終始している。海保と海上保安官たちは、自分達が行使する国家権力の大きさを自覚し謙虚に反省する術を覚えよ。

Ⅰ－7.

埋立変更申請不承認

2020.1.19

沖縄防衛局が辺野古新基地の設計変更公表

　沖縄防衛局は年末も押し迫った昨年 12 月 25 日、辺野古基地の設計変更内容と共に、工期・工費を公表した。工費は当初の「埋立、地上施設を合わせた総計3500 億円」から約 9300 億円、工期は約 7 年から 12 年へと大幅に延長された。その結果、辺野古の完成予定は 2030 年代半ば以降へ大きく先延ばしされるという。1995 年の少女暴行事件から数えてすでに 25 年の今年からさらに十数年、合わせると 40 年という長期になる。「負担軽減」を言いながら新たな基地を強行する安倍政権は怠慢にプラスして欺瞞そのものだ。

　防衛局は大浦湾の埋め立ての工法計画を変えた。これまでのサンドコンパクションパイル工法、サンドドレーン工法に加えて、ペーパードレーン工法が採用され、それに伴い土砂は「すべて県内で調達可能」とされた。

　大浦湾の最深 90 ｍに及ぶ広範囲の軟弱地盤を前に、政府防衛局は、県民ぐるみの反対を無視したまま、天井知らずの金を注ぎ込んでも完成する保証のない工事にいっそう執着しているのである。

2020.4.23

4.23 沖縄防衛局前に 100 人余　マスク姿で、手作りプラカードを手に

　4 月 21 日午前 8 時半過ぎ、沖縄防衛局の職員 4 人が事前連絡なく県北部土木事務所を訪れ、約 1800 ページの「公有水面埋立変更承認申請書」を運び込んだ。

　4 月 23 日午後、嘉手納ロータリーにある沖縄防衛局前で、平和市民連絡会の呼びかけによる緊急抗議行動が行われた。「暴挙！設計概要変更申請を直ちに撤回せよ！」「辺野古工事費を国民のコロナ救済に回せ！」の横断幕を掲げ、100人以上が集まった。マスク姿の参加者は各自プラカードを手にし、人との距離を数メートル置いて広がり、感染防止に気を配りつつ、政府防衛局に対する強い抗

議の意思をあらわした。

参加者が持参したプラカードには参加者それぞれの気持ちが込められている。「不意打ち、ひどい」「県民はコロナで苦しんでいる。今基地必要か」「命どぅ宝」「辺野古新基地こそ不要不急」「設計変更はアセスが必要」「卑劣」「防衛局は自分の頭を設計変更せよ！」「怒」「設計かえても軟弱地盤は変わらない」「沈む基地をなぜ造る」など。いつもより多い手作りプラカードが防衛局前の広場に広がった。

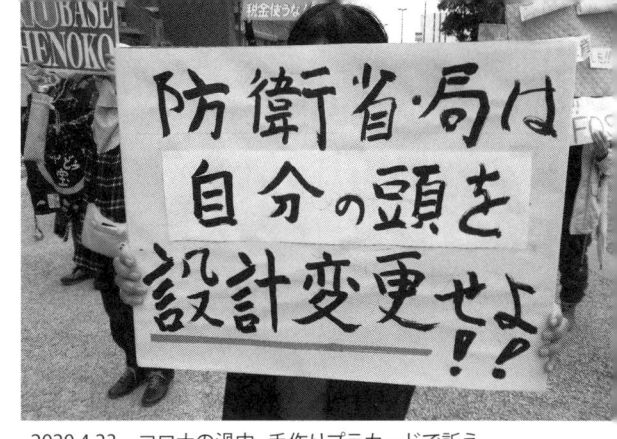

2020.4.23　コロナの渦中、手作りプラカードで訴え。

2020.7.12

設計変更に対する意見書を玉城知事に届けよう！　7.10 第 1 回八重瀬学習会

7 月 10 日、八重瀬町中央公民館で、辺野古埋立の設計変更申請に対する意見書をテーマとした集まりが開かれ、30 人が参加した。

島ぐるみ八重瀬の会の共同代表、知念則夫さんのあいさつ、事務局長によるドローンの映像と現場写真を使った報告、トンボ学会の渡辺さんによるやんばるのトンボについての報告の後、意見書を実際に書く作業に入った。ＱＡＢ（琉球朝日放送）

2020.7.10　島ぐるみ八重瀬の会主催の学習会「設計変更に対する意見書を知事に届けよう」。

のクルーは、熱心に意見書を書く参加者の姿を撮影する。

しばらくすると一番に書き上げた S さんの手が上がる。司会がマイクを持って行く。「大浦湾・辺野古に生きている生物を殺すようなことに税金を使うことは不承認です」と述べると、会場から一斉に拍手が起こった。

続いて、K さん。「工事費は 9,300 億円に収まりません。あまりの無駄づかい

です。このとんでもない工事費をコロナ対策に回すべき」。

Nさんは「沖縄はすでに多くの米軍基地を抱えており、軍拡により島が標的になる危険性も大きいため断固賛成できません」と述べた。

Tさんは「今回は大規模の変更ですから環境影響評価をやり直すべきです。基地はこれ以上いりません」と訴えた。

Mさんは「私は納税者として自分の税金が新基地建設につかわれることに反対です。平和のために使う事を望みます」と述べた。

Hさんは「私は納税者ですので利害関係人です。沖縄戦で九死に一生を得た者として平和を希求し基地に反対します」と述べた。

このようにして十数人が意見書の発表を行ない、提出された意見書は22枚。さらに輪を広げ多くの県民の率直な声を玉城知事に届けよう。

2020.9.13
仰々しい形式にもかかわらず、大事なことは無内容な申請書

9月10日、県庁2階の行政情報センターに足を運んだ。申請書はA4判で約2,200ページ、分厚いファイルが三分冊。

沖縄防衛局の提出した書類の正式名称は「沖防第2056号　埋立地用途変更・設計概要変更承認申請書」。埋立土砂の調達先は、これまでの県外主体から、県内全量調達可能＋九州、という内容に変わった。県内の土砂調達可能量は約4,500万立法メートル、特に、糸満・八重瀬地区は3千万立方メートル以上とされた。もし計画通り実行されれば、沖縄南部の激戦地の石灰岩地帯は破壊されつくすだろう。

2020.9.20
島ぐるみ八重瀬が県に意見書を提出

県内各地で意見書の取り組みが活発に進められている。この連休期間、オール沖縄会議は各地で街宣車を運用し、県庁前で意見書を書く働きかけ行なった。島ぐるみ八重瀬の会では9月15日に2回目の学習・意見書を書く会を開いた。北上田さんはパンフレットとパワーポイントを使って次のように提起した。

「南部地区は沖縄戦の最後の戦場になり、犠牲者が多く出たところだ。まだどこかに眠っているかもしれない。そうした土地から石灰岩を大量にとり破壊し

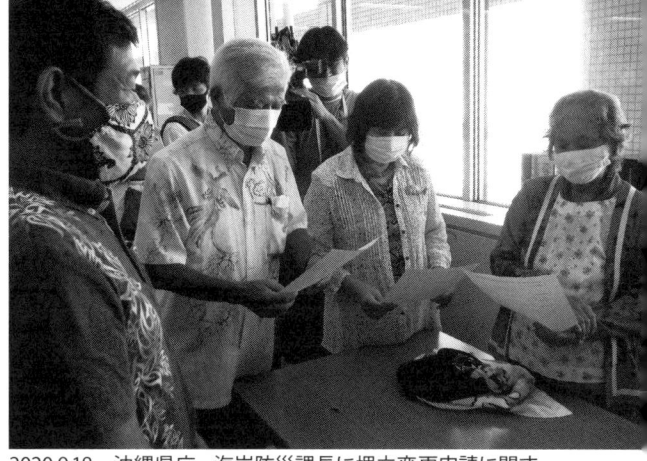

ていいのか。安和鉱山のドローンの映像を見てほしい。実はこんなにも本部の山の破壊が進み、無残な姿になっている。沖縄の山、森をこれ以上破壊してはならない」

引き続いて質疑が行われた後、Ｓさんが意見発表し次のように述べた。

2020.9.18　沖縄県庁。海岸防災課長に埋立変更申請に関する意見書を提出する島ぐるみのメンバー。

「沖縄戦で、私の家族は大浦湾の汀間（てぃーま）に避難したが、母の母がマラリアで亡くなった。遺骨は瀬嵩の丘のふもとに埋めたという。戦後収容に行ったが遺骨を見つけることはできなかった。辺野古・大浦湾はニライカナイにつながる命の海だと信じられている。神の使いのウミガメは長島を通ってやってくる。埋め立てて基地を造ってはいけない」

島ぐるみ八重瀬は９月18日、集まった68人分の意見書を持って代表５人が県の海岸防災課に提出した。、新垣課長は「皆さんの意見はしっかりと承った。よく検討し県の判断の参考としたい」と述べた。

2020.12.6

辺野古意見書、最終的に 17,857 件

辺野古埋立変更申請の９月の縦覧を通じて提出された意見書は、点検の結果、17,857 件に上った。受け付けられた数は 19,042 件であったが、送り主が重複するもの、住所・氏名の未記載、外国語表記などを除いたという。外国語表記でも日本語訳が添付された意見書は 45 件あり、有効とされた。11 月 27 日、沖縄県が発表した。

2021.11.29

沖縄県が防衛局の変更申請を不承認処分

■ 11 月 25 日、玉城知事が県庁で記者会見

玉城知事は 11 月 25 日午後、沖縄県庁６階会議室で記者会見を開き、沖縄防衛局が提出していた「埋立地用途変更・設計概要変更承認申請書」について、「本

日不承認とする処分を行なった」と発表した。昨年4月に提出された変更申請について、沖縄県はこの間沖縄防衛局に対し4度にわたり452件の質問を行なって審査を続けてきたが、最終的に不承認の通知を行なったものである。

12.4 久々のゲート前県民大行動に800人

12月4日土曜日、コロナ明けの第一土曜日の辺野古ゲート前県民大行動に、各地から800余人が結集し、変更申請不承認の県知事支持！埋立即時中止！の声をあげた。辺野古ゲート前は昨年10月以来、一年有余ぶりに活気を呈した。米軍も神経を尖らせているようで、フェンスの向こう側には、ガードマン十数人と数人の米兵の姿が見える。

はじめに高里鈴代さんが「知事が変更申請を不承認にしたら工事は止まっていなければならない」とアピールした。続いてマイクを握ったのは玉城デニー知事。知事は終始こぶしを握り締め次のように力強く訴えた。参加者は大きな拍手と指笛で応えた。

「今日は不承認の報告をするために参加した。県庁内で審議を重ねたため不承認処分を出すまで時間を要した。国の変更申請には正当な事由が全く認められない。沖縄は新しい基地を提供しないという意思は決して揺るがない。負けてはいけない。くじけてはいけない。子や孫たちのために美しい沖縄をつたえよう」

国会議員のあいさつが続き、各地の島ぐるみ代表が決意表明した。辺野古住民訴訟弁護団の赤嶺朝子弁護士の発言に続いて、現場の責任団体（統一連、平和市民連絡会、平和運動センター、ヘリ基地反対協議会）がそれぞれアピールした。

■再び全県的な闘いのスタートを切った

実に一年二か月ぶりの辺野古ゲート前での県民大行動だった。この間、沖縄防衛局は辺野古側への土砂投入を強硬に進めてきた。サンゴを生かすためではなく埋立工事を進めるためにサンゴ移植を行なった。辺野古周辺の電線鉄塔の地中化工事にも着手し、各地に工事エリアをつくった。大浦湾側のN2護岸も築造した。コロナで窒息させられそうになっていた辺野古の闘いは新たな闘争のスタートを切ったのである。

12月3日夕には、玉城知事の変更申請不承認を支持する集会が、沖縄県庁前で開かれ500人参加し、牧志ウガン（御願）まで国際通りをデモ行進した。東京でも沖縄に呼応し首相官邸前で500人が参加した集会が開かれた。

沖縄県知事を先頭に県民の大半が変わることなく NO! をつきつけている辺野古埋立・新基地建設を絶対に許してはならない。沖縄を無視する日本政府に日本国民は責任を持っている。なぜなら自らが選出した自国の政府だからだ。政治家は声高に、中国政府の香港や新疆ウィグル自治区への暴力支配を非難する。県民の大半の意思を踏みにじり、日本政府が沖縄に対して行なっていることは同じことだ。違いは、国家の暴力を押し通すうえで司法の中立の擬制を隠れ蓑にしているという点である。

2022.1.30

栄町市場でミャンマー写真展

　昨年 2 月 1 日の軍部によるクーデターから一年。1 月 31 日、那覇市栄町市場の一角で開催されている「ミャンマーで今何が起きているのか？ミャンマー写真パネル展示会」（主催＝在沖縄ミャンマー人会）を訪れた。

　会場には、数多くの抗争現場写真、データ、コメントと共にテレビ画面を通した映像の放映が行なわれ、応援メッセージを書き貼り付ける掲示板が設置されている。在沖縄ミャンマー人会のチョチョカイ会長（栄町市場北口でミャンマー料理の店「ロイヤルミャンマー」を営む）、トウヤソウ事務局長をはじめ数人の会員が一人ひとりの参加者に付き添い説明した。

　この一年間で、軍の無差別暴力による死者は 1,499 人、逮捕者は 11,810 人にのぼるが、各地でストライキ、デモ、武装闘争などの抵抗が続いている。民主と平和を求めるミャンマーの闘いが勝利することを願って、チョチョカイさんにミャンマー語で書いてもらった。

　　平和　ネイチャンイェ

　　民主　ディモカレィシー

　　勝利　アウンヤミィ

2022.3.20

ノーモア沖縄戦　命どぅ宝の会　3.19 発足集会　沖縄市民会館に 450 人

　3 月 19 日午後、沖縄市民会館大ホールで、「台湾有事の平和的解決を〜あなたと未来の命を守るために」を掲げて、ノーモア沖縄戦命どぅ宝の会の発足集会が開かれ、全県各地から 450 人が詰めかけた。司会はジャーナリストの三上智恵さん。

開幕に先立ち、平和を願うコンサートが行われ、サンシンガールの稲嶺幸乃さん、古謝美佐子さんが清らかな歌声を披露した。

　壇上に設けられた席には、石原昌家（沖国大名誉教授）、具志堅隆松（遺骨収集ボランティア・ガマフヤー）、ダグラス・ラミス（元米海兵隊員で国際政治学者）、宮城晴美（沖縄女性史研究家）、山城博治（沖縄平和運動センター顧問）の５人の共同代表がついた。

　琉球新報報道本部長の新垣毅さんが「核ミサイル戦争の危機」と題して、１時間に及ぶ基調講演を行なった。新垣さんは要旨次のように述べた。

　「プーチンもゼレンスキーも下がった国内の支持率を引き上げるために戦争にのめり込んでいる。戦争を止めるために緩衝地帯を設けることを考えなければならない。2014 年のキッシンジャーの提言は、ウクライナがロシア、NATO のどちらかの前哨基地になるのではなく双方の架け橋になるべきだと説いた。台湾有事についても平和的解決が必要だ。南西諸島に配備されるミサイルは敵基地を攻撃できるものであり、ミサイル対ミサイル、核対核の戦争に至る危険な状況だ。安保問題とは沖縄の人権問題である」。

2022.4.10

国交相が県の変更申請不承認を取り消し

　４月８日、国交相は、沖縄防衛局の辺野古埋立設計変更承認申請（2020 年 4 月）に対する沖縄県の不承認処分（2021 年 11 月）を取り消す裁決を行なった。合わせて、４月 20 日までに埋立設計変更申請を承認するよう県に勧告した。国交相の斎藤鉄夫は公明党のただ一人の閣僚として、沖縄県民の意思を踏みにじっている張本人であることの自覚がないのか。

　辺野古埋立工事は、当時の仲井真知事の埋立承認（2013 年）から９年目になる。辺野古新基地のきっかけとなった橋本元首相の「普天間飛行場の５〜７年内の返還」は何処へ行ったのか。安倍元首相の「普天間の５年以内の運用停止」の約束はどうなったのか。

　今後、国地方係争処理委員会や抗告訴訟を通じて、沖縄県と日本政府との裁判に舞台が移ることになろう。政府のお抱え公務員でしかない裁判官たちが、専門用語を駆使して、第三者を装いながら政府の政策にお墨付きを与えることになる可能性大だ。しかし、沖縄は決して屈しない。屈する訳にはいかない。150 万人の生活と命がかかっているからである。

4.10　PFAS汚染から命を守る県民集会に442人
基地内調査と住民健康診断の実施を要求　ロブ・ビロット弁護士のメッセージ

　4月10日午後2時から、宜野湾市民会館で、「清ら（ちゅら）水を取り戻そう！」をスローガンに掲げて、「PFAS汚染からいのちを守る県民集会」が開かれ県内外から440人余りが参加した。主催はPFAS市民連絡会。司会進行は、同会の共同代表のひとり、玉那覇淑子さんが務めた。

　米軍基地の環境汚染問題の専門家、ジョン・ミッチェルさんが通訳の大城奈里子さんと共に壇上に座り、「沖縄のPFAS汚染」をテーマに講演した。

　＜ジョン・ミッチェルさんの講演要旨＞

　PFAS汚染が米国ではどうか、沖縄・日本ではどうか、どう解決するかという三つのことを提起したい。米国と沖縄・日本ではこの問題の扱われ方が違う。昨年バイデン政権は100億ドル（約1兆2千億円以上）を投入して、PFASを有害物質に指定し関わりのある国防総省など八つの省庁を網羅して約700の国内の米軍基地に対する調査と浄化に乗り出した。しかし、沖縄・日本では全然異なる。問題の根源に日米地位協定がある。

　普天間基地では、3年前の12月に泡消火剤のPFASが流出した。2年前にも同じような流出があった。米海兵隊は、滑走路北端の火災訓練場を過去45年間継続して使用し汚染源になっている。もし米国であれば国中から激しい抗議が起こるところだが、日本では調査さえしない。PFASは壊しても壊れない、移動（MOVE）するだけで、汚染の循環になる。米国に比べて日本の規制値は高くて甘い。復帰50年にあたり、基地内調査を行ない、汚染の責任を問い、透明性を持って解決に当らなければならない。綺麗な水の権利が侵害されている。解決のカギはJUSTICE、正義であり公平さだ。

　＜海外からのビデオメッセージ＞

　そのあと、海外からのビデオメッセージが紹介された。

　米国から映画『ダーク・ウォーターズ』のロブ・ビロット弁護士、ハワイからホノルル在沖縄4世のエリック・和多さん、韓国からグリーン・コリアのシン・スヨンさんがそれぞれ連帯の言葉を寄せた。現場からの声として、嘉手納町（豊里）、金武町（吉田）、北谷町（仲宗根）、宜野湾市（宮城）、うるま市（宮城）、那覇市（祖慶）からそれぞれアピールが行なわれた。二人の子供を連れて壇上に

上がった北谷町の仲宗根さんは「誰かがやってくれると思ったら間違い。自分ができることをやる」と述べた。

＜ロブ・ビロット弁護士のメッセージ要旨＞

こんにちは、ロブ・ビロットです。オハイオ州シンシナチ市の法律事務所の弁護士です。過去24年間、化学物質PFASがもたらす環境・健康への脅威を知らせることに専念してきました。PFASは全くの人工物で、1940年代以前には存在しませんでしたが、いま世界中を汚染しています。私がこの物質の存在を見つけたのは1990年代末から2000年代初めでした。

映画を見ると、PFASがどのように製造され、拡散していったか、そして、PFASが発癌性の猛毒であること、世界に拡散し永遠に環境に存在し、それが私達の身体に入り込み、健康被害を起こすことが分ります。70年以上に亘りPFAS製造会社は知っていましたが、隠されてきたのです。

PFASは非常に危険な物質であり、多くの重大な健康被害を引き起こします。特に、テフロンに使われるPFOAは、撥水加工を通じて多くの商品に使われています。カーペット、食品包装、消火剤、化粧品など数えきれません。PFOAは、２種類のガンを含む６つの深刻な病気の原因になります。PFASが水の中、土の中、日用品の中、あらゆるところに存在し、私達の血液の中にも入り込み、それが胎児をも汚染する、ということが分っています。

この映画から見出して頂きたい最も大事なことは、一人の人間、ひとつのコミュニティが団結することの力です。これはおかしいという声を上げること、この物質に汚染されたくない、水道水にこの物質を入れるな、胎児に影響を与えるのは許さない、その訴えがものすごい影響力を持つようになった、その過程です。

一人の農民が、世界有数の化学会社を相手に闘い、米国の環境規制システムと闘い、立ちはだかる科学や司法のシステムと闘い、現実に成果を出しました。多くの人々が、それに加わり、声を上げていきます。それが、大きな変化を生み出しました。

新たな規制法案が提出され、米国だけでなく世界で、PFASの製造中止、汚染の縮減が目指されています。特に水道水中の厳しい基準が定められようとしています。飲料水の汚染は深刻です。

PFASの特性から、ひとたび体内に入れば、どれほど微量であっても体内に存在し続け蓄積されていきます。

この問題への関心が高まり始めた日本で、PFASの存在、とりわけ泡消火剤の米軍基地での存在が知られ始めています。より多くの情報が知られるようになり、

より多くの人々が話し合うようになり、より多くの市民やコミュニティが「PFAS の脅威から私達を守りたい」という声を上げていくことで、日本でも許容基準を引き下げていくことを望みます。科学界のコンセンサスは、PFAS の水道水について安全な水準は無い、ということです。

2022. 4.25　埋立着工 5 周年　海上行動にカヌー 36 艇、抗議船 8 隻。

　どうか、皆さん。この問題に注目し続け、立ち上がり、声を上げ、PFAS 汚染をなくしていく努力をしていって下さい。（翻訳＝沖国大佐藤学教授）

4.25 辺野古埋立着工 5 周年　海上行動にカヌー 36 艇・抗議船 8 隻

　5 年前のこの日、沖縄防衛局は辺野古・大浦湾の埋め立てに着手した。辺野古側に護岸がつくられ土砂が投入され、大浦湾側にも土砂搬入のための護岸が造成されるなど、辺野古・大浦湾は無残に破壊されてきた。とはいえ、投入された埋立土砂がいまだ計画の 10％にすぎないことや軟弱地盤の存在など、埋立工事の完成の目途は全く立っていない。

　36 艇のカヌーと 8 隻の抗議船、カヌーチームは数々の横断幕をフロートに取り付け、10 時から海上抗議集会に備えた。今回初めてカヌー参加者ほぼ全員がマイクを握って「一言アピール」を行ない、「人殺しの為の軍事基地を造るな」「新基地のために私たちの税金を使うな」などと訴えた。そして決議文を読み上げたあと、約 20 艇はフロートを越えて臨時制限区域に突入し、海上保安庁の高速艇 GB の妨害と闘いながら、埋立工事の中止を訴えた。

2022.5.29

5.15 その後の沖縄各地の動き　「平和の島」「非武の島」へ闘い続ける以外ない

　5 月 15 日の「沖縄復帰 50 周年記念式典」をテレビ中継でご覧になった方も多いだろう。首相、沖縄県知事、天皇、衆参両院議長、最高裁判所長官、駐日米大使、全国知事会会長等のあいさつが続く中で、日本政府の狙い通り、式典は祝賀ムードに包まれた。式典に続くレセプションではさらに、泡盛の古酒仕次の儀や舞踊、

サンシン、空手の演武、歌謡が披露され、祝賀ムードは一層高まった。テレビを見た多くの国民は「沖縄が復帰して良かったね」と改めて思ったことだろう。

多くの沖縄県民もまた「復帰して良かった」と考えているが、同時に、広大な軍事基地とそこから派生する事件・事故・騒音、米軍犯罪、環境汚染、教育・こどもの貧困、辺野古新基地建設・自衛隊基地建設に反対し、その解決を強く求めている。それゆえ、「復帰して良かったね」で終わってはならない。復帰50年を経てなお、沖縄の基地問題を解決することのできない日本の政治の無能こそ関心と議論の焦点とならなければならない。自国政府の沖縄政策に自国民は責任を負っていることを自覚する復帰50年であってほしい。

玉城デニー知事は5月10日、岸田首相と会談した席で「平和で豊かな沖縄の実現に向けた新たな建議書」を提出した。

5月16日、普天間・嘉手納両爆音訴訟の原告ら30人が、米軍基地からの違法な騒音を放置し続ける日本政府の責任を問う行政訴訟を起こした。これまでの爆音訴訟で裁判所は、「米軍機の飛行差し止めを米国に求める地位にない」という第三者行為論で日本政府の無策・怠慢を容認してきた。「自国に駐留する外国軍隊の行為を規制する権限がない」とは、いったいいかなる政府なのか。厚顔無恥にも程がある。

■ 5.24 機動隊住民訴訟控訴審（福岡高裁那覇支部）

2016年の北部訓練場内のヘリパッド建設工事に際して日本政府は1000名もの機動隊を高江に動員して反対運動を力で排除したが、その際の県外機動隊への県費支出の違法性を問う機動隊住民訴訟は昨年8月20日、那覇地裁で「原告請求棄却」の判決が出された。原告団・弁護団は控訴した。控訴審第一回口頭弁論が5月24日午後3時から201号法廷で開かれた。

法廷には、原告のうちの6人、4人の弁護士が入り、傍聴席は満席。相手の沖縄県警も弁護士・職員など8人が席に着いた。裁判官は三人（裁判長＝谷口豊、下和弘、吉賀朝哉）。

原告を代表して意見陳述に立った岡本由希子さんは、亜熱帯の森・ヤンバルの大切さ、オスプレイ基地の不当性、欺瞞に欺瞞を重ねた工事強行、機動隊配備の不法性を力強く訴えた。裁判官たちは神妙な顔つきで、発言する岡本さんと手元の資料を交互に見ながら聞いている様子だったが、本当に耳を傾ける気があるなら、「控訴棄却」などという判決は出せないはずだ。

復帰 50 年を迎えた 6.23 慰霊の日
沖縄を非軍事化し、アジアの平和のかけはしに！

　6 月 23 日、復帰 50 年の慰霊の日。糸満市摩文仁（まぶに）の平和の礎（いしじ）には、花束や飲み物を手にした遺族の方々が次々に訪れ、それぞれの刻銘板の前に集まり、刻まれた名前を丁寧になぞり、平御香や食べ物をそなえ、手を合わせるなどして追悼した。また、魂魄の塔、ひめゆりの塔、白梅の塔、沖縄師範健児の塔、南洋群島県人慰霊碑、海鳴りの像などなど、県内各地にある数多くの慰霊碑にも関係者遺族の方々が集まり、手を合わせ追悼した。

　平和祈念公園の一角では、戦没者の遺骨が混じる土砂を辺野古埋立に使うな！と要求する具志堅隆松さん及び支援者のハンスト・テントと平和の礎の刻銘者 24 万人余を読み上げる実行委員会のテントが並んで立っており、訪問者がひっきりなしに訪れた。

　コロナ対策のため参加者が 300 人余に制限されて行われた沖縄全戦没者追悼式で、玉城デニー知事は平和宣言を読み上げた。県民から公募したメッセージをもとに作成したという今年の平和宣言は、沖縄の基地問題と平和を求める県民の意思をより前面に出し、普天間飛行場の速やかな運用停止、辺野古新基地建設の断念などを求めるとともに、ウクライナ戦争の一日も早い停戦を訴えた。そして締めくくりに、ウチナーグチと英語で「命どぅ宝」という格言こそ何物にも勝る黄金言葉（こがねことば）だとし、「平和で豊かな沖縄の実現」に向けて全力で取り組む決意を宣言した。

■平和の礎の刻銘者全員の読み上げ

　平和の礎の刻銘者全員の名前をリレー方式で読むあげる運動が 6 月 12 日、沖縄戦での米軍上陸の地・読谷村でスタートした。主催は、沖縄「平和の礎」名前を読み上げる実行委員会。会場となった読谷村文化センターの様子はリモートでネット配信された。最初の読み手は玉城デニー知事。知事は「平和で豊かな沖縄を子供たちに託すことができるように力を尽くしたい」と述べ、伊江島の沖縄戦犠牲者の名を読み上げた。読谷高校の生徒たちも制服姿で参加し、名前を読み上げた。この日から慰霊の日の 6 月 23 日までの 12 日間、朝 5 時から深夜の 3 時まで各地の会場を結んで連日続けられ、その様子はユーチューブで伝えられた。

　戦死者は一人ひとり命があり生活があり未来があった。一人ひとりの名前を読み上げることで、命の重さを知り、戦争で殺しあうこと・殺されることの不

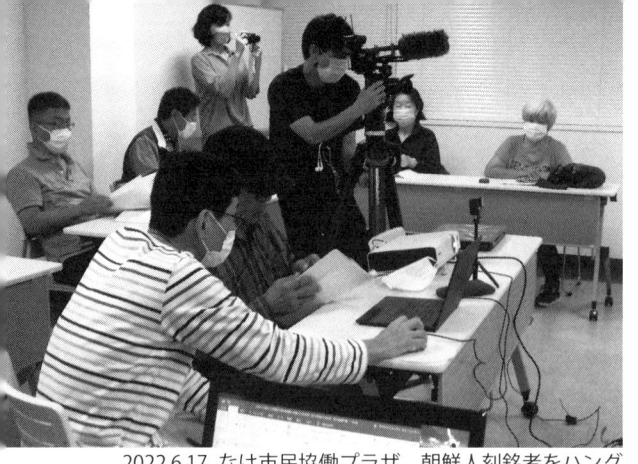
2022.6.17 なは市民協働プラザ。朝鮮人刻銘者をハングルで読み上げる集い。

条理を認識することにつながる。刻銘者読み上げ運動は日を重ねるごとに反響が大きくなり、小中高生、大学生、遺族の方々、さらに県外、アメリカ、台湾へと運動の輪が広がって行った。そして、最終日の6月23日の午前中、平和祈念公園の一角で開催されたクロージング・セレモニーで、今年追加刻銘された55人の名前を読み上げて、刻銘者全員の名前読み上げを完遂したことが報告された。

■朝鮮人刻銘者464人の読み上げ

　朝鮮人刻銘者を読み上げる会は6月17日、なは市民協働プラザに集まった。はじめに、沖本富貴子さんが沖縄戦に動員された朝鮮人の歴史とその実態に関して簡潔な解説を行なった。冒頭は元朝鮮総連の金賢玉（キム・ヒョノク）さん、締めは民団の南成珍（ナム・ソンジン）さん、その間に沖縄の関連メンバーが加わり、464人の刻銘者の名前をリレー方式でハングルで読み上げた。まとめの言葉で、南さんは「どんな思いで異国に連れてこられ、どんな思いで亡くなったのか。また、祖国が南北に分断されたことにどういう思いをしただろうか。平和の礎の読み上げに対し、だれか聞く人がいるの？との醒めた声があると聞いたが、何より亡くなった人たちが聞いている筈だ」と述べた。

2022.7.10

7月7日―サイパン全滅と盧溝橋事件　日中不戦の決意を固くする
沖縄鍾乳洞協会の沖縄戦展示会
7.21 内田弁護士を囲む会　花岡、西松、三菱マテリアルの和解から学ぶこと

　7月7日というと、まず七夕伝説を思い浮かべるであろうが、1944（昭和19）年のサイパン全滅を想起する人もいるのではないかと思う。当時サイパン島に残留していた一般日本人約2万人は、義勇隊を編成して戦闘に参加したり、老人や女性も軍と行動を共にし、最後は手りゅう弾で自爆したりマッピ岬の崖から飛び降りたりして、1万人が犠牲になったといわれる。犠牲者の大半は沖縄出

身者であった。県内市町村史に掲載されたサイパンでの戦争体験記を読むと、日本の南方植民政策の下で多くの県民がサイパンへ移住し、逃げ場のない小さな島での戦争で、米軍の鉄の暴風と日本軍の軍民共生共死により、地獄のような苦しみを味わったことが伝わる。そして、サイパンの次は沖縄だ、と県民はいよいよ間近に迫った戦争に危機感を募らせた。

　1937年までさかのぼると、7月7日は北京郊外で日中両軍による小規模の武力衝突が起こった盧溝橋（ルーコウチャオ）事件（中国では、七七事変）の日である。これを機に、日本は日中戦争の泥沼へと突入していき、沖縄県民の中国大陸への派兵も急拡大し、戦死者も増えていった。平和の礎に刻銘されている県民約15万人の中には、中国での戦死者も多い。

　旧東風平町（現八重瀬町）は、詳細な戦争被害調査をまとめた『東風平町史―戦争関連資料―』（1999年）を発行した。それによると、戦没者は当時の町民の約半数にあたる4019人を数える。死亡地は南部地域を主としながらも、アジア太平洋の各地が記録されている。サイパン（テニアンを含む）はほとんど一般住民で207人、そのうち0歳から10歳までの子どもが92人を占める。死因はほとんど被弾とされているが、栄養失調、戦病死、さらに自爆も記録されている。9歳と7歳の姉弟、15歳と11歳の兄妹の自爆死などがある。

　日中戦争がアジア太平洋へと拡大していき、サイパン全滅、沖縄戦へとつながったのだ。平穏な生活を根底から破壊し命を奪うだけの戦争を止めるという決断をもっと早くできなかったのか。RBCテレビは1988年、慰霊の日特別番組で、近衛文麿元首相による上奏文を取り上げた『遅すぎた聖断』を放映した。その趣旨は、1945（昭和20）年2月に戦争を止める決断をしていれば、その後の東京大空襲、沖縄戦、広島・長崎の原爆投下などは避けられたのではないかというものである。戦争を止めるチャンスは、サイパン陥落後の東条英機内閣の総辞職の際も、盧溝橋事件のあと現地軍の間で停戦が成立した際も確かに存在したのである。しかし、天皇を筆頭に国家権力は戦争を継続し拡大する道を選んだ。それが戦争の論理なのだ。

　天皇制日本が「暴支膺懲」（悪い中国を懲らしめる）を掲げて侵略戦争を正当化した誤りを再び繰り返すべきでない。尖閣諸島や台湾をめぐって、アジアの隣国との対立を煽ってはならない。軍備増強・軍事費拡大は増税・福祉切り捨てを必然的に伴うだけでなく、戦争につながる軍拡スパイラルは破滅への道だ。7月7日にあたり、日中不戦の決意を固くする。

■沖縄鍾乳洞協会の沖縄戦展示会

　慰霊の日を挟んで約3週間、八重瀬町中央公民館具志頭分館で、沖縄鍾乳洞協会

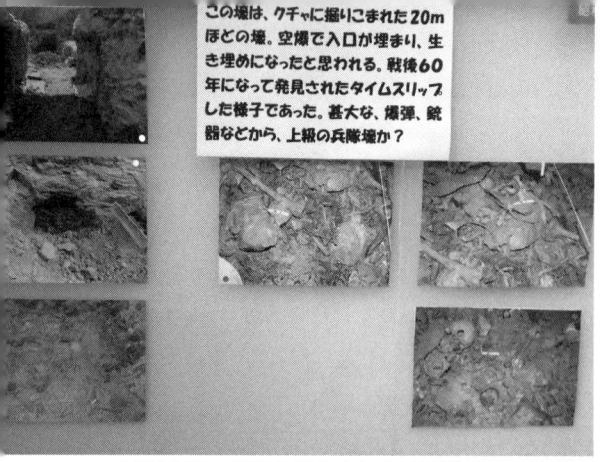

この壕は、クチャに掘りこまれた20mほどの壕。空爆で入口が埋まり、生き埋めになったと思われる。戦後60年になって発見されたタイムスリップした様子であった。甚大な、爆弾、銃器などから、上級の兵隊壕か？

2022.6.23　慰霊の日を挟んで3週間にわたり開催された沖縄鍾乳洞研究会の沖縄戦展示会。

（山内平三郎理事長）が主催して、「洞穴調査（鍾乳洞、ガマ、陣地壕）から解った沖縄戦の実態展」が行なわれた。会場には、南部各地のガマ・壕の地形図や手りゅう弾・ヘルメット・軍靴・乾電池・認識票・茶わん・歯ブラシなど、収集した各種遺品が並べられた。

山内さんとガマとの関わりは長い。米軍政下の1967年、当時愛媛大の学生だった山内さんは、チームの一員として玉泉洞を調査したのを皮切りに、これまで約150か所のガマ・壕を調査した。山内さんによると、隆起サンゴ礁地形の沖縄には、大小さまざまな自然壕（ガマ）が約3000か所あるという。戦争でこれらのガマは住民の避難場所や役場の書類保管場所となったり、日本軍の陣地として収容されたりした。今回展示されたのは、そのうち代表的ないくつかのガマ・陣地壕の詳細な地形図、写真、発掘品である。那覇市おもろまちの陣地壕や八重瀬町ギーザ（慶座）のガマの発掘調査には、私も同行し遺骨収集をした。

糸満市の轟の壕は、平和学習で中に入ったことのある人も多いだろう。今回、その轟の壕の詳細な地形図も展示された。壕は全長200mに及び、普段入るのはそのうちの一部に過ぎないことが分かる。

また、おもろまちの奥行き20mほどの小さな陣地壕の発掘調査では、遺骨数人分とサーベル、銃弾、おわん、万年筆、印鑑などを多数収集した。遺骨はきれいで、戦闘で傷ついたような痕跡は全く見られなかった。山内さんの推測では、壕入り口近くに落ちた砲弾で生き埋めにされたのではないか、とのことである。印鑑の名前から持ち主が分かり、遺族に返された。私はこの時、土の中から泥まみれのハーモニカを見つけた。沖縄に派兵された若い兵士は戦場でハーモニカを吹いて何を思ったのだろうか。

■7.21 内田弁護士を囲む会　花岡、西松、三菱マテリアルの和解から学ぶこと

7月21日夕、那覇市おもろまちで、「花岡事件と和解」をテーマに、内田雅敏弁護士を囲む会が開かれた。内田弁護士は辺野古帰りの疲れも見せず、元気にお話いただいた。テキストは池田香代子さんによるインタビュー集『花岡の心を受け継ぐ』（かもがわ出版）。

1942年11月、東条英機内閣は「華人労務者内地移入に関する件」を閣議決

定し、1944年8月から1945年5月までに、約4万人を強制連行し全国35社135か所の事業所で劣悪な環境下過酷な労働を強いた。その結果、6800人以上が死亡したとされている。中国人986人が連行された秋田県の花岡鉱山では、鹿島組（現鹿島建設）の下での過酷な労働と虐待・暴行・飢餓による死に耐えかねて、1945年6月30日に一斉蜂起・集団逃亡が起こった。

『秋田県警察史』によると、鎮圧に動員した延べ人数は、銃で武装した憲兵隊200人をはじめ、警察官494人、警防団7544人、民間人13654人にのぼるという。最終的に全員が捕まり、後ろ手に縛られて共楽館の前で三日三晩ひざまずかされ、段る蹴るの暴行を受け多数が殺された。大館市営十瀬野（とのせ）公園墓地入口に立つ「中国殉難烈士慰霊碑」には419人の名前が刻銘されている。

私は10年前、花岡平和資料館や慰霊碑と共に、旧共楽館跡の広場を訪れたことがある。現場に立ち、中国人労働者が捕まり、虐待・拷問された当時のありさまをできる限り想起してみた。天皇の軍隊、天皇の警察だけでなく、一般国民が天皇の臣民としてアジアに対する暴力の当事者となっていた歴史の事実は否定しようがない。また、この事実をごまかさず受け止めたからこそ、花岡町―大館市が中国人犠牲者に対する慰霊式をやり続け、被害者・遺族との交流を続けることができたのだろう。

内田さんは、2000年に成立した花岡和解にふれて、何より大事なことは被害の実態に目を向けることであり、①加害の事実を認め責任を認めて謝罪する、②謝罪の証として何らかの和解金を支給する、③被害者に対する追悼式を行うなど、後世への歴史の教訓とする、の三つが不可欠だと指摘する。そして、和解案を携えて北京に行き、中国人被害者団体の聯誼会（れんぎかい）の幹部たちに意見を聞き、全員一致の賛成を得た、と体験を語る。さらに「花岡和解があったからこそ、のちの西松建設和解があり、西松建設和解があったからこそ、三菱マテリアル和解があった」と述べ、それぞれの和解の内容を詳しく説明した。

現在、日韓両政府の間で、徴用工問題をめぐって対立が続いている。日本政府は「1965年の請求権協定で解決済み」と、相手の一方的な屈服ばかりを求めており、多くのメディアも政府に加担している。日本は加害者なのだ。日本が被害の実態に真摯に目を向け、内田さんの指摘する三条件を実行することこそが、日韓和解に至る道筋を拓く。

2022.8.14

8.15「終戦の日」を迎えて　沖縄県民の意思と権利を尊重する日本社会たれ！

戦後77年の8月15日がめぐってきた。大日本帝国のアジア侵略は、台湾出兵と琉球併合に始まり昭和の沖縄戦で終わりを告げた。「神国」を標榜しアジアの盟主になることを目指して膨張した天皇制日本は元の島国に戻った。結局得たものは「国体護持」、天皇制の維持だけだった。

沖縄は、西太平洋に張り出した日本の領土となり、南方植民地政策の前進基地となり、日米戦争で本土を防衛する防波堤となり壊滅した。県民は、沖縄がふたたび悲惨な戦場となることを望んでいない。

8月15日の初心を思い起こそう。再び戦争をしないと誓った筈ではないか。

■沖縄戦に関する二本の映画

この8月、沖縄では、沖縄戦に関する映画が二本上映された。一つは、戦前最後の沖縄県知事・島田叡（あきら）に焦点をあてた『島守の塔』。もう一つは、中山きくさん・武村豊さんら当時の二高女生徒のインタビューと再現ドラマで白梅学徒隊を描いた『乙女たちの沖縄戦〜白梅学徒の記録〜』である。

『島守の塔』は、沖縄戦の実写フィルムを用いながら戦場のリアルを描きつつ、登場人物の設定と行動・発言などフィクションを組み立てた映画である。「天の岩戸戦闘指揮所」の看板や飲んだくれの長参謀長が壕の中で座り込んでウィスキーを飲んでいる場面などは事実に基づく描写と言えよう。

歴史的事実として見るとき、島田知事は、学徒隊の名簿の提出や北部疎開で軍に協力するなど、沖縄戦を遂行する日本政府の行政の歯車として、軍官民共生共死の一体化を体現した人物だった。映画では、島田知事が声を張り上げて「生きろ！生きぬけ！」と叫び、知事の世話役の県職員の女性が犬死せず生き残ったことをストーリーの柱として描いている。沖縄戦の現実は逆だった。日本軍は、青壮年男子の疎開を許さず県民を戦場に総動員し、敗北してなお米軍に対する投降を許さず戦闘で死ぬか自ら命を絶つことを強制した。

映画は入口だ。映画をきっかけに、沖縄戦の歴史、その背景などにさらに関心を持っていくことになればよいと思う。宮城喜久子さん『ひめゆりの少女』（高文研）や宮良ルリさん『私のひめゆり戦記』（ニライ社）をはじめ、県民の戦争体験や証言にじかに触れてほしい。

『乙女たちの沖縄戦』の再現ドラマで舞台となった第24師団第一野戦病院新城分院（ヌヌマチガマ）は、八重瀬町にある全長500mにおよぶ自然壕である。コロナが広がる三年前まで、このガマで平和ガイドを務めたことが何度もある。白梅学徒隊にさらに関心のある方には、映画中に紹介された新里堅進作・画『白

梅の碑―野戦病院編および戦場彷徨編』（クリエイティブ21）、『きくさんの沖縄戦』（沖退教女性部）の他に、白梅同窓会編『白梅―沖縄県立第二高等女学校看護隊の記録』（クリエイティブ21）をお勧めしたい。

島嶼での地上戦となった沖縄戦は悲惨の極限だった。沖縄戦には日本という国家の沖縄県民に対する軽視・蔑視・利用・傲慢が満ちている。沖縄をふたたび国家の道具としてはならない。

■石川真生さん「大琉球写真絵巻2022」

旧盆恒例の石川真生さん「大琉球写真絵巻」が8月9日から14日まで、パレット久茂地6階の那覇市民ギャラリーで開催され、新作のパート9と昨年のパート8、合わせて46点が展示された。今年の新作は、自衛隊基地建設がすすむ宮古・石垣・与那国の各島での人々の暮らしと抵抗の姿をとらえた作品である。

私たちが今年2月、フィールドワークで小浜島・石垣島を訪れた際、於茂登（おもと）岳ふもとのミサイル基地建設現場を案内していただいた「基地いらないチーム石垣」のみなさんも登場していた。宮古島で根気強く自衛隊基地に反対する運動を続けるみなさんや与那国島で基地に頼らない暮らしを立てるみなさんの懐かしい顔を見ることもできた。大きな写真の下にはそれぞれ、主に被写体になった人々が書いた説明文が日本語と英語で添えられている。

私は真生さんを高校生のころから知っている。来年4月に70歳になるというが、一途で純粋、行動力のある所はいくつになっても変わらない。真生さんは「自分にできるのは写真だけ、だから写真をやりぬく」と腹を決めている。腹をくくった人は強い。いつまでも元気に、写真という刃を権力者の喉元に突きつける仕事をやり続けてほしい。

2022.8.28

8月22日は対馬丸撃沈78周年　無料開放の対馬丸記念館に来場者続々

1944年8月22日夜10時過ぎ、沖縄から九州に疎開する学童らを乗せた対馬丸は、トカラ列島悪石島（あくせきじま）付近を航行中、米海軍の潜水艦ボーフィン号による魚雷攻撃を受けた。船は約10分後に多くの人々を船底に取り残したまま沈没、脱出した人々も台風接近の海の中で多数亡くなった。氏名が判明した犠牲者は学童疎開784名、一般疎開623名、訓導・世話人30名、船舶砲兵隊21名、船員24名、合計1482名にのぼる（『対馬丸記念館公式ガイドブック』）。

対馬丸撃沈は一般住民の人権を無視する日米両国の戦争犯罪を示す悲劇であ

2022.8.22　対馬丸記念館。子どもたちをはじめ犠牲者の遺影が壁一面に。

る。日米戦が激化する 1942 年、日本が「臨時海運管理令」によって民間船舶の軍徴用を進めると、米軍は補給路を断つため無差別攻撃を戦術とした。真珠湾攻撃の翌年竣工したボーフィン号は、ニックネームを「真珠湾の復讐者」と言い、沈めた艦船は合計 44 隻にのぼるが、最大の犠牲者を生んだのが対馬丸だった。

　1944 年 7 月 7 日のサイパン陥落の直後、東条内閣は沖縄県庁あてに電報を打ち、「老幼婦女子」を島外に疎開させるよう命じた。すでに南太平洋や小笠原諸島・沖縄近海は米軍の制海権・制空権が支配するところとなり、日本船舶の沈没が多発していた。船舶による疎開そのものが危険な時期だった。学童疎開を目的としていたならば、対馬丸の運航を明確に民間の赤十字船として行う選択肢があった筈なのである。ところが対馬丸は軍用船として、少数ではあるが船舶砲兵隊を乗船させ、多数の学童疎開者・一般疎開者を乗せた。

　対馬丸は、第一次世界大戦が始まった 1914 年にイギリスの造船所で建造された日本郵船の貨物船であった。軍によって徴用された対馬丸は船体が灰色に塗り替えられ、甲板には高射砲が設置された。那覇から学童たちを乗せて九州へ向かう前々日の 8 月 19 日には、上海から第 62 師団の兵隊たち数千人を乗せて那覇港に到着していた。ボーフィン号はこの時から攻撃のチャンスを狙っていたのである。戦争の論理の前には人道は空語になる。

第 32 軍のもとには、8 月 24 日に、魚雷攻撃により沈没との報告が入っていた。ところが日本軍は箝口令を敷いた。乗船者の家族を不安に陥れ、辛くも生き残った人々に「話すな！」と新たな苦しみを与えたのである。

対馬丸記念館は、撃沈 60 年の 2004 年 8 月 22 日に、那覇市旭ヶ丘公園の一角に開館した。以来、8 月 22 日は無料開館日として開放されてきた。展示は丁寧で分かりやすい。対馬丸への乗船と撃沈、遭難の様子、疎開に至る経過、沖縄戦の推移、様々な遺品と共に、目を引くのが壁一面に掲げられた犠牲者の遺影である。

旭ヶ丘公園の一角に、遭難学童、訓導・世話人、遭難一般者の名を刻んだ小桜の塔がある。この間コロナのため、遺族・関係者多数が参列する慰霊祭は開かれていないが、対馬丸記念会による法要が行われた。母と姉、弟、妹を亡くし、2 歳年上の姉と共に孤児となった当時 12 歳の女生徒は、地上戦の地獄と戦後の苦しみを生き抜いた。毎年 8 月 22 日が近づくと小桜の塔に向かい、「しょっぱい海水を飲んでどんなに苦しかったか」と思い返すたびに胸が痛むという。

2022.9.11

9.11 県知事選　玉城デニー知事が再選

9 月 11 日投開票の県知事選挙は午後 8 時の投票締め切りと同時に、NHK をはじめ県内の新聞・テレビ各社は、玉城デニー候補の当確を打ち出した。結果は約 6.5 万票、10 ポイント近くの差をつける勝利だった。

有権者数　　1,165,610

投票率　　　57.92%

玉城デニー　339,767（50.8%）

佐喜真淳　　274,844（41.1%）

下地幹郎　　 53,677（8.0%）

この 4 年間で、有権者数は 2 万人近く増加したが、投票率は 5 ％あまり下落した。また票差は、2014 年 14.3%、2018 年 11.2%、2022 年 9.7% と徐々に縮小してきている。

県民の最も自覚的な意思は玉城デニー知事の再選に結集した。基地のない平和で安心して暮らすことのできる未来に向けて基地問題を解決していく意思を示したのである。

自公候補の主張の重点は「危機突破！」であった。つまり、「沖縄振興予算は減る一方、一括交付金は 8 年前に比べて 1000 億円減額。これは県の不作為がもたら

した県政危機」というのである。沖縄振興予算や一括交付金の減額は他でもない自公政府が行なってきたことだ。決して中央政府に屈服しない玉城県政に対する悪質な嫌がらせであり、知事を選んだ県民に対する恫喝だった。

2022.8.25　県庁前ひろば。玉城デニー候補出陣式。主に那覇・南部地域から集まった。

来年度沖縄関係予算要求額は、沖縄県が求めていた3200億円から400億円低い約2800億円とされた。琉球新報2022.8.30によると、沖縄自民党の西銘前沖縄北方担当相は、8月の岸田内閣の改造で退任するにあたって「前年より100億円ほど引いたらどうか」と官邸側に伝えていたという。官邸はそれよりさらに100億円減額した要求額を組んだのである。卑劣な自民党、腐った官邸の官僚・政治家たちによる政治の私物化に県民の多くは同意しなかった。

　また、政府自民党と旧統一教会との癒着が全国的に大問題となる中、沖縄でもかねてから詐欺まがいの霊感商法や信者の生活破壊が問題となってきたが、沖縄自民党の県議や保守系首長の旧統一教会との結びつきがクローズアップされた。佐喜真候補は宜野湾市長時代から結びつきが深く、韓国に出かけて関連イベントに出席したり、今回の知事選の選挙母体の幹部がほとんど関係を持っていたりしていた。この面でも県民の拒否反応が働いたと思われる。

2022.9.25

県知事選の結果を受けた本土紙の社説

　県知事選の結果を受けた本土各紙の社説を見出しのみだが紹介しよう。
　毎日新聞「国は『アメとムチ』脱却を」
　朝日新聞「県民の意思は明らかだ」
　日本経済新聞「安保論議へ県民の民意は重い」
　西日本新聞「復帰50年の不条理解消を」
　東京新聞「民意と誠実に向き合え」

中国新聞「首相は民意受け止めよ」
北海道新聞「辺野古拒否の民意明白」
河北新報「辺野古反対、民意に向き合え」
信濃毎日新聞「国の不条理認めぬ声を」
京都新聞「政府は対話へと歩み寄れ」
読売新聞「不毛な対立を国と続けるのか」

2022.9.22 ゲート前座り込み 3000 日行動。

9.22 辺野古座り込み 3000 日行動に 200 人
3000 日発し続けられた沖縄の声をきけ！

ゲート前の座り込みは 9 月 22 日で 3000 日になった。この日は約 200 人、いつにもまして多くの参加者が結集した。

辺野古の座り込みは、沖縄防衛局が陸上部分の工事に着手した 8 年前の 2014 年の 7 月に始まった。新型コロナ感染症が蔓延し、組織的な運動が中断する中でも有志をはじめ自主的な行動が一日も休むことなく続けられた。まさしく、県民の揺るがぬ意思を象徴するものだ。この間、三度の県知事選、辺野古県民投票、衆参議院選挙を通じて、県民は常に「辺野古埋立ストップ！新基地反対！」の意思を示し続けてきたのである。

この日のゲート前には県外からの参加者もいた。大阪の中学校教諭で、ドキュメンタリー映画『教育と愛国』にインタビュー出演した平井美津子さんが次のように発言した。

「中学校の教科書では、沖縄戦のことはたった 6 行しか書かれていない。これでは沖縄戦のことは分からない。私は基地が集中する沖縄の現状を子供たちに伝え、沖縄戦は終わっていないと教えたい」

沖縄から全国へ発信され広がっていくことが、政府の横暴を止める大きな力になっていく。

2022.10.9

本部塩川港・安和桟橋で連日の抗議　本部の土砂を辺野古に運ぶな！

辺野古新基地反対！の意思表示を県民が重ねて行なった県知事選挙のあとも、本部塩川港・琉球セメント安和桟橋から辺野古への土砂搬出は進められている。二つの港からの土砂搬出は、一日当たり 10t ダンプの数にして 1500 台前後に

2022.10.5 琉球セメント安和桟橋入口ゲート前。左右直進の土砂ダンプの危険運行に抗議。

2022.10.5 琉球セメント安和桟橋。

のぼる。岸田政権の閣僚や官僚たちには、県知事選挙で示された県民の意思を尊重するという議会制民主主義のあたりまえの考えが全くない。鉄面皮な人たちだ。本部塩川港と琉球セメント安和桟橋には連日、本部島ぐるみ会議を中心にして、各地から少人数だが、早朝から日暮れまで土砂を運搬するダンプに対し、手をあげあいさつし、「土砂を運ぶな！」「埋立に協力するな！」と訴えながら牛歩の行動を続けている。

雨の日も風の日も炎天下でも変わりなく、ひたすら辺野古の海に投入される土砂の速度を落とすために行動することは根気がいる。時には運転席からＶサインを送ってくれたり、信号待ちに丁寧に応じてくれるダンプもあるが、中には乱暴に突っ込んできたり、血相を変えて怒鳴り散らす運転手もいる。それでも、宮沢賢治の詩の中の人のように、決して怒らず淡々と、埋め立て中止の訴えをやりぬくのである。

国家権力が本気になって強行する国策に立ち向かうことは、例えれば、象に蟻、巨石に卵のようなものかもしれないが、「雨垂れ石を穿つ」のことわざ通り、継続と蓄積が不動のものと思われた国策を止める力になる。

10月5日水曜日の塩川・安和行動には、南風原・南城・八重瀬など島ぐるみ南部のメンバーと普天間爆音、集まれ辺野古などが結集した。塩川のベルトコンベアー2基は先週木曜日から故障して、ダンプが直接台船に土砂を積み込み、台船が沖合で運搬船に積み替える作業を行なった。

また、安和では相変わらず、右折、直進、遠回りしての左折の三方面からの進

入で、桟橋ゲート前の交差点は一触即発の危険極まりない状態が続いた。ゲートの中から沖縄防衛局の職員は「通行妨害をしないでください」を声を張り上げているが、実際のところは、左折や直進など無理な搬入をあえて強行する結果、交通事故の危険と一般車両の通行妨害を創り出しているのである。ゲート前の行動は、沖縄防衛局のマイクを圧倒するスピーカーで、「沖縄を返せ」「島人の宝」「五月のパリ」などの歌を流すと共に、代わるがわるマイクを手に、新基地反対！埋立やめろ！土砂をいれるな！と訴え続けた。

2022.10.23

「天皇の軍隊」と「天皇の警察」の暴力に対する徹底的な究明を！
言葉の刃で権力者に立ち向かった、反戦川柳作家・鶴彬

　国外での侵略戦争には国内での締め付けが伴なう。明治維新で成立した天皇制国家は日本列島から四方へ、沖縄、台湾、朝鮮、中国大陸、北方、小笠原等へと軍事的膨張を遂げていくと共に、国内においては、天皇を頂点とする軍事警察国家をつくりあげていった。大日本帝国憲法をはじめ、教育勅語、軍人勅諭、選挙権と抱き合わせの治安維持法など、天皇を現人神とするカルト的支配を進めたのである。侵略と暴力を正当化する「神国日本」のイデオロギー教育が徹底された。

　旧統一教会の実態がこの間全国の様々なメディアを通じて明らかになってきているが、戦前の日本こそまさに、天皇を万世一系の神と称え一切の批判を許さず、天皇のためならば侵略・殺人・拷問などすべてが合理化される「カルト社会」であった。中国侵略の「天皇の軍隊」が行なった殺戮・略奪・放火・強姦の数々の有様は正視できないような残酷さに満ちている。他方、「天皇の警察」による反戦・反政府とみなされた団体・個人に対する執拗で過酷な暴力には果てがない。

■言葉の刃で権力者に立ち向かった、反戦川柳作家・鶴彬

　中国大陸への日本軍の派兵は、1932 年の満州国建国宣言と 1937 年の盧溝橋事件を経て急拡大したが、国内では、「普通選挙」と共に施行された治安維持法による弾圧が反戦・非戦の声を沈黙させた。伊藤千代子など 1600 人が逮捕された 1928 年 3 月 15 日の全国一斉検挙、4 月 16 日をはじめ一年で約 5 千人が検挙された 1929 年など、言論・出版・結社の自由と人権はことごとく踏みにじられた。その暗い時代に、鶴彬（つるあきら）、本名＝喜多一二（きたかつじ）は川柳を武器に反戦反弾圧の意志を貫き通した。

　1937（昭和 12）年 11 月 15 日発行『川柳人』通巻第 281 号に掲載された最

後の一連の作品を紹介しよう。

　　高梁の実のりへ戦車と靴の鋲
　　屍のゐないニュース映画で勇ましい
　　出征の門標があってがらんどうの小店
　　万歳とあげて行った手を大陸において来た
　　手と足をもいだ丸太にしてかへし
　　胎内の動き知るころ骨がつき

　1937 年 11 月といえば、大本営が設置された時だ。そして 12 月 1 日に南京攻撃命令が下され、南京城陥落、さらに南京大虐殺の 6 週間に続く。国中が排外主義に染まり、戦果に酔いしれて提灯行列をしている時に、鶴彬は、冷徹な目で戦争をとらえ、侵略された国の民衆の苦しみや出兵した一般兵士とその家族の悲哀を書いた。

　鶴彬は 12 月 3 日、治安維持法違反を理由に特高警察に逮捕され、『川柳人』は発禁処分となった。そして、拘留されたまま重病になり翌年 9 月、29 歳の若さで死亡した。死因は赤痢とのことだが、元 731 部隊の伝染病棟の医師であった湯浅謙さんは、「留置場で赤痢で死亡することは特異だ。特高関係について真相は依然闇の中」と語っているという。

　「川柳というジャンルを守るのは、短歌や俳句の追随しえない風刺的レアリズムを愛するからである」と、鶴彬は述べている。日本が米国の対中軍事政策に従って再び軍拡の道を突き進もうとしている今、鋭い言葉の刃で権力者に立ち向かった鶴彬の生涯と彼の作品はあらためて光を放って見える。

2022.11.6

10.30 〜 11.3 第 7 回世界ウチナーンチュ大会
海外 20 か国 1 地域から 2345 人が結集

　10 月 30 日は「世界のウチナーンチュの日」だ。2016 年の第 6 回世界ウチナーンチュ大会の閉会式で、大会実行委員会長を務めた故翁長雄志知事が宣言して制定されたものである。

　国際通りでの華やかな前夜祭パレードで幕を開けた第 7 回世界ウチナーンチュ大会は、11 月 3 日、那覇市の沖縄セルラースタジアムでの閉会式・グランドフィナーレで 4 日間にわたる日程の幕を閉じた。第 7 回大会は当初、昨年に予定されてい

たが、コロナの世界的感染拡大のため、日程を一年延期して今年の開催となったものである。世界各国からの派遣は、7000人を超えた6年前からはかなり少なくなったが、事前登録した海外20か国1地域の2345人が集まった。

2022.10.30　国際通り。世界ウチナーンチュ大会の前夜祭パレード。ペルーからの参加者。

■日本の支配のゆえに沖縄は有数の移民県となった

　いま世界各地に散らばっている2〜4世のウチナーンチュは約42万人と言われている。最も多いのが南米で、ブラジル約163,000人、ペルー約72,000人、アルゼンチン約16,400人、ボリビア約7,000人など、次に北米で、ハワイを含め米国約105,000人、カナダ約2,000人、メキシコ約1,000人、キューバ約250人など、アジアはフィリピン約1,800人、グアム250人、中国200人余、シンガポール100人足らず、タイと韓国各50人、台湾35人など、ヨーロッパには、ドイツ80人余、フランス60人、イギリス35人、スペイン10人余、少数だがアフリカにも、ザンビア20人と、海外の沖縄人社会は五大陸に広がっている。

　なぜ沖縄に海外移民が多いのか。初めての海外移民は1899年、27人がハワイに渡り、サトウキビ農業に従事した。そのあと、金武村（きんそん）をはじめ全県各地から北米、南米への移民が続いた。沖縄県によると、1899年から1938年の移住者数は72,134名であり、1940年当時の沖縄県の人口（574,579名）比で、県民の約11%が移住したことになる。明治政府による琉球併合の進展の中で生活基盤を破壊された県民は、主に阪神工業地帯での製紙・紡績への出稼ぎと共に、海外で稼いで沖縄の家族を支えるため多くの人が続々と海外に移民したのだ。海外では、日系人に対する差別・さらに沖縄に対する差別をはね返し、言葉・習慣・芸能など沖縄の文化・伝統を守りながら移民国の土地に溶け込み生活基盤を確立して代を継いできた。

　そして朝鮮戦争が勃発した後、米軍は、牧港住宅地区、那覇海軍補助施設、キャンプ・ズケラン、伊江島爆撃訓練場などの造成・拡張のため、銃剣とブルドーザーによる新たな強制収用を行なった。土地を奪われた人びとがやむなく海外移民の道を選んだ。国際協力事業団の「海外移住統計」によると、1952年〜1993年の都道府県別移住者数は全体で73,035人、内訳は一位沖縄県7,227人、全体の約一割

を占める。

　沖縄は戦前も戦後も全国有数の移民県なのである。その結果、20世紀から21世紀へ世紀をまたいで生き抜くウチナーンチュたちのネットワークが、沖縄に146万人、世界に約42万人をむすんで築かれることになった。

日米共同統合演習「キーン・ソード」
沖縄を舞台とした対中国戦争の予行演習

　大規模な日米共同統合演習（米軍によるコードネームは「キーン・ソード（Keen Sword）23」）が11月10日から19日まで、自衛隊26,000人、米軍約1万人、両軍の航空機約370機、空母を含む艦艇約30隻を動員して実施された。オーストラリア軍、カナダ軍、英軍も加え、NATO（北大西洋条約機構）軍もオブザーバーとして初めて参加した。

■中城湾港に自衛隊200人と車両73台が上陸

　キーン・ソード自体はほぼ2年に1回実施され、今回で16回目となるが、今回の最大の特徴は公然と沖縄を舞台に民間の港湾・空港・道路も演習場所としたところにある。防衛省統合幕僚監部は演習の開始に備えて、事前に兵員・装備を輸送した。11月8日午前、民間チャーター船「はくおう」が鹿児島港─名瀬港を経て、県が管理する中城湾港に自衛隊員約200人、車両73両を陸揚げした。「はくおう」は民間チャーター船とはいっても、実は全長200m、最高速力30ノットの性能を保持する自衛隊・米軍専用の軍用輸送船である。

　8日朝、平和市民連絡会・うるまをはじめ各地の島ぐるみのメンバー約200人は、自衛隊員と装備の陸揚げに反対して、はくおうが接岸する岸壁前第4ゲートに結集した。ゲート前には、「沖縄を再び戦場にするな！」「日米共同統合演習を中止せよ！」などの横断幕やプラカードがあふれた。

　陸揚げされた各種自衛隊車両は港の新港地区にズラリと並べられた。その光景は、民間港は有事には自衛隊が使用するという軍事優先の姿そのものであった。

　自衛隊車両の通行を阻止するためにゲート前に座り込んだ人々を警察機動隊が強制排除した後、自衛隊車両は長い列をつくって国道を南下し那覇基地など各地の自衛隊基地へ向かった。

11.21 〜 22 本部塩川港での集中行動
人が大勢集まれば、土砂搬出ダンプは止まる！

　11 月 21 〜 22 日の両日、辺野古埋立の土砂を搬出する本部塩川港で、土砂搬出ダンプの運行を阻止する集中行動「塩川デイ」が実施された。

　■二日間で延べ 300 人以上が参加

　本部塩川港は、土砂を採掘・搬出する琉球セメント安和鉱山の国道を挟んだすぐ海側に位置する。バースは 6 か所、①②番・⑤⑥番が辺野古行き、③④番が離島行きとされており、港湾敷地内も大半が辺野古行によって占有される事態となっている。本来沖縄県が管理する港だが、日本政府が振りかざす「平等の使用原則」の圧力に負けて、辺野古埋立に従事する一業者による事実上の独占状態を招いている。

　2 日間の塩川デイには、各地から延べ 300 人以上が参加した。辺野古の宿泊施設に泊まって現場に通う参加者たちもいた。参加者たちは港内の一車線道路で、ダンプの運転手にお辞儀をしたり手を挙げて合図を送ったあと、思い思いのプラカード、ノボリを手にゆっくり横断をくり返した。

　2 日目には、初日にはなかった「離島」行のダンプが辺野古行きダンプの合間に入ってくるようになった。「離島」行は止めない。「お疲れさま」とあいさつしてそのまま通過させる。「辺野古」行だけを止める。数人の行動では通常、どんなにゆっくり歩いても 5 〜 6 m の幅の道路を横断するのに数十秒とかからない。数の力は偉大だ。こ

2022.11.22　本部塩川港の集中行動。人が大勢集まれば土砂ダンプは止まる。

2022.11.22　琉球セメント安和鉱山。本部塩川港の国道をはさんだ山側に位置。

　の日は数十人、時には百人もの人々が途切れることなく横断をくり返すため、ダンプは身動きできない。ゲート入り口から交差点の信号、そして国道に沿って長いダンプの行列ができた。すると間もなく、機動隊員を乗せた警察車両が3台到着入し規制を始めたが、港内のあちこちで行われる抗議行動を抑えることはできない。沖縄防衛局職員の「通行の邪魔をしないでください」とのハンドマイクに負けず、本部町島ぐるみのスピーカーからは、「牛歩は私たちの権利です。ゆっくり歩いて意思表示をしましょう」との檄がくり返し飛ぶ。解放感にあふれた阻止行動が終日展開された。

　11月21〜22日の両日、ダンプによる一日の土砂搬出台数をともに200台にとどめた。大勢による非暴力直接行動の成果だ。各地からの参加者の感想をきくと、「楽しかった。また行きたい」という声が多く寄せられている。

Ⅰ－8.

沖縄を再び戦場にさせない！

2022.12.18

南西諸島を非武装中立地帯に！　岸田内閣が安保関連3文書を閣議決定
沖縄を中国との軍事対決の最前線にしてはならない！
ブルーインパルスに抗議する集会・デモ

■岸田内閣が安保関連3文書を閣議決定

　岸田内閣が 12 月 16 日、「国家安全保障戦略」「国家防衛戦略」「防衛力整備計画」の安保関連3文書を閣議決定した。来年度から5年間の軍事費総額は 43 兆円、最終年度の 2027 年には GDP（国民総生産）比で2％に到達、軍事費の規模は米国・中国に次ぐ世界第3位の軍事大国が出現する。「反撃能力」（敵基地攻撃能力）保有を明記し、日米軍事一体化の下で、継戦能力の向上、弾薬庫など米軍・自衛隊基地の相互使用、米国製巡航ミサイル「トマホーク」や地対空誘導弾パトリオット・システムの配備、宇宙・サイバー・海洋・電磁波分野の部隊新設などが明らかにされた。

　すでに、F35 ステルス戦闘機をはじめオスプレイ、電子偵察機、対潜哨戒機、無人偵察機など米国製各種軍用機の大量購入は進行中だ。これまで曲がりなりにも GDP 比1％程度にとどまっていた軍事費は今後、天井知らずに急拡大していく。財源はどこにあるか。限られた国家予算の中で、それは必然的に増税と非軍事部門の縮小になる。岸田は「今を生きる国民の責任」と、増税による軍事費負担の拡大を押し付けようとしている。厚かましいにも程がある。

■安保関連3文書は米国のアジア軍事戦略の追随

　日本列島―琉球列島―台湾―フィリピンをつなぐ「第一列島線」に中国を抑え込み太平洋への進出を阻むというのは米国のアジア軍事戦略だ。米国による、米国のための戦略に彼らは皮肉なことに「自由で開かれたアジア太平洋を守る」という聞こえのいいスローガンをくっつけている。かつて帝国主義列強の植民地とされた中国は今や軍事・政治・経済的にアジアの大国となり、世界の生産基地となった。日中の貿易総額は日米の貿易総額の二倍近くにまで拡大した。日中が協

力すればアジアは安定し発展する。どうして米国の対中封じ込め政策に加担するため、軍拡と増税、南西諸島のミサイル要塞化に突き進むのか。

戦後日本の軍事外交政策の基本であった「専守防衛」から、米軍とともに対中国戦争の準備に乗り出すという軍事外交政策の大転換を、岸田内閣は閣議決定という内輪の方法で行なった。国会の議論も経ない、国民の同意も得ない、閣僚とその周辺だけで立案・審議・決定するという安倍・菅・岸田と続く自民党政権の独善そのものだ。

■沖縄を中国との軍事対決の最前線にしてはならない！

とくに沖縄に対して、那覇空港に隣接して駐屯する陸自第 15 旅団の師団への格上げ・増強、長射程化した地対艦ミサイルの各部隊への配備、ミサイル攻撃に耐えられるよう師団司令部の地下化、南西諸島の海上・航空輸送力の強化、民間空港・港湾の整備・利用などが盛り込まれた。奄美・沖縄・宮古・石垣とミサイル基地が連なる南西諸島は丸ごと軍事対決の最前線へと押しやられ、島々の 150 万の人々の命と平和な暮らしは脅かされる。

軍隊のある所に戦争が起こる。戦争を起こそうとするから軍隊を配備する。南西諸島を非軍事化し、非武装中立地帯とすることが沖縄県民の命と生活を守り、日本を中国との無意味な対立から守る道である。日本と沖縄の行く末を決める重大な岐路に立っている。万国津梁の沖縄は、戦争の基地ではなくアジアの平和の架け橋となるべきだ。

■ 12 月 11 日ブルーインパルスに抗議する集会・デモ

1972 年の沖縄の本土復帰に伴い米空軍から施設を受け継いだ空自宮古島分屯基地は今年、開設 50 年を迎えた。空自の「展示飛行」ブルーインパルスの所属部隊は、宮城県松島基地にある。当初、那覇基地を離着陸する案も検討されたが、最終的に県管理民間空港である宮古空港から飛び立つことになった。ブルーインパルスの宮古空港利用は離島の民間空港・港湾の軍事利用の先鞭をつけるのにうってつけだったからだ。

宮古空港を使用した曲芸飛行の実施に反対する抗議行動が、12 月 11 日 10 時半から宮古空港横の広場で行われ、全国から約 150 人が結集した。広場からは、ブルーの T 4 練習機 6 機が眼下に見下ろせる。自衛隊機のすぐ近くには、ジンベイザメが描かれた JAL 機など民間機が駐機し、滑走路に向かう姿が確認された。沖縄の各地、石垣などに加え、全国から集まった参加者は抗議の声をあげた。

午後 1 時から、小雨の降る中、宮古島市役所前から旧市役所まで約 2.5 ｋｍをデモ行進した。

■伊勢崎賢治さんの講演と全国反戦平和交流会

12月10日午後、宮古島市立未来創造センター大ホールで、「琉球弧を平和の緩衝地帯に」と題する伊勢崎賢治さん（東京外大大学院教授）の講演が行われた。

伊勢崎さんは、アフリカの開発援助に長年従事し、東

2022.12.11　宮古空港横ひろば。ブルーインパルス反対集会に全国から150人。

チモールで国連 PKO 暫定行政府の県知事を務め、シエラレオネで国連 PKO の幹部として武装解除を担当した。

二時間以上にわたる講演の内容は多岐に及んだ。

まとめに、「日本は典型的な緩衝国。ボーダーランドを非武装化し戦争回避のための信頼醸成が必要」と、非戦の安全保障を提起し、講演を終えた。

■沖縄県が反ヘイト条例案を作成

那覇市役所前のヘイトスピーチを阻止し続けている「沖縄カウンターズ」が12月9〜10日、糸満市の新川公民館で、ヘイトの実態と背景、条例などについて説明する企画展を開催した。展示は簡潔で分かりやすく丁寧。スタッフが来場者一人ひとりについて説明する。会場の暗くした一部屋の三面の壁いっぱいに、実際のヘイトスピーチの数々をそのまま展示。いくつか拾うと、

「中国人になりたい人は玉城デニーに」

「沖縄県は売国奴」

「沖縄ってもう日本じゃないだろ　土人の国だよ」

などという、なんの根拠もない浅はかで低俗な言葉が並ぶ。

沖縄県は、ヘイトスピーチをなくすために、「沖縄県差別のない人権尊重社会づくり条例（仮称）骨子（案）」を作成した。

2023.1.29

建白書から10年─日本政府は沖縄県民の意思に基づきオスプレイ撤去・普天間閉鎖・辺野古新基地中止を実行せよ！

沖縄県議会と全市町村の首長と議会が連名で、オスプレイ配備撤回・普天間基

2023.1.28　建白書から10年民意実現を求める県民集会に500人。国際通りをデモ行進。

地の閉鎖撤去と県内移設断念を訴える「建白書」を手に代表団が上京した2013年から10年が経過した。150人に及ぶ派遣団の団長は、当時那覇市長を務めていた故翁長雄志知事だった。日比谷野外音楽堂で開かれた集会とデモには4000人が参加し、沖縄が置かれている過酷な軍事の重圧の解決を求めて共に国民にアピールした。集会の翌日、沖縄代表団は首相官邸を訪れ、建白書を当時の安倍首相に手渡したが、全く顧みられることはなかった。

翁長知事は、この時の東京行動のことを振り返って次のように述べている。

「銀座でプラカードを持ってパレードすると、現場でひどいヘイトスピーチを受けました。巨大な日章旗や旭日旗、米国旗を手にした団体から「売国奴」「琉球人は日本から出て行け」「中国のスパイ」などと間近で暴言を浴びせられ続けました。このときは自民党県連も公明党も一緒に行動していました。

驚かされたのは、そうした騒ぎに『何が起きているんだろう？』と目を向けることもなく、普通に買い物をして素通りしていく人たちの姿でした。まったく異常な状況の中に正常な日常がある。日本の行く末に対して嫌な予感がしました」

■ 1.28「建白書10年」県民集会・デモに500人

県庁前広場で、「県民総意の建白書から10年　国会請願署名で民意実現を求める県民集会」が開かれた。主催はオール沖縄会議。はじめに稲嶺進さんがあいさつし、10年前の東京行動で共同代表を務めた元連合沖縄代表の仲村信正さん、池田竹洲副知事、玉城デニー知事の音声メッセージが続いた。

国会議員、県議会与党各派、さらに、山城博治さんが決意を述べ、最後に、参加者全員が手「辺野古新基地NO！」と叫ぶ力強い声が響き渡った。

そのあと、国際通りの片側車線いっぱいに各団体のノボリやプラカードを掲げて牧志公園までデモ行進した。久々の行進は活気にあふれた。宣伝カーのマイクからは、「日本政府は沖縄の民意を尊重せよ」「子供たちに平和な沖縄を残そう」などの訴えが繰り返された。沿道からは、興味深そうに見入る人、手を振る人、写真を撮る人などが多くみられた。解散地の牧志公園では、二三分咲きの寒緋桜がデモ隊を出迎えた。

2.4 辺野古ゲート前集会に 600 人

　維新の馬場代表は 1 月末来県し、辺野古の埋立工事現場などを視察した後、県庁で記者会見を開いた。新報 2023.1.31 によると、「あそこまで進んだ工事の中止は経済的にも、沖縄・日本の安全保障にも非常にマイナス」と述べたという。なんという軽薄・独断。自民・公明だけでなく、このような無責任な政治家たちが日本の政治を動かしていることが日本の悪政の根源にある。

　2 月 4 日辺野古ゲート前で、第一土曜日県民大行動が開催され、約 600 人が参加した。テントの中は各地の参加者で埋まり、フェンス寄りの歩道には、「辺野古の海に土砂を入れるな！サンゴを殺さないで！」（ヘリ基地反対協）、「うるま市が標的にされるミサイル配備反対」（うるま市民の会）、「NO WAR 戦争反対」（県退職教職員会）、「基地・爆音をなくそう」（嘉手納爆音訴訟団）、「やんばるの森が哭いている！」（やんばる統一連）などの横幕やのぼりが並んだ。

　主催者のあいさつ、国会議員のあいさつ、各地の発言などの中で、ひときわ注目を集めたのは、韓国からの平和ツアー一行、メディアプロジェクト団体「난리 법석（ナルリポプソク）」の 11 人だった。一行はコロナ終息の動きに合わせて、最初の国外訪問地として沖縄を選び、戦跡と軍事基地の現場を訪れた。さらに、二手に分かれて、一方は石垣島のミサイル基地建設現場、他方は勝連の陸自とホワイトビーチ、PFAS 市民連絡会との交流、浦添軍港予定地、と疲れ知らずの足跡を印した。

辺野古へ土砂を運ぶな！　第 2 回塩川デイに 100 人以上
島々を戦場にするな！　沖縄を平和発信の場に！　2.26 緊急集会
県庁前広場を埋め尽くす 1600 人の熱気　「山川異域　風月同天」

　昨年 11 月に続く第 2 回目の塩川デイが 2 月 21 〜 22 日に実施された。本部町島ぐるみ会議が呼びかけて結成された塩川デイ実行委員会（共同代表＝仲宗根須磨子、上間一弘）が主催し、「私たちは負けない、諦めない、辺野古新基地を阻止するまで」「一人ひとりの一歩があれば、いつか工事は止まる。さあ、本部塩川港へ行こう！」と広く呼びかけた。

　一日目は荒天のため本部塩川港からの搬出はなく、参加者は琉球セメント安

2023.2.22 本部塩川港。辺野古への土砂搬出を止めるため、ダンプの前で牛歩行動

2023.2.22 本部塩川港。辺野古埋立に反対して駆け付けたご夫婦の参加者

和桟橋の出入り口に移動して、土砂搬出に抗議し牛歩行動を終日行った。主催者によると、安和桟橋からの土砂搬出量を通常の約半分に減らすことができた。

二日目は各地から100人以上が塩川港に結集し、土砂を満載したダンプの前でプラカード・ノボリを手に牛歩行動をくり返した。この日の参加は、ヘリ基地反対協の海上チーム、集まれ辺野古、普天間爆音訴訟団、各地の島ぐるみなど。辺野古土砂全国協の大谷正穂さん、阿部悦子さんの顔も見えた。島ぐるみ南部は大型バスをチャーターして大挙参加した。

防衛局の職員は「通行の邪魔をしないでください」とマイクで繰り返したが、参加者たちは「牛歩行動の正当性」をアピールし、まるで解放区のようになった港内各所で、「埋め立て反対」「海を守る」などのプラカードを手にゆっくり歩きを継続した。参加者の顔つきはみな晴れ晴れとしている。通常600〜700台、多い時には900台にも達する土砂ダンプの数を331台に抑えたという。団結こそ力。人が集まれば大きな力を発揮することができることを参加者は実感し、夕方5時、第2回塩川デイの行動を終えた。

島々を戦場にするな！　沖縄を平和発信の場に！　2.26緊急集会

2月26日午後、県庁前広場で開かれた緊急集会には1600人が結集した。小さな組織や個人、若者が前面に立ち、70団体が名を連ねて、多くの人々の関心を引き付け、自主的で熱気ある大集会が実現した。

集会のメインスローガンは「争うよりも愛しなさい」。そしてサブスローガンと

2023.2.26　島々を戦場にするな！沖縄を平和発信の場に！緊急集会・デモ。県庁前に1600人。

して、「私たちは殺したくない！殺されたくない！Do not kill」「安保関連3文書は憲法違反だ！」「沖縄を戦場に巻き込むミサイル、弾薬庫はいらない！」「島々各地の空港・港湾を軍事利用するな！」「軍拡増税やめて暮らしを守れ！」「国・県・市町村は中国との平和外交に尽くせ！」であった。

司会は若者ふたり、平良友里奈さんと瑞慶覽長風さん。平良さんは、メインスローガンを紹介しながら「本日の集会が新しい平和集会だ」と宣言した。

主催者を代表して、集会実行委員長の具志堅隆松さんは「戦争になったら保守も革新もない。必要なことはシェルターや避難訓練ではなく、危険な軍事化に反対して声をあげること」と訴えた。山城博治さんの経過報告に続き、沖縄がかかえる問題を網羅したリレートークが20人により行われた。

リレートークはそれぞれの立場から簡潔に、各地域の現状や課題を述べ、これまでの集会とは違った新鮮な印象を与えた。一部をピックアップしてみよう。

「戦後軍事基地がなかった石垣にミサイル基地がつくられている。島を戦場にさせてはならない」（石垣）、「弾薬庫から250mの距離に保良集落がある。反対運動を続ける」（宮古）、「子供たちの未来を壊す戦争は絶対に反対していく」（普天間）、「私の声が大きいのは爆音のせい。基地周辺の人々は母親の胎内にいるときから爆音を聞かされて暮らしている」（嘉手納）、「私はかつて自衛官だった。専守防衛を捨てて軍拡で自衛隊の性格は変わった。沖縄を平和の発信地に」（沖縄市）、「祖母は6歳の時沖縄戦で家族を失い孤児となった。私は今6歳の娘の親となった。平和な世の中をつくることに全力を尽くす」（PFAS）、「教え子を再び戦場に送らない。命ある限り頑張りぬく」（教職員OB）。

■「山川異域　風月同天」日中関係の大切さ

最後に登壇した泉川さんは「ノーモア沖縄戦と共に、中国との戦争にノーモア。日中関係を大事にして発展させよう」と述べた。そして、「山川異域　風月同天」（異と風は簡体字）という言葉をプラカードにして、日中の友好の大切さを説いた。

デモ行進は、久茂地交差点から国道58号線に出て，旭橋交差点を経て奥武山公園入口で流れ解散した。

修学旅行で沖縄を訪れた小6生たちが岸田首相に質問

琉球新報 2023.2.8 に掲載された中村万里子記者の記事が注目を集めた。昨年10月、修学旅行で沖縄を訪れた東京都世田谷区の和光小学校の6年生36人が、自ら感じた沖縄に関する事柄について岸田首相に手紙を出し、卒業する3月まで返事を待っているとのことだ。

生徒たちの質問は基地や戦争に関する10項目にわたり、「一番しょうげき的だった事は米軍基地を作っているのは日本政府だったという事です。国民のために動いてくれている岸田さん達が国民をくるしめている」との感想や、「なんで沖縄の声を聞かないのですか?」「なぜ防衛費をあげるんですか?　教育や子どもにまわした方がいいと思います」「戦争をしたいのですか?」などという率直な質問が並んだ。

こうした子供たちの声に真剣に向き合う社会であるべきだ。

2023.3.5

3月4～5日　島々を戦場にさせない!　全国集会 in 石垣島
南西諸島をミサイル戦争の基地としてはならない!

3月4～5日の両日、石垣島に軍事基地をつくらせない市民連絡会が主催して、陸自石垣駐屯地の開設に反対する現地視察・交流会・全国集会とデモが行われた。

■於茂登公民館での交流集会に 70 人

午後4時からの交流集会は於茂登公民館で開催された。於茂登集落は戦後間もない時期に開拓がはじまり幾多の労苦の上で築かれてきた農村である。ここにまた自衛隊基地がつくられ、生活基盤が破壊される危険に直面することになる。交流集会ははじめに、地元の嶺井善さんがあいさつに立ち、「ようこそ石垣に。きょう3月4日はサンシンの日。日本では床の間に刀を飾るが、沖縄ではサンシンを飾る。私たちは5年余り反対運動を続けてきた。住民の声を無視して基地を造る。これが民主国家を名のる国がやることなのか!」と述べた。

「基地いらないチーム石垣」の上原正光さんは、自身が撮影したドローン映像をスクリーンに映しながら、基地建設進行の様子を詳しく説明した。

引き続き、参加者の発言に移った。神奈川県厚木基地の爆音訴訟調査研究センターの矢野亮さん、沖縄とつながる京都の会の大湾宗則さん、1971年に自衛隊の沖縄派兵の中止を求め懲戒免職になった5人の自衛官のひとり・小多基実夫さ

ん、島ぐるみ八重瀬の会、ノーモア沖縄戦・命どぅ宝の会の与那覇恵子さん、アジア連帯講座の吉鶴さんらが報告と意見表明を行なった。

■日曜日早朝、軍用車両の搬入に抗議

翌5日日曜日、前日までに陸上げされていた陸自車両の搬入に抗議するために、夜明け前か

2023.3.5　自衛隊車両の搬入を止めるために、石垣港のゲート出口に立ちふさがる抗議団。

らノボリやプラカードを手に数十人が大型バスの待機場として使用されているゲート出口に集まった。徐々に夜が明けはじめ、熊本ナンバーの白い乗用車を先頭に自衛隊車両が並び港内から市街地に出る準備を整えた。一人の自衛官がゲート前に出てきて「道を開けてください」と繰り返す。ゲート前に立ちふさがった人々は「戦争への道は開けられない」と応じた。騒然たる雰囲気の中でにらみ合うこと30〜40分。しばらくして、警察機動隊が強制排除を行ない、自衛隊車両のための道を開けた。装甲車両、大型トラック、クレーン車、ミサイル発射機搭載大型車など、さまざまな用途の軍用車両が連なり陸自駐屯地へ向かった。

■全国集会・市中デモに200人

午後1時半から、石垣港近くの新栄公園で、「島々を戦場にさせない！〜ミサイルより戦争回避の外交を〜全国集会 in 石垣島」が開催され、石垣内外から200人が参加した。市内を一周するデモ行進では、先導車のマイクに合わせて、参加者たちは「石垣島にミサイルいらない」「東シナ海を平和の海に」「ミサイルより対話と外交を」と叫んだ。

2022.3.19

アジアの平和と未来を語る県主催シンポジウム

3月14日には、県主催のシンポジウム「交流・対話で創るアジア太平洋地域の平和と未来」が、那覇市ぶんかテンブス館で開催され、会場200人、オンライン400人が参加した。基調報告とシンポジウムの進行は、元外交官で日本地域国際化推進機構顧問の高橋政司さんが務めた。

＜高橋さんの基調報告要旨＞

国と国とのあつれきはいつの時代にもある。戦争になるのは交流・対話がなくなり断絶したときだ。私の経験から言えることは、交流・対話を止めてはならないという事。私は子供のころ、当時の西ドイツ・バイエルン州に住んでいた。ナチスの強制収容所跡があった。東ドイツからの亡命者の話を聞いたこともある。十代に東ドイツを旅行した経験もある。子ども心に戦争は二度とあってはならないと、平和の大事さについて強く感じた。

　沖縄はユネスコ（国連教育科学文化機関）の世界文化遺産と世界自然遺産の両方を有している稀有な地域だ。ユネスコ憲章の前文は「戦争は人の心の中で生れるものであるから、人の心の中に平和のとりでを築かなければならない。相互の風習と生活を知らないことは、人類の歴史を通じて世界の諸人民の間に疑惑と不信をおこした共通の原因であり、この疑惑と不信のために、諸人民の不一致があまりにもしばしば戦争となった」と指摘している。この憲章に立ち戻ることが必要だ。

　日本の歴史教科書は他国の教科書とは内容が異なる。それぞれの国の学生は違うことを身につけて育つ。ギャップが広がる。日本とアジア諸国とのあつれきは歴史認識の違いが大きい原因となっている。ドイツとフランスも歴史観が違っていたが、統一した教科書をつくる過程で議論を交わし互いの理解が進んだ。

　沖縄が地域外交室を設けることはものすごく価値がある。国と国とに違いがあっても自治体や民間の交流は進めることができる。沖縄はいろいろな国・地域とつながりが持てるヘソのようなところだ。そこに日本列島がくっついている。沖縄にしかできない地域外交を展開してほしい。

■独立した行政主体として日本政府に対抗する沖縄県

　そのあと、パネル討論が行われた。韓国延世大学の白永瑞（ペク・ヨンソ）名誉教授、金門島出身で台湾海洋大学海洋文化研究所の呉俊芳助教授が会場の舞台上から、フィリピン大学ディリマン校のアリエス・アルゲイ教授、中国社会科学院の孫歌研究員がスクリーンを通してオンラインで報告し、意見交換をした。

　内容のあるいいシンポジウムだった。独自の地域外交に踏み出す決意を述べた県知事のメッセージは力強い響きを持っていたし、経験豊富な高橋さんの基調報告や各国からの参加者のパネル討論も具体的で県の今後の地域外交室の活動に多くの示唆を与えるものであったと思う。

2023.4.30

埋立工事着工6年目の4月25日　ヘリ基地反対協海上行動チームが海上大行動

2017 年の埋め立て工事着工から6 年の 4 月 25 日、ヘリ基地反対協・海上行動チームは「NO BASE、NO WAR、WORLD PEACE、SAVE HOPE SPOT」をスローガンに掲げて、辺野古・大浦湾海上アピール行動を行なった。

　海上アピール行動は大浦湾・弾薬庫崖下近くの K9 護岸前。午前十時半からの海上集会に、カヌー

2023.4.5　本部塩川港。本部島ぐるみを中心に連日続く。ダンプの前をゆっくり歩き土砂搬出を遅らせる。

36 艇、抗議船 7 隻、総勢 65 人が結集した。カヌーや抗議船には様々な横幕が掲げられた。「海が好き！」「サンゴを守れ！ HOPE SPOT」「美ら海こわすな！辺野古ぶるー」等など。

　海上行動が行われている間、K9 護岸と K8 護岸からの埋め立て土砂搬入は行われなかった。集会後、本部半島からの土砂運搬船がフロートに囲まれた大浦湾の工事エリアに入り、土砂陸揚げの作業が始まった。キャンプ・シュワブゲート前、本部塩川港、琉球セメント安和桟橋の各現場でも根気強い抗議行動が続けられた。

　埋立工事の進捗割合は 3 月末で約 14％

　今年 4 月 18 日の衆院安全保障委員会で、新垣邦男さん（沖縄 2 区選出）は「工事の進捗状況及び完工時期の目途」に関し質問した。沖縄タイムス 2023.4.19 によると、浜田防衛相は答弁で「辺野古側の埋め立ての進捗率は 3 月末時点で約 92％、事業全体（全埋立土砂量との比較）では約 14％」と述べた。

　県民ぐるみの強い反対を押し切って埋立を強行してきた政府は、辺野古側の埋め立てをほぼ終えようとしているが、大浦湾側の埋め立てはどうか。埋立予定海域の大部分に広がる最深 90 ｍに及ぶ軟弱地盤と二本の活断層の存在は埋立工事を拒絶している。工事は進まない。敢えて無理な埋立工事に入れば、生物多様性の宝庫・大浦湾の海はすさまじい環境破壊に見舞われることになるだろう。大浦湾に手を付けてはならない。

2023.5.21

5.21 北谷公園での平和集会に 2100 人　与那国・石垣・宮古・沖縄・奄美・馬毛島─軍拡とミサイルに反対する島々の共同闘争の第一歩

2023.5.21 北谷球場蝶々広場。平和集会に 2100 人。行進出発前の和やかな雰囲気。

　5月21日、2回目の平和集会が北谷公園の一角を占める北谷球場蝶々広場で開かれ、各地から乗用車やバスで集まり約2100人が参加した。子ども連れの女性の姿が多く目立った。心配された梅雨の雨も短時間少しパラついただけだった。

　プレ・イベントのライブ・コンサートは午前11時から始まった。仲宗根朝吉さん、知念良吉さん、海勢頭豊・愛・島田路沙さんの歌声が響き渡るにつれ、会場にはノボリ・プラカードを手にした参加者が次々と詰めかけた。会場周りには、ミサイル基地に反対するうるま市民の会、PFAS（有機フッ素化合物）の美ら水会など市民団体、軍拡に反対するノーモア沖縄戦命どぅ宝の会、ヘイトスピーチを止める活動を続けている沖縄カウンターズ、日中友好・恒久不戦を掲げる南京・沖縄をむすぶ会などのテントが並び、パネル展示が行なわれた。

■老若男女が集い伸びやかに平和をアピール

　集会は午後1時から始まった。はじめに、主催者を代表してガマフヤーの具志堅隆松さんがあいさつ。具志堅さんは、「戦争を前提にした避難計画より、戦争を起こさないことが大事だ。そのために私たちはここに集まった。私たちは戦争をしたくない」と強く訴えた。

　続いて、地元北谷町長のあいさつ、山城博治さんの経過報告のあと、リレートークに移り、各々マイクを取りアピールした。

　会場周辺を約30分行進したデモは、子ども達や小さな子供を抱いた女性も多く参加した。国道58号線で先導する宣伝カーからは、ラップのリズムに乗って、「争うよりも愛しなさい」「憲法違反だ、三文書」「日中友好、平和外交」「いらないミサイル、弾薬庫」などマイクの声が響くなか、ゆっくりした行進は終始和やかで笑顔が絶えなかった。

■与那国・石垣・宮古・沖縄・奄美・馬毛島
軍拡とミサイルに反対する島々の共同闘争の第一歩

　今回、与那国・石垣・宮古・沖縄・奄美・馬毛島と連なる南西諸島─琉球・薩南諸島の島々から初めて代表がもれなく参加し、それぞれの訴えを行なった。軍

拡とミサイル基地化に反対する島々の連帯と共同闘争の第一歩を踏み出したと評価することができる。孤立していてはいけない。互いに手をつなぎ、連携して日米同盟・日本政府に対決していかなければならない。

2023.6.11

6.4 ミサイル配備を断念させよう！　うるま市民集会

　6月4日午後、ミサイル部隊配備が進行中の陸自勝連分屯地ゲート前で、ミサイル配備を断念させよう！うるま市民集会（主催＝ミサイル配備から命を守るうるま市民の会）が行なわれ、炎天下、全県各地から340人が結集した。

　司会は国吉亮うるま市議。はじめに主催者から、共同代表の一人・照屋寛之さんがあいさつした。続いて発言した宮城英和事務局長は、これまでの取り組みを振り

2023.6.4　うるま市の陸自勝連分屯地ゲート前。ミサイル配備反対集会に 320 人。

返り、「4階建て隊舎、車両整備工場など新築工事が進行している。次は弾薬庫の拡充が行なわれるだろう。運動は継続が大事だ。ネバーギブアップ。市内の隅々に1200枚のポスターを張りめぐらした。ミサイル配備を止めよう」と訴えた。

　元小学校教師の森根嶺子さんは「自衛隊基地の周りには幼稚園や小中学校がある。ミサイル配備によりうるま市が標的になる。危険であり、憤りを覚える。必ず配備を断念させる」と決意を述べた。最後に決議文案を読み上げ、全体の拍手で確認した。

2023.6.25

6.18 辺野古の浜テント座り込み 7000 日集会

2023.6.18　辺野古浜テント前。座り込み 7000 日集会に 250 人。

　6 月 18 日午前、辺野古の浜のテント前で、座り込み 7000 日集会が開かれた。辺野古川下流の浜の護岸にあるテント前には、ヘリ基地反対協の海上チームをはじめとして各地から約 250 人が集まった。

　午前 11 時からの集会に先立ち、宜野湾出身のシンガー・ソングライターの仲宗根朝吉さんが自作の歌を披露して会場を盛り上げた。集会の司会は東恩納琢磨（名護市議）さん。

　県議会与党会派からは、渡久地修さん（共産党）、山内末子さん（てぃーだ平和ネット）が発言した。団体挨拶は、平和運動センターの上里善清さん、統一連の中村司さん、平和市民連絡会の北上田毅さん、二見以北 10 区の会の渡具知智佳子さんが行なった。渡具知さんは「「地元の人間だけではこんなにも続けられなかった。みなさんがいるから今まで続けられた。勝利のカチャーシーを踊れる日が早く来ますように」と訴えた。

沖縄報告の発行遅れのお詫び　アスベストによる胸膜中皮腫の治療とコロナ感染

　隔週刊をうたっていながら、今回の沖縄報告が 5 週間ぶりの発行となってしまったことは大変申し訳ない。6 月中旬から始まった放射線治療の副作用に、コロナ感染による高熱・セキ・食欲不振・気力減退とその後遺症が重なり、長らく体調不良に陥った。新聞を読んだりパソコンに向かったりする元気もなく、ほとんどゴロゴロしているような生活が続いたが、先日 25 回の放射線治療が終わり、有難いことに、少しずつ体調が回復してパソコンにも向かえるようになってきた。この機会にアスベスト（石綿）による胸膜中皮腫の治療中という事実を報告しておこうと思う。

　異変を感じたのは 2020 年 12 月の辺野古での海上行動の時だった。この日、私は海上チームの一員として、平和丸に乗って「一坪たりとも渡すまい」を日本語と韓国語で歌った。ところが、息が続かない。こんなことはこれまで一度もなかった。何かおかしい、と思いながらも、加齢による肺機能の低下かも知れないと思い、肺活量を増やそうと発声練習をしたり散歩したりしたが、効果はなく、症状は悪くなっていく一方だった。極め付きは、県立図書館の 1 階から 3 階まで通しの階段を上った時、本当にこのまま死ぬのではないかと思うくらい息ができずゼーゼー

と苦しくて、しばらくトイレで休まなければならなかったことだ。それでもまだ、何かの病気ではないかという考えに至らない。固定観念というのは恐ろしい。

それからしばらくして、2021年3月中旬に初めて南部徳洲会病院で診察を受けた。レントゲン、エコー、ＣＴ、血液検査、尿検査を受けて即、入院を宣告された。右肺に水が大量に貯まっているとのことだった。胸水を抜くために、肋骨の間から穴をあけてドレーンを差し込み胸水を抜く手術を行なったところ、2.7ℓもの液体が排出された。胸水排出のあと、器具を差し込んで、腫瘍のある胸膜の7か所から生検を実施した。一週間後、「悪性胸膜中皮腫」との診断をうけた。

アスベストによる中皮腫（胸膜、腹膜、心膜など）は厄介な病気だ。中皮腫はアスベスト曝露により数十年後に発症する「時限爆弾」と言われる稀少ガンである。

一体どこで曝露したのか？あれこれ考えながらも、胸膜中皮腫の治療に入っていった。はじめは、4月から9月まで、アリムタ＋カルボプラチンによる薬物療法6回（初回は南部徳洲会病院、2回目からは沖縄病院に転院）、続いて10月から、オプジーボの投与による免疫療法を約一年半、合計32回行なったところ、胸膜に広がっていた大部分の腫瘍で劇的な縮小が確認されたが、一部分での増大が認められたため、今年の6月から放射線治療を毎日2グレイの25回、計50グレイのＸ線投射を行なって現在に至っている。医師の話によると、放射線治療の副作用は通常、2〜3週間から一か月程度で自然になくなっていくという。現在のところ、体調の回復は50％という感覚だ。

『石の綿―終わらないアスベスト禍』（神戸大学出版会）などにあるように、これまで、いつどこでアスベストに曝露したか、さらには病の原因さえ分からないまま苦しみながら亡くなる人たちも多くいた。「中皮腫・アスベスト疾患・患者と家族の会」とつながり、アスベストの危険性を知りながら政府も企業も長らくアスベストを使い続けてきたことや患者と家族の会の精力的な活動についても知ることができた。

沖縄は、民間だけでなく米軍基地内の軍労務で大量のアスベストが使用されていたことが明らかにされている。おそらく軍労働者をはじめ多くの人々がアスベスト疾患で苦しんできたことだろう。今後大きな問題になっていくことは明らかである。沖縄でも、アスベスト疾患に取り組む患者・家族・医師のつながりができて、治療と生活保障の取り組みが進んで行けばよいと思う。

2023.8.21

麻生発言「戦う覚悟」を県民は拒絶する　8.13緊急抗議集会に200人

水木しげる

戦争は腹が減るだけ

2023.8.13　県庁前ひろば。麻生発言に抗議し発言の撤回を求める緊急集会。200人参加。

台湾を訪問した麻生自民党副総裁が8月8日、台北市で講演し、「今ほど強い抑止力を機能させる覚悟が求められている時代はない。戦う覚悟だ」と述べた。

麻生発言が伝えられるや直ちに、地元二紙は社説でそれぞれ、「専守防衛を逸脱し、中国を挑発するもの」(琉球新報)、「挑発的な言動を見過ごすことはできない」(沖縄タイムス)と主張した。また、沖縄戦体験者たちは、「浅はかだ。戦争をさせないよう日本が果たす役割への認識が欠けている」「戦争を煽るのはやめて」などと声をあげた。

沖縄を再び戦場にさせない県民の会は8月13日（日）、「麻生発言に抗議し発言の撤回を求める緊急集会」を呼びかけた。約200人の参加者は、ノボリ、白旗、手作りプラカードを手に結集した。まず、瑞慶覧さんがあいさつに立ち、「求められているのは対話であり、信頼であり、平和力だ」と強調した。具志堅さんは、「〝戦う覚悟〟を言うのは政治の敗北。日本という国は戦後、戦わないことを国是としてきた。私たちは絶対に戦わない」とアピールした。

かつて麻生が「ナチスの手法に学ぶ」と述べたように、安倍・菅・岸田と続く自公政権は、重要な国策であればあるほど国民的な議論を避け、あるいは打ち切り、閣議決定という手法を駆使して政権運営を行なってきた。とくに、昨年12月の安保三文書の閣議決定ののち、「南西諸島」へのミサイル配備と攻撃能力の付与、軍事費倍増と増税、地下シェルターの建設方針などと、沖縄の軍事基地強化はとどまるところを知らない。

防衛省の2024年度予算の概算要求案がこのほど明らかになった。総額は過去最大の7兆円、射程3000kmの極超音速誘導弾の量産、国産の地対艦誘導弾の長射程化、艦艇や地上目標を攻撃する精密誘導弾の開発、イージス・システム搭載艦2隻の建造、航空自衛隊のステルス戦闘機F35飛行隊の新設、火薬庫の整備、さらに南西諸島への輸送を陸海空三自衛隊共同で行なう海上輸送群の新設、陸海空自衛隊を一元的に指揮する統合司令部の設置などとなっている。

これが麻生の言う「戦う覚悟」の中身であり、際限のない軍拡への道である。軍備拡大は、周辺諸国との一触即発の軍事的緊張の激化と共に、国内の民生・教育・育児・物価・年金・福祉などの縮小・後退をもたらす。何のために、誰のために

戦うのか！沖縄県民は二度と戦いをしたくない。米軍と自衛隊の道連れとなって再び戦場の惨劇をくり返すことを断じて拒否する。戦わないのだから武器も軍隊もいらない。非武装の島々を宣言し、国際的な認知を得て、米軍と自衛隊を撤退させることが安全保障の道だ。

2023.8.28　最高裁の不当判決に抗議する集会に、手作りのプラカードを手に参加。

2023.9.17

県の上告を棄却した 9.4 最高裁不当判決

　最高裁は実質審議を行なうことなく政府を支持する判決を下した。県の不承認処分を国交相が取り消した「裁決」については 8 月 24 日、県の上告を不受理、県に埋立変更申請を承認するよう求めた「是正の指示」については、9 月 4 日、県の上告を棄却した。

　最高裁の不当判決に抗議する行動が巻き起こっている。辺野古バスのメンバーと平和市民連絡会は 8 月末から、県庁前交差点でスタンディングを行ない、「知事は承認せず頑張って〜」と訴えた。

　また、最高裁判決の不当性を法律論の面から検討し学ぶ取り組みが広がっている。行政法専門の徳田博人琉大教授を講師に、「辺野古裁判と沖縄の誇りある自治—最高裁判決にどう対応するか？」と題した学習会が那覇市、沖縄市、八重瀬町などで開かれた。

2023.10.1

玉城知事が国連人権理事会で「平和への権利」を訴え

　玉城デニー知事は 9 月 19 日、ジュネーブの国連人権理事会の場で、米軍基地が集中し様々な事件・事故・騒音、PFAS などの環境汚染、県民意思を顧みない辺野古埋立の強行など、沖縄の不条理な現実を流ちょうな英語でスピーチした。はじめに、「アメリカ軍基地が集中し、平和が脅かされ、意思決定への平等な参

加が阻害されている沖縄の状況を世界中から関心を持って見て欲しい」と呼びかけた。この中で知事は、2016 年に国連総会で採択された「平和への権利宣言」をあげ、平和への権利（Rights to peace）を沖縄で実現するよう訴えた。

　在ジュネーブ日本政府代表部は玉城知事の発言に対し、「基地集中は差別的な意図に基づくものではない」「辺野古新基地は法に従って進めている」「県民投票は重く受け止めている」などと、手前勝手な弁明を行なったのである。発言した塩田参事官も内心苦し紛れの弁明だと思っていたに違いない。記者の質問に対し、「日本政府の公式見解を述べただけです」と言い残して早早に会場から立ち去った。

　また知事は、国連で人権状況の調査を行なう専門家のリビングストン・サワンヤナさん（ウガンダの市民団体「人権イニシアティブ財団」の創設者）をはじめ、特別報告者や独立専門家、国連人権高等弁務官事務所の幹部らとの会談を重ねた。

■日本政府が埋立変更承認を「勧告」さらに「指示」

　玉城知事が国連人権理事会に出席しているさなかに、国交相は沖縄県に対し、9 月 27 日を期限として辺野古埋立変更申請を承認するよう「勧告」する文書を送付した。沖縄県が「期限までに承認を行なうことは困難」と回答するや、国交相は直ちに、10 月 4 日を期限として承認するよう「指示」する文書を送付した。

　アジア各地と沖縄・日本を焦土と化した戦争の反省から、戦後のはじめ日本が国是とした「戦争放棄」の原点に返り、絶対に戦争はしない・軍事力は強化しないという原則の下で中国政府との対話を継続することが、日本が取るべき道である。アメリカは所詮太平洋の彼方の国だ。強大な軍事力をいつまでもアジアに置いておくことができる訳がない。日本と中国が協力すればアジアに平和と発展がもたらされる。不幸な 19 〜 20 世紀のアジアを教訓とした新たな 21 世紀のアジアを誕生させよう！沖縄は「万国津梁」、平和の架け橋となる。

9・24「沖縄を再び戦場にさせない県民の会」設立集会に 800 人

　9 月 24 日、「沖縄を再び戦場にさせない県民の会」設立・キックオフ集会が沖縄市民会館大ホールで開かれ、石垣・宮古からのズーム参加者も合わせ 800 人が結集した。

　司会は神谷美由希さんと立田卓也さん。開会のあいさつで、神谷さんは「基地の島・沖縄を平和の象徴の島にしていこう」と述べた。

　記念講演は「台湾有事」を起こさせない・沖縄対話プロジェクト発起人の谷山博史さんが「分断を乗り越え“作られる戦争”を止めよう」と題して行なった。谷山さんは「母は糸満出身で、私は国際 NGO で 12 年間活動した後、3 年前に

沖縄に戻った。紛争の現場をたくさん見てきた。ほとんどアメリカが関わった戦争だった。台湾をめぐって米中の争いが起きると最大の被害者は沖縄と台湾になる。対話が途切れたところに戦争は始まる。戦争はつくられるが、戦争は止められる」と熱意を込めて語った。

9月16日に結成されたばかりの「辺野古新基地建設に反対し、沖縄の自治の底力を発揮する自治体議員有志の会」のメンバー十数人が壇上に上がると、ひときわ大きな拍手と歓声が上がった。代表してマイクの前に立った北谷町議の仲宗根由美さんは「祖母はサイパンで生まれ育った。戦争のときは7歳。左足に受けた傷に砲弾の破片が8つ残っている。沖縄の底力を発揮する時だ。希望に満ちた子供たちの未来を闘い取ろう」と力強くアピールした。

行動提起は、山城博治さんと平良友里奈さん。大きな魚に対し小さな魚たちが団結して闘う「スイミー」からヒントを得て、「スイミーバイ」の巨大な絵を多数の参加者で描き上げるプランを提起した。集会宣言案は、長堂登志子さんが読み上げた。会場カンパは47万円余になった。

閉会あいさつに立った具志堅隆松さん（県民の会共同代表）は、「軍隊のある所が戦場になる。かつての沖縄戦でもし日本軍が配備されなかったら米軍が上陸しても地上戦になることはなかった。自衛隊に言いたい。ミサイルも持って帰ってくれ、と」と訴えたあと、ガンバロー三唱をリードした。

9.27 ミサイル配備断念を求める市民大集会に 520 人

9月27日午後6時半から、うるま市民芸術劇場で、ミサイル配備断念を求める市民大集会（主催＝ミサイル配備から命を守るうるま市民の会）が開かれ、520人が参加した。

激励のあいさつには、現前国会議員4人が行なった。連帯のあいさつは、自衛隊の弾薬庫等建設に反対する沖縄市民の会、嘉手納爆音訴訟団、普天間爆音訴訟団、ノーモア沖縄戦命どぅ宝の会が行ない、平和市民連絡会の北上田さんが「勝連分屯地の保安林違法開発問題」と題したミニ講演を行なった。

そのあと、うるま市議の伊盛サチ子さんのアピール、宮古島とミサイル配備に反対する大分県からのメッセージ、うるま市民の決意表明が行なわれた。現状報告と行動提起は事務局長の宮城英和さんが「勝連分屯地の実態」の写真資料をもとに行ない、「勝連分屯地は現在90人のところ、ミサイル部隊などが増強されて計250人の部隊になる。ミサイルは命の問題。3万人を目標に署名活動を行なう」と提起した。

10.7 辺野古ゲート前県民大行動に900人
国交相による辺野古埋立代執行訴訟

2023.10.7　キャンプ・シュワブゲート前。半年ぶりの第一
土曜日県民大行動に900人。ガンバロー三唱。

10月7日（土）午前11時から、辺野古ゲート前で、県民大行動が開催され県内各地から900人が集まった。この間、コロナ感染の広がりや台風襲来のために中止を余儀なくされていたが、半年ぶりのゲート前県民集会とあって、各地の島ぐるみのノボリや「私たちはデニー知事を応援します」との手作りのプラカードなどを手に多くの参加者が詰めかけた。埋立工事現場の大浦湾でも、カヌーと抗議船が「新基地阻止」「違法工事やめろ」などのプラカードを手に海上行動を行なった。

沖縄選出国会議員の集まりである「うりずんの会」からは、赤嶺政賢さんが、「うりずんの会には4人の議員がおり、交代で発言している。きょうは私の番だ」と前置きして、「玉城デニー知事の埋立設計変更不承認を取り消した国交相の裁決書を書いたのは国交省の一人の職員だ。これを国交省が認め、最高裁が追認した。公平性と民主主義がどこにあるのか」と述べた。

県議会与党会派（24人）の県議16人がずらりと並ぶ中、当山勝利県議（てぃーだ平和ネット）が、「国の代執行の訴状を読めば読むほど不条理だ」と決意を述べた。「辺野古新基地建設に反対し、沖縄の自治の底力を発揮する自治体議員有志の会」は19人が前に並び、高山美雪さん（豊見城市議）が代表して、「私たちは復帰闘争を担った世代ではないが、基地のない平和な沖縄をめざして全力を尽くす」とアピールした。

糸満島ぐるみ会議の大城規子さんは「糸満・八重瀬から戦没者遺骨が眠る土砂を採掘し辺野古埋立に投入することは絶対に許せない」と述べた。

統一連の瀬長和男さん（現地闘争部長代行）は、辺野古ゲート前、海上、本部塩川港、琉球セメント安和桟橋など、現地への結集を呼びかけた。そのあと、高里鈴代さんが閉会あいさつを行ない、ガンバロー三唱をリードした。

■国交相による辺野古埋立代執行訴訟

政府は 10 月 5 日、県に代わって埋立変更承認をするための代執行訴訟を起こした。訴状は「本件埋立事業が普天間飛行場の危険性の除去等の公益性の高い目的を実現しようとするもの」と繰り返し主張している。

厚顔無恥とはこのことだ。「普天間飛行場の危険性」を放置してきたのは他ならない政府だ。「普天間の 7 年以内の閉鎖・返還」が当時の橋本首相とモンデール駐日大使との間で合意され大々的に報道されたのが 1996 年であった。この 27 年間、日本政府は何をしてきたのか。「普天間の危険性の除去は緊喫の課題」と口では言いながら、実際に行なってきたことは普天間の放置と辺野古の埋立である。仲井真知事が埋立承認と引き換え当時の安部首相と約束した「普天間の 5 年以内の運用停止」もどこへ行ったのか。「普天間の 5 年以内の運用停止」などという「甘美なウソ」がなければ県知事による埋立承認はできなかったに違いない。

第 1 回口頭弁論期日は、10 月 30 日午後 2 時、福岡高裁那覇支部で開かれることが決まった。知事は「県民の受忍限度をこえている状況をこれ以上さらに押し続けさせるわけにはいかない、応訴する」と決意を述べた。地元紙も「当然の結論だ。堂々と不条理を問うべきだ」（琉球新報 2023.10.13 社説）と玉城知事を応援する主張を展開した。

かつて翁長雄志知事は、2016 年の最高裁判決の際、行政の長として最高裁判決を受け入れ、埋立承認取り消しを自ら取り消した歴史がある。翁長知事は日本の司法・行政を最後の一線で信頼しなければならないと考えていたのだと思う。ところが、日本の司法・行政を担っているのは、翁長知事の誠実さに反して、法を捻じ曲げて恥じない鉄面皮な人々だったのである。以来 7 年。沖縄の闘いは、県民投票などを経てさらに強くなった。民意こそが政治家としても、行政の長としても拠り所にすべきものだ。最高裁判決は 5 人の裁判官が決めるものに過ぎない。数十万人の意思が持つ価値に及ばないことは当然だ。

10.12　戦争準備の日米合同訓練反対！

弾薬庫建設・ミサイル配備ゆるさない市民集会に 1000 人

10 月 12 日、嘉手納基地周辺の住民 3 万 5 千人が原告となった爆音訴訟の第 3 回口頭弁論が那覇地裁沖縄支部で開かれ、「人間としての尊厳があり我慢にも

2023.10.12　日米合同訓練反対！弾薬庫建設・ミサイル配備ゆるさない市民集会に 1000 人。

限界がある」「爆音で授業が毎日のように中断している」等の意見陳述が行われた。そして午後 4 時半からは、日米合同軍事訓練と弾薬庫建設・ミサイル配備に反対する集会・デモが行われた。主催は実行委員会（嘉手納爆音訴訟団、自衛隊の弾薬庫等建設に反対する沖縄市民の会、ミサイル配備から命を守るうるま市民の会、中退教、中部地区労、沖縄民主商工会、普天間爆音訴訟団など 12 団体で構成）。会場となったゴヤ十字路のミュージック・タウン前には、「日米合同軍事訓練ダメ！」「弾薬庫建設反対」などのノボリを掲げた参加者約 1000 人が集まった。

　市民代表としてマイクを取った沖縄市の宜寿次政江さんは「私は息子が一人いる普通の市民。戦争が近づいているようで本当に怖い。命を守りたい」と訴えた。

　嘉手納基地第 2 ゲートまでのデモ行進では、街宣車を先頭に「軍事訓練やめろ」などのシュプレヒコールをくり返した。ゲート通りを行きかう車からは運転席のウィンドウを下げて手を振る姿も見受けられた。

10.30 城岳公園に 300 人　代執行訴訟で玉城知事が弁論「民意が公益」

　岸田内閣が県に代わって埋立変更を承認するための代執行訴訟を福岡高裁那覇支部に提訴し、10 月 30 日、その口頭弁論が開かれた。開廷前の城岳公園には約 300 人が集まり知事を激励した。玉城知が意見陳述した。裁判長は、即日結審とした。

　　＜玉城知事の意見陳述一部要旨＞

　県の自主性および自立性を侵害する国の代執行は到底容認することはできない。特に次の三つを申し上げたい。

　第一に、問題解決に向けて国と県との対話の必要性を強く求める。

　第二に、国が「辺野古唯一」に固執することは県内移設ありきで、非合理だ。

　第三に、沖縄県民の民意こそが「公益」として認められなければならない。

　本土復帰から半世紀、SACO 合意から 27 年になるが、全国面積の 0.6％に過ぎ

ない沖縄県に全国の米軍専用施設の70.3％が集中、一人あたりの基地面積は実に200倍にあたる。受け入れることは到底できない。裁判所におかれては、対話によって解決の道を探ることが最善の方法であるとの判断を示していただきたい。

2023.11.6

11月5日　国による代執行を許さない！
デニー知事と共に地方自治を守る県民大集会に1800人

会場となった北谷町運動公園のＡｇｒｅドーム北谷には、ノボリやプラカードを手に各地から続々と参加者が詰めかけた。子ども連れや赤ちゃんを抱いた若い夫婦も目に付いた。オール沖縄会議が大規模な県民集会を開催するのはほんとうに久しぶり。各島ぐるみと共に、全港湾、全水道、国交労、沖教組、自治労など

2023.11.5　国による代執行を許さない！デニー知事と共に地方自治を守る県民大集会に1800人。

のノボリも林立する。司会は仲宗根悟県議（おきなわ南風）。はじめに、主催者を代表して稲嶺進さんがあいさつに立ち「みんなで知事を支えていこう」と檄を飛ばした。

国会議員は、衆院の屋良朝博さん、参院の伊波洋一さんの二人があいさつした。屋良さんは「以前この辺りはハンビー飛行場だったが、このように発展した。基地がなければ沖縄はもっと発展する。知事と一つになって闘い抜こう」と訴えた。伊波さんは、「軟弱地盤の工事はできないし、してはならない」と強調した。県議会与党会派を代表して仲村未央さん（立憲おきなわ）は、「知事を支えるわたしたちの出番だ。県議団あげて全力を尽くす」と述べた。

玉城デニー知事は演壇の前に立ち、「私が矢面に立つ。どんなに矢のような言葉が飛んできても受け止める。求めているのは対話だ。ウチナーンチュはここぞという時には一つになる。ワッター、マケティナイビランドー」とアピールすると、ひときわ大きい拍手と歓声に包まれた。

11月23日　県民平和大集会に1万人
沖縄を再び戦場にするな！の声、奥武山にとどろく

　11月23日、沖縄を再び戦場にさせない県民の会主催による「全国連帯！沖縄から発信しよう！県民平和大集会」が開かれ、奥武山陸上競技場に1万人が集まった。2月県庁前1600人、5月北谷公園2100人に続く三度目で、ついに1万人規模の大集会が実現するに至った。

　開会に先立ち、正午からコンサート。儀保貴子（ジャズ）、知念良吉（ブルース）、YUIKA（島唄）、桑江優稀乃（歌三線）、そして最後に、栄口青年会（エイサー）の演武が行なわれ、会場を盛り上げた。

　司会は瑞慶覧長風（南城市議）、神谷美由紀さんの二人。はじめに、瑞慶覧長敏さん（県民の会共同代表）が「全国各地で同時刻に連帯の平和集会が開かれている。平和をつくるために心を一つにしよう」とアピールした。続いて来賓あいさつに移り、はじめに玉城知事が発言した。

＜玉城デニー知事のあいさつ＞

　「平和でなければ観光も成り立たない。仕事も勉強もできない。パレスチナやウクライナを大きな憂いをもって見守っている。どうして悲劇を繰り返すのか。子どもたちの未来が戦争の未来、不安の未来であってはならない。グスーヨー、マケティナイビランドー（皆さん、負けてはいけませんよ）」

　うりずんの会の高良鉄美さん（参院議員）は、「ナチスのゲーリングは、一般の国民は戦争を嫌っている、しかし、この国が攻撃を受けるといえば国の言うことについてくる、と言った。今の日本はどうか。共通している」と呼びかけた。

　県議会与党会派の次呂久成崇さん（石垣市選出）は、「与那国・宮古・石垣の自衛隊ミサイル部隊の配備を通じて一気に軍事化の波が押し寄せてきた。戦争にNO！と言おう」と述べた。さらに、高里鈴代さん（オール沖縄会議）、金子登喜男さん（全国爆音訴訟原告団）と続いた。

　基調報告は前泊博盛沖国大教授が行なった。

＜前泊博盛教授の基調報告一部要旨＞

　「台湾有事は誰が言い始めたのか。アメリカの軍人だ。軍事を操る人たちがメディアの席に座り、平和を語る人々は駆逐される。アジアの国の人々との話し合いが解決策だ。きちんとした政治家を選ぼう。日本本土は傍観的好戦論で、沖縄

2023.11.23 　奥武山陸上競技場。巨大アート「スイミーバイ」に一人ひとりメッセージを書き入れた。

は当事者的非戦論である。ガザで殺されるパレスチナ人の半分は子供だ。「南西諸島」の軍拡は誰がやっているのか。戦争をしたいのなら、東京と北京でやれ！そうすれば、ミサイル防衛などと言うバカげたことは出てくる筈がない。戦争は政治家が始めて軍人が死ぬ。老人が始めて若者が死ぬ。自分たちの未来は自分たちで切り開く。平和と民主主義は与えられるものではなく、闘い取るものだ」

■島々からのリレートーク

　そのあと、各地を結ぶリレートークが行なわれた。「自衛隊が来てから人口流出が止まらず、自分たちの島が自分たちの島でなくなっていくのが悲しい」（与那国島イソバの会、狩野史江さん）、「宮古島は川がない。水はすべて地下水を使っている。戦争になれば地下水が汚染され、回復には400年かかる。避難するより戦争させないことだ」（平和ネットワーク、福里猛さん）、「私の双子の兄は自衛隊の訓練中に死亡した。隊内に性暴力とハラスメントが横行している。私たちの運動は、自衛隊員の命と尊厳を守るものでもある」（沖縄市議の島袋恵祐さん）、「埋立工事の進捗率はいまだ十数％。基地反対の民意こそ公益だ。私たちが残すものは自然と平和」（ヘリ基地反対協の浦島悦子さん）と続いた。

　奄美の関誠之さん、西之表市議の長野広美さんからも連帯あいさつが行なわれた。

　若者からのメッセージとして、那覇市出身、26歳の桑江優稀乃さんがサンシンを片手に登壇し、次のようにスピーチした。「全国各地でサンシンライブをしている。コスタリカにも行ってきた。沖縄の美しい自然、文化が好き。この島に生まれたことを誇りに思う。共にこの試練を乗り越えていこう。共に未来を、歴史をつくっていこう、この沖縄から」

2024.1.15

辺野古 NO!　ミサイル NO !　沖縄の島々の軍事基地化を止めよう！
「本土メディアの不作為」について　1.12 辺野古ゲート前行動に 900 人

12月14日は2018年12月の辺野古埋立の土砂投入から満5年。辺野古側の埋立予定区域はほぼ完成した。投入された土砂の量は約318万㎥。辺野古・大浦湾の埋立予定総量の約15％にあたる。政府は大浦湾の埋立を9年3か月で終えるとしているが、最深90m、広範囲に及ぶ軟弱地盤が広がる大浦湾の埋立は最新の土木技術をもってしても困難を極めるだろう。結局、長期にわたる難工事の末、生物多様性の海・大浦湾の生き物を深刻に破壊し、埋立完工のめどが立たないまま中途挫折してしまう可能性が大だと言わざるを得ない。日本の政治の無責任構造から、辺野古新基地建設強行に関わった政治家・役人・裁判官たちは誰も責任をとることなく収拾が図られるだろうことは目に見えるようだ。

■「本土メディアの不作為」について

琉球新報1月10日付の「記者ノート」欄に、東京支社の南彰記者による「報じない本土の責任は」と題する次のような短文が掲載されている。

「12月27日夜。視聴率の高さで有名なテレビの報道番組を見て愕然とした。トップニュースは民間デパートの"崩れたクリスマスケーキ"。……"辺野古代執行"のニュースは、約1時間の放送枠で1秒も流れなかった。この日は玉城デニー知事が代執行を巡り、最高裁への上告を表明。"沖縄だけの問題に矮小化せず報道してほしい」と記者会見で訴えていたにもかかわらずだ。……代執行という異常な先例を許しているのは、99％の有権者がいる本土の情報不足だ。本土メディアもこれ以上、不作為を重ねてはいけない」

南記者の指摘はもっともだ。しかし、メディアがあまり報じないのは沖縄に関することだけでなく、政治・社会・外交・軍事・国際など国の政策に関する報道全般だと思う。韓国のKBSやMBCの報道番組の充実に比べてみても、NHKも含めて日本のテレビ局は報道番組が圧倒的に少ない。これではものを知り考える国民は育たない。身近なこと、卑俗なことを取り上げ視聴率を稼ぐことがメディアの役割なのか。現状のままでは、メディアが自滅の道をたどり、体制翼賛へと進むことになりかねない。

■1.12 辺野古ゲート前行動に900人

代執行による大浦湾埋立工事の着工が10日に開始されたことに強く抗議し、1月12日午前10時から辺野古ゲート前で、県民集会が開かれた。平日の午前中にも関わらず、全県各地から各種バスや乗り合いで約900人が結集し、岸田内閣の埋立強行を糾弾した。

はじめに、稲嶺進さんは「代執行は令和の琉球処分。埋立強行は容認できない」と訴えた。続いて、司会の福元勇司事務局長のリードで、「代執行を止めよ」「エ

事を中止せよ」とのシュプレヒコール。玉城知事はメッセージで、「代執行による埋立強行は、丁寧な説明という言葉とは真逆の極めて乱暴で粗雑な対応。沖縄の苦難の歴史に一層の苦難を加える新基地建設を直ちに中止し、沖縄県との真摯な対話に応じていただくよう求める」と述べた。

2024.1.12　キャンプ・シュワブゲート前の県民集会。900人結集。ガンバロー

　県庁前でハンストを続ける具志堅隆松さんはネットを通じて、「ハンストは3日目。まだまだ元気。遺骨が眠る土砂を辺野古の埋立に絶対に使ってはならない」と訴えた。国会議員を代表して、赤嶺政賢さん（衆院）と高良鉄美さん（参院）が発言し、「国会の中で皆さんと力を合わせて頑張る」（赤嶺さん）、「辺野古はまだまだ世界で知られていない。辺野古デモクラシーという概念で広げてほしいと言われた」（高良さん）と述べた。市町村議員有志の会は横幕を掲げて前に立ち、糸満市議の嘉数郁美さんが「民主主義は育てていくもの。知事を支えていく」とアピールした。

　島ぐるみ各ブロックの発言は、北部の本部町、中部のうるま市）、南部の八重瀬町がそれぞれ行なった。

　オリバー・ストーン監督やノーベル平和賞受賞者のマイレッド・マグワイアさんら世界の著名人が発表した辺野古反対の声明は、吉川秀樹さんが紹介し、「国際世論からの力強い味方だ。昨日段階で、声明賛同者は1600人を越えた」と報告した。伊江島の謝花悦子さんは63年間、阿波根昌鴻さんと共に活動してきた日々を振り返りながら、「命を守るのは平和しかない。そして平和の武器は学習」と語った。そのあと、ゲート前行動の責任4団体（統一連、平和市民連絡会、平和運動センター、ヘリ基地反対協）があいさつした。最後に、高里鈴代さんがリードして「知事の不承認支持」「辺野古新基地建設NO」のボードを高く掲げてガンバロー三唱を行なった。

2024.2.25

辺野古、塩川、安和での連日の行動

　代執行による大浦湾埋め立てに着手した政府は、大浦湾の海上作業エリアを造る

ための捨て石投入と、辺野古側の埋め立て地への土砂備蓄を進めている。閣僚や官僚たちは 10 年後、20 年後、大浦湾埋め立て・辺野古新基地建設がどうなるかということは関心外だ。前任者から受け継いだ国策を遂行するのにひたすら全力を挙げる。来県した木原防衛相もまた、「丁寧な説明」「工事を着実に進める」とくり返した。「説明」さえすればなんでもできると思っている政権の傲慢の極みだ。

　2 月初め辺野古を訪れ、資材搬入ゲートの座り込みや辺野古弾薬庫の第 4 ゲートを視察した池澤夏樹さんは、沖縄タイムス 2024.2.21 に寄稿文を寄せた。池澤さんは「海底にずぶずぶ沈む 2 兆円」との見出しの記事で、「他に例のない難工事、というより不可能な工事ではないか」「アメリカ軍の本音は使い勝手のいい普天間から動きたくないということ。先日さる高官がそう漏らした。だから日本政府は先の見込みのない辺野古の工事をぐずぐずと続ける」「2 兆 7 千億円が税金から企業にざぶざぶと還流される。政権党も潤う」「これはサギだ。日本国民のみなさん、これでいいのですか？」と書いた。

2024.4.8

ボクシング世界三階級制覇の中谷選手がチビチリガマ訪問

　フライ級、スーパーフライ級、バンタム級の世界タイトル三階級を制覇した中谷潤人選手をご存じだろうか。琉球新報 2024.4.5 によると、彼は、2012 年 5 月、三重県の東員 (とういん) 第二中 3 年生の時の修学旅行で、読谷村のチビチリガマを訪れた。地元のガイドの方から沖縄戦とチビチリガマの惨劇の話を聞いて、「命こそ宝という言葉に心を打たれた」「命を投げ出さざるを得なかった人たちがいる中で、今こうして生かしてもらっていることに感謝しないといけないと強く感じた」という。4 月 4 日、中谷さんは家族と共にチビチリガマを訪れて当時のガイドの方と再会し、三階級制覇を報告した。

　チビチリガマでは、85 人が「集団自決」（強制集団死）に追いやられた 4 月 2 日前後に毎年、慰霊祭を行なっている。今年も 4 月 5 日に、遺族会の方々や知花昌一さん、金城実さんらが出席して戦後 79 年の慰霊祭が行われた。読谷村文化財に指定されているチビチリガマは、人の命を顧みない天皇制教育・軍国主義教育の誤りを告発し続けている。

　チビチリガマについては、長い沈黙を経て、当時の地元の若者と共に体験者の証言を掘り起こしていった下嶋哲朗さんの労作がある。それは次の二冊だ。『南風の吹く日─沖縄読谷村集団自決』（童心社）、『生き残る─沖縄・チビチリガマ

の戦争』（晶文社）

■沖縄県の地域独自外交のさらなる発展へ

　沖縄県は3月末、「沖縄県地域外交基本方針」に対するパブリックコメントの結果を発表した（地域外交室HP）。それによると、期間内に116件の意見が寄せられ、県の考え方が個別に添えられている。私も「策定に向けた考え方」「戦略・取組」の章で、簡単にまとめていくつか意見を提出したが、核心的な点は、沖縄が「21世紀の万国津梁」になるためには、世界的にも類を見ない基地の島の非軍事化・非武装化が求められる、ということにある。日本は、そして沖縄は決して、再び中国・アジアに対して武器を向けるようなことをしてはならないのだ。

2024.4.14

木原防衛相が用地取得取りやめを表明
県民ぐるみの力で陸自訓練場新設を断念させた！

　日本政府は、4月11日夕、木原防衛相が臨時記者会見を開いて、うるま市石川の旧ゴルフ場跡地に陸自訓練場を新設することを断念したと正式に発表した。

■急速に盛り上がった住民運動

　うるま市石川のゴルフ場（東山カントリークラブ）跡地に陸自訓練場を新設する計画は、昨年12月、突如として持ちあがった。12月22日の閣議で決定された今年度予算案に、訓練場用地約20ヘクタールの買収費が盛り込まれていたのだ。陸自第15旅団の師団化に伴う人員増に対応するミサイル部隊の展開訓練、迫撃砲の取り扱い訓練、夜間の行進・偵察、警戒・警備などを想定し、2025年度の調査設計、2026年度の工事着工の予定とした。地元には何の連絡や相談もなく、閑静な住宅地に近く、学びの森として多くの子どもたちが利用する青少年の家に隣接する訓練場建設という国策を押し付けようとしたのである。

　地元の旭区をはじめ、周辺4区や旧石川地区全体に反対の動きが急速に拡大した。防衛省は「実弾・空包、照明・発煙筒は使用しない。ヘリは緊急時を除いて飛行しない」と説明し、反対運動の鎮静化に躍起となったが、効果はなかった。地元の保革を越えた「断念を求める会」が結成に向けて動き出した。玉城デニー知事は木原防衛相と県庁で会談し、計画の白紙撤回を要請した。県議会が白紙撤回を求める意見書を全会一致で採択した。自民党県連も白紙撤回の要請をした。うるま市議会が計画断念を求める意見書を全会一致で採択した。3月20日にはうるま市石川会館で、「住宅地への自衛隊訓練場建設NO! 市民集会」が開かれ、

市内外から会場をあふれる 1200 人が結集した。そして代表が上京し、決議文と断念を求める署名を防衛省に提出した。中城村議会、八重瀬町議会、南風原町議会が相次いで、計画断念を求める意見書を全会一致で可決した。

それでも、木原は「計画の白紙撤回はしない」と言い続けた。4 月 2 日の衆院安全保障委員会の答弁で、「細長い敷地の中で、青少年の家に近い区域を住民にも開放する"交流の場"にしそれ以外の土地を訓練場として使わせてもらうなど検討をしている」と述べた。人々は、「土地を取得してしまえば、その後は中身を変えてくる」と、あくまで用地取得の断念、計画の白紙撤回を求め続けた。土地所有者も防衛局には売らないとの態度を明らかにした。万事休す。防衛省には用地取得断念・訓練場計画白紙撤回以外に残された道はなかった。

■沖縄のどこにも陸自訓練場はいらない

日本政府は陸自訓練場の新設・拡充を諦めていない。

南部の糸満・八重瀬にまたがる八重瀬岳・与座岳には、陸自二か所、空自一か所の自衛隊基地があり、周辺には、ゴルフ場が三か所ある。防衛省が目を付けない筈がない。この地域は、10 万人以上の住民が激しい沖縄戦で命を失ない、慰霊と鎮魂のために沖縄戦跡公園に指定された場所なのだ。住宅地から離れているからといって、このような場所に、陸自訓練場を造ってはならない。沖縄のどこにも自衛隊基地の新設・拡充をしていいところはない。

2024.5.5

4.14 瀬嵩の浜県民大集会に 1800 人　無謀な大浦湾埋立を中止せよ！

4 月 14 日午前、大浦湾の埋立工事現場が一望できる瀬嵩の浜で、オール沖縄会議主催による「民意・自治・尊厳を守り抜く沖縄県民大集会」が開催された。4 月の日曜日とあって、門中のシーミー（清明祭）が予定され、朝から雨が降ったり止んだりのあいにくの空模様であったが、全県各地からマイクロバスや自家用車で続々と集まった。全国各地からも仲間たちが駆け付け、合わせて 1800 人が結集した。

瀬嵩の浜での県民大集会は元々、4 月 6 日に 3000 人規模で予定されていた。ところが、前日、沖縄気象台が悪天候予測（大雨・雷注意報）を発表したため、急きょ延期となり、この日の開催となったものである。

■玉城デニー知事"新基地を造らせないことは未来への責任"

我われ南部のバスが 1 時間半から 2 時間かけて現場に着くころには、すでに、会場周辺にはノボリやプラカードを手にして各地から集まり、海上ではカヌー

チームと抗議船が整然と横幕を掲げアピール行動を行なっていた。雨が降る中、11時にスタートした集会の司会は、県議の島袋恵祐さん（沖縄市区）。はじめに、糸数慶子さんがあいさつに立ち、「岸田はアメリカに何をしに行ったのか。政府による基地押し付けを民衆の抵抗ではね返そう」と述べた。

2024.4.14　名護市瀬嵩の浜。いつも元気なカヌーメンバー

続いて登壇した玉城デニー知事は、「今日はシーミー。ご先祖様見守ってください。新基地を造らせない、沖縄を戦場にさせないことは未来への責任。新たな自衛隊基地にも反対だ。全国には沖縄を応援してくれる知事もいる。力を合わせて頑張りぬこう」と訴え、大きな拍手・歓声を浴びた。

■カヌーチーム"ユイマールの力で辺野古を止めよう"

ヘリ基地反対協からは、カヌーチームがそろって演壇前に立ち並び、松川博之さんが「海上で、辺野古で、安和で、塩川で、各地でいろいろやられている。みんな仲間だ。今日シーミーで来られなかった人も多い。みんなの力で、ユイマールの力で辺野古を止めよう」と訴え、壇上の玉城知事と固い握手を交わした。

桑江優稀乃さんは「国レベルでは権力者の争いがあるが、個人個人は友人。心癒してくれるのは沖縄の海・空・人々の心。心を一つにすれば変えていくことができる。明るい沖縄の未来を築いていこう」と述べ、よく響く声でサンシンを奏でた。

参院議員の伊波洋一さんは、2016年初当選以来の経過を振り返りながら、「米国は中国とは戦争をしない。なぜなら両方とも絶滅してしまうから。その代り、米国は日本に戦争の矢面に立たそうとしている。沖縄・日本・東アジアを戦場にさせてはならない」と訴えた。

県議会与党会派の照屋大河さんに続き、山城博治さんは「闘いの10年を振り返り、今後さらに大きな闘いをつくっていきたい」と決意を表明した。最後に集会アピールを採択し、ガンバローを三唱して閉会した。参加者は、決意も新たにそれぞれの持ち場に引き上げて行った。帰り際、支援者に伴われた伊江島の謝花悦子さんにお目にかかった。あいさつを交わすと、謝花さんは、メガネ越しに大きな目を向けて「島にも来てください」と言った。

4.28 サンフランシスコ講和と 5.15 沖縄返還
5.15 平和とくらしを守る県民大会に 2300 人

　宜野湾市役所から南北二コースに分かれて普天間基地の周囲を歩いた行進団は、宜野湾市立グラウンドで合流し、復帰 52 年 5・15 平和とくらしを守る県民大会を開いた。主催者発表によると行進参加者は 2190 人であったが、県内各地から直接会場に足を運んだ参加者も多数見受けられた。県内・全国からの参加者の各種ゼッケン、各団体のノボリが林立する様は壮観だ。

　司会は高教組副委員長の宮国麻弥子さん。幸地一さん（前高教組委員長）、染裕之さん（フォーラム平和・人権・環境共同代表）に続いて、演壇に立った玉城デニー知事は「イスラエルによるガザ攻撃は、県民としても胸がつぶれる思いだ。東アジアを再び戦場としてはならない」と呼びかけ、満場の拍手を浴びた。

　韓国からは、ピョンテク平和センター・「平和の風」・「開かれた軍隊のための市民連帯」などで構成する「基地平和ネットワーク」、済州島江汀（カンジョン）の住民、「共生と平和の海」のソン・ガンホ船長ら合わせて 24 人が参加した。数枚の横断幕を掲げて前に立ち、申載旭（シン・ジェウク）さんが「アンニョンハセヨ。沖縄に来るのは 5 年ぶりだ。辺野古の工事が進み姿を変えた現場を見た。基地と戦争の現場に立つことは歴史を記憶することであり、抵抗の心を刻むことだ」と連帯のメッセージを送った。

　そのあと、平和行進団の報告が行なわれた。北コース団長の前底信幸さん（自治労県本委員長）、南コース団長の澤岻優子さん（沖教組組織部長）、本土代表の中條貴仁さん（東京平和運動センター議長）、本村政敏さん（佐賀県平和運動センター副議長）がそれぞれ、報告と決意を語った。大会宣言を採択した後、参加者全員で「月桃の花」を歌い、ガンバローを三唱した。

琉球の大交易時代と万国津梁の銘文

　1952 年 4 月 28 日のサンフランシスコ講和条約発効から 72 年。1972 年 5 月 15 日の沖縄返還・本土復帰から 52 年。米軍の直接占領から施政権が日本政府に返還されたが、沖縄の東アジアの軍事的要衝という役割は変わらない。

　かつて琉球には 14 世紀末から 16 世紀にかけて東アジア・東南アジアに広がる交易の中心地として栄えた「大交易時代」の 150 年間がある。150 年間というと、1879 年の琉球併合から現在に至るまでの期間にほぼ相当する。当時の琉

2024.5.18　復帰52年5・15平和とくらしを守る県民大会。ガンバロー三唱

球王府は、アジアの架け橋としての琉球国の気概を、梵鐘「万国津梁の鐘」の銘文に刻んだ。首里城正殿に掲げられていたこの梵鐘は、沖縄戦での破壊を奇跡的に免れ、現在、沖縄県立博物館に所蔵されている。レプリカは首里城正殿に入る高台の供屋に展示されている。万国津梁の銘文を写した屏風が県庁知事室の応接室にあることはよく知られている。

　銘文は漢文で記されているが、書き出しの部分を書き下し文にすると以下のようになる。

　「琉球国は南海の勝地にして三韓の秀を鐘め大明を以て輔車と為し日域を以て唇歯と為して此の二つの中間に在りて湧出せる蓬莱島なり。舟楫を以て万国の津梁と為し異産至宝は十方刹に充満し地霊人物は遠く和夏の仁風を扇ぐ。……」

　琉球の大交易時代と万国津梁の精神は代々受け継がれて現在に至る県民共通の記憶である。琉球・沖縄が東アジアの地理的要衝であることは今も昔も変わらない。琉球を併合した天皇制国家は「帝国の南門」とし南方侵略の進出基地にすると共に本土防衛の戦争で沖縄を壊滅させた。沖縄を占領した米国は「極東の要石」という名の軍事の要塞とした。いま沖縄は、米軍が主導し日本政府が追随する中朝ロシアに対する攻撃基地となっている。

　国家権力を掌握する支配者たちは沖縄を軍事主義の眼でしか見ない。どこに飛行場・通信基地・弾薬庫・訓練場を造り、攻撃および迎撃ミサイルをどのように配置し、飛行訓練・パラシュート降下訓練・射爆撃訓練・ジャングル戦訓練などをどう効果的に行うか、飛行場・港湾をどう利用するか、等々。いい加減にせよ。琉球列島には150万をこえる人々が暮らしている。沖縄の軍事利用をやめよ。日米両国家による軍事のくびきから解放されれば、沖縄はかつての大交易時代のように、アジアの平和のかけはしとして、アジアの国々の平和共存と物的人的な交流の発展に大いなる力を発揮するに違いない。虎に翼を！沖縄に力を！

6.16 沖縄県議会選挙　自公が増え、県政与党が過半数割れ

　6月16日投開票の沖縄県議会選挙（定数48）は、投票率が前回2020年の46.96％を下回り、過去最低の45.26％。自民が立候補した20人が全員当選し公明も4人が全員当選、自民に同調する無所属保守2人、維新2人と合わせて、28人となり、玉城県政を支持する与党各派の20人（改選前24人）を大幅に上回ることになった。当選者の顔ぶれを見ると、県政与党・野党を問わず、当選を重ねた古参だけでなく、フレッシュでエネルギッシュな新人がこれまでになく多数進出した。与党各派20人の内訳は、共産4（改選前7）、立民2（改選前4）、社民2（改選前2）、社大3（改選前1）、無所属9（改選前10）である。立候補者全員が当選した自公に比べて、与党各派は選挙協力の不調や準備不足・共倒れが目立った。それは、社民・立民が各々立候補5人で当選2人、共産が立候補7人で当選4人となったところにも示されている。与党各派の死票は多数にのぼる。社大党と共に反政府勢力の中心を担ってきた社民・共産は各々3人が次点・次々点となり小差で惜敗した。社民・共産の集票力に陰りが見られた。10年前、翁長雄志知事の誕生と共に、辺野古新基地反対！を最重要の課題としてスタートしたオール沖縄会議の自然発生的な熱気とエネルギーは徐々に失われてきている。

　県議会の過半数を公明と共に制した自民党は、早くも衆院選、知事選へ向けた皮算用に余念がない。しかし、基地のない平和で安心して暮らせる沖縄を願い、辺野古新基地建設の強行に反対し普天間基地の撤去を求める県民多数の意思は変わっていない。たとえ県議会で少数与党になったとしても、辺野古新基地に反対し自衛隊の増強に異議を唱え独自の地域外交を進めようとする玉城県政は、依然として県民の多数が支持している。

　知事は、県民多数の支持を確信し、県政与党の結束を強め、これまで通り公約の実現へ向かって邁進していって欲しい。われわれは、地域と現場での大衆運動を通じて、県政と連携し、沖縄のことは沖縄が決めるという強力な政治潮流をつくりだすために全力を尽くす決意である。

米軍・自衛隊は欠陥機オスプレイの飛行を停止せよ！

　オスプレイの変速機（ギアボックス）の故障が過去5年間で60件報告されて

いたことを、8月6日のＡＰ通信が伝えた。2023年11月の屋久島沖でのオスプレイ墜落（乗組員8人全員死亡）は、米空軍の調査により変速機の破損が一因だったことが明らかになっている。2022年には、3月のノルウェイでの墜落事故（乗組員4人全員死亡）、6月のカリフォルニア州での墜落事故（海兵隊員5人全員死亡）などと、墜落事故が後を絶たない。米軍は昨年12月、全世界のオスプレイ400機あまりの飛行停止措置を取ったが、今年に入って飛行を再開し、普天間飛行場をはじめ日本全国を飛び回っている。オスプレイの重大事故はまた起こる。事故を起こさないためには飛行停止以外にない。

NO オスプレイ・普天間返還・米軍犯罪糾弾！
8.10 宜野湾県民大集会に 2500 人

「欠陥機オスプレイの飛行停止と普天間飛行場の閉鎖・返還」を求め「米兵の少女暴行と政府による事件隠ぺい」を糾弾する8.10沖縄県民大集会が、宜野湾ユニオンですからドームで開催され、2500人が集まった。主催は辺野古新基地を造らせないオール沖縄会議、第3次普天間爆音訴訟団、第4次嘉手納爆音訴訟団の三団体。嘉手納訴訟団の読谷、北谷、うるまの各支部は大型バスをチャーターして結集した。

　はじめに、主催三団体から次のようなあいさつが行なわれた。「オスプレイはパイロットの顔が見えるくらい低空飛行をする。爆音はひどくなった。この状況を許してはならない」（普天間訴訟団長の新垣清涼さん）、「第1次の飛行差し止め裁判から45年、訴えは広がってきており、原告は35000人を越える。平和な沖縄を取り戻すには基地をなくす以外ない」（嘉手納訴訟団長の新川秀清さん）、「相次ぐ米軍の犯罪。アメリカにものを言えない日本政府。国民よ、目を覚ませ」（オール沖縄会議共同代表の稲嶺進さん）。

　米軍ヘリの部品落下事故があった緑が丘保育園の元保護者らでつくる「＃コドソラ（子どもの空を守りたい）」の与那城千恵美さんは、「空も地上もみんな危険。子ども達に申し訳ない。普通に穏やかに暮らしたいというのが私たちの願い」と訴えた。米兵による性暴力事件の被害者、Ｃ・Ｊ・フィッシャーさんは「グスーヨー、チュウウガナビラ」と切り出し、犯罪者の米兵と米兵を守る米軍・日本の在り方を糾弾すると共に、日米地位協定の改定を訴えたあと、「沖縄の皆さん、ありがとう」と結んだ。

　国会議員は、新垣邦男さん（衆院沖縄2区）、高良鉄美さん（参院）の二人が発言した。6月県議選で初当選した儀保唯さん（国頭群区）は県議会与党を代表してマイクを取り、「1995年の少女暴行事件の時は10才。当時のことを記憶している。米軍基地がある限り米軍犯罪が起こる。私は少女の代弁者になる」と述

べ、大きな拍手を受けた。

最後に登壇した玉城デニー知事は、「自分のこととしてどうしたら解決できるのか考えてほしい。県民が声をあげる。真正面から向かっていく。決してあきらめないということをこの場で確認しよう」と檄を飛ばした。

2024.8.10 宜野湾ドーム。県民大集会に2500人。

最後に、集会アピール文を採択し、「普天間飛行場閉鎖・返還」「許すな米兵の性暴力」などのプラカードを掲げてスローガンを三唱した。

■8.11「沖縄・九州・西日本から全国に広がる戦争準備」報告意見交換会

日米があおる台湾有事 NO! を掲げて、8月11日、沖縄市民会館中ホールで、各地の闘いをつないだ報告会（主催＝ノーモア沖縄戦命どぅ宝の会）が開催された。進行役は与那覇恵子さん。

はじめに、高井弘之さん（ノーモア沖縄戦えひめの会）が基調報告を行なった。ノーモア沖縄戦えひめの会はこの春、中国脅威論を克服し東アジアでの戦争を止めるため「本当に『中国は攻撃してくる』のだろうか？」と題したリーフレット（1部10円）を作成し100万部配布に取り組んでいる団体である。高井さんは「日米の中国弱体化政策、そして全国に拡大する対中戦争態勢」と題して講演し、「国家の戦争を私たちの力で止めていく」と強調した。

基調報告のあと、自衛隊増強や日米共同軍事訓練に反対する運動に取り組む各地からの報告が行われた。石垣島の平和と自然を守る市民連絡会事務局長の藤井幸子さん、大分敷戸ミサイル弾薬庫問題を考える市民の会の池田年宏さん、ピースリンク広島・呉・岩国世話人の新田秀樹さん、ミサイル配備から命を守るうるま市民の会共同代表の照屋寛之さん、さらに電話でつないで、京都・祝園ミサイル弾薬庫問題を考える市民ネットワーク運営委員の坪井久行さんがそれぞれ発言した。そのあと、発言者が壇上に上がりシンポジウムに移り、議論を交わした。沖縄を軸に全国の反基地闘争の連携がさらに進んだ集まりだった。

第2部
海を越えて手をつなごう

2019.5.17　読谷村の恨之碑。韓国基地平和ネットワークの沖縄訪問団とともに

Ⅱ－1.
韓国の市民運動との交流と連帯

2016.5.22
5.14 県立博物館に 120 人　第 9 回米軍基地国際シンポジウム

　5 月 14 日、「海を越えて手をつなごう―武力で平和はつくれない」をテーマに、2016 沖縄韓国平和交流実行委員会による第 9 回米軍基地に関する環境・平和国際シンポジウムが沖縄県立博物館で開かれ、約 120 人が参加した。

　司会は沖縄韓国民衆連帯の豊見山雅裕さん。はじめに基調講演が行なわれた。沖縄国際大学の佐藤学教授は冷戦後の世界経済の動きと行き詰まりを説明し、「世界各地で軍事対立と軍事力による解決の方向に事態が進んでいるが、その先は世界の破滅しかない。過去の戦争から人類は学ばなかったのか。人類はそれほど愚かなのか。解決の道は対話しかない。21 世紀が 20 世紀の繰り返しではあまりにも悲しい」と訴えた。

　韓国の「開かれた軍隊をめざす市民連帯」のパク・ソクチンさんは「新たな戦争危機の原因は日米韓三角軍事同盟への動きにある。アジアの新冷戦構造を瓦解させ、平和と共存のアジアを構築しなければならない」と提起した。

　基地の環境、人権に関する現場の報告は、神奈川、ピョンテク、イジョンブからパワーポイントを使って行なわれた。すべての基地に「No!」を・ファイト神奈川の木元茂夫さんは、「安保法制と自衛隊」と題して、「日米共同訓練、多国間訓練が激増し、自衛隊の海外進出が進む一方、国内的には高速フェリーの乗務員を予備自衛官補として採用する動きがある。戦争の準備だ。その中で、自衛官の人権が踏みにじられ、自衛隊内のいじめ、暴行、自殺が増えている。過去 20 年間で 1651 人が死んでいる。」と報告した。

　ピョンテク平和センターのカン・ミさんは、韓国の米軍基地を取り巻く問題点について、4 点を挙げた。①駐韓米軍の不法な炭素菌搬入、実験、訓練、②米軍の高高度ミサイル防衛システムたるサード配備の問題、③返還された米軍基地の油と重金属などによる深刻な汚染、④米韓軍による軍事訓練、実は戦争訓練。

　トゥレバン（シェルター）のキム・テジョンさんは、米軍基地とイジョンブ

など基地村の女性について、要旨次のように報告した。「1986年イジョンブの基地村で、女性たちの自立をめざし病と貧困から逃れる活動をスタートしてから今年で30周年を迎えた。朝鮮戦争を契機に韓国に入ってきた米軍は停戦後も韓国に居すわり、基地周辺に基地村が出来はじめ

2016.5.15　チェジュ道からも横断幕と共に参加。「沖縄の平和、カンジョンの平和」

た。2014年、基地村の女性122人が政府を相手に損害賠償請求訴訟を起こした。基地村は韓国だけの特別な存在ではない。米軍が駐屯するところどこにでも生じる。問題の解決に向けて協力できたらと思う」

　昼食を挟んで午後は、『圧殺の海　第二章　辺野古』の抜粋映像と韓国の基地平和ネットが作成した映像を見たあと、戦争の脅威に立ち向かう各地の闘いの報告を受けた。京都からは、Xバンドレーダー基地反対近畿・京都連絡会の大湾宗則代表世話人が京丹後のXバンドレーダー基地反対闘争について報告した。大湾さんは、「朝鮮に対する敵国扱いをやめ、東アジアの緊張緩和を実現すれば、Xバンドレーダー配備の意味を失うとともに、沖縄の米軍基地も存在意義を失い、辺野古新基地は必要なくなる。国際主義に基づく闘いを進めよう」と訴えた。

　沖縄からは、中城村の新垣徳正村議が辺野古新基地反対闘争の取り組みについて報告すると共に、「琉球の先人たちのように自らのアイデンティティーを確立しながら日米両政府に対して決してあきらめることなく立ち向かっていこう」と決意を述べた。

　韓国からは、カンジョン村のチッキミ（守り人と呼ばれる支援メンバー）から住民として定着したチェ・ヘヨンさんが海軍基地建設に反対する運動の経過と現状を映像と共に要旨次のように紹介した。「チェジュ島はユネスコの自然環境分野の3冠王（生物圏保全地域、世界自然遺産、世界地質公園）の美しい島だ。海上工事が始まった2012年から調査を続けているが、海は堆積物が積もり、サンゴが死んでいっている。現在、海軍基地ゲート前での毎朝のお祈りと昼前のカトリックのミサと人間の鎖が続けられている。今年2月、生命平和文化村宣言をした。これまでの運動で、約1300人が連行されたり、裁判にかけられたりした。すでに罰金約4億ウォンを抱えている。加えて、3月に海軍は工事の遅れの損害

2016.10.31　高江 N1 ゲート前テント。韓国「北の子供たちにパンを届ける事業」の24人が訪問

名目で35億ウォンを住民120人に請求した。不法で反民主的だ。しかし私たちは屈しない。勝つ方法はあきらめないことだ。」

さいごに、「海を越え平和の手をつなごう」とのアピールを採択し閉会した。

2016.11.6

韓国の市民団体が3泊4日の沖縄平和ツアー
朝鮮半島の分断と沖縄基地の根はひとつ

　2016年10月29日から11月1日の3泊4日の日程で、韓国の市民団体「北の子供たちにパンを届ける事業」の小学生3人を含むメンバーたち計24人が沖縄を訪れた。メンバーたちは、2004年北の「民族和解協議会」と南の「われら民族は一つ運動本部」がピョンヤンにパン工場を建設することに合意したことを受けて、北が工場と人力を確保し南が機械設備と製パン材料を提供するという運動を進めてきた。2005年2月には南から機械設備と製パン材料が届けられ、4月にはパン工場が稼働をはじめた。南から届けられた玉のように貴重な心を子供たちに伝えていくとの趣旨で「玉流」と名付けられたパンは一日1万個生産され、大同河地域をはじめとする託児所、幼稚園の子供たちに届けられてきた。ところが、2010年の「天安艦」沈没事件後の李明博政権による5・24措置以降、南からの製パン材料を届けることができなくなって、現在に至っている。

　一行は到着した次の日、糸満市の轟の壕を皮切りに、韓国人慰霊の塔、平和の礎を回り、読谷村のチビチリガマ、恨の碑などを訪問した。71年前の沖縄戦では朝鮮半島から数千人にのぼる青年男女が徴用あるいは強制動員され多数の人々が米軍との戦闘・空襲や日本軍の処刑、病気で亡くなった。平和の礎には北と南合わせて447人が刻銘されているが、実際の犠牲者数は数倍にのぼると推定される。沖縄戦における朝鮮人動員と犠牲の実態はまだ解明されていない日本の戦争犯罪の闇の部分である。

　■辺野古の海とやんばるの森を訪問

　三日目の午後は高江の N1 ゲート前抗議活動に参加した。発言に立った代表者

は「長い闘いを続けている皆さんに連帯します。韓国でも最近サードの配置に対し絶対反対の運動をしています。アジアから米軍を追い出し、基地のない平和を実現しましょう」と呼びかけた。そのあと、やんばるの森の保護活動をしている宮城秋乃さんの案内で、新川川周辺の森歩きを楽しんだ。

2017.12.14~15　ソウル光化門（クァンファムン）での辺野古写真展。民衆民主党の人々が2週間にわたって韓国各地で写真展ツアーを行なった。

2018.3.3

韓国の平和団体・ピョンファパラム　中学生6人を含み9人が沖縄平和ツアー

　韓国の平和団体・ピョンファパラム（平和の風）が毎年行なっている2月の沖縄平和ツアーを今年2017年も中学生6人を含む9人の参加で実施した。ピョンファパラムは郡山（クンサン）に本部を置きチェジュ、ピョンテクなど全国各地で反基地闘争を担う平和団体で、代表的人物は文正鉉（ムン・ジョンヒョン）神父だ。

　今回の沖縄ツアーは戦争と基地の現場を回る5泊6日

2018.2.18~23　韓国ピョンファパラム（平和の風）の沖縄平和ツアー。謝花悦子さんのお話に耳を傾ける。

の日程だった。轟の壕、韓国人慰霊の塔、平和の礎、辺野古、伊江島、読谷村、佐喜真美術館、首里城、県立博物館などをじっくりと回り、現場の人びとと交流した。

　辺野古ゲート前では、ろうそく集会で歌われていた歌 ' 얼굴 찌푸리지 말아요（し

かめっ面をしないで）' を元気よく歌った。浜のテントでは常駐メンバーの篠原さんの話を熱心に聞き、松田ぬ浜のフェンスに「沖縄と韓国に米軍基地はいらない」との横断幕を張り付けた。伊江島では謝花館長の熱のこもった話をしっかりと受け止め、土の宿の主・木村浩子さんの家で交流し差し入れのてんぷらをいただいた。佐喜真美術館では上間さんの説明に耳を傾けた。

朝鮮半島の分断と人権抑圧、沖縄の永久基地化を打ち破る闘いはひとつだ。さらにつながりを強め、東アジアの平和と人権を共に闘いとろう。

3.17 強制動員真相究明全国研究集会
南部の住民・朝鮮人被害の現場フィールドワーク

2018 年 3 月 17 日午後、沖大で、第 11 回強制動員真相究明全国研究集会が開催され約 150 人が出席した。主催は沖縄恨之碑の会と強制動員真相究明ネットワーク。沖縄の市民団体（沖縄韓国民衆連帯、遺骨収集ボランティア「ガマフヤー」、沖縄平和ネットワーク、基地・軍隊を許さない行動する女たちの会）が協賛団体として名を連ねた。

2006 年に建てられた読谷村瀬名波の恨之碑は、韓国慶尚北道英陽（ヨンヤン）郡に 1999 年に建てられた恨之碑と同じ青銅像だ。描かれているのは、後ろ手に縛られ目隠しされ刑場に引き立てられながらも堂々と顔をあげ胸を張る朝鮮の青年とその足にすがりつき必死に止めようとする悲痛な表情の年老いた女性、そして怯え卑屈な態度で銃を振り上げる日本兵だ。

集会には、韓国から和解・治癒財団や国家記録院の関係者、歴史研究者など 10 人、日本本土からネットワークのメンバー、朝鮮女性史研究家など 50 人以上、沖縄から主催・協賛団体の関係者などが集まった。

基調報告で沖国大の石原昌家名誉教授は「天皇制を守る戦闘だった沖縄戦」と題し講演した。在日朝鮮人運動史研究会の塚崎昌之さんは、「朝鮮人軍人・軍属の動員の実態とその被害」と題し、歴史を追いながら明らかにした。

恨之碑の会の沖本富貴子さんは「沖縄戦で軍人軍属に動員された朝鮮の若者」と題し、この間の研究成果を発表した。それによると、動員された朝鮮人には、①戦前から住んでいた住民、②連行された女性、③労務動員、④船舶乗組員、⑤軍人軍属の 5 つのカテゴリーがある。軍人軍属動員は、1944 年 7 月テグで編成された軍属の特設水上勤務隊 2800 人のほか、陸軍の防衛築城隊、海軍の設営隊

や根拠地隊など様々な部隊に分散配置され沖縄戦の各地で命を失った。そして残された課題として、①死亡者、不明者の調査と遺族への連絡、②遺骨の返還、③靖国合祀の取り消し、④未返還供託金の支払い、⑤一部しか刻銘されていない平和の礎、をあげた。

2018.3.17　強制動員真相究明全国研究集会。あいさつに立つ安里英子さん。

　基地・軍隊を許さない行動する女たちの会の高里鈴代さんは、「なぜ沖縄にこれほどの『慰安所』ができたのか？」と題して、『沖縄県史』の「日本軍『慰安婦』と沖縄の女性たち」の章を引用して詳説し、沖縄に置かれた「慰安所」の数は 145 ヵ所だと述べた。ガマフヤーの具志堅隆松さんは、「沖縄戦の犠牲者の遺骨はほとんど家族の元に帰っていないが、戦争犠牲者は戦死場所に捨て置かれるのではなく故郷の墓に帰る権利を持つ」と述べた。

　たっぷり 5 時間、最後まで熱気にあふれた集会のあと場所を移して、懇親会が行なわた。18 日の南部フィールドワークに 60 人、19 日の普天間・辺野古フィールドワークに 30 人が参加した。

■南部の住民・朝鮮人被害の現場

　那覇から糸満に下っていくと海上に慶良間諸島が現われる。沖縄戦で米軍が最初に上陸した島々、日本軍の強い関与で住民の「集団自殺」が行なわれた島々、朝鮮半島から動員された水勤隊のうち 103 中隊と 104 中隊の一個小隊あわせて900 人が配属された島々、はじめ特攻艇を海に浮かべる泛水作業に従事していた朝鮮人軍属が米軍との戦闘に出されて死亡したり日本軍によりスパイ容疑などで殺されたり飢餓死した島々。

　荒崎海岸には、ひめゆり学徒が米兵の銃撃と自分たちの手榴弾で死亡した場所に「ひめゆり学徒散華の跡」の碑がある。ここで辛くも生き残った当時の一高女4 年生の宮城喜久子さんは自著『ひめゆりの少女』で南風原陸軍病院へ行く話をした時のことを書いている。

　父「16 歳で死なせるためにお前を育てたんじゃないぞ！」

　母「一高女の卒業証書はもういらないから学校に戻らないでここに残って！」

　私「お母さん、そんなことをしたらみんなに非国民と言われるよ！」

　宮城さんは「戦争の時代に育ちながら戦争というものの実態、ほんとうの姿に

2018.3.18　韓国人慰霊の塔。全国研究集会翌日の南部ツアー。

ついては何も知らぬまま戦場へと向かったのです」と述べている。

　山城地区は6月20日頃水勤102中隊が斬り込みに動員され全滅したところ。地元の古老の証言によると、今は平たんな畑となっているが、当時はあちこちに小山がある土地だったという。水勤102中隊の組長だった金元栄さんの『朝鮮人軍夫の沖縄日記』には「山城には全中隊が陣地を移してきた。しかしそれだけの人員を収容する防空壕がない。岩の隙間や芋畑でまたタコツボづくりに忙しい」と記録している。山城丘陵のうっそうとした森の中に分け入り、日本軍歩兵部隊が8月まで隠れていた壕の前で、ガマフヤーの具志堅隆松さんが付近での遺骨収集や銃弾、飯盒、防毒マスクのガラス、万年筆、時計などの遺品について説明した。

　米須地区では、写真家の大城弘明さんがアガリンガマの上に建てられた忠霊の塔で一家全滅について話した。アガリンガマとウムニーガマは米須小学校ちかくにある自然壕。ともに住民の避難壕だったが、ガマの入口に陣取った日本軍が米軍の投降呼びかけに応じず、住民の投降も許さなかったため、米軍はガソリンやガス弾を投げ込みガマを焼き尽くした。アガリンガマでは50家族159人、ウムニーガマでは28家族71人、さらにカミントゥー壕では22家族58人の住民が犠牲になったという。そのあと一戸一戸色分けした地図を手に集落の中を歩き、空き家となった一家全滅の家々の実情を見た。

　大度海岸での昼食時には、サンゴ礁の礁池に住む色とりどりの熱帯魚やクモヒトデ、サンゴなどを観察した。中南部にはあまり残されていない自然の水族館だ。

　午後は魂魄の塔から。

　戦後沖縄の歩みはどこでも遺骨の収集から始まった。1946年1月、真壁村（現糸満市）米須に、真和志村（現那覇市）の住民4300人が米軍の命により移動してきたが、一帯にはおびただしい数の遺骨が散乱していた。米軍は米兵の遺骨収集が終わってから、住民の遺骨収集を許可した。遺骨は大きな穴の中に収められたが収まりきれず、大きな骨の山が築かれた。約3万5千人の人々が軍民、国別を問わず葬られた沖縄最大の塔である。朝鮮の人びともいると思われる。

　そのあとの平和祈念公園ではまず、韓国人慰霊の塔で黙祷した。韓国の墳と同

じ形で、韓国各道から集められた石が周りに置かれている。広場中央の矢印が向いているのは朝鮮半島だ。沖縄島には朝鮮人・韓国人慰霊碑が 4 か所ある。最初に立てられたのは、宜野湾市嘉数高台の青丘之塔（1971 年）、続いて韓国人慰霊の塔（1975 年）、平和の礎（1995 年）、そして読谷村の恨の碑（2006 年）である。

　沖縄戦関連の死亡者 24 万人以上が刻銘されている平和の礎で、朝鮮人刻銘者は北と南を合わせ 462 人に過ぎない。女性はいない。462 人の中で、氏名、日本名、本籍、生年月日、所属、死亡年月日、死因などが分かっているのは 3 分の 1 ほど。陸海軍の主に軍属だが軍人もいる。

　最後に、米須地区の刻銘と「○○の祖母」「○○の長男」など無名刻銘者を尋ねた。沖縄戦では 1000 世帯以上が一家全滅になった。平和の礎には 200 人以上の無名刻銘者がいる。

　帰りのバスの中で、沖縄に駐留している米海兵隊は「キャンプ・シュワブ」など基地の名前に、沖縄戦で死んだ米兵の名がつけられていることが紹介された。ちなみに、シュワブ一等兵は 1945 年 5 月 7 日、浦添の戦闘で死亡した。沖縄戦で 1 万人以上の死者を出した米軍が沖縄を戦利品と捉えている証だろう。沖縄駐留海兵隊はまさに沖縄戦の最大の負の遺産なのだ。米軍撤退により沖縄戦に終止符を打たなければならない。

2018.7.10

光州 5 月民主女性会の沖縄訪問

　2018 年 7 月 5 日から 8 日まで 3 泊 4 日の日程で、韓国光州（クァンジュ）5 月民主女性会の一行 20 人が沖縄を訪問した。宜野座村のペンションに宿泊し、辺野古、普天間、読谷、摩文仁など沖縄の戦争と基地の現場を訪れ、沖韓民衆連帯、平和市民連絡会、基地・軍隊を許さない行動する女たちの会、いーなぐ会のメンバーと交流した。参加者は 1980 年の光州事件にいろいろな形で関わってきた人々だった。

　3 年間獄中にあった会長のイ・ユンジョンさんは釈放後当局の監視下でも大学で研究に励み政治学博士の学位をとり、現在朝鮮大学校の研究教授だ。朝鮮大学校は、1980 年の光州抗争の先陣を切った光州市の 3 大学のうちのひとつである。大学 3 年の時ソウルでデモをして捕まり 1 年間獄にいたキム・ジョンブンさんは全羅南道議会議員を 2 期務め、現在、社団法人 5・18 拘束負傷者会のソウル

支部会長を務める。全斗煥の空挺部隊の道庁突入直前の明け方、教会へ避難した副会長のユン・チョンジャさん。兄と弟が捕まり軍事政権から受けた拷問の傷がいえず今なお苦しむイ・ジョンさん。大学を出てすぐ就いた障がい者家庭相談の仕事を35年間続けてきたキム・ミンソンさん。女性会の事務局長を務めるキム・チュンソンさんはノムヒョン財団の共同代表の一人だ。男性だが女性会の監事を務めるアン・ジョンチョルさんは「僕は銃をとる勇気がなかった」と述べたが、その後国家人権委員会の局長として民主化に力を発揮した人物だ。

2018.7.8　韓国光州（クァンジュ）5月民主女性会一行が韓国人慰霊の塔を訪れ、アリランを歌い黙とう

軍隊の暴力による殺害、逮捕、負傷に続いた差別と「国賊」の汚名のつらい時代を耐えて、光州の闘いはその後公式に民主化運動として復権した。そして、ろうそく集会を通じた政権交代の先駆けとなったのである。

2018.11.12

チェジュ島の中学校の沖縄平和紀行　戦争と基地の現場を訪ね、交流

11月2～6日の4泊5日の日程で、韓国チェジュ島の中学生8人と引率の教師が沖縄を訪れた。このグループは歴史教訓旅行サークルと言い、4.3事件やカンジョン村の海軍基地建設の現場を訪ねてきたが、今回、海外に足を延ばし沖縄の自然・歴史・文化と共に戦争と基地の現場を訪れ、さまざまな人に出会い、話に耳を傾け、生徒同士で交流もした。

立ち寄ったところは、ひめゆり、平和の礎、師範健児の

2018.11.5　珊瑚舎スコーレでの交流会。済州道の中学校の歴史教訓旅行サークル。

塔、県立博物館、辺野古、瀬嵩の浜、ジュゴンの見える丘、伊江島、読谷村、嘉数高台、首里城など。話を聞いた人たちは、浜のテントの田中宏之さん、二見以北の浦島悦子さん、大浦湾貝博物館の西平伸さん、伊江島反戦平和資料館の謝花館長、佐喜真美術館の佐喜真館長、普天間爆音の高橋事務局長など。

珊瑚舎スコーレの小中高生との交流会には、互いに相手の言葉での自己紹介とお互いの学校紹介、歌、椅子取りゲームなどを楽しんだ。そのあと、生徒同士の国際通り・市場通りの散歩、牧志公設市場2階での食事と、和気あいあいとした5時間余を共に過ごした。

2019.3.15

3.10 沖韓民衆連帯主催の学習シンポジウム　康宗憲さん「死刑台から教壇へ」

3月10日土曜日、朝鮮（東アジア）平和構築と3・1独立運動100年の学習シンポジウムが開かれた。主催は沖縄韓国民衆連帯。京都在住の在日2世、韓国問題研究所の康宗憲（カン・ジョンホン）代表、大阪在住の日米・韓米地位協定研究家、都裕史（ト・ユサ）さん、沖国大の佐藤学教授が講演したあと、質疑応答が行われた。会場の沖国大5号館208教室には50人余がつめかけた。

「3・1独立運動から100年、困難な闘いを進めている沖縄で

2019.3.10　「朝鮮（東アジア）平和構築　3・1独立運動100年　学習シンポジウム」に50人余。カン・ジョンホン代表とト・ユサさん

話す機会を与えてもらって光栄だ」と切り出したカン・ジョンホンさんは、「大日本帝国と朝鮮・韓国」と題して、東学農民戦争から1920年の抗日義兵闘争までの歴史について語った。朝鮮半島へ侵略した日本が残虐な弾圧を加える一方で、日本国内では「日韓合邦祝賀提灯行列」が行われるなど日本国民が侵略に動員されていく有様が語られた。

そのあと「韓国の市民革命と朝鮮半島の自主的平和統一」のテーマで第2次

大戦後の韓国の歴史を概括し、独裁の時代を生きた韓国の青年たちを紹介した。「我われは機械ではない。労働基準法を順守せよ！仲間よ、私の死を無駄にするな！」と叫んで焼身自殺した全泰壱（チョン・テイル）さん、1975 年死刑判決を受け翌日処刑された「人民革命党」事件の 8 人。この事件はノ・ムヒョン政権下の 2007 年、再審ででっち上げだったことが明らかになり、32 年ぶりに無罪となった。朴正熙政権を崩壊に導いたた釜山・馬山の民衆抗争、光州大虐殺と全斗煥（チョン・ドファン）軍部政権の登場、1987 年民衆抗争による大統領直接選挙制への改憲について紹介したあと、カン・ジョンホンさんは要旨次のように述べた。詳しくは、康宗憲『死刑台から教壇へ—私が体験した韓国現代史—』(角川学芸出版)。

■カン・ジョンホンさんの講演要旨

国家保安法は廃止されずに今でもまだ残っている。私がソウル大に留学中いわれのないスパイ事件の容疑者として 1975 年に拘束されたのもこの国家保安法だった。判決は 1 審、2 審、3 審とも死刑。5 年以上にわたり死刑囚として過ごした期間も含め 13 年間獄中にあった。2015 年の再審で無罪になった。

日本と韓国の憲法第 1 条を比べてみよう。韓国憲法は「大韓民国は民主共和国である。大韓民国の主権は国民にあり、すべての権力は国民より出る」。日本国憲法「天皇は、日本国の象徴であり日本国民統合の象徴であって、この地位は、主権の存する日本国民の総意に基づく」。

アメリカを含めた関係にしないと平和は来ない。朝鮮半島に訪れた南北の軍事対立の解消と平和への歩みを積極的に支持し、その中で日本のアジア諸国との共存と平和を求めて行って欲しい。軍事拡張から転換すれば福祉も充実する。例えば、日本の軍事予算を半減するとする。2017 年度の防衛予算は 5 兆 1251 億円。これを半減すれば、国公立 75 万人、私立 210 万人の全大学生の 4 年間の学費約 2 兆 4700 億円（国公立 50 万、私立 100 万として）を無償にできる。ぜひみなさんには、軍拡ではない対話の道へ踏み出すべく動いて欲しい。ありがとう。コマプスムニダ。

2019.5.12

2019 年 4.25 〜 28　辺野古の現場から韓国訪問
DMZ 人間のクサリに参加し、平和を共にアピール

昨年 4 月 27 日、南北朝鮮の首脳会談が開催され、南北の分断と対立を解消し

ていくための歴史的な歩みを記した。その一周年に合わせて、朝鮮半島の平和は単に政府間の話し合いに任せておくのではなく、民衆が主人公として立ち上がってこそ実現されるとの考えから、4月27日、東は江原道（カンウォンド）高城（コソン）から西は江華島（カンファド）に至る500ｋｍの南北非武装地帯に沿って、韓国各地から50万人が集まり平和を求めて手をつなぐDMZ人間のクサリが計画された。名称は「DMZ民＋平和の人間のクサリ」。

　朝鮮半島の分断・対立の解消と平和の実現は東アジアの平和、基地のない沖縄に直結している。全国の米軍専用施設の70％が集中する基地の島・沖縄の現状を打ち破ろうと、辺野古をはじめ、沖縄の様々な反基地闘争の現場から31人が海を越え朝鮮半島の平和を求める運動に合流した。

■ピョンテク市テッチュリで交流

　一行は仁川（インチョン）空港からまず、大型バスで南下し京畿道（キョンギド）平澤（ピョンテク）市の大秋里（テッチュリ）へ向かった。駐韓米軍の再編は、韓国各地に散らばる米軍を主に、南東部の大邱（テグ）地域と北西部の平澤地域に集中・拡大しようとするものである。平澤では、嘉手納空軍基地と並ぶ東アジアの米空軍の拠点・オサン空軍基地の拡張強化と共に、米陸軍のキャンプ・ハンフリーズの滑走路を含む大拡張が進んだ。

　この時、米どころで知られた大秋里の住民は村を挙げた反対運動を展開したが、軍隊を導入した国家権力の暴力にかなわず、田畑・民家すべて強制収用された。最後まで反対し続けた44戸の住民が集団移住先で元の地域の絆を失うことなく保とうと、公認の行政区名とは別に大秋里の名をつけた地名をつけ、マウル会館、記念館を運営している。闘いの歴史資料や写真、米軍基地を詳しく解説したコーナー、支援者一人ひとりの名を刻んだ木の形の壁などがある。

　婦人会のみなさんによる心づくしの夕食のあと、平澤平和センターが準備してくれた交流会では、お互いの自己紹介と活動報告、歌・踊りが披露された。平澤側の参加者は、イム・ユンギョン事務局長をはじめ平和センターの会員、平澤平和市民行動、民衆民主党のメンバーなど約10人。沖縄チームは、ジュゴンとウミガメの美しい絵の上に「沖縄　連帯　韓国」「한국 연대 오키나와」と書いた寄せ書きとカンパを手渡した。

　翌26日の午前中は、ハンフリー基地のフィールドワーク。ソウルの龍山（ヨンサン）基地から、駐韓米軍司令部と国連軍司令部が移転して来た。基地のフェンスの上部には、高江や安和でおなじみのカミソリ鉄条網がグルグル巻きつけられていた。とすると、高江や安和のカミソリ鉄条網は米軍の国際基準に沿ったも

2019.4.27　鉄原（チョロン）の非武装地帯での「人間のクサリ」。中学生の一団。「戦争よ去れ！平和よ来い！われらはひとつだ！」

のだということが分かる。

　そのあとは一路鉄原（チョロン）へ。途中、議政府（イジョンブ）休憩所で昼食をとっていると、偶然、民弁（民主社会のための弁護士の会）のイ・ジェジョン弁護士に会った。今民主党の国会議員になっているとのことで、鉄原の労働党舎前での行事に参加するために先を急いでいると言って立つ前に、まんじゅうを差し入れてくれた。

　鉄原での宿舎は朝鮮半島中央部の韓国最北部を流れる漢灘江（ハンタンガン）のほとりにある「青い星ペンション」。冬は零下30度まで下がるというこの地域は丁度桜が満開。少し歩くとチクタン滝の上にかかる玄武岩の石橋に至った。玄武岩と言っても色々。チェジュ島のように穴だらけの物もあれば、鉄原のような不透水性のものもある。川の上流の北は朝鮮民主主義人民共和国。朝鮮半島の分断の現場だ。

■鉄原平和展望台から非武装地帯を望む

　27日は午後の人間のクサリに先立ち、午前中、軍事統制区域を通行する「DMZ安保観光」に参加した。受付および出発地点は孤石亭（コソクチョン）管理事務所。軍事統制区域の入り口には韓国軍の検問所があり、兵士がバスの中に入ってきて人数を確認。両側には戦車の通行を止める遮断装置がいくつも並んでいる。軍事統制区域の中は見渡す限り田んぼが広がっている。人が住むことはできないが、昼間許可を受けて立ち入り耕作をすることができる。いくつか貯水池も設けられ鶴などの渡り鳥の格好の生息地になっている。

　3時間近くかけて、フェンスに囲まれた地雷原、北が掘った第2トンネル、非武装地帯そばの平和展望台、廃駅となった月井里（ウォルジョンニ）、戦争で破壊された銀行の建物跡などを見て回った。

　労働党舎は立派な建物だ。38度線の北に位置するこの場所は元々北の国に属していたが、朝鮮戦争の休戦協定の交渉が長引く中で、「鉄の三角地帯」と呼ばれるほど両軍の激しい陣地争奪戦が繰り広げられて多くの死者をだし、最終的に南に編入された。逆に元々南に位置していたところが北に属するようになったの

が工業団地がつくられた開城
（ケソン）である。

■労働党舎前の舞台上で「座り込めここへ！」を熱唱

労働党舎前にこしらえられた舞台の上では、さまざまな団体、グループが歌、踊り、パフォーマンスを繰り広げた。沖縄訪問団もそろいのブルージャケット姿で舞台に上がり、「朝鮮戦争に終止符を！

2019.4.27　旧労働党舎前の舞台上で、横断幕を広げてパフォーマンスをくり広げる沖縄 HENOKO 訪問団。

辺野古に新基地はいらない！手をつなごう！沖縄・韓国・アジアの国々」の横断幕を広げて、イマジン、安里屋ユンタ、座り込めここへ！を熱唱した。この間沖縄との連携を進めるピンク色の平和オモニ会の女性や鉄原砲訓練場被害対策委員会メンバーも一緒に壇上で歌い踊った。

注目度は抜群だった。たくさんの人々が舞台前に集まり何重にも人垣ができた。あちこちから声がかけられた。キンパプ、餃子と差し入れのマッコルリ、とれたてトマトの昼食のあと、三叉路方面へ移動し人間のクサリの態勢を整えた。キリスト者、婦人グループ、中学生と思われる若者など、様々な団体が参加し思い思いにネッカチーフや横断幕、プラカードを掲げている。若者も含めて様々な層が集まった現場は、中高生も熱心に参加したかつての沖縄本土復帰闘争を想起させた。

4月27日にちなんで14時27分を期して労働党舎前から白馬高地（ペンマコジ）方面へ長い長い人間のクサリがつながった。KBS をはじめ各テレビ局によると、10か所で20万人が参加したとのことだ。

28日の午前中は空港に向かう途中ソウルで、①仁寺洞（インサドン）および3.1記念公園、②日本大使館前少女像、③西大門（ソデムン）刑務所歴史館、の3グループに分かれて行動した。

平和と人権を共通の価値観としたアジアの人々の連帯

朝鮮戦争の終結と南北の分断・対立の解消は南北朝鮮の国民の願望だ。外国軍隊の撤退、南北の自由な往来・交流、北の強制収容所の廃止・人権の完全な保障、南の反共法・国家保安法の廃止の上に統一朝鮮を必ず勝ち取るに違いない。「大東亜共栄」など美しい言葉とは反対にアジアを蹂躙しつくした日本国家に対する徹底的な批判の上に、平和と人権を共通の価値観としたアジアの人々の連帯の輪

に、沖縄から日本から合流していこう。

9.28 朝鮮人強制動員学習会　竹内康人さんの講演と意見交換に 60 人

　2019 年 9 月 28 日午後 2 時から、那覇市おもろまちのなは市民協働プラザで「沖縄戦の朝鮮人強制動員と本部町健堅朝鮮人遺骨」をテーマとした学習講演会が開催され、約 60 人が参加した。

　講師は「強制動員真相究明ネットワーク」会員で、研究者の竹内康人さん。竹内さんは沖縄戦での朝鮮人強制動員に関する実態、死亡者、遺骨、徴用工判決などについて報告した。

＜竹内康人さんの報告（要旨）＞

　労務動員による日本への動員数は約 80 万人。軍人軍属の軍務動員はアジア各地に約 37 万人に及ぶ。「戦時朝鮮人強制労働調査資料集 1」に沖縄各地での詳細な配置図を作成した。軍務動員は陸軍では水上勤務隊、防衛築城隊、海軍では沖縄根拠地隊、設営隊などが主で、陸海軍の徴用船にも軍属扱いの朝鮮人船員が動員された。

　陸海軍の留守名簿から見た動員状況は、陸軍が合わせて 3191 人、海軍に動員された朝鮮人軍属が 421 人判明している。他方、死亡者調査からみて、氏名・部隊名が明らかな朝鮮人死亡者数は 600 人余りになるが、この中の徴用船や沈没船での沖縄関係の死亡者約 150 人を加えれば、氏名と動員先が判明するのは約 3750 人。

　韓国強制動員委員会の資料では、沖縄戦被害申告数は 2644 人、うち死亡・行方不明が 674 人、生還 1919 人となっている。平和の礎には現在 464 人が刻銘されているが、韓国側の調査把握のうち約 300 人が未刻銘の状態だ。

　米軍捕虜資料から見た動員と帰還は、1946 年 2 月、屋慶名収容所から釜山へ 1600 人、沖縄からハワイ経由で 46 年 1 月仁川へ 535 人、石垣、宮古から帰還船ゲーブルズ号で神奈川へ 663 人、合わせて 2798 人が帰還した。乗船者名簿のさらなる分析が必要だ。

　朝鮮人遺骨の未返還の問題は植民地支配の棄民を象徴している。15000 人以上と推定される労務動員での死亡者、1962 年厚生省援護局調べによる軍務動員での死亡者 22182 人、広島・長崎での原爆や各地の空襲での死亡者推定 4 万人を合わせると 8 万人近くに上る。そのうちこれまで故郷に帰った遺骨は一部に過ぎない。

　日本政府は 4 年前、戦没者遺骨収集で今後発見される遺骨に関して DNA を抽出しデータベースを作り、遺族からも DNA の提供を受けるという方針を決めた。

沖縄県では遺族の集団 DNA 鑑定を申請している。平和祈念公園の一角に掘り出した遺骨 700 体が焼却せずに保管されている。ここに朝鮮人遺骨への対応も必要だ。シベリアでのニセ遺骨を繰り返してはならない。タラワ島での米国主導の遺骨収容と朝鮮人遺骨の韓国への返還の動きもある。すでに韓国では遺族 184 人からの DNA が準備されている。

軍人軍属として沖縄戦に動員した朝鮮人の遺骨返還は日本政府の責任だ。

そのあと、休憩をはさんで質疑、意見交換が活発に行われた。1985 年指紋押捺拒否をした在日の鄭正模さんは 1940 年 11 月 10 日、友人と 3 人で家から三千浦邑の市場に行く途中、見知らぬ巡査二人に理由も分からないままトラックに乗せられ固城警察署に連れていかれたあと、関釜連絡船の船着き場近くの釜山水上署へ連れていかれたと証言している。

過去の国家の犯罪を知り糺すのはあとの世代の役割だ。

Ⅱ－2.

東シナ海・平和の海キャンプ

2016.9.4

2016.9.26-10.3　第3回平和の海国際キャンプ in 台湾に参加して─戦争と軍隊のないアジアに向けた連帯
第1回韓国・チェジュ島　東アジア非武装平和三角地帯

平和の海国際キャンプ in 台湾は、「平和って何だろう」というテーマのもと、8 月 24 〜 28 日の 4 泊 5 日の日程で、沖縄、チェジュ島をはじめ韓国、台湾、フィリピンなどから数十人が結集して行われた。平和の海国際キャンプは 2 年前、チェジュ海軍基地反対闘争や沖縄 5.15 平和行進に参加した台湾、韓国、沖縄のメンバーが意見交換して、戦争と軍隊のない東アジアの非武装の島々の連帯をめざして、台湾─沖縄─チェジュを結ぶ非武装三角地帯の創出を目標に始まった。一昨年、第 1 回の集まりが韓国・チェジュ島で、昨年 9 月、第 2 回のキャンプが沖縄・

2014.8.6　済州道カンジョン。第1回国際平和キャンプ。海軍基地建設工事用ゲート前で。

辺野古で開かれ、今年第3回目の台湾キャンプは、台湾南部の高雄（カオシュン）市・台東（タイドン）県を舞台に開催された。

　台湾キャンプの主催は「平和の島連帯台湾支部」、共催は「台湾東亜歴史資源交流協会」。キャンプは主に、①フィールドワーク、②文化交流、③各島の報告・討論の三つの内容で構成された。

■＜フィールドワーク＞

後勁（ホウチン）地区の闘いの現場

旗律（チージン）地区の灯台と砲兵基地あと

大林蒲（タイリンポ）の臨海工業地帯

台東県のパイワン民族の部落

美麗湾のリゾート建設に反対するアミ民族の闘い

■＜文化交流＞「蘆葦之歌」の観賞

＜各島の状況報告＞

カンジョン生命平和文化村宣言

フィリピン先住民族の苦闘

核廃棄物に反対する蘭嶼（ランユー）島の闘い

■＜越境する戦争経験と平和実践＞

東アジア非武装平和三角地帯

　三つめは、越境する戦争経験と平和実践をテーマとしたシンポジウムで、フィリピン、台湾、チェジュ、沖縄から報告と意見交換が行われた。その中で、チェジュのソン・ガンホさんの「戦争と紛争の世界でどのように平和の道をつくっていくか」と題した提起は次のとおり。1991年来、キリスト教牧師として「フロンティア（開拓者たち）」という活動家集団を組織し、フィリピン、ルワンダ、ボスニア、東チモール、アフガニスタン、インドネシア・アチェなど各地で、平和学校、平和村、平和図書館をつくり、戦争に反対し戦争の犠牲者を支える活動を進めてきた。そして、戦争を防ぐためにチェジュ島の海軍基地建設反対闘争に参加してきた。台湾—チェジュ—琉球諸島を結ぶ「東アジア非武装平和三角地帯」を創出し、東シナ海をすべての軍事基地のない「共存」と「平和」の海にしていきたい。

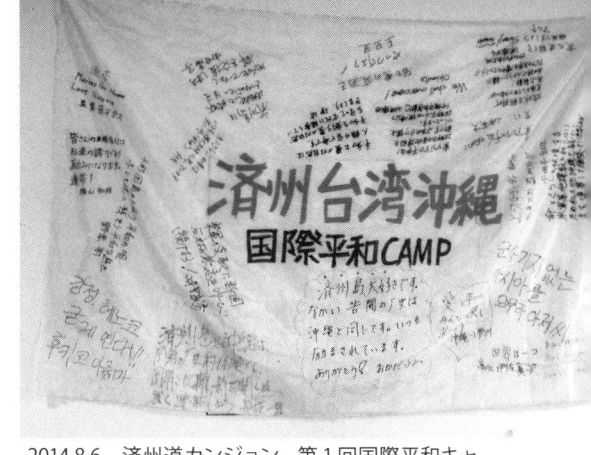

2014.8.6　済州道カンジョン。第1回国際平和キャンプ。沖縄チームのバナー。

　沖縄の報告には、辺野古の島袋文子さんも登場し、米軍の火炎放射で負傷し血の水を飲んで生き延びた自身の戦争体験を語り、絶対に戦争を起こしてはいけないと訴えた。島袋文子さんの戦争体験は、森住卓『沖縄戦　最後の証言』（2016年、新日本出版社）に詳しい。

　最後に、英語、中国語、韓国語、日本語の4カ国語で書かれた「次世代に真の平和と非軍事化を教える責任がある」との宣言を採択し、4泊5日の国際平和キャンプを終えた。

■アジア諸国・諸地域の交流・連帯の深まり

　今回の台湾国際平和キャンプの参加者は韓国、台湾、沖縄のほか、フィリピン、ドイツ、カナダなどから50人以上が集まった。会議やシンポジウム、移動中のバスの中で使用される言語は、韓国語、中国語、日本語、英語の4カ国語、時に先住民族の言葉が紹介されることもある。会場では常に言語圏ごとにかたまり通訳を通じて会議に参加する。韓国からの参加者には英語ができるメンバーが結構いる。沖縄に留学しているメンバーは日本語を通訳する。台湾には日本語、英語をバイリンガルのレベルで話す若者が目立つ。韓国の活動家層は若いが、台湾はそれ以上だ。民主化闘争の歴史的蓄積と反核、反政府運動の中で、伸び伸びとして活気にあふれた若者たちが平和キャンプのスタッフの中心を担っていた。

　アジア諸国・諸地域の交流・連帯の動きは今後もっと進んでいくだろう。毎年

2016.11.17~21　済州道のダイビングチームが辺野古を訪れ交流した

開催場所を移しながら開かれるこの国際キャンプ、沖縄の5・15平和行進、チェジュの8月平和行進、その他、国境と言語の違いを超えて発展する交流と連帯の活動を通じて、支配者のアジアに対抗する住民の自己決定権と平和を求める闘いを担う人々の結束と団結が強まっていくという確信を持った。

人権と民主主義、自己決定権に基づくアジアをつくり出す動きに加わろう。意識と行動をアジアへと向けよう。そして、アジア諸国の言葉をなんでもいいから最低一つ学ぼう。言葉を通じて必ずつながりが広がっていく筈だ。

夜行で台北に移動した翌日は、台湾側スタッフの若者から、日本の植民地時代にハンセン病隔離政策で造られ現在も運営されている楽生(ラーシォン)療養院、国民党政府に反対する「ひまわり運動」の現場となった立法院・行政院、蒋介石の国民党勢力が台湾にわたり暴力支配を始めた1947年の2.28事件の現場を案内してもらった。

2017.9.2

8.16～20　第4回平和の海・石垣キャンプ

平和の海・国際ピースキャンプが8月16～20日の4泊5日の日程で、石垣青少年の家を舞台に開催された。済州島をはじめ韓国、台湾、日本本土、沖縄島、宮古、与那国そして石垣の各島から総勢80人にのぼる人々が集まった。

プログラムは、ハートブレイキング・ビンゴに始まり、ワールドカフェ、夜の森の鳴き声や星座の観察、国際ピースシンポジウム、「標的の島風かたか」の上映、石垣の戦跡巡り、戦争体験者の講話、ミサイル配備が計画される地域住民との交流、東アジアの連帯に向けた討論、マングローブ散策やカヌー体験、キャンプファイアー、宣言発表、ピースウォークなど凝縮した多彩な内容だ。

国際ピースシンポジウムは、①石垣市民ラボによる「日本最南端の市民放射能測定所」, ②済州からの「島の平和・海の平和を守る闘いを放棄しない」、③与那国メンバーの現状報告「与那国の今」、④台湾メンバーの報告「台湾の原子力発電所、核廃棄物と反核運動」、⑤辺野古・高江の闘い、⑥「新しいコミュニティと大転換期へ向かう私たち」、⑦ソウルの参加者による「武器取引の隠された醜い真実」、⑧宮古島からの報告「命の水を守ろう！基地のない平和な島を」、⑨台湾からの文化保全と観光開発についての提起「反美麗湾開発運動からの発想」、⑩アーサー・ビナードさんの「日本て本当に被爆国？」が、全一日かけて報告・意見交換された。

石垣島の戦跡巡りは炎天下、松島さんのガイドで大型バスに乗り次の各地を訪問した。①日本軍が米軍上陸に備えてつくった真栄里海岸に残る銃眼、②大浜・フルスト原遺跡のがけ下に残る陣地壕、③海軍平得飛行場跡地とそばの航空機掩体、④名蔵の廃屋に当時の姿をとどめるトーチカ、⑤

2017.8.16~20　石垣島での平和の海キャンプ。手書きの絵を説明し戦争体験を語る潮平正道さん

1997年建てられた「八重山戦争マラリア犠牲者慰霊の塔」。石垣島には米軍の上陸がなかったが、宮古島と合わせて3万人もの日本軍が陣地を構え、住民の労力・食料を奪っただけでなく、波照間島の全住民をはじめ各地の住民をマラリア地域に強制移住させ3600人以上の命を奪った。日本軍の戦争犯罪を告発する慰霊碑だ。

石垣島ピースキャンプは、来年、韓国済州島で開催することを発表したあと、ピースウォークを行なって幕を閉じた。

2019.9.16

米中日の軍事主義に抵抗する島々の連帯を強めよう！
平和の海キャンプ・台湾金門島　9月6～8日に参加して

今年の平和の海国際キャンプは、9月6日から2泊3日の日程で台湾金門島で実施され、地元台湾の各地をはじめ、韓国チェジュ、日本、沖縄、香港、マレーシアなどアジアの各地から約40人が参加した。

■アマの家―平和と女性人権館

9月5日午前、那覇空港ビル3階の台湾行出発ロビーには、閑散としている韓国行とは対照的にたくさんの人があふれていた。飛行便は満席だった。那覇から台湾の桃園空港までは1時間40分。桃園から金門行が飛ぶ台北松山空港まで電車で移動して1時間弱。待ち時間があったので、「アマミュージアム（アマの家）―平和と女性人権館」に立ち寄った。

台湾の婦女救援基金会は1992年から25年以上、「歴史を記憶し傷を乗りこえ前に進む力を」を合言葉に、台湾の日本軍慰安婦被害者の調査と広報、救援に取

り組み、3年前に「アマの家」の開館にこぎつけた。「アマ」とは台湾の言葉で「オバアさん」「ハルモニ」のこと。慰安婦被害者のおばあさんのことを親しみを込めて「アマ」と呼ぶ。沖縄の「アンマー」に似ている。59人の台湾のアマの物語を保存すると共に、女性の人権運動を展示する社会教育拠点となっているという。

　活気あふれる下町の商店街の一角にある「アマの家」の玄関を入ると、二人の若い女性が受付で出迎え、観覧の手順などを説明してくれた。アマの作品をモチーフにしたエントランス、慰安婦制度の歴史と女性の境遇に関するの展示、ペーパークラフト作家・林文貞さんの作品「生命樹」、セラピーワークショップの常設展など、ユニークで創意あふれる展示が続く。3年前台湾に来た時見た映画『葦の歌』が思い出された。

　その中で特に、1000本をこえるアクリル管とアマの名前が刻まれた59本の銅管が吊るされた細い道のような空間は印象深かった。壁面に広がる葦のイメージは1000人をこえる台湾の慰安婦被害者たちの力強い生命力を象徴するという。天井からつるされた銅管の下に手をかざし光を手のひらで受けると、アマ一人ひとりの名前が浮かび上がる。まるでアマたちを自分の手で包むような感覚にとらわれる。

■ついに金門島に到着

「アマの家」を出て少し歩きタクシーに乗って「北門駅」まで行った。料金は台湾ドルで80ドル。日本円にすると1ドル3.5円計算で280円ほどか。電車賃や食べ物の料金、施設の入場料も安い。振り返ると日本の公共料金が異常なほど高すぎる。「松山機場」でしばらく待機したのち、約1時間で金門空港へ到着した。すでに日は沈んでいるが、事務局の陳さんと民宿の主人が笑顔で迎えてくれた。

　金門県の金寧郷にある民宿に荷を下ろしぶらぶらと散歩しながら近くの食堂に入った。最近雲南地方から帰って来ることを認められた家族がやっている「金泰棧」という店だが、日本人観光客がほとんど来ないのだろう。メニューはみな中国語。長い時間メニューとにらめっこをして結局、あてずっぽうで豚肉料理と豆腐料理、アサリの吸い物を注文した。やはり、最小限メニューくらいは分かるように言葉を学ばなければだめだと痛感した次第だ。

　この町にも「7イレブン」がある。どうやら金門のコンビニは「7イレブン」が主らしい。台湾ビールを買って宿でテレビ（壹新聞 NEXT TV）を見ていると丁度、高校生の授業ボイコットの映像などを映しながら香港の反送中デモが取り上げられていた。香港のデモの5大要求に行政府の林鄭長官がどのように回答したかを一覧表にして説明している。次の場面では、この間の運動での犠牲を6項目にわたって列記した。①9人が命を失った、②3人が眼精を負傷、③2度

にわたる警察機動隊の地下鉄攻撃、④2人の重傷、⑤1183人の逮捕、⑥100人を超す起訴。やはり台湾は香港にずっと近いのだと実感した。

■民宿のある集落の朝の風景

9月6日朝、陳さんの案内で宿舎の近くの食堂で朝食をとって周辺を散歩した。サンドイッチやハンバーガーを販売する食堂には次から次と客足が絶えな

2019.9.6 台湾の伝統家屋様式の「莒光楼」。中国との戦役を闘った兵士を顕彰するために造られた。最上階のデッキから中国厦門が見渡せる。

い。自営業で家族総出でやっているように見える。サンドイッチと言っても、コンビニで売られているようなパンの耳がなくきれいに三角に切られて透明の包装紙に包まれた物ではなく、耳付きの薄切りのパンの間に焼き立ての卵焼き、ハム、トマトが分厚く挟まれた手作りサンドだ。作り立てだから美味しいし、しかも値段が安い。日本円にして90円弱。

台湾式の伝統家屋の中に、2〜3階建て鉄筋コンクリートの建物が所々に目につく。この食堂も3階建てのアパートのような建物の一階部分に営業している。道路わきに店舗を構えソーメンを天日干しにしている製造店も何か所か見かけた。台湾の人はソーメンをよく食べる。集落の様子は、ガジマル、モクマオウ、ブーゲンビレア、へちまの黄色い花やドラゴンフルーツなど、沖縄とよく似ている。猛威を振るった蒋介石軍事独裁の痕跡もあちらこちらに残っている。村の人々を集めて軍が演説し命令を下したという舞台、民家の壁に残る軍政を鼓舞するスローガン、かつて軍部隊が駐屯していたがペンキで塗り替えられた建物、長い髪を軍人にとがめられ殴られたという記憶や軍人が家の中に入ってきてやりたい放題だったという記憶など、台湾の人々にとって軍政の経験は遠い昔話ではなく、つい昨日のことなのだと感じた。

■「莒光楼」「古寧頭戦史館」へ

ピース・キャンプの公式のスタートは、6日午後1時、金門空港集合だ。到着ロビーの出口付近には各地からの参加者が揃ったところで、午後1時半、大型バスで出発した。はじめに、要塞のような伝統建築の「莒光楼」を見学。中国との戦役を闘った台湾の兵士を顕彰するために建てられたという。最高の栄誉とされる「青天白日勲章」も展示されている。建物最上階のデッキからは、高層ビル

2019.9.6　台中戦争のさなか稼働した「北山放送壁」と呼ばれる集積スピーカー

が立ち並ぶ対岸の中国厦門市が見渡せる。距離にして10キロ余りとのことだ。

そのあと、「古寧頭戦史館」へ。1949年10月1日の中華人民共和国の成立から時を置かず、中国軍は台湾金門島への攻撃・上陸作戦を敢行した。台湾ではこの戦闘を「古寧頭戦役」と呼んでいる。20年にわたって続いた戦争状態が1979年の双方の砲撃停止を受けて終わると、台湾政府はここに戦史館を開設した

陣地構築、中国軍の奇襲、戦闘、上陸船の炎上、中国軍の敗北と捕虜などと、1949年10月25日から始まる戦闘の模様を時間を追って描いた巨大な額縁の絵が壁一面に掲げられている。迫力がある。これは台湾のプライドなのだと感じた。

海岸べりに歩いていくと、真っ先に目に入るのは「北山放送壁」と呼ばれる48個の巨大集積スピーカーだ。25キロ先まで届くという。中国の対岸まで10キロそこそこなので、大陸まで十分に届く。また、すぐそばの崖からは、戦史館の額縁の絵に描かれていた中国軍900人が一網打尽に捕虜になったという海岸が見渡せる。海岸から離れて集落の方に移動すると、両軍の戦闘の舞台となった2階建ての建物がある。銃弾の穴だらけだ。

■ガジマル通りのカフェでの夕食交流会

巨大ガジマルが何本も立ち並ぶ通りに面した市内のカフェで夕食をとり、そのままプレゼンテーション兼交流会に入った。司会は地元金門の小学校の先生、陳さん。金門島の戸籍登録人口は14万人以上いるが、住民登録制度がないので正確な人口は不明（実質6～7万人）とのことだ。小学校は17ヵ所あり、大体一クラス20～24人。週一回金門語の授業をしているという。なんと素晴らしい！

はじめに金門の翁さんが金門の歴史、文化、特産品などについて映像を用いて報告した。金門島には14世紀に起こった中国の明からの移民が集まってきた。国共内戦で国民党が破れて金門島に逃げてきた。そして金門島が戦場になった。金門の人々の中にはいつまた戦争になるかもしれないという恐怖感があり、中国の重圧を感じている。停戦が成立し平和が訪れた後は中国からの観光客が多く、70～80万人の年間観光客のうち7～8割は大陸からの中国人とのこと。戦争

遺跡が観光資源になっている現状でいいのかという疑問も出されているそうだ。フェリーや送水管など中国との経済的結びつきは強い。金門は矛盾の中にあると語った。主な特産品は58度の高粱酒、砲弾の薬きょうを利用した刃物（砲弾ひとつで64丁の包丁が作れるらしい）、ピーナッツ菓子の三つだ。

　馬祖島、沖縄、香港、チェジュ、マレーシアからの報告も行われた。そのあと、各人の自己紹介に移った。高雄で生まれて金門で暮らしています。金門生まれの金門育ちで幼稚園の教師をしています。台湾から来たが金門は初めてです。台湾の退職教師です。台北大生だが平和のためにどうすればいいのか知りたくて参加しました。私は韓国人で、インドネシアで12年間ボランティアをしてきました。などなど参加者の率直なスピーチが続いた。初めての参加者もかなりいるようだった。日本からは沖縄を含めて5人。日本語通訳は日英中語に通じ韓国語も少しできる許さんが担った。金門大学の教官も二人参加した。夜遅くまでにぎやかに交流が進められた。

■金門島中部の伝統集落と大地下坑道

　9月7日は、午前中、金城国民中学の教室で、薫森堡議員と許維民校長の報告を受けた。校長は金門での台中戦争の体験を語り、議員は金門の将来の発展の姿について語った．日本語通訳は金門の男性と結婚し金門で長らく暮らすCさん。二人の息子さんを連れてきていた。

　午後は金門島中部に位置する瓊林集落を訪れた。ここは金門で最大規模の伝統古民家集落で、「蔡」という姓を持つ住民が多い。明朝の時代、進士に合格すると祖廟を建てる習慣になっていて、現在も「蔡氏祖廟（大宗）」など8か所の祖廟が残っているという。3日間閉じこもって受験したという科挙試験の部屋も見学した。

　集落の地下には金門島各地につくられたなかで最大規模の地下トンネル「瓊林戦闘坑道」1355mがある。台湾海峡の戦争の危機が継続していた時代に村落防衛施設としてつくられた地下トンネルは12の出入り口がそれぞれ重要な建物やトーチカにつながっていて、中に井戸も掘られたという。現在金門国家公園に指定されている。実際に入ってみると、トンネルは狭い。連絡・移動通路なのだろう。集落の建物の壁には、いつ書かれたか定かではないが「獨立作戦　自力更生　堅持到底　死裏求生」と言った標語が大きく描かれている。

■台湾軍慰安所「特約茶室」展示館

　次に「特約茶室」を見学した。金門島を舞台とした台中戦争の際、台湾軍が設置した軍慰安所である。通称「831」「軍中楽園」などと呼ばれて戒厳令撤廃のあと1992年まで存続した。コの字型の部屋数10数室の建物全体が現在、展示

館となっている。

「縁起」に「1949 年金門を舞台とした戦争で 5 万人の軍人が入り女性に対する暴行などが起こったため、1951 年に至って第一番目の慰安所 ' 軍中楽園 ' が出来た」と説明し、「規定」に「軍人以外は立入を得ず」「軍人身分証を提示のこと」「武器を携帯するを得ず」「軍機を保持すること」「時間は 30 分」「違反者は軍法会議に送る」とあり、女性に対する「特別約束」として「非軍人を接待してはいけない。」「秘密を漏らしてはいけない」「部屋を離れてはいけない」「地域の善良風俗に違反してはいけない」「毎週日曜日（のちに水曜）軍医の検査を受けること」「3 か月毎に血液検査を受けること」が記されている。

台湾はすごい国だ。歴史を隠さず保存し公開する。長く苦しい闘いののちに軍事独裁を打ち破り民主化を勝ち取った国民の自信なのだろうか。

■ディスカッション、平和宣言、反省会

9 月 8 日の午前中は、金門の戦争とそれに伴う様々な問題についてのディスカッション。まず、金門の陳さんが研究テーマとして取り組んでいる金門の戦争時代の婦人部隊経験者の詳しい調査とインタビューを報告した。それによると、1949 年から 1992 年まで、16 歳から 35 歳までの未婚女性は全員軍隊に動員された。そのことを「出操」と言った。婦人部隊の役割の一つに閲兵での行進があり、一定の身長以上が求められたという。

活発な意見交換が続いた。マレーシアのメンバーは軍隊の女性の配置は抽選で行われていると報告した。韓国のメンバーは 5 月 15 日の「世界兵役拒否宣言の日」に合わせた取りくみを報告し、軍隊の問題は女性だけでなくみんなが当事者だと述べた。香港のメンバーは逃亡犯条例反対の闘いでの女性への弾圧について報告した。台湾の高校での軍隊式行進に対する批判も提起された。

しばらくして、戦史博物館の裏手の海が見える展望台に場所を移し、平和宣言を金門、台湾、マレーシア、香港、日本・沖縄、チェジュの各地域別に読み上げた。

東アジアの島々の直面する課題が異なることは当然だ。沖縄は何より米軍基地、香港は中国の支配、金門は中台対立の脅威の前線、チェジュは米軍の支配の下での軍事強化、など。それは地理的位置の違い、東アジアの大国たる中国、米国、日本のパワーポリティックスの現れ方の違いによる。しかし、島々の人々の平和と人権、人間らしい暮らしを求めることは共通の価値観であり、海を越えた共感と連帯の基礎なのだ。

■金門国家公園「翟山坑道」

9 日の午前中、地元の翁さんと台湾の J さんの案内で、金門島の最南端にある

金門国家公園のひとつ「翟山坑道」を訪れた。海に接した花崗岩の山をくりぬき海水を導き入れて船が行き来できる運河のようにした全長 350 mのトンネルだ。公園内には食料など物資運搬用の小型の船舶と武器弾薬輸送用の少し大きめの船舶が対空砲と共に展示されている。入場料は無料。金門国家公園の制服をつけた女性の職員が案内板の前で説明をしてくれた。台湾も太陽がじりじりと熱い中、案内員は日傘をさしている。その光景にとても自然な雰囲気を感じた。帰り際、メンバーの一人が持参の水筒を受付の職員に手渡している。何かなと思っていると、職員は水筒に冷たい水を入れてよこしたのだ。普通に、自然にそうしている。台湾の人々のつながり、社会の温かさを感じた一コマだった。資本主義社会が発展するとこのようなつながりが壊されていくのだろうか。

　運河トンネルの見学中に数十人の生徒たちの一行に出会った。台湾のメンバーに聞くと、中国からの修学旅行生ではないかという。中国から多くの人びとが金門を訪れてかつての戦争の遺跡を見て、金門を武力で奪うための戦争はもう決してさせまいと考えてくれたら幸いだ。中国と台湾の対立の最前線に位置する金門の人々は中台の紛争を望んでいない。中国と台湾の平和共存の上に金門島の平和的発展を願っている。大国の間に位置する小さな島々は、島の住民の意思とはかかわりなく大国同士の争いに巻き込まれ理不尽な被害を被ってきた。19 世紀から 20 世紀の戦争の時代を経て、島の人々は自己決定権を自覚し主張する。島の運命を決めるのは島の住民だ。中国に従属したくはないし、台湾の一部ではあると言ってもあくまで金門は金門だ。

2023.7.30

共平海プロジェクトのヨット「ヨナのクジラ」号　辺野古に到着し交流
島々の人々の主権を取り戻そう！

　済州島・沖縄の島々・台湾をむすぶ「東シナ海」を、軍隊と戦争のない共平海（共存と平和の海、공평해・コンピョンヘ）とすることをめざして、6 月 1 日に済州島を出港した帆船「ヨナのクジラ」号が約一か月半の航海を経て、7 月 18 日、辺野古に到着した。大浦湾の海上で辺野古海上チームの出迎えを受け、再会を喜び合った。

　船長の宋康鎬（ソン・ガンホ）さんをはじめ真っ黒に日焼けしたメンバーたちは、'クッション'に宿泊しながら、辺野古ゲート前座り込みや大浦湾での海上行動に合流、また歓迎パーティや交流会に参加するなど、辺野古新基地反対！を掲げる沖縄の闘いとの連帯と友情を強くアピールした。琉球新報・沖縄タイムス

2023.7.28　与那原マリーナ。「ヨナのクジラ」号の若者たち

の地元二紙もそれぞれ写真入りでかなり大きく報道した。

　ヘリ基地反対協・海上チームと共に行なった大浦湾での7月22日の海上行動では、高さ十数mのマストに帆を張り、「NO！海軍基地」「軍事基地のない平和の島」とハングルで書いた黄色のノボリを左右の船尾に掲げたヨットの姿がひときわ目立った。

■ソン・ガンホ船長の10年来の構想が実現

　2014年の第1回「東シナ海」平和の海キャンプで、ソン・ガンホさんは、「ヨットで島々をめぐりながら非武装平和の海をアピールする」構想を実行に移したい旨を情熱的に語っていた。中古ヨットを購入・整備し、乗船希望者を募り合宿して、平和学習と共に、済州島を一周しながらヨットの操船技術を学ぶ訓練を何度も行なったという。そして、航海する航路や経由地の調査を続けて、今年ようやく、10年来のプランが実現したのである。

　ヨットの船名は「ヨナのクジラ」。聖書に詳しい方はご存じのことだろう。ヨナを飲み込んだ大きな魚＝クジラが神の意思を実現する道具であったように、島々の人々の暮らしに平和と安寧をもたらす役割を果たしたいとの意図が込められているようだ。

　ヨットは大浦湾での海上行動のあと、数時間をかけて南下し、与那原町東（あがり）浜の与那原マリーナに停泊した。台風5号が発達して北上してくる中、しばし待機の時間が生じたので、佐敷教会や民宿で何度か交流の場を持つことができた。航海中に撮影された映像には、ヨットと共に泳ぐイルカの群れやウミガメの姿が動画に収められていた。メンバーの話では、宮城島の浅瀬でジュゴンらしき大型海洋生物の鳴き声と姿を確認したと言う。夜の海の静けさと夜光虫の神秘さにとても感動したとも語った。

　今回沖縄に来た韓国のヨットチームのメンバーたちは、これから毎年、共平海を訴えて済州・沖縄・台湾をめぐる航海を実施する計画を持っており、沖縄からも参加者を募っている。今年の秋から、ヨットの操船技術の実習、島々の歴史・文化、国家の軍事主義に対する平和学の学習などの三か月間のプログラムを、済州島で継続的に行なっていくとのことだ。そして、数隻のヨットを連ねて航海し

ていくことになればいいと将来の
プランを語った。

　最終的にヨットは台風5号と6号の合間をぬって、7月29日午前4時半に沖縄島を離れ、宮古島へ向かった。その後、石垣島、与那国島を経て台湾に到着すると、ぐるりと一周して再び北上し、済州島に帰りつくのは9月中旬の予定だという。

2023.7.28　与那原町東浜の民宿あがい浜の前で

　太陽の強い日差しと風や波に抗しながらの航海がどうか安全に終わることを願う。

■島々の人々の主権を取り戻そう！

　小さい島々が大国の犠牲になるような歴史を繰り返してはならない。島々は中央政府の道具ではない。島々に暮らす人々自身が主権者として、自分たちの島々の未来を決める権利を有している筈だ。中央政府が周辺の島々の人々の運命をもてあそぶ政治や社会の在り方に終止符を打たなければならない。「東シナ海」は日本政府、中国政府、ましてやアメリカ政府の所有物ではない。軍国主義の争いの場にしてはならない。

Ⅱ－3.

香港の自治と民主主義

2019.7.7

香港7・1の55万人デモ　香港のことは香港人が決める！
中国政府の統制下の香港 NO! との民意
広範な自主的組織の多様な運動　香港の闘いを支持し連帯しよう！

　香港のピープルズ・パワーの爆発的エネルギーはものすごい。5年前の2014年、沖縄では翁長知事が誕生し辺野古新基地に反対する県民ぐるみの闘いが進められ

ていこうとする時、香港では、雨傘運動と言われる運動が盛り上がった。選挙制度のからくりで親中国政府派しか選出されないように仕組まれた香港行政長官の選挙制度に対し、香港人は完全な普通選挙を求めて３か月近くにわたる街頭の占拠を続けたが、多くの逮捕者と負傷者を出して運動は収束した。

　今年６月、「逃亡犯条例の改正案反対」を掲げて香港の大衆デモが再び爆発した。現在の条例では、中国や台湾で犯罪を行なった容疑者が香港に来た場合、相手側に引き渡すことができない。それを引き渡せるようにするのが今回の逃亡犯条例の改正である。「一国二制度」を標榜しながら香港の自治と民主主義を押さえつけようとする中国政府に対し不信感を持つ香港の人々は「反送中」、容疑者を中国に送ることは反対！を叫んで立ち上がったのだ。

■無国界社運の集まりで沖縄報告

　６月９日に100万人デモが行われたのを知って、私は早速香港行の手配をした。LCCのピーチ航空が６月28日から沖縄―香港の直行便を開設したため、割と安価な航空便を予約できた。首都圏からは「世界の未来を一緒に取り戻そう」と運動しているATTACの友人も合流し総勢４人で香港を訪れた。

　香港では実に様々な政党、団体、グループが活気にあふれて活動している。その中のひとつ、「無国界社運（グローバル・ムーブメント）」というグループの集まりで、「沖縄―歴史と現状」と題する報告をさせてもらい、沖縄基地の現状と辺野古の闘いの様相をかなり詳しく話すことができた。沖縄県民投票の会の元山仁士郎さんなどが香港の運動に連帯していち早く東京の香港行政府前で集会を開き、沖縄でも県庁前で香港連帯キャンペーンを行なうなどの動きを含めて、沖縄と香港が中央政府の強権により自治と民主主義を踏みにじられている状況が同じだとの共感がある。香港は中国政府の道具ではないし、沖縄は日本政府の道具ではない。香港のことは香港人が決める。沖縄のことは県民が決める。香港の自己決定権と沖縄の自己決定権。強大な国家権力に対してピープルズ・パワーの結集と団結で対決する以外にない。

■中国政府の統制下の香港 NO! との民意

　歴史をたどれば、香港はイギリスがアヘン戦争のすえ中国から奪った植民地だ。100年以上におよぶ植民地支配ののち、1997年、イギリスは香港を中国に返還した。ところが香港は金融、物流など中国本土より経済発展を遂げて一人当たりの所得も大きく、また政治的社会的な自由も大きく、何より国家権力により拘束されたくないという市民の自立心が強い「国」のような存在になっていた。

　返還にあたりイギリスと中国政府が交わした合意では、現在の「一国二制

度」を尊重しながら、50 年後の 2047 年には中国本土に組み込むとされているという。中国共産党政府にとって香港の政治的社会的自由と市民の活発な運動は香港併合に都合の悪いものになることは明らかだ。特に普通選挙権の要求は中国共産党政権の土台を掘り崩しかねない「危険」なものだ。この点で香港人の多

2019.7.1　香港 55 万人デモ。前日はがされたが一晩で元通りになったステッカー類。その横に救対班のテント

数と中国政府およびその代弁者となっている香港行政府との対立は非和解的である。

　林鄭行政長官は 2 度の大デモを受けて、法改正案の審議延期・事実上の廃案を表明したとされるが、香港の多数の人々は「悪法の完全撤回」「林鄭長官の退陣」を求めて、香港返還記念日たる 7 月 1 日に 3 度目の大デモを敢行した。翌日の新聞報道によると、参加者は 55 万人。デモコース周辺の道路やコンビニ、ビルのロビーや飲食店にはどこもかしこも黒ずくめの集団があふれていたので、実数はもっと多いかもしれない。日本・沖縄でこれまで経験したことのない規模と熱気にあふれていた。

■悪法撤回、林鄭下台のコール

　この日の行動に至るまで、女子学生を含む 3 人の自殺者が出ていた。当日は追悼の意を表すため黒の服をつけて参加するよう前もって周知されていた。7 月 1 日のデモ当日、立法会の中庭に千人規模の若者が座り込み、周辺の道路は警官が突入できないように所々バリケードが設置され、あたかも解放区のような状況を呈していた。皆男女とも黒の T シャツ、黒っぽいズボンや短パン、黒マスク姿だ。しかし、香港のデモがいつでもそうであるのではない。6 月 9 日の 100 万人デモは、目の覚めるようなまぶしい白色の人の海だった。

　午後 2 時半にスタートしたデモ行進は、車の上に四方に大スピーカーをすえつけたトラックを先頭に、その横にマイクを持った若者が歩いてコールをくりかえしながらゆっくり前進した。パラソルをさしている人もかなりいる。老若男女、様々な年齢層の参加者はそれぞれのプラカードを掲げ、リーダーに応えて何度も繰り返しコールを叫んだ。「林鄭下台（ラムチェン、シャータイ）」。悪法撤回、林鄭退陣の叫びがデモの通り沿いに午後 8 時ごろまで轟いた。

2019.7.1　香港返還日に合わせて実施された55万人デモ。

　香港の運動の特徴のひとつは広範な自主的組織・団体・グループの多様な活動にあるとの印象を受けた。デモ行進の道沿いにはずらっと様々な団体のブースがテントを張って出店し、パンフレットやチラシを置き、横断幕を掲げて脚立の上からマイクで呼びかけた。所々に「水站」とあるのは給水所だ。「選民登記站」はいわば有権者登録受付所。住民登録をしていれば自動的に有権者登録となる日本とは違って、香港では選挙のために有権者登録を事前に行なわなければならない。締め切りは7月2日。聞くところによると、すでに70%以上が登録しているという。

　この日目に留まった政党や団体はすべてひっくるめて、民主党、公民党、工党（レイバーパーティ）、新民主同盟、職工盟、土地正義聯盟、立場新聞、民協、惟工新聞、社会主義行動、社区前進、民主動力、学聯、大専同志行動、中学生回収倡議行動、横洲關注組、熱血公民、人民力量、小麗民主教室、建設力量、社民連線、民間電台、環保触覚、維修香港、青衣島民、影行者などなど。よく意味の分からないところもあるが、とにかくすごい数の運動と熱気だ。

■香港の闘いを支持し連帯しよう！

　7月7日にはSNSでの予告通り、九龍地区の中国本土へつながる高速鉄道駅周辺で23万人がデモをしたと伝えられた。沖縄県民が日米両政府に県民の民意を聞き届けて欲しいと強く願っているように、香港の人々は中国政府と中国の国

民に香港人の民意を聞き届けて欲しいと切実に願っている。

今後、香港はしばらく小中規模の力試しが続く小康状態に入るだろう。中国政府と行政府は今回とは別の方向から香港併合策の検討を進めるに違いない。そして、近い将来再び激突は避けられないだろう。強大な国家権力、中国政府

2019.7.1　容疑者引き渡し条例の改正案に反対しデモを呼び掛ける横断幕。

と香港行政府に対峙し果敢に抵抗する香港の人々を固く支持し連帯しよう。

東アジアの国々は国家権力を掌握し人民を抑圧する支配者の姿が国によって違っても、支配抑圧を受けているものとして、人々は国境を越えて、平和と人権を共通の価値観として互いの行き来を頻繁にし、互いの言葉と文化を学び、互いに結びつき連帯を強めなければならない。アジアのインターナショナルを実践しよう！

2019.12.15

12.14 香港から二人を迎えて連帯集会　アウ・ロンユーさんとチェン・イーさん

12月14日土曜日、激動の香港から二人の民主派活動家が沖縄を訪問した。一人は區龍宇（アウ・ロンユー）さん、60歳代の左派の民主派活動家。もう一人は陳怡（チェン・イー）さん、大学院生で社会運動にも参加している活発な女性。香港の現状はどうか？ 今後どうなって行くのか？　二人の話を聞き、ともに考え、連帯の道を探るために、「香港の今、そして、これから」と題する連帯集会が、ぎのわんセミナーハウスで開かれた。

11月24日開票の香港区議会選挙で、民主派が議席の85％を得て勝利したこは記憶に新しい。得票率は60％前後だったとのことだが、逃亡犯条例改正案に反対する運動から端を発し、数度にわたる大規模デモ、警察の過剰弾圧に抗する闘いを経て、香港の多数の人々は中国政府の支配をうけない香港の人々の人権と民主主義、自己決定権を切実に求めている。これが香港の民意だ。

この日は各種の催しが同時に開催された。名護市では、オスプレイNO！大浦湾の自然を守る安部おばぁ達の会が日米地位協定を考える集会を開き、桜井国俊さんなどが講演した。那覇では、集まれHENOKOと沖縄平和サポートが安田浩一さんを招いて「ヘイトスピーチとは何か～差別と偏見の現場を取材して」との

講演会を開いた。うるま市と那覇市では、椛（はんどう）弁護士の講演会「檻の中のライオン」が開かれた。

■アウ・ロンユーさんとチェン・イーさんの話

　まず、おさるのお面を冠って登場したチェン・イーさんが香港行政府との関係で顔を隠して発言することに関して説明し了解を求めた。チェン・イーさんはこの間の香港のギリギリとした闘いを身をもって闘い抜いて来た若い活動家らしく、英語のパワーポイントを使いながら、きびきびとした口調で運動の経過を説明した。通訳は ATTAC こうとうの稲垣豊さん。

　アウさんは、年季の入った活動家らしく、参加者の年令層別、階層別など、豊富な資料を駆使して、香港の闘いの社会的政治的な背景と基盤に関して述べた。沖縄の参加者の多くにとって、初めて接する運動の社会科学的な分析であった。そして最後に、香港の運動の規模とエネルギーのダイナミズムについて、6～7月の「進潮」期、8月の「高潮」期、9～11月の「相持階段」期、12月の「暫時休整」期？と説明した。

　この日の集まりの参加者はそう多くなかったが、熱気と集中性のある集会となり、終了予定時間を30分オーバーした。参加者からは、「ここ何年か講演会を聞きに行った中で第一位の感動し充実したもの」との感想が寄せられた。

　月曜日の早朝、二人は辺野古ゲート前の座り込み現場と海上から抗議船に乗り埋め立て現場を訪れた。アウさんは「自分たちの未来は自分たちで決めるとの意思を感じた。香港は中国から、沖縄は日米両政府から圧迫を受けているが、ともに非暴力で沖縄ぐるみ、香港ぐるみの運動を続けている」と感想を述べた

II－4.

彦山丸犠牲者の遺骨収容

2019.7.28

本部町健堅の彦山丸犠牲者 14 人の墓標

7.27「遺骨を故郷に帰す会」が発足　殿平義彦さんの記念講演

7月27日午後、ぎのわんセミナーハウスで、「沖縄県本部町健堅の遺骨を故郷に帰す会」の発足と記念講演会が開かれ、約60人が参加した。

■彦山丸14人の墓標がある本部町健堅

　1944年の10・10空襲から1945年3.23地上戦の始まりへ戦争の足音が近づいてきていた1月22日の早朝、沖縄県北部の本部町で陸軍第44旅団の物資を海上輸送するため前夜から夜通しで作業をしていた海軍輸送船彦山丸が米軍機4機の攻撃を受け炎上座礁した。米軍が約2週間にわたって実施した「グラティテュード作戦」の一環だった。

　この時彦山丸で作業をしていた乗組員だけでなく、44旅団の兵員や救助に向かった船舶工兵隊員も犠牲になった。44旅団では13人死亡、6人行方不明という記録があるが、乗組員、船舶工兵隊員について詳しいことは分からない。地元健堅の住民は、海から引き揚げられた遺体が健堅の浜で火葬に付され近くの畑の脇に埋葬されたと証言している。米国LIFE誌の1945年5月28日号に、瀬底島をバックにした健堅の浜の14の墓標の写真が掲載されている。その後墓標は取り除かれたが、墓標の下に埋葬された14人の遺骨はそのまま残っているであろうと推定される。

　14の墓標のうち12人が彦山丸の乗組員であることが分かった。海軍上等水兵の一人を除いて、あとの13人は皆「陸軍軍属」と記されており、日本人2人朝鮮人2人の遺族が確認された。墓標に向かって一番右、横田茂さんの弟、横田隆さんは三重県在住。高木藤次郎さんは北海道出身。「故陸軍々属金山萬斗君之墓」同じく「明村長模君之墓」とある二人は朝鮮半島から強制動員された若者だ。「明村長模」は本名明長模（ミョン・チャンモ）さん。全羅南道高興出身、26歳で異国の地で殺された。平和の礎に1997年追加刻銘されている。

　「金山萬斗」は本名金萬斗（キム・マンドゥ）さん。故郷は慶尚南道南海郡の小さな集落。1942年のある日、日本兵が突然集落を襲い、家の中にいた金萬斗さん（当時21歳）と兄の萬実さん（当時24歳）の二人を拉致したのである。兄は広島方面へ、弟は沖縄へ送られた。兄は運よく生還し、戦後生まれた長男の昌琪（チャンギ）さんに「弟を奪われ家族をバラバラにされ人生を壊された」恨みを語っていたという。小父にあたる萬斗さんが沖縄で亡くなったことを2年前初めて知った昌琪さんは、平和の礎への刻銘を申請し、今年6月23日の慰霊の日に追加刻銘された。

　戦死者の遺骨を家族の元へ帰すことは戦争被害の実態を知り本当の意味で追悼することである。沖縄戦の遺骨はほとんど家族の元に帰されていない。日本国家は、「大東亜共栄圏」と名前だけ美しく呼称したアジア各国から人々を無理やり戦争に動員し殺して放置したままだ。

■沖日韓在日の若者たちによる発掘へ

集会の司会は沖縄恨之碑の会の沖本富貴子さん。「帰す会は緩やかな運動団体。門戸を広く開け、だれでも参加できる運営会議を軸に進めていく。必要であれば沖縄県、日韓両政府の協力も得て、市民運動の力を発揮したい」と語った。

記念講演は殿平義彦さん（東アジア市民ネットワーク代表）、上田慶司さん（戦没者遺骨を家族の元へ連絡会）、具志堅隆松さん（ガマフヤー代表）の３人がそれぞれの立場から行なった。

殿平さんは「遺骨の声を聴く」と題して、40年以上にわたる北海道での強制労働犠牲者の遺骨発掘の経験を詳しく報告した。きっかけは、朱鞠内湖のすぐ近くにある寺に置かれていた多数の犠牲者の位牌との出会いだった。朱鞠内湖は人造湖だ。1942年から３年にかけて日本人朝鮮人の青壮年数千人が強制動員され千人位が死んだのではないかと言われている。この遺骨の発掘は1997年、日韓在日の青年たち200人による10日間の共同作業として成し遂げられた。

2019.10.27

10.24 那覇で遺骨返還国際シンポ
沖縄戦の朝鮮人犠牲者の調査と遺骨返還　慰霊祭と証言を聞く会

10月23〜26日にかけて、韓国の「日帝強制動員被害者支援財団」と「民族和解協力汎国民協議会」が主催する「日帝強制動員犠牲者遺骸に関する国際シンポジウム」が行われ、韓国から20人以上、全国各地からも40人、県内と合わせて計100人が参加した。

23日の平和祈念公園の遺骨保管所・平和の礎訪問に続いて、24日は午前９時から午後７時まで、ノボテル那覇のホールで「沖縄戦戦没者遺骨調査ならびに韓国人遺骸奉還のための提言」と題するシンポジウムが開催された。

■本部町健堅で慰霊祭と証言を聞く集まり

翌25日は、2017年に平和の礎に刻銘された朴熙兌（パク・フィテ）さんの娘さん、春花（チュナ））さんはじめ関係者代表が沖縄県に協力要請に行き、記者会見を開く一方で、残りの参加者一同は大型バスで本部町健堅の埋葬現場での慰霊祭と当時の地元の人々からの証言を聞くフィールドワークに参加した。

本部町博物館でもたれた「本部町の朝鮮人について証言を聞く」集まりで、地元の３人の年配者が体験を語った。当時14歳の中村英雄さんは彦山丸乗組員の火葬の様子について「人間を焼くのをはじめてみた。火の番をするように言われ

て火葬のそばで見ていた。私は当時、ゼロ戦に乗ることしか頭にない軍国少年。詳しいことは覚えていないが、焼いた後は、頭蓋骨や大きい骨は見なかった。灰となった骨をバケツに入れて埋葬現場へ運んだ」と述べた。

森松長孝さんは当時 10 歳の少年として朝鮮人と遊んだ体験や山中の壕について話した。

友利哲夫さんは当時 11 歳。渡久地港で朝鮮人が酷使されていた様を現場に移動して証言した。当時渡久地港には、1944 年 7 月テグで編成された特設水上勤務隊の 104 中隊が日本陸軍の軍属として荷役作業に携わっていた。谷茶辺名地公民館裏の出入り口付近で、友利さんは「1944 年の 8 ～ 9 月、朝鮮人が仕事に疲れて多数道路に横たわっていたのを日本兵が足で蹴っ飛ばしていた。武器弾薬も積まれていた。この辺りは当時畑で、あちらこちらに植えられていた唐辛子をとって食べていた」と語った。

2019.11.24

11.23 ～ 24 本部町健堅で試掘　埋葬された遺骨の発見に至らず

11 月 23 ～ 24 日の連休、本部町健堅の浜の海岸に埋葬されたと推定される軍人軍属の遺骨を発掘する作業が行われた。遺骨発掘作業はまずユンボで、当時の地表面まで一気に掘り出し、そこから人力で遺骨をさがすという手順で着手した。

発掘作業の現場を通りかかる地元の人々も興味深そうに立ち止まったり、質問したり、当時のことを話したりした。いくつか興味深い話を聞くことができた。「遺体は海岸の上の畑のあちこちにある岩の上に丸太棒を渡して焼いたのを見た。遺体は縮こまって丸くなっていた」「道路に面した大きな畑と海岸に沿って細長く伸びた長い畑（ナガバル）があった。焼いた骨は海岸寄りの長い畑に埋めたはずだ」「父が昔ここで畑をやっていた。大きい畑とナガバルの間あたりを耕していると丁度頭蓋骨の目のところにクワの歯が入ってドクロが出てきた。それからしばらくして父は片目を失明した。私はこの場所に足を踏み入れたことはない」など。

地元の人々にとっても、この場所は昔から何かある特別なところ、祟りがある怖い所というイメージがあったようだ。今回ユンボのオペレーターを引き受けていただいた地元辰雄組の金城さんは子供のころ、この場所のサンゴ礁の岩からよく釣りをして遊んだという。当時の海浜は今漁港になっているが、下から眺めるとサンゴ礁の岩の上の盛り土は相当の高さだ。遺骨発掘作業の最大の難関はこの盛り土だ。今回の作業では遺骨の発見・収容に至らなかったが、この場所に 14

人の遺骨が眠っていることは確実だろう。

埋葬地で背骨3片収容　韓国、台湾、日本本土、沖縄の共同作業

2020.1.19　「彦山丸」犠牲者14人の遺骨埋葬現場。2月8～12日の遺骨発掘に向けた草刈り作業。

　本部町健堅の犠牲者14人の遺骨を発掘する共同作業が、2月8～12日にかけた4泊5日の日程で、韓国、台湾、日本本土、沖縄の若者を中心に実施された。キャンプの参加者は約60人、昼間だけの参加者を含めると100人をこえる大きな運動となった。

　今回の共同発掘作業を準備した「本部町健堅の遺骨を故郷に帰す会」は、昨年11月から、ジャングルのような現場の3回にわたる草木の伐採と1回の試掘を行なってきた。現場は、当時の推定埋葬地の地表から2～4メートルも数度にわたる埋め土でかさ上げされたため、発掘作業は、まず埋め土の除去から始まった。埋め土を除去していくと、古琉球石灰岩が波濤のように林立しているさまが浮かび上がってきた。

　14の墓標の痕跡はどこにあるのか、14人の遺骨はどこに埋まっているのか。発掘チームは懸命に掘り進めたが、墓標の痕跡やまとまった遺骨の埋葬地は発見することができなかった。昨年からの作業を通じて間違いなく埋葬地に接近していることを感じるが、まだ手が届かない。もどかしく、残念だ。発見できたのは10代とみられる同一人物の背骨3片。2月7日午後4時40分、最初の一片がひときわ高く突き出た岩の周辺で、韓国チームの現場責任者、アン・ギョンホさんの手によって収容された。

　収容された遺骨は2月14日、摩文仁の戦没者遺骨収集情報センターに託された。このあと、沖縄県を通じて厚労省のDNA調査に回される。14人の犠牲者の遺族の方々の中には遺骨の帰還を切実に待ち望んでいる人々がいる。一刻の

猶予も許されない。遺骨を故郷へ、遺族のもとへ。共同発掘作業に集まった人々は、昼間は発掘とフィールドワーク、夕方は報告会と交流会、夜はさらに親密な親睦会を重ねて、共同作業の内実を深めていった。11日朝には、静内アイヌ協会の6人が参加し、早朝「カムイノミ（神の祈り）」の儀式を多くの参加者と共に行なった。

11日夕の全体総括集会の場では、韓国の遺骨発掘団長の朴善周（パク・ソンジュ）忠北大名誉教授の報告と沖縄側の考古学専門家・安里進さんの発言、遺骨を故郷に帰す会の沖本富貴子さんのまとめのスピーチに続いて、参加各団体が発言した。韓国「平和の踏み石」のパク・ジンスクさん、北海道「東アジア市民ネットワーク」の殿平善彦さん、台湾チームのあいさつとパフォーマンス、「在日

2020.2.10 「彦山丸」犠牲者14人の遺骨発掘現場。韓国、台湾、北海道をはじめ日本本土、沖縄の若者たちが共同で作業を進めた。

2020.2.11 「彦山丸」遺骨発掘現場下の浜崎漁港。埋葬推定地を見上げて行われたアイヌの儀式「カムイノミ（神への祈り）」

朝鮮留学生同盟」、静内アイヌ協会の葛野次雄会長が発言した。文字通り、国境と民族を越えた東アジアの人々の交流と連帯の場となった。

会場となった健堅公民館には、日本語、韓国語、中国語が飛び交った。2チャンネルの通訳機は、韓国チームのスタッフ、沖縄に住む朝鮮をルーツに持つ在日の人々、日本の大学に留学中の台湾の若者が主に担った。

また、バスを仕立てて連日実施されたフィールドワークは、健堅のガマをはじめ北部の戦跡、辺野古ゲート前の現場、伊江島の戦争と基地の現場の3コースで行われ、好評を博した。

こうして、「彦山丸」犠牲者の遺骨共同発掘作業は、東アジアの人々の国境を越えた協働、平和と人権を共通の価値観とした連帯の貴重な一歩をしるして終了した。

彦山丸犠牲者を忘れないために、ムクゲとアカバナを植樹　追悼の花壇
報告集も刊行

　収拾された遺骨3片は鑑定の結果、動物のものと判明した。彦山丸事件の経緯、発掘への道のり、共同発掘の内容と結果、参加者の感想、資料からなる記録集『埋められた歴史・記憶を探し求めて―本部町健堅で出会った東アジアの人々の記録―』を発行された。

2021.1.24　雨のため一日延期して実施された植樹。　朝鮮と日本の彦山丸犠牲者を忘れないため、無窮花とアカバナを植えた。

　1月24日日曜日、帰す会のメンバーや地元の人々十数人が集まり、発掘現場の崖下の一角に造成された花壇のスペースに、彦山丸の犠牲者14人を忘れないための植樹が行なわれた。

　植樹のメインはムクゲ（無窮花）とアカバナ（仏桑華）。彦山丸犠牲者14人の出身地は、韓国2人と日本本土各地の12人。記憶を引き継いでいく植樹にふさわしい樹木は何か。韓国の場合はやはり、国花であり、愛国歌にもうたわれている無窮花であろう。日本の12人の出身地はそれぞれ異なるので、命を失った地・沖縄を代表するアカバナをもって、追悼と記憶のしるしとすることになった。

　中央のパネルには『LIFE』誌の写真と墓標の14人の名前と職責、出身地、年齢、さらに「いつまでも忘れないために記念の植樹をする」と刻まれている。この花壇とパネルの場所は、沖縄県本部町字健堅、浜崎漁港のゲートを入り、左手に進むと約100mのところにある。

II－5.

尖閣諸島の領有権をめぐって

2022.2.27

石垣島に自衛隊ミサイル基地をつくるな！

小浜島・石垣島の戦跡とフィールドワーク

尖閣諸島の二島（久場島、大正島）は米軍基地

尖閣領有問題の棚上げは日中国交回復の原点

2月中旬、八重山諸島の小浜島・石垣島の戦跡と基地の現場をめぐるフィールドワークを行なった。八重山諸島は、地上戦の舞台とはならなかったが、島民多数が軍人・軍属として動員され死傷したほか、各地に駐屯した日本の陸海軍の下で、飛行場建設・陣地構築・物資調達に使役された。また、朝鮮半島から強制動員された水勤隊 101 中隊の一個小隊（山口隊）を構成する 200 人以上の朝鮮人軍属のほか、飛行場建設を請け負った原田組の下で約 600 人の朝鮮人労務者がいた

今また新たな戦争の火種がもたらされている。自衛隊ミサイル基地建設の強行と中国との対立を深める尖閣諸島領有キャンペーンである。石垣港には尖閣をカバーする海保の巡視船が 10 隻以上常駐し、まるで「戦時体制」のような異様な姿を見せている。

■尖閣諸島情報発信センターの展示

石垣港離島ターミナル 2 階の「尖閣諸島情報発信センター」は、石垣市がふるさと創生資金 1,600 万円余を使って昨年 12 月に設けたもので、日本の尖閣領有の主張を地元石垣市として前面にたって宣伝するものとなっている。

展示パネルは、①尖閣諸島を構成する島々（魚釣島、久場島、大正島、北小島、南小島、沖の北岩、沖の南岩、飛瀬）の紹介、②尖閣諸島の日本への領土編入の経過とその後の事業の推移、中国・台湾の主張に対する批判、③尖閣諸島の植物・生物などの説明、④「日本の領土」とのタイトルの下で、尖閣諸島、北方領土、竹島を取り上げ、それぞれの現状と経緯を展示している。

昨年石垣市が製作した行政標柱も並べられている。また、尖閣諸島の島々の姿を立体的に見る事のできる 3 D 模型で、植生図や地形の現状・カツオドリやアホウドリの写真が確認できる。さらに、大型テレビ画面での映像キャンペーン。映

2018.11.17　山口県下関の「日清講和記念館」。伊藤博文と李鴻章が条約を締結した際のテーブル、椅子などが展示されている。

像は、「石垣市の宝　尖閣諸島」（17分）、「古賀辰四郎による尖閣諸島の開拓」（3分5秒）、「米国が尖閣諸島を琉球列島の範囲に含めていた証拠」（3分53秒）、「尖閣諸島について」（1分28秒）などがたえず上映され続ける。

■日本政府の領有権主張の前面に立つ石垣市

　石垣市議会は一昨年、尖閣諸島の地番名を、「石垣市登野城」から「石垣市登野城尖閣」に変更した。昨年は「八重山尖閣諸島魚釣島」などの行政標柱を製作し、尖閣への上陸を日本政府に申請したが、上陸許可は下りていない。今年1月には、中山市長らが周辺海域を航行した調査船に同乗したことをマスコミに公開した。石垣市は今、「尖閣諸島は日本固有の領土」と主張する日本政府の忠実なプロパガンダの役割を担っており、中国との領土紛争の最前線に立っているのである。

　石垣市民は中国との領土紛争を決して望んでいない。日本が尖閣を領有決定した1895年前後から、アホウドリやアジサシの捕獲、カツオ漁などを通じて、石垣と尖閣との結びつきが続いてきたため、八重山諸島の人々の中には、連綿とした感覚の中に尖閣が存在すると言えるかも知れない。しかしそれは、「固有の領土」を振りまわして中国との領土紛争も辞さない、というものでは全くない。

　地図を見ればわかるように、石垣、与那国などの八重山諸島は、沖縄島よりはるかに台湾に近い。台湾からの移住民から水牛やパイナップル栽培がもたらされ、逆に八重山の漁民が台湾に行き尖閣周辺での漁業に従事したという歴史もある。尖閣諸島周辺は、石垣島からも台湾北部からも距離にして約170キロ、かなり遠く日常的な生活圏ではないが、数日かけて行う漁業の場として共同利用されてきた。かつて、尖閣周辺には事実上、国境や領海という概念はなかったのである。

■尖閣諸島の二島（久場島、大正島）は米軍基地

　野田民主党政権の「尖閣国有化」が領土紛争を激化させるきっかけとなった。政府が民間人から購入したのは、魚釣島、北小島、南小島の三島である。尖閣諸島はそのほかに、沖の北岩、沖の南岩、飛瀬という岩礁の島が三つ、魚釣島から北東に約27キロ離れた久場島、同じく約110キロ東方にある大正島がある。

久場島を除いてすべて国有地だが、民有地の久場島は今も民有地のままだ。尖閣国有化から久場島は除外された。ところで、久場島と大正島は、黄尾嶼（こうびしょ）、赤尾嶼（せきびしょ）という以前からの中国名で米軍の射爆撃場として提供されている。多くの国民は尖閣諸島が米軍基地になっていること、しかも中国名の島の名で米軍に提供されていることを知らないに違いない。二島の射爆撃場は、1979年以降、40年間以上使用された形跡はないが、ずっと米軍基地として提供され続けている。使わないのであれば返還すべきものだが、米軍は返還しようとせず、日本政府も返還を求めない。「日米同盟」の結束が示されているわけだ。日米両政府は、この二つの島を米軍基地として維持することで、中国に対する牽制になるとでも考えているのだろうか。

■領有権問題のポイントは1895年の日本の領有宣言の評価

「尖閣諸島は日本固有の領土であることは歴史的にも国際法上も明らかであり、現にわが国はこれを有効に支配しています。したがって、尖閣諸島をめぐって解決しなければならない領有権の問題はそもそも存在しません」（尖閣諸島情報発信センターの展示文）と、石垣市と日本政府は主張する。しかし、領有権問題は相手国がある話であり、相手国が納得しない限り解決しない。現に中国と台湾が領有権を主張して行動し紛争になっているにもかかわらず、「領有権問題は存在しない」と無視することは賢明な態度ではない。中国と台湾にまともに向き合う以外ないのである。

尖閣の領有権問題の最大のポイントは、1895年の明治政府による尖閣領有決定をどう考えるかという所にある。ミクロで見ると、国際法上の「無主地先占」の法理によるものとの考えが成り立つように見えるが、もう少しスパンを拡げると、日清戦争で日本が勝利し清国が敗北する力関係の中で日本が奪ったという見方が成り立つだろう。さらにマクロでみると、明治政府成立以後、琉球併合、台湾併合、朝鮮併合等と続く日本のアジアに対する侵略と暴力の一コマとみることができる。日本による尖閣諸島の領有は日本のアジア侵略の一部である、と私は思う。

■尖閣領有問題の棚上げは日中国交回復の原点

尖閣諸島は、中国との冊封関係にあった琉球王国と中国福州をむすぶ海路の標識として、琉球の人々にとっては古来よりなじみの深いものであった。釣魚台、黄尾嶼、赤尾嶼という中国名が付けられていたことは、福州―那覇間の海路が中国明・清政府の政治的影響力の範囲内にあったことを端的に示すものだ。とはいえ、これらの無人島が中国の領土であったと断定するには早計である。歴史的事実の拡大解釈は慎まなければならない。

2022.2.17　石垣港の建物の2階につくられた尖閣諸島情報発信センター。

日中両国政府は、互いに有利な古地図や文献を持ち出して「固有の領土」と主張し合っている。「固有の領土」などというものはない。紛争地であるからこそ自国の領土であること認めさせようと「固有の領土」と主張するに過ぎない。

尖閣をはじめ、竹島、歯舞・色丹・国後・択捉という国境紛争の島々は、日本の明治以後の暴力による膨張と敗戦による縮小の結果、もたらされたものだ。即ち、領土問題は敗戦処理の範疇の問題なのである。逆に言えば、日本はいまだ成功裡に敗戦処理をすることができない不安定な国家であるといえる。

50年前、田中首相と大平外相が中国を訪問し日中共同声明を発表して中国と国交を結んだ時、政府だけでなくマスコミもこぞって歓迎の社説を発表した。東西対立の谷間にあった日本の社会全体に解放感があふれた。ところが現在どうだろうか。政治家だけでなくマスコミもそろって、「中国船の領海侵犯」などと謙中キャンペーンを繰り広げ、社会の雰囲気は暗い。隣国と果てしなく紛争を続けていてはそうなるほかない。尖閣領有問題を事実上棚上げし、田中首相と周恩来首相が手を結んだ日中国交回復の原点に帰ろう。

2022.8.7

明治の領土拡大と軌を一にしたバード・ラッシュ
「アホウドリ」を改名し「アルバトロス」に

第二尚氏王統の第15代国王・尚温王の冊封のため、1800年、李鼎元が冊封副使として琉球に来た。尖閣諸島は、中国福州から琉球に至る冊封船の航路の標識になっていた。李鼎元が道中の出来事を記録し1802年に著した『使琉球録』の一節に、次のような記述がある。

「五月九日。……申の正刻に釣魚台があらわれた。三つの山が離れて立っており、筆架のようである。すべて岩山である。

このとき、海と空はひとつの色にとけあい、舟は静かにすべるようにゆき、無数の白鳥が船をめぐっては送ってくれるのだった……」

「五月十日。……水面には白鳥が無数にいる」（原田禹雄訳注、言叢社）

「白鳥」というのは「アホウドリ」だろうか。当時、釣魚台（日本名

2023.1.22　本部町立博物館。アルバトロス（日本名「アホウドリ」）の標本と説明文。

は魚釣島）には、アホウドリが群生していた。この大型の海鳥は、19世紀末の乱獲が始まるまで、北太平洋に数百万羽・数千万羽が生息していたといわれる。夏場は、北のベーリング海などに渡り、冬場は、伊豆諸島・小笠原諸島・尖閣諸島・台湾周辺の小島などに南下して繁殖していた。広げるとゆうに2m以上になる翼をグライダーのように伸ばして海上を吹く風に乗り、ほとんど羽ばたくことなく高速で飛行する。羽を広げて飛ぶ姿は実に勇壮だ。一年に一個の卵を産み育て、つがいは一生変わらない。現在、日本の特別天然記念物に指定されている。

明治維新後の日本の領土拡大は鳥島、大東諸島、尖閣諸島などアホウドリが生息する無人島への進出と軌を一にしていた。高価で取引された羽毛を求めて、一獲千金を夢見る日本人のバード・ラッシュが起こった。陸上での動作がのろく容易に撲殺されたこの鳥を、人間は「バカ鳥」と呼んだ。採取された羽毛は主にフランスに輸出された。日本は世界的な鳥類輸出大国であった。尖閣諸島でも1897〜1900年の3年間に約80万羽が殺されたという。

1891年発行の学術雑誌で、東京帝大の動物学教授は「バカ鳥」に「アホウドリ」という名を付けたが、中国・韓国では「信天翁」、欧米では一般に「アルバトロス」と呼ばれている。ゴルフで、バーディー、イーグルの上を行くあのアルバトロスである。「アホウドリ」という呼び名には、中国人を「チャンコロ」と呼んだと同様に、「神国日本」イデオロギーの傲慢さを感じる。学会は改名を検討すべきだ。鳥島での保護活動を長年続けてきた長谷川博さんは「おきのたゆう」と名付けている。私は英名の「アルバトロス」でよいと思う。

II－6.

南京・沖縄をむすぶ民間交流

2019.10.20

中国・南京の戴さん、初めての沖縄訪問
戦跡と基地をめぐり、南京事件の講演会も

　10月15～18日の日程で、中国・南京市の日本語通訳ガイド、戴国偉（タイ・グォウェイ）さんが沖縄を訪れ、沖縄の戦争と基地の現場をめぐった。また16日夕には、宜野湾セミナーハウスで「―南京市民が見る'南京事件'」と題して講演会を開いた。会場となった宜野湾セミナーの2階会堂に集まった30人近くの市民を前にして、'南京事件'の背景、経過、犠牲の実態などについて話した。

　戴さんの日本語はほとんど独学だという。小学5年生の時、文化大革命が勃発し学校が閉鎖。3年後学校が再開され、5年のまま小学校卒業とみなされ中学に進んだが、しばらくすると、農村への「下放」により南京を離れた。そこで8年間。南京に戻ってくることができた時、すでに20代の半ばだった戴さんは日本語で身を立てることを決心し、兄から譲ってもらった日本語の教科書の勉強に取り組んでいったという。握手したとき分かった大きくて固い手は、中国現代史の荒波を生き抜いた独立心と向学心の象徴と思えた。

　進行役は名桜大教員の稲垣絹代さん。稲垣さんは戴さんとの出会いと縁について話した。それによると、南京国際交流公司の日本担当だった戴さんが受け入れ窓口となって、南京はじめ中国全土の日本軍侵略の戦跡を回り中国の人々と交流を重ねるツアーの案内ガイドを務めたとのことだ。

　戴さんはまず「沖縄は歴史的、文化的に中国とのつながりの強い島だと思う」と切り出し、自己紹介したあと、「私は研究者でも学者でもないが、これまで通訳ガイドとして重ねてきた勉強と経験をお話ししたい」と述べて本題に入った。

■南京の通訳ガイド・戴さんの話（要旨）

　「日本軍の南京占領に伴う捕虜、非戦闘員、一般市民、女性に対する虐殺、放火、強姦、略奪など、日本ではいわゆる'南京事件'と言われている事柄は、中国では南京大屠殺と言っている。この場では'南京事件'とよんで話を進めてい

きたい。南京事件とは、1937（昭和12）年12月13日から6週間にわたる日本軍による非戦闘員の虐殺をいう。

南京は明の時代に造られた歴史のある城塞都市だ。南京と日本との結びつきも古い。南京豆、南京錠、南京カボチャなど、南京と名の付く日本の言葉も多い。琉球と

2019.10.16　金城実アトリエにて。南京の日本語通訳ガイド・戴国偉さんと金城実さん。

のつながりもある。攻撃した日本軍は主に、京都の16師団、金沢の9師団、熊本の6師団。中国国民党軍は日本軍と戦った後に南京から撤退し、残ったのは50万人の非戦闘員と敗残兵だ。そして、当時の金陵女子大（現在の南京師範大）のある地域に難民区が設けられ、保護を求めて20万人が入った。

日本軍の入城式は12月17日に予定された。この入城式に向けて城が陥落した13日から集団的、個別的に「南京大掃除」が始まった。戦後、東京裁判と並行して南京裁判が進行した。犠牲者30万人が定説となっている。

南京には多くの日本人が来訪する。日本人の認識は分かれている、30万人虐殺を認めない人も多い。虐殺そのものがなかったという人もいる。30万人の証明は無理なこと。しかし、その数が仮に10万にしても3万にしても大虐殺の事実に変わりがない。

生存する被害者の聞き取りを一刻も早く進めなければならない。被害者の人々は傷つき苦しんだ自らの体験を、日本からの訪問者に証言したあと、必ず'来てくれてありがとう'と述べる。しかし、南京を訪問する日本人はほんの一部に過ぎない。多くの日本人は知らないし、南京を訪問しない。今日の会場に、ジョン・ラーベの日記『南京の真実』（講談社）など、たくさんの文献が参考資料として展示されているのを見て、みなさんの関心の高さに驚いた」

■来年3月南京訪問、12月13日映画と学習会

南京の日本軍が沖縄戦の32軍の中心を担ったという事実に留まらず、沖縄戦と南京事件とは深く関連している。チビチリガマの惨劇に登場する中国大陸の従軍看護婦・知花幸子さんは、日本軍の残酷極まりない蛮行を見聞きした経験から、「米軍に捕まると男も女も恐ろしい目にあわされて殺される」と吹聴して、住民がガマから出て米軍に投降して生き延びる道を閉ざす役割を果たした。「鬼畜米英」「ヒージャーミーの赤鬼」という日本軍による教育と「生きて虜囚の辱めを

受ける事勿れ」という戦陣訓による支配が沖縄戦の県民被害を増幅させた。

戦争で廃墟と化し未だ軍事基地の重圧下にある沖縄こそ、日本軍のホロコーストの被害を受けた南京とつながらなければならない。

3.12「NANKING」上映と講演の集い　南風原文化センター1F ホールに125 人

3月12日、南風原文化センターで、「沖縄／アジアを戦争にさせない」映画と講演会）が開催された。会場に125人が詰めかけたほか、リモートで10人が参加した。

■日本軍の暴力を描く『NANKING』

上映された映画は米国人ビル・グッテンタグ監督の『NANKING（南京）』（90分、2007年）。ワシントン・ポストによると、この映画のプロデューサーとなったテッド・レオンシスさんは、『ザ・レイプ・オブ・南京』（同時代社、2007年）を書いた中国系アメリカ人ジャーナリストのアイリス・チャンさんの自殺をめぐる古新聞を目にしたことが製作のきっかけだったと述べたという。

映画は、1937年当時、米国・ドイツなど二十数人の外国人が南京城内に国際安全区を設置し日本軍の暴力に対抗しながら多くの中国人難民を保護した史実に基づいている。

ジーメンス社の南京支社長のジョン・ラーベ、米国人クリスチャンで金陵女子大の教師ミニー・ヴォートリン、中国に生まれ育った鼓楼病院の外科医のロバート・ウィルソン、YMCA書記のジョージ・フィッチ、ビデオ・カメラを手にして日本軍の暴力を撮影し続けたアメリカ人宣教師のジョン・マギーなど、南京安全区国際委員会を担った人々の役を、俳優が演じて語り掛ける。さらに被害の証言、加害の証言が重ねられていく。バランスの取れた演出の90分で、画面に引き付けられる。

映像のエンディングに、日本軍の暴力によって中国での女子教育に挫折させられ神経症を患い1941年米国でガス自殺したミニー・ヴォートリンとうつ病を患い2004年銃で自殺したアイリス・チャンを追悼する字幕が流れた。さらに、安全区委員会の委員長を務めたジョン・ラーベはドイツに帰国してから、南京の人々を救うようヒトラーに訴えたところゲシュポタに逮捕され、戦後はナチに協力したとして不遇をかこっていた。極貧のラーベを救うため南京の住民はカンパを募りラーベに届けたことも字幕で流された。

第2部の又吉盛清さん（沖大客員教授）の講演「日中戦争と琉球／沖縄」は、沖縄戦での数々の惨劇は中国戦線での住民虐殺・物資の現地調達など、類似点が多く、日中15年戦争と沖縄戦は、作戦上一本の線で深く結びついていた。南京大虐殺に関与した沖縄人兵士は多くいたと考えられるが、沖縄県史や市町村史でも十分明らかにされていない。今後の研究課題だ」と語った。

　最後に、主催者から、中帰連（中国帰還者連絡会）の活動に対する関心喚起の提起があり、3時間半を越える集会の幕を閉じた。

2023.9.3

自国の歴史の誤りに向きあい、多民族多文化共生社会をつくりあげよう！
関東大震災朝鮮人・中国人虐殺 100 年
8.27 犠牲者追悼の映画と意見交換会に 70 人

　8月27日、那覇市おもろまちのなは市民協働プラザで、「関東大震災　朝鮮人・中国人虐殺100年　犠牲者追悼の映画と意見交換会」が開かれた。70人近くの参加者は、映像を見たあと活発な意見を交わした。

　司会は新垣貴子さん。主催者あいさつの後、映像を上映した。

①　　『夫たちが連れていかれた。神戸・華僑たちと日中戦』（1993年、45分）
②　　『関東大震災80年　歴史は繰り返してはならない』（2003年、25分）

　実際の体験をもとに強く訴える証言には真実味と迫力があった。「アイゴー、私がこの目で見たんです」と述べるハルモニ、「ここで三人が殺された。人間はこんなにも恐ろしいかと思ったよ、日本人が……」と語るハラボジ。否定しようのない朝鮮人虐殺の事実の数々が画面に示されていく。

　映画上映のあと、黙とうを捧げた。

■秋田・三重・沖縄出身者が殺された検見川事件

　休憩をはさんで、意見交換に移った。意見交換のはじめに、主催者から、関東大震災のさ中、9月5日に千葉県で、秋田・三重・沖縄出身の青年3人が「朝鮮人に違いない」という思い込みで地元の自警団に惨殺された検見川（けみがわ）事件が紹介された。この事件は長らく闇に埋もれていたが、伊江島出身の島袋和幸さんの地道な調査・発信の努力で、最近少しずつ知られるようになってきた。

　島袋さんがこのほど自費出版した『関東大震災千葉県＜検見川事件＞秋田・三重・沖縄三県人誤殺事件』には、当時の新聞・書籍等の豊富な資料が掲載されている。その中から、『法律新聞』大正12（1923）年11月3日付に記された経

2023.9.5　検見川事件の現場で、追悼会を開催する島袋和幸さん。

緯は次の通りである。

「鮮人来襲の流言頻々たる五日午後１時ごろ…停留所付近において…三名を不逞鮮人の疑いありと巡査駐在所に同行、付近に居住する人々は数百人、鳶口・竹槍・日本刀等の武器を携え、右三人を鮮人と誤信し同駐在所を襲い、窓硝子壁等を破壊し騒擾を極めた際、…遂に闖入して三名を針金にて縛し殺した……」

三人が東京警視庁発行の身分証明書を持参していたところから、駐在所の警察官は説得したとされるが、自警団の人々は「証明書はニセ物で、警官も信用できない」として、面相が判明するのを恐れてか顔をぐちゃぐちゃにして惨殺し花見川橋上から遺体を投げ捨てたという。この時殺された三人の氏名は判明している。

秋田県人　藤井金蔵（22 歳）

三重県人　真弓二郎（21 歳）

沖縄県人　儀間次助（22 歳）

儀間さんは、現在判明している限り、関東大震災の民間人虐殺での沖縄県人ただ一人の犠牲者である。しかし、ご遺族がどなたであるか、沖縄戦で戸籍簿などすべてが灰塵と化したため、いまだはっきりしない。

意見交換では、「日本の朝鮮植民地支配が沖縄戦の朝鮮人の虐待・戦死につながっている」「「福沢諭吉のアジア認識の犯罪性から日本はいまだ脱却できていない」「台湾でも 20 万人が日本軍に動員され３万人が亡くなったという歴史の清算はできているのか」など、関東大震災の朝鮮人・中国人虐殺にとどまらない明治以降の日本そのものに関する意見が活発に出された。最後に、具志堅正巳さん（南京・沖縄をむすぶ会共同代表）が閉会あいさつを行なった。

■「記録が見当たらない」とウソを言う日本政府

岸田政権は、都合の悪い歴史はなかったことにするつもりだ。関東大震災の朝鮮人虐殺をめぐって、松野官房長官は 8 月 30 日の記者会見で、「政府で調査した限り、事実関係を把握することができる記録が見当たらない」と述べた。谷公一国家公安委員長も、今年 5 月の参院内閣委員会で、「記録は見当たらない。更なる調査は考えていない」と答えていた。かつて政府の中央防災会議が 2009 年に、公文書を引用して軍隊や警察が加担したことを認め「虐殺という表現が妥当」

との報告書を作成していたことも反故にするものだ。

　こういう政府の姿勢が日本の国を真摯さの欠如したウソまみれの社会に転落させていく。関東大震災時の朝鮮人・中国人虐殺に関しては、被害当事者・目撃者の証言及び各種新聞・さまざまな公文書類が「事実関係を把握することができる記録」としてある。これらの事実を直視すればよいのだ。

　「軍隊一個中隊が来て、朝鮮人を堤防に並べ、後ろから一斉射撃で射殺した。死体埋葬作業を手伝った。河川敷に 100 体ぐらいあった」（当時 20 歳、とび職の坂井松吉さん）、「火に追われて海の方に逃げた。石炭コークスが燃え盛っているところに針金で縛られた裸の男の人を投げ込んでいるのを見た」（当時 10 歳、高瀬義雄さん）などといった証言こそ「事実関係を把握することができる記録」ではないのか。

　9 月 2 日、荒川土手に兄と共に避難したところ自警団に捕まり、目の前で同郷の 3 人が消防隊に殺された曹仁承（チョ・インスン）さんは、自身も消防隊の鳶口で左足を引っ掛けられ死ぬまで後遺症に苦しんだ。彼は「日本人も日本政府もやったことはやったとはっきり言わなくちゃだめだ。それを隠そう隠そうとするからいけないんだ」と述べている。その通りだと思う。自国の歴史の誤りから目を背けていては、いつまでたってもその誤りを正すことができない。

　父親の代から関東大震災と東京大空襲を体験してきたある在日朝鮮人 2 世は、「孫やひ孫がこの国で幸せに暮らしていけるように願う」と述べている。私たちは自らの責任で日本社会を多民族多文化共生社会へとつくり変えなければならない。

2023.11.20

10.20 ～ 24 南京平和友好訪問団
沖縄と南京をむすぶ民間交流の確かな一歩
幸存者二世・曹玉莉（ツァオ・イーリー）さんの証言会合

　10 月 20 ～ 24 日、14 人による南京平和交流ツアーが実施された。私が中国を訪問するのは福州に続き二回目、南京は初めてだ。戴さんの充実したガイドの下に、①南京市の城郭の中山門・中華門・光華門や燕子磯・草鞋峡・下関など揚子江沿岸、および国際安全区などのフィールドワーク、②南京民間抗日戦争博物館、南京利済巷慰安所旧跡陳列館、侵華日軍南京大屠殺遇難同胞紀念館の三か所の施設訪問、③南京の被害者二世・曹玉莉（ツァオ・イーリー）さんの証言会合、および、犠牲者に対する献花・黙とう、を行なった。

2023.10.23　南京鐘山賓館前の大通りの朝。南京はプラタナスの並木が見事だ。

<南京到着>

　全員がそろいまず無事到着のしるしとして、到着ロビーの片隅で横幕を掲げて記念撮影。行きかう人々も足を止めて珍しそうに見ている。「南京平和友好訪問団一行　日中友好恒久不戦　南京・沖縄をむすぶ会」の文字が少なからずアピールしたのであろう。

　上海から南京まで約 300 キロ。1937 年、日本軍が侵攻して行ったルートの一つを高速バスで約 4 時間、宿泊先の南京鐘山賓館に到着しチェックインを終えたのは午前 2 時頃。

<フィールドワーク>

　中華民国の首都・南京は総延長 35 キロに及ぶ城壁を有し人口 100 万人を越える城塞都市だった。1937 年 11 月、上海方面から南京へ向けて包囲するように進軍した日本軍は、中華門に主として熊本の第 6 師団が攻撃した。沖縄からの兵士たちもここに加わっている。光華門に金沢の第 9 師団、中山門に京都の第 16 師団が向かった。日本軍の総攻撃を前に国民党政府は首都を重慶に移し、国民党軍にも撤退命令が出され、12 月 13 日、南京城はついに陥落した。12 月 17 日には、松井石根（中支那方面軍司令官）や朝香宮鳩彦（上海派遣軍司令官）等の入城式が予定されていた。投降した中国兵、民間人、女性、子供に対する日本軍の殺害、放火、略奪、強姦など南京大虐殺のすさまじい暴力が主に 6 週間にわたって吹き荒れた。

　日本軍による暴力がいかに残忍・冷酷で非人間的だったかは、多くの日本軍兵士たち、および被害者たちの証言がある。

　森山康平『証言記録　三光作戦―南京虐殺から満州国崩壊まで』(新人物往来社)
　南京市文史資料研究会編『証言・南京大虐殺』(青木書店)
　侵華日軍南京大屠殺遇難同胞紀念館『「南京大虐殺」生存者証言集』(星雲社)
　松岡環編著『南京戦～閉ざされた記憶を尋ねて』(社会評論社)
　松岡環編著『南京戦～引きさかれた受難者の魂』(社会評論社)

　創価学会青年部・反戦出版委員会による『戦争を知らない世代へ』シリーズにも、熊本、和歌山、福知山編などに、貴重な証言の数々が記録されている。

　□東郊集団埋葬地

　最初の訪問地は、中山門方面、紫金山近くの集団埋葬地。旗布を掲げて追悼行事を行なっていた学生たちが去ったあと、碑がある台にのぼり説明文を読んだ。それ

2023.10.21 燕子磯から見た揚子江。

によると、碑は南京市人民政府が 1985 年に建立、1938 年末までに周辺一帯から 3 万 5 千体以上の遺体を収容したとある。沖縄でいえば、魂魄の塔のようなものか。

第 16 師団第 20 連隊に所属して南京攻撃に加わった東史郎さんは、従軍中つけていた日記をもとに、『わが南京プラトーン―召集兵の体験した南京大虐殺』（青木書店）を出版し、自分の部隊が行なった残虐な蛮行の数々を具体的に書き告発した。そして東さんは 1987 年 12 月、この東郊集団埋葬地を訪れ、ひざまずき涙を流して受難者に対する謝罪と追悼を行なった。戴さんは、この時のことが中国で大きく報道され、「日本にも良心的な人がいる」と話題になったと説明した。一行も碑の前で一分間の黙とうを捧げたあと横幕を広げ記念撮影をした。周辺は今大きな緑地公園となっていて、家族連れ、若者、グループたちで賑わっていた。

□燕子磯

揚子江に面した燕子磯もまた、集団埋葬地の一つである。福島の第 13 師団第 65 連隊（山田支隊）が、燕子磯から幕府山・草鞋峡にかけて揚子江沿いに進軍した。現在は「党史教育基地」として、揚子江が一望できるハイキング・コースの公園に整備され、地元の老若男女が足を運んでいる。一行は市民たちと行き交いながら丘の頂上へのぼった。泥色の川が右手の河口へ向かってゆったりと流れる中、様々な貨物船がひっきりなしに往来している。中国文明を支えた大河。大虐殺の遺体が一面を覆いつくし血に染まった河。「燕子磯同胞紀念碑」の後ろの説明文には「武装解除した兵士 3 万と平民 2 万、計 5 万人以上」が犠牲になったと記されている。

□草鞋峡・幕府山

海軍は南京に対する空襲をくり返していた。柳川平助中将を司令官とする第 10 軍は大本営が設定した制令線を無視して独断で南京攻撃へ向かうことを決定。12 月 1 日、大本営は正式に南京攻撃命令を下した。「南京さえ落とせば日中戦争に勝って終結することができる」と各部隊は先を争って進軍した。広島の第 41 連隊（国

崎支隊）が長江の対岸を南西から浦口へと向かった。日本軍は「捕虜を取らない」すなわち「捕虜は始末する」ことを方針としていた。隣接の魚雷営・煤炭港を含め長江沿岸の一帯は組織的な大量虐殺の舞台となった。幕府山ふもとの草鞋峡集団埋葬地の碑文には、「難民および武装解除した兵士あわせて5万7千人が機関銃で射殺され残骸が揚子江に投げ込まれ山河が血に染まった」とある。

□下関（中山埠頭）

河辺に石が敷き詰められているこの辺りは、かつて一面のアシ原だった。避難することができず南京にとどまらざるを得なかった住民たちは、日本軍の略奪・強姦・殺害から逃れようと、アシ原に身を隠し、食べ物も飲み水もない中で息を殺していた。土手を行き来する日本兵は少しでもガサガサといった音がすると銃を撃ち銃剣で突いた。このアシ原で傷つき殺された人々も多い。今回証言していただいた曹玉莉（ツァオ・イーリー）さんのお母さん、張翠英さんもその一人である。

日本軍が南京を攻撃した1937年はたいへん寒い12月だったという。張翠英さんは当時6〜7歳。逃げるのに間に合わなくて、4歳の弟と一緒にお母さんに連れられて揚子江の河辺のアシ原に隠れていた。食べ物がなくてアシの葉っぱや木の根っこなどを食べていた。その時、銃剣で突き刺され左足に傷を負ったが、治療をすることができず腐っていき、終生、正常な歩行ができないだけでなく、精神的に大きなダメージを持ったまま、2018年、88歳で一生を終えた。毎日イライラして精神的に不安定、とくに「日本」という二文字を聞くとカッとなり、晩年は精神が不正常な状態が続いたという。

河辺は現在整備され、市民が集う憩いの場に姿を変え、揚子江に生息する河イルカの観察地にもなっている。向かって右手の大きい橋は「第1鉄橋」。1960年代、中ソ対立の激化からソ連が技術者を引き上げたあと、中国が独力で造り上げた鉄橋で、国の独立と自尊心の象徴だったとのことだ。

□挹江門（ゆうこうもん）

南京城内の中山北路を北へ進むと挹江門に至る。下関（シャークァン）埠頭に出る通路であり最後の門だ。当時左右と真ん中、3つの門のうち2つが麻袋で封鎖され、ひとつしか通行できなくなっていた。当初南京死守の方針を取っていた国民党軍は、日本軍が南京城に迫った12月12日夜になって、撤退命令を下したが、指揮命令系統の混乱の中、門を死守しようとする部隊と撤退しようとする部隊との間で激しい武力衝突が行なわれた。南京防衛軍の司令官はいち早く船に乗り逃亡したが、その際他の船をすべて破壊した。南京の軍民は、埠頭にたどり着いても対岸に渡るすべがなく絶望的に右往左往するしかなかった。また、太平

門では中国軍が日本軍の囲みを破って集団的に逃亡することに成功したという。

挹江門外の緑地公園には、崇善堂や紅卍字会などの慈善団体が周辺から集めた5100体の遺体の集団埋葬地の碑が立っている。

□光華門

光華門には第9師団が攻撃した。現在城門はない。城壁に沿って作られた大きな堀を囲むように整備された緑地公園入口に「光華門堡塁遺跡」の石造版が立てられ、当時国民党軍が築いた陣地跡が重要文化財として保存されている。宮内陽子さん『日中戦争への旅―加害の歴史・被害の歴史』（合同出版、2019年）に、敗戦前後の南京で赤十字社の看護婦（当時）として勤務していた上田政子さんについての記述がある。上田さんたちは研修が終わった後、野外に遊びに行き弁当を食べるために座ったところ、お尻に何か固いものが当たり、何だろうと掘り出したところ白骨が出てきたという。戴さんによると、上田さんの友人たちも同じ体験をし戦後長らく誰にも言えずにいたと言い、のちにその場所を確認しようとしたが、はっきりした場所の確定はできなかったという。

＜南京民間抗日戦争博物館＞

門の前まで出迎えて案内いただいた呉先斌（ウー・シアンビン）館長は、「みなさんがコロナ以来初めての日本からの訪問客です。たいへん歓迎します」と述べた。開館は2006年。その前から少しずつ資料を集めはじめ、現在4万点の物的資料と1000人の聞き取り調査の内容を保有しているという。驚くことに、この博物館は館長が個人で運営しているとのことだ。第1部は、中国の人々が日本の南京侵略にどう戦い抜いたかという史実に関する展示、第2部は、日本軍による南京に対する暴行に関する展示、という構成になっている。

2023.10.22　南京民間抗日戦争博物館。呉先斌館長と固い握手。

義勇軍のレリーフが正面にすえられた二階は、次のような前書きから始まる。

「南京を守れ、中国を守れ、そして中華民族を守れ。1937年7月7日、抗日戦争が勃発した。南京の守備部隊は血まみれの土地で、自分より数倍の日本軍と死闘した。……南京防衛戦は結果として失敗したが、都市の防衛に参加した兵士と市民の抵抗精神は我々に銘記されるべきである。……」

展示は、占領前の南京の様子、日本軍および中国軍の陣営、攻撃ルート、当時の新聞紙面、破壊された南京の姿などと続く。機関銃を射撃する中国守備隊、匍匐前進し日本軍に手りゅう弾を投げつける中国兵など、戦場の中国軍の姿がリアルに描かれる。そして、廃墟となった南京の写真の数々のあとに、「南京保衛戦」と題する壁一面の大型油絵（南京芸術学院の王浩輝教授）がひときわ目を引く。南京城の城門を背景に日中両軍兵士の死体が累々と横たわる中、一人の兵士が左手に青天白日旗、右手に手りゅう弾のような火器を手に叫んでいる。強い印象を与える絵だ。そして、犠牲となった兵士の名が壁一面に記されている。

　第2部は「侵華日軍南京暴行」と題する展示。ここで特に注目されたのは、第6師団に所属して南京攻撃に参加した熊本出身の兵士の軍関係の遺品とその息子による謝罪の手紙を展示したコーナーであった。手紙の文面は次のように綴られている。

　　「私の父武藤秋一が日本軍第六師団の兵士として南京人民に対して行った
　　侵略加害行為について心から反省し謝罪します。2017年12月10日　為
　　日中友好　日本熊本県　田中信幸」

　この展示は、戴さんが2016年熊本証言集会で田中さんに出会ったことがきっかけで実現したという。田中信幸さんは、父親が残した従軍日記を紹介し日本軍の一員として父親が犯した戦争犯罪を明らかにするとともに、その戦争責任を一緒に背負っていくことを決意して活動を続けている方である。

　館長の個人的努力で維持されているこの奇跡的な博物館は、日本軍の南京攻撃に対し南京の人々がどのように戦いどのような被害を受けたかを侵略された側に身を置いて知り感じ思索する空間だと言える。

＜南京利済巷慰安所旧址陳列館＞

　にぎやかな繁華街の一角にある南京利済巷慰安所旧址陳列館。入口を入ると右手に、日本軍「慰安婦」被害者の女性たちの大きな写真パネルが目に入る。沖縄の裴奉奇（ぺ・ポンギ）さんの顔も見える。広場の一角には、この陳列館の象徴ともなっている三人の女性の大きな彫像が建てられている。一人の女性は膝まずいて左手で涙をぬぐい、一人の女性は妊娠中、右手でお腹の胎児を守り、左手は、両手を地面についてうつむくもう一人の女性の背中においている。天皇の軍隊により苦痛と悲しみのどん底に追いやられた日本軍「慰安婦」被害者の姿を表現している。

　はじめに、彫像を前に、陳列館スタッフの李姝璇（リ・シュースアン）さんが施設に関する概観を説明してくれた。

　南京を占領した日本軍は、この場所にあった建造物を接収し、利済巷2号の建

2023.10.23　国際安全区のジョン・ラーベ委員長の像。

物を「東雲慰安所」、利済巷 18 号の建物を「故郷楼慰安所」に改築した。朝鮮半島の朴永心（パク・ヨンシム）さんは東雲慰安所の 19 号に 3 年間にわたり拘束された。2003 年 11 月に南京を訪れた朴さんは、自身が拘束されていた慰安所の現場と建物を確認した。様々な展示品、写真、資料などを収集・整理し、2015 年 12 月 1 日に開館式が行なわれ、展示館がオープンしたとのことだ。戴さんによると、1980 〜 90 年代に調査に訪れたころ、慰安所の前でタバコ屋を営んでいた女性が、一般の兵隊は昼、将校は夜、車に乗ってきていたなどと、当時のことを詳しく証言していたという。

　展示は中国語、英語、日本語、ハングルの四種。南京をはじめ中国各地の慰安所の写真、多くの女性の証言、当時使われていた食器、ざる、スリッパなどの品々、被害者が日本政府を訴えた裁判の記録、河野洋平談話などが分かりやすく簡潔に展示されている。

　2 階の一室は、朴永心さんの 19 号室がそのまま保存・公開されている。

＜侵華日軍南京大屠殺遇難同胞紀念館＞

　その規模と内容に圧倒された。館内外を貸し切り状態でじっくり観覧できたことは幸いだった。紀念館側としては、多数の中国人観覧客が訪れる一般開館日に万が一不慮の事故が起こってはいけないとの配慮もあったようだが、たった 14 人の沖縄からの訪問客に対する破格の対応であったことは間違いない。たいへん有難く、感謝したい。

　数百・数千の幸存者の顔写真が並ぶ空間、比較資料・当時の新聞・パノラマ・人物の銅像・遺骨の保存と展示など多彩な屋内展示、犠牲者をイメージした頭と足の巨大レリーフなどの屋外展示、厳粛なセレモニー空間、献花と音楽の演出スペース、など。紀念館の反戦平和ミュージアムとしてのすばらしさに驚嘆するのみだ。沖縄を代表する三か所の平和資料館（摩文仁の平和祈念資料館と平和の礎、ひめゆり平和祈念資料館、佐喜真美術館）を合わせて何倍にもしたような感じを受けた。

　中庭の一角に、自著を手に抱えて立つアイリス・チャンの大きな胸像が建っていた。彼女は、南京大虐殺を「忘れられたホロコースト」と規定し、「南京大虐殺が、ユダヤ人のホロコーストや広島のような明白さで世界に意識されていない

2023.10.23　証言集会の後、中庭で。

のは、被害者自身が沈黙していたからである」と指摘した。しかし、被害者は沈黙しているのではない。現に、このように大きな発信力を有する紀念館がつくられ新しい世代に伝えられているではないか。

　紀念館の館内展示で目を引き付けられた一つは、国際安全区委員会を組織し日本軍の暴力から南京市民を守るために全力を尽くした外国人たちの活躍をかなりのスペースを取って生き生きと伝えていたことである。デスクに向かい電話するヘルメット姿のジョン・ラーベの像、鼓楼病院の映像とマギー博士の胸像、颯爽としたミニー・ヴォートリンの全身像など、当時の南京国際安全区の攻防を想起させるほどに迫力に満ちている。

　ジョン・ラーベやマギー牧師と同じく、ミニー・ヴォートリンも日記を残した。『南京事件の日々』（大月書店）には、日本軍の暴力に立ち向かった彼女の苦しい闘いの日々が綴られている。日本軍が南京を制圧し、捕虜の集団虐殺・略奪・放火・市民の殺害・女性に対する暴行を続ける中、12 月 16 日の日記には、「軍事的観点からすれば、南京攻略は日本軍にとっては勝利とみなせるかもしれないが、道徳律に照らして評価すれば、それは日本の敗北であり、国家の不名誉である」と書いた。

　ヴォートリンはアメリカに帰国した後もうつ状態が続き、1941 年、自宅でガス自殺を図り死亡した。紀念館で国際安全区の活動が次の世代にも広く伝えられていることは、彼女に対して少しでも慰労と追悼になることだろう。

　南京と沖縄は歴史的な結びつきも深い。かつて冊封関係にあった琉球の青年は明の時代、南京の国子監に学んだ。薩摩の支配に最後まで抵抗した謝名親方も、17 歳から官費留学生として南京で学んだ。琉球と中国・南京との長いつながりは、19 世紀の天皇制日本により断ち切られ、沖縄からも多くの兵士が動員され中国侵略・南京攻撃に参加させられた。中国・南京との敵対・対立は沖縄県民の望むところではない。南京と沖縄をむすぶ交流をさらに大きく進めよう。

第3部
沖縄の自立と解放をめざして

2022.12.11　宮古空港横ひろば。ブルーインパルス反対集会に全国から150人。

Ⅲ−1.

辺野古の闘い・結果と展望（2015.12.14）

2015.12.14

辺野古の闘いは日米政府との全面対決に突入　勝利するのはわれわれだ！

　沖縄と日米両政府との闘いは、2014年12月10日の翁長知事の就任から攻防の一年を経て、いよいよ全面対決の局面に突入した。

1　埋立承認取消し以降の攻防の展開　翁長県政の成立と埋立承認取消

　第三者検証委員会の報告は、「前知事の埋立承認には法的な瑕疵が認められる」として、具体的に、①「埋立の必要性」の要件を満たしていると判断できない、②「国土利用上適切かつ合理的」といえない、③環境保全措置が十分に講じられていると認められない、④「生物多様性おきなわ戦略」など法律にもとづく計画に違反の可能性、を指摘した。

　翁長知事はこの報告にもとづいて、9月14日、埋立承認取消の方針を表明し、10月13日、取り消した。そのことによって、辺野古新基地反対の闘いは、沖縄県の行政権限を実際に行使した闘いに決定的に踏み出した。県の行政権限は、「国と地方は対等」とされる現在にあって、国家権力に対抗する地方自治体の権力にほかならず、その行使は大きな力と波及力を有する。

　翁長知事による埋立承認取消直後の10月16〜18日に行なわれた緊急世論調査（沖縄タイムスと琉球放送）によると、「取消支持」が79.3％、「支持しない」が16.1％、「どちらでもない」が4.5％であった。県民の圧倒的多数は、日本政府に堂々と抵抗し辺野古NO！の行政権限を行使する翁長知事を固く支持している。

　それに対して日本政府は、沖縄を無理やりねじ伏せ、基地建設を強行するための対抗策を矢継ぎ早に打ち出してきた。

　第一に、埋立承認取消に対し、沖縄防衛局は即座に国土交通相に取消無効の審査請求と取消の効力を止める執行停止を申し立てた。10月27日、国交相は執行停止を決定した。同じ政府を構成する組織同士が申立て、決定する手法は「プ

2015.5.17 奥武山セルラースタジアムを埋め尽くした人波。辺野古に新基地を造らせないという熱気が満ちあふれた。

レーヤーとジャッジが同一」「同じ穴のムジナ」と言われるように、茶番劇にほかならない。しかし残念なことに、誰が見てもおかしいことがまかり通るのが今の日本の政治なのである。

さらに11月17日、国交相が福岡高裁那覇支部に、埋立承認取消の取消を求め、承認の状態に戻す目的で代執行訴訟を提訴した。このような代執行が認められるならば、国の政策と異なる地方の自治は存立できない。知事が中央政府の任命制であった、天皇制下の大日本帝国となんら変わるところがなくなる。

第二に、沖縄防衛局は11月12日、6月30日以来4カ月以上中断されていたボーリング調査を再開した。ボーリング調査全二四地点のうち残りの深場五地点が対象だという。辺野古の海に再び大型スパット台船が姿を現した。不法であろうと何であろうと既成事実を積み重ね、反対の声を押しつぶそうという目論見だ。

第三に、県警では手に負えなくなり始めた辺野古現地の警備に、日本本土から警視庁機動隊を投入した。11月4日朝、練馬、品川、足立、多摩などのナンバーをつけた装甲車両に乗った警視庁機動隊員100人余がはじめてキャンプ・シュワブゲート前に配備され、座り込みの強制排除を行なった。彼らは、大浦湾のカヌチャリゾートに宿泊し、キャンプ・シュワブに「出勤」する。県警に比べても屈強な彼らは、沖縄の歴史や基地問題の背景を知らない分、暴力的で情容赦のないプロ集団だ。

警視庁機動隊の導入は、1879年天皇制明治政府が軍隊400人、警官隊160人を引き連れて琉球併合を強行したいわゆる「琉球処分」を県民に想起させる。

　第四に、国家権力の常套手段は暴力とともに金だ。どんな方法をもってしても沖縄県、名護市を懐柔することができなかった日本政府は、辺野古周辺の久辺三区（辺野古、久志、豊原）に対し直接金をばらまくという懐柔策として、区を管轄する名護市を通さないで直接区に投入する「再編関連特別支援補助金」なる制度を新たに策定した。金額は一区当たり上限1300万円、補助率100%、年内にも支出されるという。

　大浦湾周辺には合わせて一三区あるが、区といっても東京都内の二三区のような行政区ではなく、町内会のようなものである。そのうち人口が集中している久辺三区にのみ金をばらまき、基地容認に傾けようとするものだ。この補助金投入は、基地に反対する名護市の自治体としての力を弱め、「地元三区を基地容認に傾ける」ためのあからさまな買収と分断の政策である。まさに米軍政下の「弁務官資金」と変わるところがない。

　こうして、10月13日の翁長知事の埋立承認取消を契機に沖縄と日米両政府との対立は一挙に全面対決へと発展した。承認取消は全面対決の起点であり、里程標となった。

　ゲート前の闘いは日に日に激しさを増している。警視庁機動隊の動員以降、以前にもまして暴力的な強制排除でけが人が続出。機動隊は、座り込みを無理やりひきはがそうと、手首や手の指をねじり、胸や喉を押さえつけ、わき腹をこぶしで押さえつける。そのため、アバラ骨を折ったり、圧迫され失神して救急車で運ばれたり、顔面を切り出血する事態が増えている。力の弱い女性たちも力ずくで倒されて、人権を無視した暴力的な排除が行なわれている。

　と同時に、拘束・逮捕が日常化してきた。12月5日にはゲート前で、市民ひとりと共に、県統一連の瀬長和男事務局長と沖縄平和運動センターの山城博治議長がそれぞれ、公務執行妨害と刑事特別法違反容疑で逮捕された。二人は警官に暴力をふるったわけでもないし、意図的に基地内に侵入したわけでもない。警察はささいな形式的なことで拘束・逮捕を行ない、ゲート前行動に圧力をかけている。

　「基地の県内移設に反対する県民会議」は毎週水曜日の議員行動日にあわせて、早朝の最大結集を呼びかけてきた。11月11日の500人に続き、ゲート前座り込み500日の18日には1200人が結集、その後も11月25日700人、12月2日500人、9日400人が集まり、ゲート前を占拠した。通常ゲートは朝七時に開き、その日予定されている工事関係車両が基地内に入る。警察機動隊を上回

る人々が結集しゲート前で座り込めば、警察も手出しできず、工事車両や作業員も基地内に進入できず、その日の工事は出来なくなる。毎週水曜日のゲート封鎖を今後週二回、週三回へと拡大して行くことが課題となっている。

　早朝行動の舞台となるのは、資材搬入用ゲート、いわゆる旧ゲートである。朝6時からの座り込みに間に合うバスはない。沖縄各地から、遠いところは朝四時頃から起き出し、車を相乗りして続々辺野古現地へ集まってくる。

　早朝行動に参加する人々は年配の男女が多い。退職した教員をはじめ元労組員、各市町村議会の議員、本土復帰闘争を担った人々、米軍政の時代を生きてきた人々、ＣＴＳ闘争に参加した人々、各地域の反基地闘争を担っていた人々、そして各地の島ぐるみ会議の人々。また、沖縄戦を体験した人たちも多い。

　沖縄戦と米軍政支配を知る彼らは共通の危機感がある。運用年数 40 年、耐用年数 200 年、しかも国有地となる辺野古新基地が造られてしまえば、沖縄は本当に永久に軍事基地の島から抜け出すことができなくなってしまう。子や孫には基地のない平和な島、美しい自然を残したい。そのためにはこの身を投げ捨てても新しい基地は絶対に造らせない！　そのような強い願いが込められている。

　他方、海上は抗議船団とカヌー隊が毎日出ている。防衛局の工事を監視するとともに、三重四重にはりめぐらされたフロートをいっせいに乗り越え、ボーリング調査の台船へと向かい工事の中止を訴える。陸と同様海上でも、海上保安官の暴力は激しさを増している。カヌーを転覆させ、意図的にカヌー・メンバーの頭を何度も海の中に沈めたり、抗議船のカギを無理やり奪うため船長の手や指をねじ上げ負傷させたり、船底に押し倒し胸を強く圧迫して意識不明に陥れたり、海保のボートで抗議船に急スピードのままぶつかり船体を損傷させたりと、海の安全を守る本来の海上保安庁とはまったく逆の、危険きわまりない警備を続けている。

2　辺野古新基地反対の闘いの一年をふり返る

　辺野古新基地反対の闘いの相手は、沖縄に比してはるかに強大な権力を有する日米両政府である。かれらは暴力装置も、金力も、メディアを掌握する力も持っている。辺野古新基地反対の闘いはこのような困難の中で「勝つ方法は決して諦めないこと」を合言葉に、ねばり強く長期にわたって闘いぬかれてきた。そして、2014 年 12 月の「辺野古基地反対」の県政の誕生を機に、行政と大衆運動が手を携えて共に闘う有利な足場を獲得した。

　翁長知事が誕生してからの数カ月、安倍政権は翁長知事を完全に無視し「冷遇」

し続けた。沖縄県側から何度も面談を要請されながら閣僚の誰ひとり会おうとさえしなかった。彼らは当時それが「沖縄を支配する最善の方法」だと思った。しかし、三月下旬の県による「ボーリング工事停止命令」は、沖縄県の行政権限の発動として否が応でも辺野古の政治問題としての浮上とメディアの報道をもたらすものとなった。日本政府は沖縄を無視し続けるわけにいかなくなった。

そこで政府は「話し合い」のポーズを取りながら翁長知事との対話に踏み込んだ。しかしはじめから彼らには沖縄側に譲歩するつもりはさらさらなかった。「沖縄への配慮」や「振興策」の強調などによって、翁長知事を懐柔し、世論を目くらましすることができるのではないかと考えた。しかし、翁長知事の姿勢は変わらなかった。第三者検証委員会の報告が出れば埋立承認取消を行なうことが予想された。そこで彼らは「一カ月の休戦と集中協議」という方法を持ちだし、その間に翁長知事を「軟化」させようとした。

つまり安倍政権は中央政府の地方支配のさまざまな手段、これまでどこでも成功を収めてきたはずの手段を総動員してみたものの、翁長知事の沖縄県には通用しなかった。辺野古ＮＯ！の知事の固い意志を覆すことはできなかった。

日本政府の政治家や官僚は、歴史に深く根ざした沖縄県民の反戦・反基地感情や、子や孫に美しいふるさとを残したいという人間としての尊厳の価値観が、辺野古ＮＯ！の頑強な運動の底にあることを理解できない。それゆえ彼らは沖縄を見くびってきた。そして予想外の大きく激しい抵抗にぶつかって方向転換し、現在、暴力、金、法律など国家権力が持てるすべてを動員し、力ずくで沖縄を屈服させようと襲いかかってきている。しかし政府が優勢なのではない。情勢の主導権を握っているのはわれわれで、彼らではない。

2014年7月から始まったボーリング調査は、当初三カ月で終わる予定だったが、一年半過ぎた今も完了していない。2004年に比べて最初から調査地点が少なすぎたし、調査がきちんと行なわれたかも疑問だ。この間工事は遅延する一方で、陸と海の警備費用だけがうなぎのぼりに増えていった。埋立承認取消に対する政府の抗弁理由のひとつが、今止めればすでに支出した数百億円の費用が無駄になるというのだから、お笑い種である。

ボーリング調査が終わったからといってすんなり工事が進むわけではない。通常の手続きによれば、ボーリング調査が全部終わってから、本体工事の設計と協議に入るのだが、防衛局はボーリング調査が終わらないうちから「本体工事着手届出書」を県に提出し、あたかも工事が順調に進んでいるかのように装った。防衛局が進めている「本体工事」とは作業ヤードの設置など、本体工事の準備作業

であり、また、県との協議を一切しないまま勝手に仮設道路の建設工事などを進めている。

名護市は、現在キャンプ・シュワブ内埋め立て予定地の遺跡調査に入っている。文化

2015.7.24　嘉手納ロータリーの沖縄防衛局包囲行動。

財保護法によると、調査が終わるまで工事はできない。また、県の行政権限は埋立承認の取り消しだけではない。岩礁破砕許可の取り消しや更新の不許可、工事用仮設道路や美謝川切り替えなど設計変更の認可、それに埋立承認の撤回もできる。何より、陸と海での不屈の現地闘争が存在する。県と名護市そして現地闘争がある限り決して基地はできない。

昨年７月、工事車両を止めようと、ゲート前の闘いが平和運動センターの山城さんをリーダーに始まった時、運動の規模は小さく、テント小屋もなかった。この一年で、ゲート前の運動は大きく発展した。今、ゲート前の 24 時間監視のテント村を拠点とした闘いには日本本土からの参加者もふくめ、常に百人前後から数百人の人々が結集する。

この間の闘いの中で、すべての市町村に島ぐるみ会議が組織され、各地域から辺野古へと結集する動きが作られてきた。辺野古バスは那覇市から毎日運行、名護市、うるま市、宜野湾市、沖縄市、読谷村ほか各市町村からは週一回ないし数回現地に結集している。情勢の緊迫の中で、朝６時に間に合うようにバスを運行する地域もある。大型バスを動員できない地域は、マイクロバスや乗用車の乗り合いなどの方法で、ゲート前へと集まる。平和市民連絡会も毎朝乗用車を那覇から辺野古、高江へ運行している。

朝６時からの資材搬入阻止の座り込み、その後の第一ゲート前でのデモンストレーションを終えて、９時半ないし 10 時からのテント前での情報提供と交流の集会は、昼休みを挟んで午後４時まで、各地から参加した人々のあいさつや歌が続く。年齢層は実にさまざまである。大学生、高校生はもちろん、鳩山元首相、大江健三郎、佐藤優、加藤登紀子などなど著名人士も多い。時には幼稚園生まで可愛い姿で歌を披露してくれる。韓国はじめ外国のゲストたち、特に最近ではグリーン・ピース「虹の戦士号」やＶＦＰ（ヴェテランズ・フォア・ピース）が共に座り込み闘う。テント前は沖縄だけでなく全国、全世界から参加する平和キャンプのようだ。

海外メディアの取材も多い。台湾、マレーシア、バングラデシュ、アルジャジーラ、英タイムズおよびＢＢＣ、チェコテレビ、仏独共同テレビ「アルテ」、ＶＯＡ、仏日刊紙「ロピニオン」その他、いまや辺野古は世界的に注目され発信されるホットな現場になっている。

　翁長知事の樹子（みきこ）夫人も11月7日に現場を訪れ、翁長知事との当選時の約束を紹介。「何がなんでも辺野古には基地は造らせない。万策尽きたら夫婦で一緒に座り込むことを約束している」と述べた。そして同時に、「まだまだ万策は尽きていない。世界の人も支援してくれている。これからも諦めずに、心を一つに頑張ろう」と訴えた。

　また、アメリカを始め海外への訴えに大きな力を注いだ一年だった。5月27日〜6月5日の翁長知事の訪米にあわせた第一次訪米団、9月21日のジュネーブの国連人権理事会での翁長知事のスピーチ、11月15日〜22日の第二次訪米団と精力的に取り組まれた。

　アメリカ人はたいていの場合、辺野古の基地問題について知らないし知らされていない。また関心も薄い。アメリカ政府の立場は、日本政府の立場をただくりかえして「辺野古は日本の国内問題」「日米同盟は不変」と述べるのみである。この状態に風穴を開けて沖縄の現状を広くアピールすると共に、アメリカこそが当事者であり、沖縄の自己決定権を踏みにじり自然を破壊する犯罪に加担しているということを、政府、議会、市民、労組など多様なレベルで訴えていった。

　第一に、日本政府から独立して直接、沖縄の声を、沖縄県知事の肉声で伝えたということに意味がある。この訴え自身が自己決定権の一つの行使だといえる。国連人権理事会での知事の演説とシンポジウムでの講演では、辺野古で県民の人権と自己決定権が踏みにじられている現実を強くアピールし、各国の政府機関やメディアへ伝えられたし、国民の人権と民主主義を守る点で日本政府の面目が失われたことだろう。

　第二に、一連の海外行動を通して具体的に連帯・支援の動きが始まったことである。

　米カリフォルニア州のバークレー市議会は9月15日夜の本会議で、「名護市辺野古への新基地建設に反対し県民と連帯する決議案」を全会一致で可決した。そして訪米団がバークレー市で開いた市民対話集会では、女性反戦団体コード・ピンクの代表が「当事者意識のない米国市民が多いが、支援の輪を広げていく」と述べた。

　約66万人の会員を擁するアジア太平洋系アメリカ人労働組合（ＡＰＡＬＡ）

は、「辺野古、高江における新基地建設と米軍基地の拡張に反対して闘う沖縄の人々に連帯する」と決議した。組合員1250万人の米労働総同盟・産別会議（ＡＦＬ・ＣＩＯ）も沖縄の闘いに協力を表明した。

アメリカでも変動が起きている。傍観者を装いたいアメリカ政府にとっても足元に火がつき始めた。

3　今後の闘いの展望について

辺野古の闘いは日米両政府との全面対決に突入した。自己決定権の実現。これはもはや言葉の上や立場の問題にとどまらない。実際に自己決定権を行使して民意を実行する段階に入った。これまでの沖縄闘争が足を踏み入れたことのない領域、「県」という衣装を着けながら日本政府と対等の「自治」の実質を勝ち取る闘い。今後の闘いはさまざまなニュアンスと傾向を内部にもちながら、全体として沖縄自治政府を樹立する闘いとして発展するだろう。

代執行裁判の行方はもちろん予断を許さない。安倍は裁判で負けることを恐れている。そのため、福岡高裁那覇支部の裁判官を急きょ入れ替え、代執行訴訟に備えた。第一回口頭弁論では、結集した人々の熱気に応えて、翁長知事は沖縄県民の心からの思いを法廷で述べた。全国のマスコミもたくさん駆けつけ取材した。裁判が全国的に大きく報道され、法廷という公の場で政府の不法性、不当性が明らかにされ、県民の主張への共感が広がることに寄与するだろう。

沖縄県教育庁は、キャンプ・シュワブ沿岸部で発見されていた土器や石器計17点を文化財保護法にもとづき文化財に認定した。名護市は一帯を遺跡として申請することを検討している。キャンプ・シュワブ一帯には沖縄の貝塚時代からいくつかの年代に重なる複合的な遺跡が合わせて7か所ある。辺野古の海と大浦湾は古代から人々の生活の跡がしるされた遺跡のホットスポットだ。加えて大浦湾一帯には沖縄戦の際の住民の収容所があり、飢餓やマラリアで亡くなった人々の遺骨が米軍基地の中に今も残されている。埋め立て工事の強行によって文化財や遺骨がバラバラになり、再びコンクリートの中に埋もれてしまわないためにも、埋め立て工事の中止、基地建設の白紙撤回が必要だ。

沖縄県と名護市そして現地闘争が団結してオール沖縄で闘いぬく限り、辺野古新基地建設の先行きは見えない。結局、安倍は辺野古を放棄する以外なくなる。

辺野古へ行こう！　ゲート前に座り込もう！　カヌーに乗り海上で声をあげよう！

＜辺野古をめぐる 2015 年の動き＞

1.15 　沖縄防衛局、知事選以来中断していたボーリング調査を再開。

2.7 　　仲井真前知事の埋め立て承認を検証する第三者委員会が発足。

3.23 　翁長知事が防衛局に、海底面の現状を変更する行為すべての停止指示。

3.24 　防衛局、農相に「不服審査請求」と「執行停止」の申し立て。

3.30 　農相、翁長知事のボーリング調査停止指示の執行停止を決定。

4.2 　　辺野古海のテント村、座り込み 4000 日目。「勝つ方法はあきらめないこと」。

4 月 　辺野古基金、発足へ。

4.5 　　翁長・菅会談。「沖縄が自ら基地を提供したことはない

4.7 　　沖縄タイムス県民世論調査。翁長知事支持 83.0%、辺野古基地反対 76.1 %。

4.17 　翁長・安倍会談。

4.28 　海上抗議闘争で、抗議船に海保が乗り移り、転覆。

4 月 　沖縄県、ワシントン事務所を開設。平安山英雄所長。

5.9 　　翁長・中谷会談。

5.17 　セルラー球場の県民大会。公式 35,000 人、実質 5 万人。

5.27 ～ 6.5 　翁長知事を中心に 30 人の訪米団。「民意は普天間閉鎖、辺野古阻止」。

6.23 　翁長知事、「慰霊の日」平和宣言で「辺野古反対」訴え。

7.16 　第三者検証委員会、報告書提出。「前知事の埋め立て承認に瑕疵あり」。

8.10 ～ 9.9 　一ヶ月間の工事中止と集中協議。

9.21 　国連人権理事会で、翁長知事が演説。

10.13 　翁長知事、埋め立て承認を取り消し。

10.14 　沖縄防衛局、国交相に、取り消し無効の審査請求と執行停止の申し立て。

10.16 ～ 18 　沖縄タイムスと琉球放送の県民世論調査。取り消し支持 79.3%。

10.27 　国交相、承認取り消しの効力を止める執行停止を決定。

11.2 　　国交相の執行停止を不服として、沖縄県が国地方係争処理委員会に審査請求。

11.4 　　警視庁機動隊が辺野古警備に投入される。カヌチャ・リゾートに宿泊。

11.15 ～ 11.22 　第 2 次訪米団。「米国こそ当事者」。団長＝呉屋守将金秀グループ会長。

11.17 　国交相、沖縄県を被告として、承認取り消しを撤回させる代執行裁判を提訴。

11.18 　ゲート前座り込み 500 日目の早朝行動に 1200 人、一日中工事車両の侵入阻止。

12.2 　　代執行裁判第 1 回口頭弁論。事前集会に 2000 人。

12.5　ゲート前で、統一連の瀬長事務局長と平和運動センターの山城議長が逮捕。

12.9　辺野古基金は振込件数 76,647 件、金額は 5 億円を突破。

12.10　翁長知事就任 1 年。全国から県庁に激励 3 万通。

12.14　オール沖縄会議、結成大会。「沖縄の未来は沖縄が切り拓く」。

Ⅲ－2.

沖縄情勢の現段階と展望(2016.10.1)

はじめに―若干の総括

2016 年 3 月 4 日、代執行裁判の「和解」により海上でのボーリング調査を含む一連の辺野古新基地建設関連の工事が中止となった。それから、はや半年になろうとしている。2015 年 10 月 13 日の翁長雄志沖縄県知事による埋立承認取消に端を発した日本政府と沖縄県とのギリギリの攻防は「和解」による工事中止という一つの「均衡点」に到達したのである。

事態はどう動いたか。沖縄県民の徹底した抵抗と日本政府との対決が進展し、日本の歴史上初めて中央政府と地方政府との全面対決の構図が継続した。しかし、一時日本の政治焦点として浮上するかと思われた沖縄の新基地建設問題はまもなく片隅に追いやられて行き、日本本土の大衆的政治分化の進展は限定的で不均衡だった。全面的で劇的な進展は起こらなかった。その結果、政府による辺野古新基地建設の放棄か回避かという事態ではなく、日本政府と沖縄県との全力を尽くした攻防の「均衡点」としての工事中止という事態が現れた。

この事態をどう見るか。「二重権力」の視点からみると理解しやすい。辺野古新基地建設をめぐって、日本国家の中央権力と沖縄県という限定された地域の行政権力が真っ向から対立し拮抗している状態を意味する。現在の沖縄情勢の核心はここにある。もちろん、軍事力を含む古典的な二重権力の概念ではない。選挙を通じた広範な民意、現場の大衆運動と結び付いた地方行政権力の行使によってつくり出された中央権力との対抗関係である。辺野古新基地建設をめぐって日本

政府と沖縄県が「二重権力闘争」に入ったのは、昨年10月翁長知事が仲井真前知事の埋立承認を取り消してからといえる。以降、沖縄県と日本政府との間で互いの行政権力を発動した熾烈な攻防が展開され、「和解」による工事中止に至った。

　この状態がいつまで続くのか。もちろん、二重権力の常として、長期間継続するという性格のものではない。早晩どちらかが弱体化し、二重権力状態は解消される。沖縄が持ちこたえている間に、沖縄とともに闘う全国の闘争戦線を強力に形成し日本政府との力関係を逆転させることが、辺野古新基地反対闘争において勝利を手にする唯一の道である。

　また、日本政府の中央権力に対抗して、沖縄の民意と現地闘争に固く結合し一体となって県の行政権力を行使する沖縄の島ぐるみ闘争をとことんやり抜く中で、沖縄自治政府・自治議会・自治政府首相という自己決定権の具体的姿が展望されてくるに違いない。

1　埋立承認取消以降の攻防

■翁長県政の成立と埋立承認取消

　2014年11月の知事選で10万票差で当選し12月に就任した翁長知事は、公約として「オスプレイ配備撤回」「普天間基地の閉鎖・撤去、県内移設反対」「辺野古新基地建設反対」を掲げていた。とはいえ、基地反対の知事の誕生が自動的に中央政府との間に二重権力状態を生み出すものではない。中央政府との間に「二重権力状態」ともいえる情勢が成立するためには、①行政権力を実際に行使することによって中央政府の国家権力との対決局面を生み出す、②行政権力の背景に住民の総意が存在する、③大衆運動と一体的に結びつく、などという点が不可欠だっただろう。

■県と国の全面対決と三つの裁判

　他方、沖縄県の抵抗を法的に縛り付けて屈服させようとした代執行裁判は、翁長知事の沖縄県の辺野古NO!の固い意思と反撃の中で次の三つの裁判が並立することになった。

　①代執行裁判

　日本政府が沖縄県の権限を奪おうとした「代執行訴訟」は、12月2日に福岡高裁那覇支部で第1回の口頭弁論が開かれ、翁長知事が次のように意見陳述した。

　「沖縄が米軍に自ら土地を提供したことは一度もありません。そして戦後70年、あろうことか、今度は日本政府によって、海上での銃剣とブルドーザーをほうふ

つとさせる行為で美しい海を
埋め立て、私たちの自己決定
権の及ばない国有地となり、
そして普天間基地にはない軍
港機能や弾薬庫が加わり、機
能強化され、耐用年数 200
年ともいわれる基地が造られ
ようとしています。」

　②抗告訴訟

　日本政府は、個人や民間に

2016.8.5　裁判所向かい、城岳公園。参加者 1500 人が、頑張ろう三唱。

対する不利益な行政処分からの救済を目的とした行政不服審査制度を悪用し、沖縄防衛局の訴えを国交相が認めるとともに、知事の埋め立て承認取消しの効力を無効にする執行停止を行なった。

　この国交相の執行停止は違法だとして、沖縄県は、国交相の執行停止の取り消しを求める「抗告訴訟」を那覇地裁に提訴し、同時に執行停止決定の執行停止を求める申立をした。

　翁長知事は記者会見で次のように述べた。

　「本件の訴えは、国土交通大臣による執行停止決定の効力を失わせることにより、沖縄防衛局が行なう埋め立て工事を止める上で有効な方法だと考えている。」

　③係争委決定不服訴訟

　国地方係争処理委員会は、沖縄県が申し立てた国交相の執行停止の違法性に関する審査に対し、委員の多数決で「国交相の判断は一見不合理であるとはいえず」「審査対象に該当せず」として、却下した。それに対し、「執行停止の違法性について実質的な審査を一切行なうことなく却下した。国地方係争処理委員会の存在意義を自ら否定しかねずまことに遺憾」（翁長知事）と述べた沖縄県は、福岡高裁那覇支部に係争委決定不服訴訟を提訴した。

　こうした三つの裁判の並立を日本のメディアは「裁判合戦」と揶揄したが、その実体は日本政府と沖縄県の死活をかけた闘争だった。三つの裁判の中で代執行裁判が攻防の中心となった。代執行裁判は「国が勝つことははじめから決まっている」との一般の評価が強かったことに見られるように、政府としては「勝訴」の判決を得て沖縄県の抵抗をけちらし基地建設工事に拍車をかける腹積もりだった。ところが、倦むことのない現地闘争の継続と広く世論を巻き込んだ法廷論議を通じて、日本政府の沖縄に対する権力行使の有様があまりにも露骨で手前勝手、

不法不当な強行策であることが明らかになり、「国が負けそうになっていった」。

■代執行裁判での「和解」成立と工事中止

1月29日の第3回口頭弁論のあと、裁判所は、「和解勧告文」を提案した。裁判所は代執行訴訟で国の強引なやり方に疑問を呈し、国敗訴の可能性を示唆するとともに、正常な裁判手続きに乗せることを勧めた。そして、3月4日「和解」が成立した。

和解条項の骨子は①国は翁長知事の承認取消の取消を求めた代執行訴訟を取り下げ、県は国の違法な関与の取消を求めた係争委不服訴訟を取り下げる、②国は、翁長知事の埋立承認取消に対する審査請求と執行停止申立を取り下げ、埋立工事をただちに中止する、③国と県は地方自治法に定められた本来の手続きにそって、「県に対する国の是正の指示」「県による国地方係争処理委員会への審査申し出」「是正の指示の取消訴訟」とすすめる、④「是正の指示の取消訴訟」の判決確定まで、国と県は普天間飛行場の返還および埋め立て事業に関する円満解決に向けた協議を行なう、⑤判決確定後は、判決に従い互いに協力し誠実に対応することを確約する、となっている。

こうして、事態は昨年10月翁長知事が仲井真前知事の埋め立て承認を取り消した段階に戻った。

■「真摯な協議」を求めた係争委

「和解」により実際に工事が止まった。政府防衛局は海上からフロート・汚濁防止膜と工事台船を撤去した。陸上からの工事車両の出入りもなくなった。他方、法的解決のプロセスは、「県に対する国の是正の指示」「県による国地方係争処理委員会への審査申出」と進み、6月17日、第9回の会合を開いた係争委が審査の結論を下した。

係争委は5人の委員の全員一致で、翁長知事の埋立承認取消に対する国交相の是正の指示について、「地方自治法の規定に適合するかしないかの判断をしないことを審査の結論」としたことを明らかにした。小早川委員長は会議後の記者会見で、「例外的な措置ではあるが」「肯定、または否定のいずれかの判断をしたとしても、それが国と地方のあるべき関係を両者間に構築することに資するとは考えられない」として、「国と沖縄県は普天間飛行場の返還という共通の目標の実現に向けて真摯に協議し、双方がそれぞれ納得できる結果を導き出す努力をすることが問題の解決に向けての最善の道である」と述べた。

沖縄県はこの係争委の結論に対し検討を続けた結果、7月9日、高裁に提訴せず国との協議を求めていく方針を明らかにした。

2　現在の闘争局面について

■参院選沖縄選挙区　伊波さんが圧勝

　7月10日の参院選で、オール沖縄の統一候補・伊波洋一さんが、安倍内閣の現役閣僚・島尻沖縄担当相（自民党沖縄県連会長）に10万6400票の大差をつけて当選した。　かくして、沖縄選挙区から選出される衆参両院の議員はすべて基地反対！のオール沖縄勢力が占めることになった。自公は全滅だ。翁長知事、県議会多数派、沖縄選出の衆参議員とともに、沖縄県民の人権と自治と民主主義を実現するための闘いは文字通り、県民ぐるみ、島ぐるみ、オール沖縄の闘争態勢が築き上げられたのである。

■沖縄反基地闘争の新しい闘争ステージ

　「和解」による工事の中止に示される国と県との力の均衡を覆そうと、日本政府は全面攻撃をかけてきた。高江、辺野古、裁判、さらに、基地と振興のリンク論、と連続する攻撃は日本政府が沖縄の抵抗を一挙につぶそうとしていることを示すものだ。

　沖縄は、翁長知事の沖縄県政、高江・辺野古の現地24時間監視・抗議行動、沖縄県議会多数派、衆参両院の沖縄選挙区選出の6人の国会議員、オール沖縄に結集する広範な県民運動がすべて一体となる闘争構造の下で、安倍政権との攻撃を真っ向から受け止め闘い抜いている。かつてなかった沖縄反基地闘争の新しい闘争段階と言っていい。

　新しい米軍基地の建設を阻止する意味は大きい。米軍は意のままになる基地がほしい。住民の反対運動で基地ができなくなるようなところには居たくない。沖縄が県民ぐるみで新基地建設を阻止し続けることは、海兵隊の撤退の第一歩、ひいては沖縄からの米軍の撤収につながる。

　沖縄は日本の中の少数派だ。面積で全国の0.6％、人口比で1％余りの小さな地域が一体となり、大きな日本の中央政府、そしてその背後に控える米軍に対し、人権と自治と民主主義を求めて果敢に闘う姿は日本全国、世界各地に伝えられ、大きな共感を生んだ。アメリカ、フランス、イギリス、ロシア、中国、韓国、その他さまざまな国々のメディアが沖縄のおかれた不条理と屈しない人々の姿を伝えた。国連での知事のアピールも大変注目を浴びた。かつて大交易時代に「レキオ」として伝えられた東アジアの黄金の島・琉球はいま、基地帝国・アメリカの支配にNO!を突き付ける誇りと勇気ある人々として注目されているのである。

　アメリカでも支援と連帯の動きが広がっている。カリフォルニア州のバークレー市議会の「名護市辺野古への新基地建設に反対し県民と連帯する決議案」の

全会一致での可決、約66万人の会員を擁するアジア太平洋系アメリカ人労働組合（APALA）のマサチューセッツ州ケンブリッジ市議会の新基地反対の決議、VFP（ヴェテランズ・フォア・ピース）年次総会での辺野古連帯決議など、少しずつ浸透していっている。

　日本各地からの連帯は、共産・社民・生活・民進の一部国会・地方議員を含め、「弱い者いじめ」をする国家の不条理が許せないという若い感性、非暴力の抵抗を身を挺して続ける高江・辺野古の人々への共感をもとに大きく広がっている。現場には北海道から九州まで各地からひっきりなしに訪れる。本当に若い人々が多い。これまで運動は年配の人が多かった。けれども、高江・辺野古は違う。これからの日本の社会の中心になる若者がいてもたってもいられず、高江・辺野古にやってくる。

　その意味で、高江・辺野古の運動は新しい時代を切り開いた。日本で一番ひどい攻撃にさらされている沖縄。また同時に、日本の闘いの最前線の沖縄。高江・辺野古はいま重大な闘いの時を迎えている。

3　沖縄と日本、朝鮮半島、アジア

■朝鮮半島情勢と密接に結びついた沖縄基地

　1950年6月25日に勃発した朝鮮戦争で、国連軍の衣装を着けた米軍の兵站基地となったのは日本、沖縄だった。朝鮮戦争に出撃し部隊のいない駐日米軍基地に自衛隊の前身たる警察予備隊が配置されたのに対し、米軍政の直接支配下で米軍の行動になんの制約もなかった沖縄の米軍基地は、核基地化の道をたどった。配備された核兵器は、核砲弾、地対空ミサイル、空対空ミサイル、対潜ロケットなど17種類、約1300発だった。ちなみにその時、韓国900発、グァム600発、など、アジア太平洋地域で合計約3200発にのぼったといわれる。復帰にあたり核は撤去されたとされるが、嘉手納弾薬庫、辺野古弾薬庫には核貯蔵施設があり、いつでも持ち込むことができる。

　沖縄基地は朝鮮半島情勢と密接に結びついている。朝鮮半島の緊張の激化は沖縄基地の稼働を高める。そして、朝鮮半島の南北の分断と対立が沖縄基地の配備理由の一つに挙げられる。逆に、朝鮮半島の分断と対立の解消は沖縄基地の存続の理由を奪う。南北分断と沖縄基地は一体だ。

　沖縄基地の撤去を闘う我々はそれゆえに、朝鮮半島の南北分断と対立の解消を求め、そのために活動する朝鮮半島の人々と連帯する。何よりも問題は朝鮮戦争が停戦に入って60年以上が過ぎているにもかかわらず、いまだ戦争が終結して

いないということだ。また、この戦争状態が継続しているという情勢が朝鮮半島における人権抑圧の政権の存立基盤となっているのだ。平和条約を締結し、南北の軍事的対立を解消しなければならない。韓国の運動勢力との連帯、北朝鮮の人権擁護の取り組みが必要だ。

■かつて琉球諸島が非軍事化された時期

　かつて琉球諸島が非軍事化された時期があった。第 1 次世界大戦後、いわゆるワシントン条約（1922.2.6、日米英他調印の「海軍軍備制限条約」）によって、沖縄、奄美を含む琉球諸島での新たな軍事基地の建設が禁止された。沖縄には実質的に軍事基地はなかった。沖縄での軍事基地建設が始まるのは、日本が 1934 年ワシントン条約を破棄し 2 年後に失効したあと対米戦争に備えた 1941 年 9 月以降である。各国のパワーバランスの中でも非武装地帯を創出することは可能だ。我々は、各国の平和条約と軍縮、そしてアジア平和の海とアジアの島々の非軍事化を求める。

　我々が共有する価値は人権と自治と民主主義だ。アメリカのアジア支配の軍事的かなめ・沖縄で、人権と自治と民主主義を求める闘いが米軍の軍事政策を揺るがしている。米軍が永久にアジア支配を続けることはありえない。米軍のアジア関与の衰退がいろいろな形で不可避的に政治日程に上ってきている。それが各国の軍事対立の激化と軍拡競争の道ではなく、人々の人権と自治と民主主義に基づくアジア各国・各地域の非軍事的協同の新しい道になるよう、国境を越えたアジアの人々の共同作業をすすめなければならない。

Ⅲ−3.

県知事選挙と今後の展望(2018.10.4)

知事選挙に勝利した！　自己決定権を守り、基地のない沖縄へ！
辺野古新基地 NO! は沖縄の「闘う民意」

　翁長知事の死去に伴う県知事選挙が 9 月 30 日投開票で実施された。翁長知事の志を継ぐオール沖縄の統一候補・衆院議員で自由党幹事長の玉城デニーさんが安

倍官邸と自民・公明・維新・希望の 4 党の大々的な支援を受けた佐喜真前宜野湾市長に 8 万を上回る票差で勝利した。得票は 396,632。投票率が前回に比べて少し下がった中、玉城さんの得票は沖縄県知事選挙の歴史上最高得票を記録した。

翁長知事は 7 月 27 日の埋め立て承認撤回表明の記者会見で「沖縄はアジアの架け橋として飛び立とうとするまでになった。その時代に "振興策をもらって基地を受け入れる" ということが続いていいのか」と全身全霊の力をふりしぼって述べた。そして 8 月 8 日帰らぬ人となった。沖縄が進むべき道は「万国津梁」に示されるアジア諸国との平和交流と共存だ。米軍が銃剣とブルドーザーで住民を追い出し基地を造ってきた戦後 73 年間の歴史の上に、県が自ら基地建設を容認し埋め立てを承認するなどということは決してあってはならない。

佐喜真候補は 9 月 3 日の政策発表の会見で翁長県政に対し「県と政府がつねに争っているイメージがある。協調するところは協調する」と述べ、選挙運動期間中も「対立から協調」を訴えた。そして「安全保障は国が決めることで地方自治体は外交権限がない」と主張して辺野古新基地建設を容認した。これこそまさしく国家権力を掌握している者の論理、中央政府による沖縄支配を合理化する論理だ。県民は、安全保障や外交こそ県民の命と未来に直結する重大問題であり、なおさら強く関与すべきだと考えて、日米両政府に対峙し続けた翁長知事を継承する玉城デニーさんを支持したのだ。

今回の知事選で万が一デニーさんが負ける事態になれば大変だとの危機感が広がった。若者たちは創意工夫を凝らして積極的に動き回った。「イデオロギーよりアイデンティティ」。人々は党派を超えてひやみかちうまんちゅの会に結集した。とくに女性たちの活発さが目立った。各地で開催された決起集会はどこも予想をはるかに上回る参加者の熱気であふれた。電話や訪問で返ってくる反応はほとんどが「家族みんなデニーだよ」「頑張って！」という支持と激励の言葉だった。安倍官邸に操られる県政なぞとんでもない！デニーさんを新知事に！とのうねりは、翁長樹子さんが登壇し翁長知事の志をつぐ玉城デニーさんの支持を訴えた 9・22 うまんちゅ大集会を経て、9 月 30 日の投開票日に向かって頂点に達した。

猛烈な台風 24 号が投開票日前の週末沖縄を直撃した。台風の接近に伴い期日前投票が急増し、大きな爪跡を残した台風の後片付けに追われる中でも、県民は投票に出かけた。有権者 1,146,813（2014 年は 1,098,337）。投票総数 725,247（前回は 704,356）。投票率は 63.24%。決して高い数値ではないが、4 年前の 64.13% にほぼ近い。

玉城デニーさんの当選は、「辺野古反対を訴える米海兵隊の息子、沖縄県知事

2018.1.22　授賞式に先立ち、浜のテントを訪れた韓国池学淳正義平和基金の一行。

になる」と、アメリカでも注目されている。玉城デニーさんは、米軍人の父親と伊江島出身の母親との間に生まれたが、デニーさんが母親のおなかの中にいるときに父親が米国に帰ってしまったため、デニーさんは母子家庭で育った。翁長知事が「デニーさんは戦後沖縄の歴史を背負った政治家」と語ったのはこういった事情を念頭に置いたものだ。

　10月2日の『ニューヨーク・タイムズ』の社説は「沖縄の米軍縮小に向けて」との見出しで「過重な負担を抱える県民にとって、知事選は米軍基地に対する住民投票であった」と指摘し「安倍首相と米軍司令官は県民と共に公正な解決策を探るべき」と主張した。

　また国内でも、共同通信が10月2〜3日行なった全国緊急電話世論調査によると、「辺野古移設を進める政府方針」について、「支持する」は34.8％、「支持しない」は54.9％であった。「不支持」が目立って伸びている。10月4日就任した玉城デニー知事は、記者会見で「新基地阻止に全身全霊で取り組む」との決意を明らかにし、「民主主義の本質を含めた対話の必要性を政府にも米国にも求めて行く」と述べた。

　県内外、国内外に支援と連帯の輪が広がっている。言語学者のノーム・チョムスキーさん、映画監督のオリバー・ストーンさん、ピュリツァー賞を受賞したジョン・ダワーさんら世界的な著名人133人が、沖縄県の埋め立て承認撤回を支持し、辺野古新基地建設の白紙撤回と沖縄の非軍事化を訴える声明を発表した。国内でも、宮本憲一大阪市立大名誉教授、作家の赤川次郎さん、澤地久枝さん、金石範さん、写真家の大石芳野さんら72人が呼びかけ人となった「土砂投入反対・辺野古白紙撤回の共同声明」の賛同者が拡大している。全国各地の津々浦々で辺野古に連帯する運動が様々に展開されている。

　県の行政と現場の運動が連携して県民ぐるみの大闘争をつくり上げ、辺野古断念・普天間閉鎖を必ず実現しよう。

　■県の承認撤回により埋め立て工事は中止

沖縄県の富川盛武副知事と謝花喜一郎副知事は 8 月 31 日、県庁で記者会見を開き、埋立承認を撤回したと発表した。記者会見に先立ち、渡嘉敷基地対策統括監、松島土木整備統括監が嘉手納町の沖縄防衛局を訪れ、承認取消通知書を手渡した。これによって、政府防衛局が辺野古の埋め立てを行なうことが不可能になった。冒頭発言で、謝花副知事は「今回の承認取消は、辺野古に新基地は造らせないという翁長知事の強く熱い思いをしっかりと受け止めた上で、埋立承認の取り消し処分の権限を有する者として、公有水面埋立法に基づき適正に判断した」と述べた。

　謝花副知事はまた、沖縄防衛局に対する聴聞、主宰者である県総務部が作成した聴聞調書と報告書に触れながら、「本件埋め立て承認は、留意事項に基づく事前協議をせずに工事を開始したという違反行為があり、行政指導を重ねても是正しないこと、軟弱地盤、活断層、高さ制限および返還条件などの問題が承認後に判明したこと、承認後に策定したサンゴやジュゴンなどの環境保全対策に問題があり、環境保全上の支障が生じることは明らかと認められた。県としては違法な状態を放置できないという法律による行政の観点から、承認取消が相当であると判断し、本日付で沖縄防衛局に対し公有水面埋立承認取消通知書を出した」と説明した。

　記者との一問一答で、謝花副知事は「法的な観点から慎重に議論を重ね、専門家の意見も相当数聞き、本日の結論に至った。今回の承認取消は適法になされたと考えている。国からどのような対抗措置がなされるかは分からない。だが、承認取消の理由や政府の埋立工事の進め方に関する不誠実さ、また環境保全の配慮のなさ、辺野古新基地建設は基地負担の軽減にならないこと、そして沖縄に過重な基地負担を押し付けている理不尽さ、そういった県の主張を裁判所に対してしっかり訴えて、県の考えが認められるよう全力を尽くしたい」と語った。富川副知事も「これは行政上の手続きであり、あくまで客観的なデータをもとに判断している」と承認撤回の正当性を強調した。

　公有水面埋立に関する許認可権などいくつかの地方行政権限を正当に行使し、翁長県政と稲嶺市政は、政府防衛局の埋立工事に異議を申し立て、大幅な遅延を余儀なくさせてきた。残念ながら今年初めの市長選挙の敗北で名護市の行政は国側に移ることになったが、玉城デニー知事が誕生したことによって、地方自治体の行政権限を行使する沖縄県と中央政府との全面対決が継続する。

3 年前の承認取り消しをめぐる攻防　（略）

■沖縄は日本国家のアキレス腱

　日本の江戸幕府は 1608 年朝鮮王朝光海君と和平を結んだ。朝鮮に対し甚大な被害を与えた豊臣秀吉の朝鮮侵略・明との敵対から、江戸幕府は友好へと舵を

2018.6.25　海上大行動。抗議船9隻、エンジン付きゴムボート(ポセイドン)1隻、カヌー68隻が参加。

切った。そして翌1609年、江戸幕府の支持を背景に薩摩藩は軍兵3000、軍船100、鉄砲734を動員して琉球を攻撃した。大陸侵略の挫折→南方侵略という図式だ。日本はそののち、1879年の明治政府による琉球併合と沖縄県設置を通じて、沖縄に対する支配と収奪を続けてきた。琉球・沖縄は常に、経済的収奪と海外拡張の拠点、あるいは軍事的要塞として日本によって利用される道具だった。琉球・沖縄の自然資産や県民の財産、人的資産は日本国家の目的のために使いつくされた。薩摩の支配から400年余、明治政府の併合から140年、沖縄戦から73年を経て、沖縄は現在米軍と米国に従属した日本政府の軍事基地の島としての姿をあらわにしている。止むことのない米軍の事件事故、犯罪、環境汚染、騒音は米軍優先の日米地位協定の下で構造的に県民の生活と命を脅かし続けている。

　このような沖縄の現実は他方で決してあきらめることを知らない県民の抵抗を生み出した。明治の天皇制日本国家の成立以来、かつて秩父事件と呼ばれた革命的な農民抗争があった。力強い在日朝鮮人の運動や炭労、国鉄、教組など労働組合運動も一時期盛り上がった。地域では、水俣など公害問題、あるいは三里塚をはじめ空港や基地に対する周辺住民の運動も広く展開された。しかし、その規模とエネルギーの大きさという点で、沖縄反基地闘争は特別だ。

　米軍の直接支配下の諸々の反軍政闘争、本土復帰闘争、復帰後も節目ふしめに開催される大規模な県民大会。知事選、衆参議選を含め日本政府の支配力が一番弱いところ。政府に対する住民の反発がもっとも強いところ。一言でいって、中央政府の支配の‘圏外’にある沖縄は日本国家のアキレス腱なのだ。「まつろわぬ」沖縄が日本国家の動きを止め立ち往生させる決定的な契機になるだろう。

　近代日本は明治以降、中央集権国家として成立発展した。中央集権のほころびは直ちに国家の弱体化につながる。日本国家による沖縄支配に終止符を打つ日が必ず来る。

■沖縄はどこへ向かうのか

①道州制をイメージした翁長知事

当時の石破自民党幹事長を前にして沖縄選出の自民党議員が、叱られた子犬よろしく、うなだれて壇上の椅子に座った姿を記憶している人も多いだろう。辺野古新基地をめぐる自民党沖縄の転向のあと、2013 年 12 月 8 日の琉球新報に当時の翁長那覇市長のインタビューが掲載されている。「独立論をどう思うか」との問いに対し、翁長知事は「独立よりもやはり道州制を沖縄でまずつくるというのはどうか。日本国の一員としてもっと日本に資するところはある。本土の側に包容力と愛情があればそのように生かしていけるが、今は沖縄を要塞としか考えていない」と述べた。

日本の政治社会体制の中で、沖縄の自治と民主主義を最大限押し広げていく可能性を追求するというのが翁長知事の政治スタイルだったと言っていい。沖縄を支配し続けようとする日本政府と国民多数の他人ごと意識に直面しながらも、翁長知事は大胆にかつ根気強く闘いぬきたおれた。翁長知事が生前努力した基地の負担軽減や日米地位協定の改定問題は、今年 7 月の全国知事会での「米軍基地負担に関する提言」となって結実した。

②新城俊昭沖大客員教授の提言

韓国の以友高校生の東アジア研修旅行一行が沖縄を訪問した時、新城俊昭沖縄大学客員教授の講義を受けた。新城教授は沖縄の将来像について熱意を込めて語った。新城教授は黒板に円を二つ描き、一つに「沖縄」もう一つに「日本本土」と書き入れた。そのうえで二つの円を取り囲む大きな円を描き「新しい日本」と書いたのである。

新城教授は学生たちの質問の数々に答えて、次のように説明した。沖縄は日本であって日本ではない。沖縄は日本の一部だが日本中央政府に従属する一地方ではない。また、中国―香港のような中央によって統制される一国二制度ではない。沖縄と沖縄を除く日本本土とは対等の存在である。沖縄とその他の日本本土との二つの対等の構成国による日本国連邦というのが、沖縄と日本の将来のあるべき姿で、これが沖縄のアイデンティティだ。

日本本土政府と共に「新日本」を構成する沖縄の政府を仮に「沖縄自治政府」と呼ぼう。沖縄自治政府はもはや一地方自治体の沖縄県ではない。県知事は自治政府首相、県議会は自治議会となって、日本本土の政治的束縛から離れる。沖縄自治政府は日本本土から支配され置き去りにされてきた負の歴史の清算に取り組むだろう。つい最近もポーランドのドイツに対する賠償が改めて提起されたように、日本の謝罪と賠償と歴史教育の諸問題がさまざまに浮上するに違いない。国

家の犯罪に時効はない。

スペインのカタルーニャ地方が数世紀にわたって闘い続けているように、自治や独立のための闘いは長い時間と紆余曲折を経る。独立論も含め、沖縄の将来像についての議論をしよう。

③沖縄─日本─朝鮮─台湾─中国─アジア

2018.8.18　辺野古ゲート前テント。4年をこえたゲート前座り込みは1504日目を迎えた。

沖縄戦後米軍に占領された沖縄は、朝鮮戦争が休戦した1950年代後半、核を有する軍事要塞として拡張・固定化された。伊江島、小禄、伊佐浜での銃剣とブルドーザーによる強制収用や辺野古のキャンプ・シュワブもこの時期だ。沖縄は普天間飛行場など3ヵ所が現在も朝鮮国連軍の基地とされている。現在の沖縄駐留米軍の兵力は、軍人・軍属・家族合わせて5万人以上、基地面積は羽田空港の約12倍、最近台風で水没した関西空港の約17倍、那覇空港の約57倍の広さを有する。米軍は沖縄の発展を阻む元凶だ。

朝鮮半島の南と北の国（韓国、朝鮮国）は9月18〜20日、平壌で、今年3回目となる南北首脳会談を開催した。ムン・ジェイン大統領は15万人の平壌市民を前にスピーチを行ない、「朝鮮の人びとは5000年を共に生き、70年を分かれて生きてきた。70年間の敵対を清算しよう」と呼びかけた。発表された9月平壌宣言の軍事分野合意書で、「地上、海上、空中の全空間で一切の敵対行為を全面中止する」「いかなる場合も武力を使わず、侵入・攻撃・占領しない」「軍事境界線一帯での軍事演習の中止」などを明らかにした。南北朝鮮は事実上、朝鮮戦争の終結を宣言したのだ。今後、米国、中国を含めて、年内の終戦宣言から平和協定・講和へ向けた動きにいっそう拍車がかかるだろう。そうすると、沖縄の米軍はどうなるか。ペリー元国防長官は「北朝鮮に対する迅速な対応を主な機能とした米海兵隊は、北朝鮮からの脅威がなくなれば、その役割は見直される。日本にとどまることの是非さえ問題になる」と述べている。海兵隊は沖縄から撤退せよ！という県議会でも採択された沖縄県民の要求は東アジア情勢に基礎を置く合理的な主張となって力を得る。

平和、人権を共通の価値観とする国境を越えたアジアの諸国民の連帯の中で、万国津梁にふさわしい沖縄の未来が展望される。（沖縄平和ネットワーク寄稿論文）

Ⅲ−4.

沖縄反基地闘争とアジア(2019.11.30)

　1982年、私は一坪反戦地主になった。その時一緒に登録した友人の二人は既に他界した。時の経過を思わずにはいられない。沖縄駐留米軍基地に契約拒否軍用地を有する一坪反戦地主会は、米軍基地に反対し、沖縄の軍事要塞化を図る日米両政府に対するささやかだが持続するレジスタンスだ。

　アジアの人々は軍事要塞・沖縄における闘いの行方に注目している。かつて天皇制日本国家のアジア侵略において、日本軍に対して闘争する主体は中国をはじめアジア諸国の人々であったが、歴史の不均等発展は現在、日米軍の激戦により廃墟と化した沖縄を米日両政府に対する闘いの最前線へ押し上げている。

翁長雄志知事の警鐘

　昨年12月に始まった辺野古の海への土砂投入は、専門家の調べによると10月末段階で2%前後の進捗だという。防衛局の埋立承認願書では辺野古側の埋立は6か月で終了するとされていたので、埋め立て工事の遅れは歴然としている。しかも、政府防衛局にとって難関は大浦湾だ。活断層と推測される辺野古断層と楚久断層の周辺に広がる最深90mに及ぶ軟弱地盤が立ちはだかる。

　仲井真前知事の埋め立て承認から6年、海上保安庁の巡視船が大挙押し寄せてボーリング調査を開始してから5年半が経過してなお、辺野古の埋め立ては困難を極めている。

　事態はますます翁長知事が指摘した通りの展開になってきている。翁長知事は次のように述べた（『戦う民意』、角川書店）。

　「日本政府は、当然ながら私たちよりも強大な権力を持っています。

　強引に土や石を海に入れるところまではできるかもしれません。しかし、さまざまな問題で支障が出てきます。おそらく工事はどこかで中断するでしょう。結局、161ヘクタールすべてを埋め立てることができず、たとえば30ヘクタール埋め立てたところで中断すれば、工事の残骸が残ることになります。

　日米政府にとって、最後まで基地建設の工事が続けられなかったという意味からすれば、そうした事態は完全な『敗北』でしょう。

ではそのとき、私たちは『勝った』のでしょうか。私たちが守ろうとした大浦湾の美しい海は汚れて、ジュゴンがいなくなれば、それを『勝利』とは決して言えないと思います。むしろ『敗北』なのではないでしょうか。

　この工事は誰にとっても『勝ち』はないのです。

　結局、いたずらに時間とお金を浪費していくことになります。国と地方の財政が破綻寸前の時、さらに無駄なお金が費やされることになります。日米両政府は基地の完成予定を 10 年以内と見積もっていますが、この工事は順調にいっても 15 年や 20 年はかかります。

　10 年以上工事期間があることを考えると、まさしく普天間基地は固定化されるといっていいでしょう。その間、世界情勢は変わります。現政権も続いていないでしょう。そうなれば、基地をめぐる環境も変わります」

再び甦る「捨石」の悪夢

　今こそ、翁長知事の言葉に真摯に耳を傾ける時だ。しかし、安倍政権は口先だけ「県民に寄り添う」と言いながら、県知事、県議会、県民投票で示された県民の総意を踏みにじり、辺野古新基地建設を強行する姿勢を改めない。埋め立てが途中で挫折して工事の残骸が残ろうと、過去に例のない軟弱地盤の改良工事で辺野古・大浦湾の海を深刻に破壊しようと、地盤沈下の可能性と事故の危険などを抱えたままであろうと、硬直した「辺野古唯一」路線を進んでいく。人々の生活や生命の安全、生物多様性あふれる自然環境の保全には全く関心がないようだ。

　安倍政権が強行する日米軍事一体化と種子島から奄美、沖縄、宮古、石垣、与那国に至る島々の軍事要塞づくり。75 年前のサイパン、テニアン、沖縄戦と同じように、琉球列島の島々は「捨石」とされる。日本政府は、「帝国の南門」と位置付けて沖縄を要塞化した天皇制日本国家の軍事・外交政策をそっくり踏襲している。これらの島々に住む 150 万を越える人々は、国家によって都合よく使い捨てされる道具などでは決してない。

沖縄をめぐるアジア情勢の変化

　私は今年、戦後東アジアの「東西対立」の前線となった国々・地域を訪問した。朝鮮半島の 38 度線の中央に位置する韓国の鉄原、香港、台湾台北と金門島。そして、来年春には日本軍による大虐殺の中国南京市を訪れる。アジアは動いている。そして、アジアの情勢の転換は沖縄も巻き込み、揺さぶる。

　天皇制日本国家のアジア侵略が敗北し、日本軍が撤兵するに伴い、アジアには

新しい国々が登場してきた。中国大陸の毛沢東に率いられた中華人民共和国、台湾の蒋介石国民党政権。ベトナム北部に成立したホーチミンの民主共和国、仏米の後押しを受けた南部の反共政権。朝鮮半島の北部にできた金日成の労働党政権、南の李承晩軍事独裁政権。米軍が直接支配する軍事要塞・沖縄と米軍の保護・従属下で経済発展を遂げる日本本土。このように、戦後の東西対立を反映してアジアにはベトナム、台湾海峡、朝鮮半島の３か所の軍事対立の前線と後方基地としての沖縄・日本があった。

現在アジアは、甚大な犠牲を出しながら仏米軍を追い出すことに成功し統一されたベトナム、軍事独裁政権を倒し民主化に成功した台湾の蔡英文政府、同じく長く厳しい闘いののちに軍事独裁を打倒した運動の上に成立した韓国の文在寅政権、長い反基地闘争の積み重ねの上に成立した沖縄の翁長雄志から玉城デニーに続く県政。他方、米軍の支配のもとで従属国家の姿をさらけ出す日本の自公政権、経済・軍事的にアメリカに迫るほど発展を遂げたが、反人権反民主主義の軍事警察独裁を強める中国習近平政府、自己決定権を掲げて激しく抵抗を続ける香港、絶望的な経済の破綻、核開発と強制収容所の金正恩の朝鮮民主主義人民共和国。

アジア情勢はこのように変化した。固定観念から脱しなければならない。東アジアの民主化をリードしてきたのは台湾・韓国であったが、今や沖縄も加わった。その中で、日本政府は米軍のアジア支配を手助けする反動的役割に終始してきた。「東西対立」は終焉した。沖縄に米軍基地はいらない。中国・朝鮮脅威キャンペーンは日米両政府による恣意的で人工的な作り事だ。県民ぐるみの辺野古新基地建設反対闘争は、米軍の支配する東アジア秩序を住民自身が打破しようとするアジアの最大の抵抗闘争である。国境を越え言葉や文化の違いを越えて、平和と人権を共通の価値観としたアジア諸国民の連帯をつくり出し、互いの言葉や文化を学び連携を強めなければならない。

人権国家と地方の自己決定権

ベトナム、台湾、韓国での反共軍事独裁政権の打倒と民主化により、露わになったことが二つある。一つは、「南」の独裁国家の打倒の結果、相対的に「北」の諸国の独裁が浮かび上がってきたことだ。「共産主義」「社会主義」を標榜しながら、実態は国家権力を掌握する少数の独裁にすぎない「北」の国々では、かつて「南」の諸国において渇望された人権と民主主義が焦眉の課題として浮上している。アジアにおいて、資本主義国も共産主義国も共に人権国家に変わらざるを得ない。そうでなければ国が続かないし、国民は不幸だ。

2019.5.16 辺野古ゲート前の座り込み

二つ目は、アジア全体を通じて、中央政府による強権支配に対する地方の抵抗の構図が明確になってきた。沖縄—日本本土政権、チェジュ道—韓国政府、香港—中国本土政府と並べてみると、「南」「北」を問わず、中央政府対地方の対立が浮かび上がる。ある意味で台湾—中国大陸の関係も、もともと別々の国だとの見解もあるかも知れないが、「一つの中国」政策のもとで台湾を自国の領土として支配下に置こうとする中国政府と自決権を掲げる台湾との「中央—地方」の対立と見ることもできる。自己決定の権利なくして政治的自由や人権はない。また、地方の自己決定の権利を保障しない国に民主主義はない。

スペインでは、中央政府によるカタルーニャ自治政府の閣僚に対する逮捕・起訴が行われ、中央政府の強権介入によりカタルーニャ地域社会の分断が進行する。地域の自己決定権のためには本土政府の民主化が不可欠だ。

香港では、逃亡犯条例の改正に端を発した香港ぐるみの闘いは香港の自治と民主主義を求めて、中国本土政府・香港行政府の強権弾圧に抗して激しく闘われている。先日の区議選挙では、民主派が議席の85％を獲得し勝利した。周庭さんが述べたように、それは香港の人々が流した血を示すものであり勝利の一歩に過ぎない。闘いはこれからだ。チェジュ道でも、沖縄でも同じことが進行している。現地の不屈の闘いをバネに中央政府を民主化しなければならない。

首里城再建をどのように行なうか

炎上した首里城の再建は企業や団体を含めた県民ぐるみの運動として強力に取り組まれている。「首里城はウチナーンチュのアイデンティティ」との言葉を最大公約数として、国には任せておけない、自分たちの力で首里城を再建して見せるという、県民の熱気は生半可ではない。すでに10億円を越える寄付が寄せられたという。

その中で当然にも浮上してきたのが、首里城の県による所有権移転の問題である。そもそも、沖縄県の歴史と文化の象徴たる首里城をどうして国が所有してい

るのか、誰でも不思議に思う筈だ。

　佐藤優さんは、11月16日の琉球新報のコラムで、首里城再建にあたって、首里城地下の日本軍司令部壕の調査と遺骨収容の必要性を指摘した。しかし問題はそこにとどまらない。首里城地下に現存する牛島司令官と長参謀長の第32軍司令部壕こそ、沖縄戦で首里城を廃墟におとしいれ15万人をこえる県民を死に至らしめた日本軍の動かぬ物証なのである。

　地上の建築物は時間がかかっても再び世界歴史遺産の輝きを必ず取り戻すだろう。と同時に、地下の日本軍司令部壕は沖縄の戦争被害の大きさと戦争の愚かさを示す戦争遺跡として、未来に伝えられていくべきだ。安倍政権は首里城再建を大きく打ち出すが、地下司令部には一言も触れない。都合の悪いことは隠しておきたい。しかし、首里城の地上と地下はひとつだ。地上の建築物に100億前後の金を投じるとすれば、これまで陽の目を見なかった地下の構造物に対しても同等の金額を投入して戦争の負の遺産として保存公開してもおかしくはない。オスプレイ1機あるいはF 35戦闘機1機の購入を止めさえすれば、予算は十分に生じる。国が責任をもって工費を出し、県が管理する。

　世界には、アンネ・フランクの隠れ家やアウシュビッツ強制収容所など、人類の負の遺産を展示公開する平和博物館が存在する。首里城の地上と地下を一体で再建し、県営の歴史遺産及び反戦平和施設として保存公開することは、県民が決意すれば十分可能だと思う。それは、天皇制日本国家による戦争被害を被ったアジア諸国の人々へ向けた沖縄からの強い反戦平和のメッセージになるに違いない。（一坪反戦地主会『一坪反戦』第54号所収）

Ⅲ－5.

コザ反米暴動について(2021.1.17)

コザ反米暴動50年にあたって

　1970年12月20日のコザ反米暴動から50年が経過した。沖縄市戦後文化資料展示館「ヒストリート」では、昨年10月から企画展「『コザ暴動』を考える―あれから50年―」を開催している。また、12月20日に向けて、「沖縄アジ

ア国際平和芸術祭実行委員会」などが主催して、琉球新報社や沖縄市の「ミュージックタウン音市場」で写真展を開催した。新報の1階広場では、12月12日、ＭＰを模した廃車を若者たちがひっくり返すパフォーマンスも行なわれた。新報、タイムスの地元2紙は連日紙面で取り上げ、様々な人の声を掲載し、暴動か騒動か、なぜ起こったのか、いかなる歴史的な意味を持つのか、などと問いかけた。50年という年月、半世紀が過ぎても色あせず、当時の人々だけでなく若者たちの関心を捕えている12月20日の出来事とはいったい何であり、どのような背景で起こり、いかなる結果をもたらして現在に至っているのか。

沖縄タイムス「噴出したマグマ―『コザ騒動』50年」（中）
今郁義さんの報告から

　地元紙に掲載された様々な論評の中で、沖縄タイムス12月17日付「噴出しマグマ―『コザ騒動』50年」（中）の今郁義さんの文章が、12月16日の糸満市の金城トヨさん轢殺を糾弾する県民大会、19日の美里村の毒ガス撤去県民大会、そしてその夜のステッカー張りと、当時の経過をたどって20日未明から明け方にいたるコザでの大暴動の端緒の様子を自身の体験をもとに生き生きと伝えている。少し長くなるが引用しよう。

　小一時間もたって中の町のコザ郵便局あたりにさしかかった時、軍道を挟んだ反対側のパレスホテル近くの路上に二、三十人ほどの人だかりがあった。「ゲラウェー、ゲラウェー」と大きな声でやり合っている一群がいた。何だろうと私たちもほどなくその人だかりの一員になっていた。大きな黄ナンバー車を守るように二人のＭＰが群がる人々を追い払おうと居丈高に叫んでいた。すると人だかりの中から一人の男性が「車で人をひいておいて何か！」とつっかかった。私はその時、黄ナンバーが人をひいたのだとわかった。別の男性がさらに「イトマンを知っているか！」とＭＰにつっかかる。ブロークンな英語でＭＰにわめき散らす青年もいる。もとよりＭＰがこれらの人々の言葉を全てわかっている訳ではないだろうが、群衆の表情からして米兵が起こした交通事故が人々を怒らせていることだけは察しているようだった。
　車の中の米人男性三人と二人のウチナーンチュらしき女性の表情はこわばっている。車を取り囲む人垣は増え、ボンネット側の数人が車を上下に揺する。大きな外車であるからおもしろいように揺れている。現場に掛けつけて来たコザ署の警察官が「警察が処理しますのですぐに解散してください」と警告するが「あん

2020.12.17　「ミュージックタウン音市場」1階フロアー。1970年12月のコザ反米暴動の写真展。

たらに何ができるか」という群衆の一言に苦笑いを浮かべるだけである。

　上へ下へ、右へ左へと揺れる黄ナンバー車から米人たちがMPに助けられて外へ。彼らに直接手をくだす人は誰もいない。空車になった黄ナンバーは今にも横転しそうに揺れる。せーの！の掛け声とともに横転する黄ナンバー。どこからともなく「ガソリン！」「マッチ！」との声があがると、ほどなく車の前方から「グワー」と音を立てながら炎が夜空にあがっていった。数秒間だろうか。一瞬静寂が走った。見回すと群衆の数は 100 人をはるかに超えていた。私たちがこの場に出くわしてからどれくらいの時間がたっているのだろうか。15 分なのか一時間なのか。友人たちとも離れ離れになっている。

　ゆっくりゆっくり車が近づいてくる。「黄ナンバーだ！」と誰かが叫んだ。と同時に群衆の波が大きく揺れて移動した。米兵らしき男が車から逃げる。男たちが黄ナンバーを押していって燃えている車にぶっつける。「ワーッ」と歓声があがる。歓声を合図のように群衆はいくつにも分かれて路上駐車をしている車から黄ナンバーだけを選んで引っぱり出す。押しながら走りだす。炎があがる。エンジンが破裂する。京都観光ホテル、パレスホテルに駐車している黄ナンバーも軍道 24 号線のほぼ中央で炎上。奇妙なほどの静けさと歓声が交錯しながら群衆はごく自然に南と北へ別れはじめた。

米軍を恐怖に陥れた黄ナンバー 108 台の炎上

その後、南は米軍のライカム・ハウジングエリアにいたる島袋十字路方面へ、北はゴヤ十字路から左に折れてゲート通りから嘉手納空軍基地第２ゲートへ、炎上する黄ナンバー車の数はますます増えていった。ちなみに、復帰後黄ナンバーはＹナンバーに変わったが、当時の米軍人軍属関係のナンバープレートは黄色で、下の方に「KEYSTONE OF THE PACCIFIC（太平洋の要石）」と書かれていた。

当時コザ高の体育教師だった安里嗣則さんは「沖縄人は人間扱いされていない」「今日こそ米軍をやっつける」と街頭で訴え、ＭＰに投石した。しかし、その後、米軍関係車両を焼き払いながら進んでいき、坂の下の方を見ると、米軍住宅地区近くで、武装米兵が銃を構えていた。安里さんは「死んだらいかん」とそれ以上進むことを制止したという（タイムス 2020.12.21）。米軍報告書によると、午前１時 35 分「暴動」が発生したとして、数百人の武装米兵を出動させていた。

当時を回想して「戦争だと思った」「まるで解放区だった」「革命がおこったのではないかと思った」などと述べた人々がいる。ゲート通りに進んだ人々は第２ゲートを突破して基地内に突入しパス発券所、米人学校などに放火したが、警官隊と武装米兵に押し返された。ヘリを低空飛行させ、催涙ガス弾を発射した米軍に対し、蜂起した素手の市民たちはコーラやジュースのビンで作った即製の火炎瓶や投石で対抗した。炎上した黄ナンバー車は米国政府の報告書では 82 台とされているが、当時、現場の約２キロの道を３往復して燃えた車を数えた新崎敬子さんによると、108 台だったという（琉球新報 2020.12.18、「女性たちのコザ騒動 50 年」）。現在西原町に住む新崎さんはその日、姪の誕生日祝いの帰り道、軍道 24 号（現在の国道 330 号）沿いのバス停にいる時、パトカーが猛スピードで通り過ぎ呉屋十字路方面に向かったのをおかしいと思い、現場に向かい現場の雰囲気にくぎ付けになり、最後まで現場を見届けることになったのだという。

玉城デニー知事のインタビューが新報 2020.12.16 の「コザ騒動 50 年」の記事に出ている。当時小学５年生だった知事は、ビジネスセンター通り（現在の中央パークアベニュー）から北へ 100 mのところに母親と二人で暮らしていた。20 日の朝７時ごろ、友人と３人で胡屋十字路の方へ行くと、炎上した車が真黒になってオイルやゴムの焼ける臭いがあたりに充満していて、戦争が起こったような印象を受けたという。

腹話術師のいっこく堂さんは当時小学１年生。母親が中の町で「サンドウィッチショップたまき」という店をやっていて、客の９割が米兵だった。あの日の朝６時ごろ、兄と一緒に現場に行き、大人たちにまじって空き瓶や石を投げつけた。米軍

はその後、外出禁止令を発動。コザの町から米兵の姿が消え、間もなくいっこく堂のお母さんの店は借金を抱えて店を閉じた（タイムス 2020.12.17「コザ騒動 50 年」）。

この夜の出来事は地元 2 紙に一面で伝えられた。新報、タイムスとも第一報は「コザで暴動」だった。当日深夜 3 時ごろ高等弁務官付きの一等特技官・主和津（シュワルツ）さんの車で現場を訪れたランパート高等弁務官はベトナム戦争の光景に重なるほどの騒ぎに驚き、裏道から引き揚げたという。高等弁務官はその日テレビを通じた声明で、この夜の沖縄の人々の行動を「暴動」「全くの破壊行為」として「ロー・オブ・ザ・ジャングル（ジャングルの掟）」と強く非難した。地元新聞の表現は、翌日から「コザ騒動」に変わった。琉球新報は「コザ反米騒動　政治問題に発展」（12.21）、沖縄タイムスは「基地の町コザで深夜の騒動」（12.20 号外）と報じた。

全国紙は 12 月 21 日の紙面で、「沖縄コザ市で" 反米暴動 "　基地に乱入、放火　積もった怒り爆発」（毎日新聞）、「沖縄コザ市で反米騒動　米軍犯罪に怒り爆発　基地にも乱入、放火」（読売新聞）、「沖縄コザ市で反米焼き打ち　交通事故処理に群衆怒る　繁華街に 5 千人、けが人多数」（朝日新聞大阪本社）などと報じ、全国民の注目を集めた。

「暴動」か「騒動」か「焼き打ち」か？

「暴動」か「騒動」か「焼き打ち」か？いまだ定まった呼び名はない。「騒動」ととらえる人々の主張は、「暴動と規定するのは支配者側の見方」であって、米軍当局の言うような無秩序な暴力行使「暴動」ではなく、圧政に対する正当な怒りの表明であったということであろう。実際、黄ナンバーを燃やす行動はよく自制されていて、積もり積もった米軍政に対する県民の怒りの爆発であったが、米兵個人を対象に無秩序に暴力をふるったり、店舗の掠奪をするものではなかった。人々の行動は「反米」という点で自覚的であった。また、黒人に対しては手出しをしなかった。

しかし、黄ナンバー車、ＭＰ車両、嘉手納基地ゲート内のパス発券所とミドルスクールに対しては、遠慮なく最大限の実力行使で放火し破壊したのである。恐ろしくも素晴らしい集団的な暴力行使ではないか。米軍当局が「Riot（暴動）」と非難したのは恐れの反映であり、あの日の行動がそれほどの衝撃を相手に与えたということなのである。だから、私は「コザ反米暴動」ということにためらいはない。

沖縄市の市史編集担当によると、市民からの「単なる騒動でいいのか」との強い声や米軍資料などを基に、暫定的にカギカッコつきで「暴動」と表現してきたという。

「ヒストリート」も同様だ。あの日の行動に「騒動」ではたしかに軽すぎる。県民が自分で行動の意義を過小評価することになるなら、それこそ相手の思うつぼだろう。

　「暴動」でも「騒動」でもない評価がある。小説『宝島』の著者・真藤さんは新報

2021.1.15　沖縄市の ゲート通りにある戦後文化資料展示館「ヒストリート」。

2020.12.20 に掲載されたインタビューで「ある種の市民革命のよう」と述べている。「市民革命」、いい響きだ。戦後 25 年にわたる米軍による沖縄占領と米軍政支配の無法、累々たる犯罪の蓄積。琉球警察によると、1960 年代の 10 年間、米軍人・軍属による事件・事故・犯罪が毎年千件前後、記録されている。ベトナム戦争の泥沼化の中で沖縄駐屯の米兵たちは荒れた。タクシーの乗り逃げは毎日。暴行事件、交通事故も日常茶飯事。米軍政はこれら米軍人・軍属の加害者を裁く上で、一貫して公平ではなく、被害者を救済することにも関心を持たなかった。しかし、県民は一つひとつの事件・事故・犯罪を忘れていない。忘れられない。そして、米占領軍と米軍政に対する怒りがマグマとなって蓄積された。

　コザ暴動は、多くの人が感じているように「起こるべくして起こった」。権力者の理不尽な圧政のあるところ、必ず民衆によるさまざまな形の反撃が起る。沖縄も例外ではなかった。マグマが爆発しただけの事だ。もしまた、同様の事態が続けば、またマグマは爆発するだろう。「ヒストリート」の展示は締めくくりで、「『コザ暴動』は沖縄の怒りを表す象徴的な事件」と書いている。

　当時属していた団体のビラにコザ暴動を「対米軍実力闘争」と書いたという今さんは、タイムス 2020.12.13 のインタビューで「米軍への一夜限りの蜂起」と述べている。コザの民衆の米軍に対する自覚的暴力に共感する論者は「蜂起」「決起」と意義付けることが多い。とはいえ、「蜂起」というには国家権力の奪取が意識化されているものであろうから、過大評価は禁物である。自然発生的な蜂起でコザのメインストリートを支配し解放区を作り出した民衆の権力は、夜明けとともに消失した。コザ反米暴動は一夜限りの「沖縄革命」であった。朝を迎え、米軍基地では、暴動に参加した基地従業員も米兵も何事もなかったかのように出勤し仕事についたという。

コザ反米暴動がおこった復帰直前の情勢

当時、1972年沖縄返還は既定の事実だった。12月20日のコザ反米暴動に先立ち、復帰運動の蓄積、教公二法阻止闘争、全軍労の波状的なストライキなど1960年代の闘いの高揚を背景とし、米軍政と日本政府に対し沖縄の分断支配を打ち破るまでに上りつめた力関係は県民一人ひとりの気持ちの中に「沖縄をなめるなよ」という強い自覚と自信を植え付けた。

コザ反米暴動の翌1971年には、5月19日に続き、11月10日にゼネストが貫徹され、決起集会が行われた与儀公園には数万人の人々が結集し、勢理客の米軍基地までデモ行進をした。当時与儀公園は現在のように金網や花壇の区画などで整備されておらず、何もない、だだっ広い広場だったので、大人数が集まる集会には都合がよかったのである。

米軍政末期・復帰前夜の沖縄情勢は水温に例えるなら、沸騰していたのだ。にも拘らず、相変わらず支配者然として米兵の飲酒運転による轢殺事故を無罪にする米軍たち。人権蹂躙を繰り返して恥じるところのない米軍たち。しかも、核兵器と毒ガスを県民が知らない間に大量に持ち込み、毒ガスもれ事故を起こしても責任をとろうとしない米軍。こうした米軍に対する強い怒りが政治的な自信に裏付けられて県民の気持ちの中に根をはっていた。12月20日のコザの民衆による米軍に対する徹底的な暴力行使はこうした情勢の中で起こったのである。

しかし、米軍は「左翼が群衆を扇動して起こした暴動」ととらえ、琉球警察は「騒乱罪」を適用して首謀者探しに躍起となった。その結果51人が「騒乱罪」で送検され10人が起訴されたが、「騒乱罪」の立証はできず、4人が「放火」「器物破損」で執行猶予付きの有罪判決を受けた（1975.6.17、那覇地裁）。4人はその場にいた数千人の、いや沖縄県民100万の代表であり、身代わりだった。復帰協は最後までこの裁判を親身になって支えた。

嘉手納警察署の警部補C・Kさんは、「騒擾罪」の捜査を担当することになり、法律を勉強した。「首魁」「首謀者」「実行犯」「人の数」「組織化」「武器の種類」など騒擾罪のキーワードが、「人の数」を除いて当てはまらない。特別なリーダーがいない、みんな素手で武器もない、ということから、騒擾罪の適用はできなかったと述べている。この警部補は「真相を解明ししかるべき処置をとるのが捜査官の心理」だとしながら、反面ウチナーンチュとして心のどこかに「シタイヒャー（よくやった）」という感情がある、とも述べている。

現在にいたるコザ反米暴動の衝撃

コザ反米暴動の衝撃は、県内外のウチナーンチュにも大きな力を及ぼした。当時大阪にいた金城実さんは、事件の報に接し「シタイヒャー！ウチナー！（やったぞ！沖縄！）」と思わず叫んだという。金城さんが魂の彫刻家になる決意を固めたのもこの事件からだったといい、「沖縄戦と米軍支配での抵抗の歴史。自己決定権への先駆的役割を担ったのがコザ事件ではなかったのか。民衆の抵抗こそ、非暴力不服従の『蜂起』ではないだろうか」（タイムス論壇 2020.12.16）と書いた。

コザ反米暴動は日米両政府に衝撃を与えた。米軍は武装米兵を出動させたが、武力鎮圧の手段をとらなかった。発射された銃は、実弾で手の甲を打ち抜かれた男性もいたが、主に、群衆を解散させようとしてＭＰが空に向かって放ったものであった。もし米軍が鎮圧に実弾を使用するという選択をしていたら、多くの死傷者が出る惨劇を生んだであろう。そうなれば、「核付き返還、基地自由使用返還」を隠蔽する佐藤首相とアメリカの欺瞞は吹っ飛んでいたかもしれない。すでに1年半後に沖縄返還を控えているという情勢の下で、米軍も直接鎮圧を控えたのだろう。仮に、この暴動が 1950 年代に起こっていたなら、銃剣とブルドーザーの暴力支配の絶頂にあった米軍は血の弾圧を選択していたかもしれない。

現実には、米軍は沖縄県民の反基地闘争に対する取り締まりを復帰後の日本政府の役割にする選択を行ない、県民もまた、本土復帰を通じて日本の一部の沖縄県を実現し、そこから基地撤去に向かう戦略を選択したのであった。そして現在にいたるのである。

その意味で、現在の沖縄の闘いの構図はコザ反米暴動からつながっていると言える。

Ⅲ－6.

沖縄闘争のさらなる飛躍を！（2021.12.20）

はじめに

コロナに翻弄された一年であった。外交・軍事・経済・福祉の諸問題がコロナ対策という目前の施策の後方に押しやられ、国民の政治意識の縮小が進んだ一年でもあった。その結果が、11 月衆院総選挙での自民・公明・維新の「勝利」、立民・共産の「後退」となって現れた。

沖縄でも一年以上、辺野古の現地行動は各団体の自主的な取り組みに任され、県民ぐるみの行動を行なうことができなかった。12月に入ってはじめて、第一土曜日の県民大行動がおこなわれ、800人が辺野古ゲート前に集まった。土砂投入3年に抗議する12.14行動には、ゲート前に200人、海上にはカヌー31艇、抗議船5隻に約60人が結集した。ふたたび沖縄の大規模大衆運動が始まった。同時に、沖縄に呼応し連帯する日本本土各地での取り組みもさまざまに行われている。

　この一年を振り返り、今後の闘いの展望をどのようにえがくべきか。

1　変更申請不承認をめぐる攻防

　玉城デニー知事は11月25日、沖縄防衛局が提出していた「普天間飛行場代替施設建設事業に係る埋立地用途変更・設計概要変更承認申請書」（変更承認申請書）について、「不承認処分」を行なったことを発表し、「不確実な要素を抱えたまま見切り発車したこの工事は絶対に完成しない。工事を中止し県との対話の場を設けることが一番重要だ」と述べた。

　それに対し沖縄防衛局は、行政不服審査法に基づく審査請求を国土交通省に対して行なった。2018年の県による「埋立承認撤回」に対抗して沖縄防衛局が行なったものと同じである。国策に反対する地方自治体の異議を手っ取り早く押しつぶす手段として、日本政府は行政不服審査法を利用している。

　新基地建設は国の事業だ。行政不服審査法は「国の機関」に「この法律の規定は適用しない」と明記している。しかし、無理が通れば道理が引っ込む。今後、変更申請不承認の問題は行政不服審査の過程を経て、最終的に裁判の場で争われることになる。「司法の独立」の看板を掲げているが内実は内閣の支配下にある裁判は内閣の都合のいい結果になる。実のところ政府のサラリーマンとなってしまって裁判官たちは恥ずかしくないのか。

　日本政府に対し抵抗する沖縄県を支持し激励する県内外の行動も活発に進められている。500人の集会・デモが県庁前で行なわれた12月3日、首相官邸前でも500人が参加して沖縄に呼応する集会が開かれた。連帯する動きは全国各地に広がりを見せている。日本自然保護協会は県を支持する声明を発表した。大久保奈弥（東京経済大学准教授・海洋生物学）、澤地久枝（作家）、白藤博行（専修大学教授・行政法）などの著名人51人も12月14日、「国は、沖縄県知事による埋立変更不承認を真摯に受け止め、直ちに埋立工事を中止せよ」との共同声明を出した。

　玉城知事による変更申請不承認を機に、辺野古新基地建設・埋立をめぐって日

本政府岸田内閣と対峙する闘争戦線が再び力強く築かれ始めている。沖縄県の行政、オール沖縄会議に網羅される全県的な県民の運動、各地・各グループの自主的な取り組み、全国各地での連帯活動が一つの大きな塊となって、岸田内閣、防衛省・沖縄防衛局に対する強固な闘争陣形をつくり上げつつある。2022年は全面対決の年になる。闘いの輪に結集しよう。

2　辺野古の闘いの歴史を振り返る

　沖縄県の行政権力による抵抗は裁判に行き着き最高裁での判決により敗北した。その後、政府による埋立工事が強行された。そうした現実に直面する中で、辺野古新基地反対の大衆闘争の規模とエネルギーは徐々に分散し後退していった。

　国に抵抗しても無駄なのか。長い物には巻かれるしかないのか。2019年2月に歴史的な辺野古県民投票を遂行しながらも、県民の間に醸し出された無力感が現場と地域における結集力の弱体化と国政選挙・首長選挙での後退をもたらして来たことは事実だ。

　玉城知事の変更申請不承認を契機に、辺野古新基地に反対する闘いはあらためて、県行政と連携しながら大衆運動が主導する局面に入る。辺野古・安和・塩川の現場と各地の地域を結んだ絶えることのない不屈の運動が、全国各地の沖縄に連帯する運動と結びついて、日本政府の国策・辺野古新基地を止める巨大なうねりとなっていくのである。

3　沖縄の本土復帰50年

　1971年、国会が沖縄返還協定を批准した時、当時の琉球政府の屋良朝苗主席は「復帰措置に関する建議書」（沖縄県公文書館でPDFダウンロード可）を携えて上京した。屋良主席は、県民の総意として核兵器も米軍基地もない平和で安心して暮らせる沖縄の実現を訴えようとしたが、日本の国会は沖縄の声を聞くことなく、佐藤政権の提出した返還協定を可決した。

　米軍政末期・復帰前夜の沖縄で、土地闘争、本土復帰運動、教公二法闘争、主席公選、全軍労ストなどに示されるように、米軍政支配は行き詰まり危機に瀕していた。琉球列島内の力関係は闘いの側が優位に立っており、県内の階級情勢は沸騰していた。日米両政府による沖縄返還は、危機に瀕した米軍政に代わって、日本政府が日本本土の政治的・経済的・法的支配体系をもって沖縄を縛りつける

2020.4.15　琉球セメント安和桟橋出口ゲート。コロナ禍での自主的な '牛歩戦術 '

ことを企図したものであった。それが日本政府の言う「本土並み」であった。

1972 年 5 月 15 日の沖縄返還から 50 年を迎える。50 年のバランス・シートはどうか。アジア随一の米陸・海・空・海兵の四軍が居座り続け、自衛隊の奄美・沖縄・宮古・石垣・与那国への配備が強行される現状を見れば、日米両政府の思惑通りに事態が進行しているように見えるかも知れない。日米両政府には琉球諸島の住民の命や生活など眼中にない。アジアの軍事戦略に利用できればいいと考えているだけである。

しかし、日本政府にとってのアキレス腱は、沖縄をはじめ琉球の島々が無人島ではなく、島々に暮らし喜び悲しみ怒る 150 万の人々がいるということだ。復帰後一時期混迷したかに見えた沖縄の反戦反基地闘争は、1995 年を境に再び大規模大衆運動のエネルギーが充満し始めた。1995 年。この年、大田昌秀知事が戦後 50 年の節目に糸満市摩文仁に平和の礎をつくった。さらに、米軍兵士三人による卑劣な少女拉致暴行事件に抗議する 85,000 人の県民大会が行われ、以後の数度にわたる 10 万規模の集会の先鞭をつけた。

振興策と法的経済的支配の枠組みでは沖縄の闘いのエネルギーを解体することはできない。現実の矛盾がある限り必然的に闘いは起こる。米軍と自衛隊が県民の命と暮らしと健康を脅かし続ける限り、必ず大規模な戦争反対・基地撤去の運動が起こる。復帰 50 年を迎えて、我々は戦略的確信の下に、改めて基地のない平和な沖縄に向けた闘争戦線を固めなければならない。

4　沖縄が直面する戦略的課題

米軍の直接占領と軍政に対する闘いの 27 年と本土復帰後の日本政府の支配に対する闘いの 50 年を経て、沖縄の平和と人権を取り戻す闘争が直面する核心的な課題とは何か。

①沖縄から自決権を問う

日本政府の理不尽な支配から抜け出るためには沖縄は独立するしかないのか。独立して日本政府と対等の国を打ち立てることが日米両政府の軍事支配の桎梏か

ら解放される道ではないのか。そのように考えてみた事のある人は多いかも知れない。薩摩の琉球侵攻以後400年以上におよぶ日本による暴力・強権・差別を強いられた琉球・沖縄の近現代史を振り返れば、沖縄県民

2020.6.15　K8護岸。カヌーにとびかかる海上保安官。

が政治的に独立の道を選択しようとしても何ら不思議ではない。

　中央政府から独立した沖縄が誕生するにあたっては、米軍と日本政府によって押し付けられた軍事的なキーストーンからの脱却が最初の重要課題となるだろう。日米両国の軍事支配から脱した沖縄が誕生すれば、アジアの周辺諸国から熱烈な歓迎を受けるに違いない。琉球共和国・沖縄共和国、あるいは民主共和国、人民共和国を名乗ることになるかもしれないが、日本との関係において二つの形が考えられる。①日本とは別個の沖縄独立共和国、②日本連邦制のもとに本土政府と対等の権力を有する沖縄自治政府。どちらの形にせよ、そのような時代が訪れることを想像するだけで胸が躍る。

　独立か自治かという自決権を行使するのは沖縄県民である。2019年の県民投票を経て広く主張されるようになった「沖縄の自己決定権」は、巾広い概念であるが、政治的自立のための重要な萌芽である。最近では東チモールの独立戦争が示すように、それは当該地域住民の圧倒的多数の意思が決めるものであって、少数の指導者が恣意的に操作できるものではない。あらゆる選挙、調査によって示されている沖縄県民の多数の意思は一貫して、「本土復帰・基地撤去」に沿っている。沖縄が日本に属しながら、日本の一部としてありながら、中央政府を改革し沖縄独自の力を強化しながら、基地を無くしていくという方針なのである。

②沖縄から国際主義を問う

　沖縄はアジアの紛争と無関係ではいられない。天皇制日本の支配下で「帝国の南門」とされた沖縄の県民は日本の南方進出の先兵の役割を負わされ、フィリピン、サイパン、テニアンなどへ植民し戦争の最前線で多数が犠牲となった。朝鮮戦争、ベトナム戦争、イラク戦争など、戦後米国の戦争では沖縄は米軍の出撃・補給基地としてフル稼働した。

　戦後アジアの最大の問題は、アジア太平洋戦争のいわば「負の遺産」たる二つのこと、すなわち、日本のアジア侵略の清算・謝罪のないことと米軍のアジア、特に韓国・沖縄・日本における大規模駐屯が続くことである。米軍のアジアからの撤退

2018.7.15　伊江島の反戦平和資料館。米軍が投下した核模擬爆弾や様々な銃砲弾の数々。

と日本のアジア侵略に対する反省・謝罪がない限り、アジアの戦後は終わらない。

　アジアにおける軍拡と戦争に絶対反対、米軍のアジアからの完全撤退、各国の強権と独裁に反対し人権と民主主義を求めるという共通の価値観に基づいて、アジア各国人民の交流・提携・連帯が計られなければならない。お互いの言葉と文化を学び、それぞれの闘いを互いに知り交流し連携し、アジアの共同体へ向けた一大運動をつくり上げていくことが、100年前の極東民族大会の精神を受け継ぐ21世紀の我々の課題である。

Ⅲ−7.

沖縄の本土復帰50年にあたって（2022.5.8）

沖縄県民の意思を尊重する日本政府の確立こそが急務だ！

　今年は、1972年5月15日の沖縄の本土復帰から50周年にあたる。月日の流れるのは早いものだ。米軍による直接占領の27年を上回り、その倍近くの時間が流れたことになる。「極東の要石（Keystone of Fareast）」として軍事要塞化された沖縄は復帰後、施政権を回復した日本政府により、米軍・自衛隊による日米軍事一体化の島嶼として一層がんじがらめの軍事拠点とされている。

1　国交相が埋立変更不承認の県に対し「是正の指示」　日本政府―沖縄の上下関係を通じた構造的支配

　4月28日、日本政府は沖縄県に対し「是正の指示」を出した。「是正の指示」といっても何のことかすぐには分からないだろう。むしろ、何か沖縄県行政の「偏向」を正すよう指示しているという印象があるかも知れないが、実は、辺野古埋立設計変更申請を承認せよ、国に従え、と県に命じているのである。

2020.12.7　K9での監視行動。　手作りのプラカードを手にした海上チームメンバー。

　大浦湾の埋め立て予定海域に、強度がマヨネーズ並みといわれる軟弱地盤が最深90mにおよぶ個所を含み広範囲に存在している。埋立はこの軟弱地盤の改良工事を成功裡に行なわない限り完成しない。そこで、辺野古側の埋立・護岸造成・土砂投入をすすめながら、防衛省・沖縄防衛局は2020年4月、大浦湾側の大規模地盤改良工事を柱とする埋立設計変更申請を沖縄県に提出した。公有水面に係る埋立工事に関して沖縄県が許認可権を有するからである。

　2021年11月、沖縄県は防衛省の埋立変更申請を不承認処分とした。その理由は、①90mにおよぶ大規模地盤改良工事は国内外で施工実績がなく成功が見込めない、②軟弱地盤の調査が不十分、③無理な工事の強行が辺野古・大浦湾の環境を深刻に破壊する、④知事の承認を得てからも工期は10年以上の長期にわたり、普天間飛行場の運用停止という喫緊の課題を解決するものとならない、⑤何より、2019年の県民投票で示された辺野古埋立反対！という県民の総意に反するもので埋立を直ちに中止すべき、などであった。

　行政不服審査制度を利用した防衛相からの審査請求を受けて、国交相は4月8日、沖縄県の「不承認処分」が「行政権の乱用」にあたるという理由で取り消し、4月20日までに「承認」するよう勧告を行なった。旧態依然とした中央集権行政。もちろん県は埋立設計変更を承認する訳がない。

日本政府─沖縄の上下関係を通じた構造的支配

　すると、国交相は4月28日、法的拘束力のない「勧告」から、法的拘束力の生じる「是正の指示」に切り替えて、沖縄県に対し変更申請を承認するよう迫ってきたのである。期限は5月16日。5月15日には沖縄と東京で、日本政府と沖縄県の共催で沖縄の本土復帰50周年記念式典が予定されている。日本政府が政権の権威発揚のため沖縄を利用するのはこの日かぎり、翌16日からは強権発

動という訳だ。サンフランシスコ条約の発効で日本が独立を取り戻した時、米軍の直接占領下に置かれ続けた沖縄を象徴する 4.28 に「是正の指示」を出し、復帰しても軍事植民地状態に置かれ続ける沖縄の 5.15 の翌日を期限とするとはどういうことか。まことに岸田内閣の政治家と官僚たちの沖縄に対する態度はヒジュルー（冷たい）、露骨な悪意に満ちている。

　国交相の「是正の指示」に対し、沖縄県の玉城デニー知事は総務省の国地方係争処理委員会へ審査を申し出、「違法な国の関与」を取りやめるよう主張する予定とのことである。今後、県と政府の争いの舞台は司法の場に移ることになるが、その結果は目に見えている。中央政府による合法的沖縄支配の構造が出来上がっているのだ。しかし、闘いを止めるわけにはいかない。

2　復帰 50 年─沖縄の現実と県民意識

＜共同通信社の復帰 50 年県民意識調査＞

　共同通信社は復帰 50 年を前に実施した県民世論調査の結果を 4 月下旬に発表した。県内 125 地点から選んだ 18 歳以上の男女 1500 人に郵送で調査票を送り、905 人の有効回答を得たという。設問は計 30 問。設問と回答のいくつかは次の通りである。じっくり目を通していただきたい。

　問 2　沖縄県は 5 月 15 日で日本復帰から 50 年を迎えます。あなたは、沖縄が日本に復帰して良かったと思いますか、思いませんか。
　良かったと思う　94％
　良かったとは思わない　5 ％
　問 3　あなたは、復帰後の沖縄県の歩みに満足していますか、満足していませんか。
　満足している　41％
　満足していない　55％
　問 5　（満足していないと答えた）もっとも大きな理由は何ですか。
　米軍基地の整理縮小が進んでいない　40％
　日本国憲法の下でも人権が尊重されない状況が続いている　23％
　期待したほど経済が発展していない　20％
　子どもの貧困が深刻なままだ　13％
　問 7　あなたはうちなーんちゅ（沖縄人）であることと日本人であることのどちらを強く意識しますか。

うちなーんちゅ　37%

どちらかといえば、うちなーんちゅ　34%

どちらかといえば、日本人　14%

日本人　13%

問18　沖縄県には在日米軍専用施設の約70%が集中しています。あなたは、沖縄県にある米軍基地をどうするべきだと思いますか。

全面撤去するべきだ　14%

大きく減らすべきだ　58%

現状のままでよい　26%

問23　米軍普天間飛行場の名護市辺野古移設をめぐっては2019年、沖縄県の県民投票で反対が多数を占めましたが、政府は移設に向けて埋立工事をしています。あなたは、政府の姿勢を支持しますか、支持しませんか。

支持する　30%

支持しない　67%

継続する軍事基地の重圧と県民の変わることのない反基地意識

復帰して50年。県の人口は復帰前の90万人から145万人に増え、国内外の観光客数はコロナ前に年間1000万人に達するまでに拡大した。県出身者の文化・スポーツ・芸能分野における活躍は目覚ましい。社会インフラ整備はかなり進んだといえるが、沖縄島の約15%を占める米陸・海・空・海兵四軍の広大な基地（軍人・軍属・家族あわせて約5万人）の存在により、限界がある。加えて、自衛隊が各地で基地建設を進めてきた。産業構造は第一次産業と第三次産業に偏っており、就職口の狭さ、所得の低さ、教育・育児など社会福祉の貧困が継続している。過去50年間の米軍人軍属関係者の犯罪数は殺人・強盗・放火・強姦を含む6019件。嘉手納・普天間両飛行場の深夜・早朝におよぶ騒音、PFAS（有機フッ素化合物）をはじめ環境汚染が絶えない。

こういった復帰50年の現実の中で、県民意識は一言でいうと、「復帰して良かった」が、復帰後の現実は①広大な米軍基地、②人権侵害、③経済不振、④子供の貧困のため、満足できない、米軍基地は全面撤去ないし大幅削減し辺野古の埋立は中止すべし、とまとめることができよう。

では、日本―沖縄の関係性とはいったい何なのか。

日本の中に沖縄というもう一つの国（のタマゴ）がある

日本は、19世紀中盤まで琉球から経済的利益を奪うことに力を注いだが、帝国主義が世界を覆う19世半ば以降、軍事利用が主な目的となった。東アジアに占める沖縄の地理的位置が強調され、皇民化教育、徴兵、軍事基地建設、不沈空母化、沖縄戦、米軍占領、全島核基地化、自衛隊派兵、米軍の駐留継続、ミサイル基地網造成と連なる過去100年以上にわたる軍事利用が今日まで続いている。

　母親が沖縄県久米島出身の評論家・佐藤優さんは「大日本帝国は滅びましたが、現代の日本も、均質な国民国家ではなく、沖縄という外部領域を持つ『帝国』であるという視点が必要です」（『大世界史』文春新書）と述べている。その通りだ。日本は「沖縄という外部領域」と日本本土からなる複合国家なのである。薩摩の琉球侵攻と明治の琉球併合により、琉球・沖縄という「異国」が日本の中に取り込まれ同化されないまま存在している。おそらく将来にわたって同化されることはないだろう。

　日本という国の中に、沖縄というもう一つの国（のタマゴ）があると考えれば分かりやすい。やがてヒナがかえり成長して政治的覚醒を遂げれば「沖縄自治共和国」という新しい国となり、日本本土との連邦制を求めることになるのではないかと私は思う。というのは、日本の国の中に留まりながら日本本土の東京政府に支配されず自立した対等の沖縄を考えれば、自然とこのようにイメージされるからである。

　今回の県民意識調査にも現れた、復帰後の現実に対する県民の不満（基地、人権侵害、経済、貧困）は、突き詰めれば根はひとつ、広大な米軍基地の存在から発生しているといってよい。基地のあり方をめぐる日本政府と沖縄県民との対立は、翁長知事が安倍首相・菅官房長官との対話で「沖縄には民主主義が適用されないのか」と嘆いたように、日本政府が「軍事は国の専管事項」と主張してハナから沖縄の異議申し立てを全て無視して来た。国—地方の支配・従属関係の上で地方自治の割合を例えば3割から5割に拡大すれば解決されるという類の問題ではないところに、基地問題・軍事外交問題の深刻さがある。道は二つに一つ、国が国家権力の力で沖縄県民を押しつぶすか、県民の意思を尊重する政府をつくるかのどちらかしかない。

出版されなかった上原康助さんの『沖縄独立の志』（仮題）

　復帰前の国政参加選挙（1970年）から社会党の国会議員として活躍した元全軍労委員長の上原康助さんは、1997〜8年に、『沖縄独立の志』（仮題）と題する本の原稿をしたため「日本政府が納得する独立には一国二制度を選択するのが最も現実的だ」と述べていたことが明らかになった。復帰前後の大衆集会では、上原さんの熱のこもった演説に何度も耳を傾けたものだ。米海兵隊員三人による卑劣な少女暴行事件があった1995年は、85000人の参加した県民大会が開かれ日

米政府に対する県民の怒りがふつふつと燃え上がっていた時期であった。5月7日付の地元紙の報道によると、上原さんは、米軍基地を完全撤去するゼロオプションではなく日米安保を認めたうえで米軍基地の半減を目指すハーフオプションを提唱したとのことだ。20年以上にわたり国会

6月23日の平和の礎。慰霊の日に灯された平和の火。

議員を務めた政治家がいかなる形にせよ「沖縄独立」を口にするには勇気が必要であったことだろう。結局、本は出版されなかった。

　上原さんの構想は、「独立」をタイトルとしているが内実は「自治権拡大」であり、「基地を無くしたい」県民の意思が尊重される保証はない。なぜなら、沖縄の自己決定権が明確でないからである。軍事に関する自己決定権を持つためには、中央政府と沖縄との関係を上下関係から対等の横の関係へと変えなければ解決しない。日本というひとつの国でそういうことが可能なのか。もちろん可能だ。

　沖縄はかつて数百年にわたり琉球という独立した国であった。世界の情勢も変化していく。各地の民族自決権・自治権をめぐる闘いも進展していく。日本が明治以来の中央集権国家を止め、中央政府と沖縄が対等の関係になって沖縄の自治・自決権を全面的に認める国に発展しさえすればよいのである。いわば21世紀の新しいこの国のかたちをつくるために、沖縄県民がさらに自覚を深め、日本国民も国民的規模で意識を変えていく。それが次の50年の課題である。

3　「南西諸島の非武装地帯化」による日中の戦略的平和共存

ウクライナ政府のツイッターが想起させた天皇制日本の暴力

　ウクライナ政府はツイッターの公式アカウントに、ロシアのプーチン政権を現代のファシズムと非難し、「ファシズムとナチズムは1945年に敗北した」と述べて、昭和天皇とドイツのヒトラーやイタリアのムソリーニの顔写真を並べた動画を投稿していたが、4月25日までに、「友好的な日本の人々を怒らせる意図はなかった」と謝罪し写真を削除した。日本政府も「不適切で極めて遺憾」と述べ削除を要請していたことを認めた。しかし、ドイツ政府が削除を求めたという

2021.11.26 県庁前。玉城知事の変更申請不承認を支持する緊急集会。

話は聞かない。なぜなら、ドイツは歴史の真実を直視しナチズムとヒトラーの犯罪の追及と根絶にとことん国を挙げて取り組んできたからである。

　大日本帝国と天皇がドイツのヒトラー、イタリアのムソリーニと三国同盟を結び、アジアを舞台に侵略と暴力の限りを尽くしたことは歴史的な事実だ。違いは、ヒトラーは自殺しナチス・ドイツは終焉したが、天皇は戦後日本の支配者となった米国により命を救われ、日本国の象徴に収まったことだ。大日本帝国の最大の戦犯・天皇が新しい憲法の下で日本国の象徴に収まったことにより、日本の犯した国内外における数々の犯罪の真相究明と処罰・謝罪を追及する動きはなおざりになり、うやむやに放置されることになった。戦犯と財閥と軍隊は復活し、戦前の政治につながりのある多くの政治家・官僚・学者・言論人が表舞台に登場し活動した。

　台湾から鹿児島の間に浮かぶ与那国、石垣、宮古、沖縄、奄美の島々は、元々「琉球列島」と呼ばれていたが、明治の天皇制政府により「南西諸島」と命名された。そして、「帝国の南門」として南方侵略の拠点とされ、日本のアジア侵略戦争の最後の戦場とされた。大日本帝国において、沖縄は「門」にすぎなかったのであり、沖縄戦で「帝国」を守る防波堤とされ廃墟となった。歴史は繰り返す。いま、ミサイル基地を軸にした「南西諸島の軍事要塞化」が急ピッチで進んでいる。

平和で豊かな沖縄の実現に向けた新たな建議書

「二度と沖縄を戦場にしてはならない」という危機意識から「基地のない平和な沖縄」を求める県民の希求は強い。5月7日、玉城知事は記者会見で、復帰50年の「平和で豊かな沖縄の実現に向けた新たな建議書」を発表した。

新たな建議書は1972年の復帰にあたり日本政府が発表した声明の次の一節を引用し、沖縄県も日本政府も「沖縄を平和の島とする」という目標を共有していた筈だと指摘している。

「沖縄を平和の島とし、わが国とアジア大陸、東南アジア、さらにひろく太平洋圏諸国との経済的、文化的交流の新たな舞台とすることこそ、この地に尊い生命をささげられた多くの方々の霊を慰める道であり、沖縄の祖国復帰を祝うわれわれ国民の誓いでなければならない」

そして、日米両政府に対する要求が次のように明記された。①屋良建議書の理念を尊重し平和で豊かな沖縄の実現に取り組む、②辺野古新基地の断念、普天間飛行場の速やかな運用停止、日米地位協定の改定など、構造的差別的な基地問題の解決を図る、③憲法が保障する民主主義や地方自治の原則を尊重する、④アジア太平洋地域において、平和的な外交・対話で緊張緩和を図る。日本政府の閣僚、国会議員、各省庁の幹部、各都道府県の行政・議会のリーダーたちは、沖縄県の復帰50年にあたっての訴えをどうか真摯に受け止めて欲しい。

「平和」は尊い。しかし、「平和」が一般的・抽象的にとどまっていては力を持たない。しばしば「平和」の名のもとに軍拡が行なわれ、戦争が行なわれるからである。「基地のない平和な沖縄」とは具体的にはどういうことかが大事だ。それは「沖縄の非軍事化」「非武装中立地帯化」である。

日本は中国との軍事対決のエスカレーションのレールに乗ってはならない。米は太平洋の彼方の国だ。中国と向き合うアジアの当事国は日本なのである。日中の軍事的対立のエスカレーションを避けるために直面する課題が「尖閣領有権問題の棚上げ」であるとすれば、日中平和共存の戦略的なカギは「南西諸島の非軍事化」ではないか。軍隊のいないところに戦争は起きない。南西諸島の島々からすべての軍事施設をなくし中立地帯とすることは、これらの島々を武力対決と戦争の惨禍から守ることになると同時に、日本にとっても、アジア諸国との安定した共存に道を開くものとなる。

沖縄の本土復帰50年にあたり、ロシアのウクライナ侵略に便乗して「敵基地攻撃能力」を「反撃能力」と言いかえ軍事費増大・改憲などをあおる政治家・メディアに追随するのではなく、沖縄の将来、日本の将来に対する冷静な見通しを立てることが必要である。

あとがき

　沖縄報告を発信するうえで最も意識してきたことは、小さな範囲にしか届かないとしても、ジャーナリズムに対する自分なりの原則を守るということである。第一に、誇張や歪曲をせず、事実を伝えること。第二に、核心的な事柄を切り取る感性と方法を磨くこと。安易にまとめてしまっては本当の意味が伝わらない。最も重要なことを切り取り伝える。もちろん、そこには書き手の主観が入る。別の言い方をすれば、書き手の主体性と価値観が試される。その意味で、沖縄報告は私が捉え理解した沖縄の報告にすぎないと言えよう。しかし、公に発信するからには、第三に、事実誤認、不適切な言葉遣いや言い回し、誤字脱字を避けるために、草稿から4〜5回程度、読み直し校正を重ねることを常としてきた。今後も、私なりのジャーナリズムの方法を以て沖縄報告を継続していきたいと考えている。

　沖縄の闘いは終わらない。矛盾のある所に矛盾を打ち破ろうとする運動が起こることは必然だ。巨大な国家権力を行使できる米国政府や日本政府から見れば、沖縄は西太平洋に浮かぶ小さな島々に過ぎないのかも知れない。彼らはパワーポリティックスの立場から、沖縄の島々を軍事の要衝として位置づけ利用してきたし、現在、中国・朝鮮・ロシアに対する最前線軍事基地としてかつてない規模と軍事機能の強化を企てている。多くの血と涙が流された近現代の長い歴史を経ても、国家権力を掌握する日本の支配層の沖縄に対する意識は何も変わっていない。

　島々で生きる庶民の生活・命、まして自然などは彼らの眼中にない。鹿児島の薩南諸島から台湾に至る琉球列島には150万の人々が暮らしているという厳然たる事実を尊重しようとしない。軍事優先は明治以来の国家の論理だ。戦後平和主義によるある程度の抑制は、安倍―菅―岸田と続く自民党内閣によって一挙に投げ捨てられ、もはやどこから見ても明らかな世界第三の軍事国家へと突き進んでいる。憲法の「戦争放棄」と「戦力不保持」は有名無実と化した。

　国家による軍事優先政策が庶民の生活と命を圧迫し危機に陥れることが明らかであるにも関わらず、「国防」を前面に押し出した軍拡に対し国民が疑問を表明

し反対する声が大きくなりにくい。「領土を守る」というスローガンの欺瞞がまかり通っていると感じる。ところが沖縄ではこうした欺瞞は通用しにくい。戦争と軍事支配によるすさまじい被害の歴史と現実が共通の体験として蓄積されているためである。日本政府の軍事政策の要である沖縄は同時に最も脆弱な環として存在し続ける。

なお、この単行本に収録できなかった多くの記事、あるいは部分的に省略した記事などは、週刊かけはしＷＥＢ版の「アーカイブズ」で検索し、記事全文を見ることができる。おわりに、単行本の発行にあたって編集・校正にたいへんご苦労をおかけした柘植書房新社の上浦英俊さんにお礼を述べる。

2024 年 9 月 7 日

沖本　裕司

■著者　沖本　裕司（おきもと　ひろし）

1946年　大阪市生まれ。千本小学校、成南中学校、住吉高校卒業。
一橋大学社会学部中退。
1970年　沖縄移住。以後、沖縄の運動に関わる。沖韓民衆連帯会員。
2008年　沖縄県地域限定通訳案内士登録。韓国語通訳ガイド、平和ガイド。
沖縄通訳案内士会元会長。八重瀬町ガイドの会元会長。
八重瀬町史戦争編専門部会元委員。
現在、島ぐるみ八重瀬の会事務局長。南京・沖縄をむすぶ会事務局長。

2022.12.3　辺野古ゲート前

編著書　『県内市町村史に掲載された中国での戦争体験記を読む〜沖縄出身兵100人の証言〜』（2020年）、『増補改訂版　県内市町村史に掲載された中国での戦争体験記を読む〜沖縄出身兵170人の証言〜』（2021年）

現住所　〒901-0406　沖縄県島尻郡八重瀬町字屋宜原23-146
Eメール　okihiro@me.au-hikari.ne.jp

「沖縄報告」—辺野古・高江10年間の記録

2024年12月10日　第1版発行　定価3,000円＋税

著　者　沖本　裕司
発行所　柘植書房新社　東京都文京区白山1-2-10-102
　　　　℡03-3818-9270　郵便振替00160-4-113372
　　　　https://www.tsugeshobo.com
印刷・製本　中央精版印刷株式会社

乱丁・落丁はお取り替えいたします。　　　　ISBN978-4-8068-0777-3　C0030